波导结构减薄缺陷的定量化检测理论及方法

Quantitative Inspection Theory and Method for Thinning Defects in Waveguide Structures

钱征华　笪益辉　王　彬　著

科 学 出 版 社

北　京

内 容 简 介

本书是关于工程结构中超声导波无损检测的理论、建模与数值计算的科技专著。书中介绍了超声导波的理论基础以及散射波场的数值模拟和缺陷重构算法，并演示了结构中缺陷定量化重构方法和重构的数值算例。全书共 8 章，主要包括：超声导波与力学理论基础；工程结构中超声导波散射理论与数值仿真；以及超声导波定量化缺陷重构算法研究与应用算例等。

本书可供高等学校相关专业教师、研究生以及高年级本科生作为教学参考，也可作为从事超声无损检测行业的广大工程技术人员、科研工作者的参考材料。

图书在版编目（CIP）数据

波导结构减薄缺陷的定量化检测理论及方法 / 钱征华，笪益辉，王彬著. —北京：科学出版社，2021.7

ISBN 978-7-03-069533-8

Ⅰ. ①波… Ⅱ. ①钱… ②笪… ③王… Ⅲ. ①工程结构－超声检验－无损检测－研究 Ⅳ. ①TU3

中国版本图书馆 CIP 数据核字（2021）第 158662 号

责任编辑：李涪汁 曾佳佳 赵晓廷 / 责任校对：杨聪敏
责任印制：张 伟 / 封面设计：许 瑞

科 学 出 版 社 出版
北京东黄城根北街 16 号
邮政编码：100717
http://www.sciencep.com
北京中石油彩色印刷有限责任公司 印刷
科学出版社发行 各地新华书店经销
*
2021 年 7 月第 一 版 开本：720 × 1000 1/16
2021 年 7 月第一次印刷 印张：14 1/4
字数：287 000

定价：119.00 元

（如有印装质量问题，我社负责调换）

序

无损检测是在不损坏被测构件的完整性与使用性能的前提下，利用声、光、热、电、磁、射线等各种媒介，反映被测构件表面或内部的缺陷信息，从而评价其安全性和使用可靠性的技术手段。

随着国民经济快速发展，大规模建设阶段已告一段落。而各类工程结构和构件在服役过程中，往往身处复杂环境，受到复杂载荷、腐蚀、冻融、突发冲击等威胁。因此，为保证结构和构件的安全性与正常使用功能，迫切需要一种行之有效的结构缺陷定量化探测方法。无损检测领域已成为工业界和学术界非常关注的领域。

在无损检测的各种媒介中，超声导波具有很大的应用潜力。无损检测领域的学者曾总结了超声导波检测的诸多优点：①导波能量集中，传播距离远，可仅设单点收发信号而覆盖较大的被检区域；②导波蕴含多模态，提供了针对不同种类缺陷的选择性；③导波的检测敏感性比垂直入射的体波强；④可对裹有覆盖层或绝缘层、位于水下的构件进行检测，对多层结构的适用性也较好；⑤利用导波可降低检测成本，原因在于换能器尺寸较小且布点少。目前，关于利用超声导波进行缺陷定性与定位，在实验室及工程上已有较多的应用案例。然而，如何充分利用超声波散射场蕴含的完整信息，定量化地描述缺陷的几何尺寸与特征，专著论述尚不多见。

钱征华教授课题组长期从事固体力学与弹性波理论研究，并在本领域取得了丰硕的成果，同时承担了国家自然科学基金项目、江苏省重点研发计划项目等多项科研课题。近年来，钱征华教授带领团队致力于定量化超声无损检测技术的研发，经过多年努力，建立了一套完整的超声导波定量化检测理论与技术指标体系。

钱征华教授课题组在上述研究基础上，总结撰写成专著，系统介绍了弹性导波的基本理论及频散特性，阐述了导波与缺陷作用的边界积分方程，以及正问题的数值计算方法，然后基于此类方程，重点论述了用超声导波反演缺陷几何特征的数学方法及数值实现，尤其是针对管道类复杂波导结构的定量化缺陷重构方法。该书逻辑、层次清晰，可读性强，且主要内容已在相关学术期刊上发表，并获得了学术界的认可，可用于解决工程问题。

我很高兴向广大读者推荐该书并作序。

仲政

2021 年 6 月 21 日

前　言

本书为超声导波检测从业者提供了基础的理论知识和数值仿真方法。超声导波检测作为当前热门的无损检测方法之一，凭借较高的检测效率和检测精度在诸多检测行业中占有一席之地。超声导波具有衰减缓慢、传播距离远、对缺陷敏感等特性，因此对大型结构的检测优势尤为显著。

本书主要从三个方面详细介绍超声导波的定量化检测：①波动方程的理论基础；②超声导波的散射波场数值仿真；③基于散射波场的缺陷重构算法。波动方程的理论基础部分主要介绍波动方程的建立与求解方法，涉及坐标系转换和偏微分方程的求解。超声导波的散射波场数值仿真主要介绍超声导波在含缺陷结构中传播的波场计算方法，主要涉及边界元法、有限元法和混合方法的应用。基于散射波场的缺陷重构算法主要介绍弹性动力学互易定理在缺陷定量化重构中的应用，主要涉及边界积分方程的求解。本书基于作者多年科研积累，讲解了超声导波的基础理论和检测方法，全书共 8 章。

第 1 章　超声导波无损检测。主要介绍当前国内外最常用的检测方法，以及超声导波检测的现状，并指出本书的研究内容和待解决问题。

第 2 章　正交曲线坐标系下超声导波的频散特性。主要介绍常见坐标系下波动方程的求解和一般正交曲线坐标系下求解波动方程的 WKB 法与半解析有限元法。

第 3 章　边界积分方程理论基础。主要介绍以弹性动力学为基础的边界积分方程。

第 4 章　超声导波散射波场模拟的数值方法。主要介绍几种常用的波场数值模拟方法，包括边界元法、混合有限元法和模式激发法。

第 5 章　基于边界积分方程的缺陷反演。在第 3 章边界积分方程的基础上，进一步将其利用在反问题研究中，通过边界积分方程建立缺陷边界上散射波场与检测点处反射波系数的数学关系，最终用于平板中缺陷重构和管道中轴对称缺陷重构。

第 6 章　半无限大结构的缺陷重构。主要利用 Rayleigh 波反演半无限大结构中表面缺陷，并采用 Love 波反演含覆盖层半无限大结构中夹层缺陷。

第 7 章　基于傅里叶定量化缺陷重构。主要重新提出一种半解析半数值的缺陷重构方法，并将迭代算法与其融合，实现圆环结构中缺陷、管道中非轴对称缺陷以及层合板中缺陷的高精度重构。

第 8 章　缺陷检测中噪声信号的处理。主要通过模拟工程检测中可能遇到的高斯白噪声，研究噪声对本书重构方法的影响。

本书由浅入深，循序渐进。本书首先利用大量章节介绍波动方程建立的基础知识，为初学者提供可参考的理论基础；然后，从传统的数值计算方法入手，介绍边界元法和有限元法在不同结构中的应用，并给出大量的实际算例，通过对实际算例的求解，帮助读者充分理解数值算法在散射波场计算中的应用；最后，从互易定理推导出缺陷重构算法，让读者从本质上理解该重构算法。本书结合作者多年的超声导波研究经验与实际科研工作的应用案例，将超声导波无损检测的理论方法和算法技巧详细地介绍给读者。本书条理清晰、章节分明、内容新颖，并辅以相应的图片，使读者一目了然，快速把握重点。另外，本书对不同的数值算法，都配有不同的典型算例，通过对典型算例的介绍实现对基础知识的再次理解和巩固。

本书的出版得到了诸多科研工作人员的大力支持。其中，钱征华撰写了第 1～4 章；王彬撰写了第 5 章和第 6 章；笪益辉撰写了第 7 章和第 8 章。同时，感谢钱智、焦帅、李奇、张宇浩、王茹茹、王明明、张泽宇、刘海瑞、徐军、武靖昌、刘亚东、崔雅鑫、梁有朋、陈兴诚、章雨驰、魏煜衡、宋世超对本书内容校核和修改所做出的贡献。

限于作者水平，书中难免有疏漏之处，恳请读者批评指正。

作　者

2021 年 2 月

目 录

第 1 章　超声导波无损检测

1.1　无 损 检 测

工业中的常规无损检测与评估方法包括磁粉检测[1, 2]、射线检测[3]、涡流检测[4-6]、相控阵检测[7-9]、超声波检测[10-13]等。其中，超声波无损检测凭借频率高、波长短，可与结构中的微小特征（如缺陷、裂纹、脱层等）相互作用，而不会损坏被检测构件的优点，被广泛用于各种工程测试。超声波无损检测与评估在管道类、板类结构以及复合材料结构等方面的应用正日益成熟。然而，传统的超声波检测技术多是利用布置在结构表面的超声换能器收发体波，对材料内部或与接触面相邻的近表面进行缺陷检测，覆盖范围极为有限。对于超长构件，如果采用逐点扫描，必然会消耗大量时间，且对于一些无法到达的区域一般无法实现检测。针对上述不足，越来越多的研究者致力于开发利用超声导波进行无损检测评估。一般认为，超声导波具有以下优点：①超声导波传播距离较远；②可不去除涂装和绝缘层进行检测；③可检测结构的整个截面；④无须复杂的旋转和走行装置；⑤对缺陷有较高的敏感度和精度；⑥低耗能和经济性[14, 15]。目前，学者已经在机翼板等板类结构[16-18]、铁路轨道[19, 20]、管道[21-23]等场合应用超声导波检测内部缺陷。

近年来，有学者借鉴医学领域的技术成果，提出了利用超声导波的层析（tomography）成像法，从各个方向照射对象（缺陷），通过透射或反射投影数据来重建被检测结构的图像。最初的层析成像法采用直线传播理论[24]，然而，若介质中存在较弱的散射体，导波将发生衍射，使直线假设不成立[25]，直接影响成像精度。后来有学者用弯曲射线追踪对直线传播进行修正[26]，但被指仅可略微提高精度[27]。近年来，采用傅里叶衍射定理（Fourier diffraction theorem，FDT）的衍射层析技术获得了国内外研究者的关注[28-30]。其基本原理是从二维标量势波动方程出发，根据超声波通过不均匀区（缺陷）产生的散射，通过收集散射波场的信息反演待检物内部的“波数不均匀函数”，数学上属于最基本的逆散射重构法。衍射层析成像法的数学推理较为严格，且综合利用了反射波场的相位、振幅等信息，提高了成像精度。Belanger 等[29]研究了几种平板表面简单缺陷的衍射层析图像。Huthwaite 等[30]则开发了一种结合弯曲射线法和衍射层析成像法的迭代成像方法。从重构结果看，改进后的衍射层析成像法可有效地重构缺陷的范围，也可较正确地反映其危害程度。然而，其局限之处在于：①入射超声导波为某单一频率，其直接成像的是“波数不均匀函数”，再根据频率-波数关系换算成板厚，故该方法对缺陷的重构结果仅为厚度变化，并不是真实形状；②其基本方程为宏观的二维标量赫姆霍兹（Helmholtz）波动方程，并未详细考虑导波和缺陷的相互作用，故难以推广到三维或多层模型。衍射层析成像法的成功和局限性，启发研究者从严格的弹性波动方程出发，将散射波场表示为关于缺陷区的边界积分方程（boundary integral equation，BIE）或体积分方程（volume integral equation，VIE），进而构造更为完善的逆散射缺陷重构格式。事实上，用超声体波（bulk wave）的逆散射问题解法已经颇为成熟。早期研究者讨论了使用 P 波反演重构无限大弹性体中孔洞的问题，如 Rose[31, 32]等；Kitahara 等[33]分析了采用 Born 近似和 Kirchhoff 近似对不同种类缺陷重构的效果；Touhei[34]则研究了波数域弹性波逆散射的快速算法。此外，Guzina 等[35]用地震波的地表位移数据反演重构地下孔洞。国内也有学者进行了超声波动场反演的相关研究。逆散射是否成功的关键在于，如何用准确的边界积分或体积分方程表示散射波场，以及采用何种近似使反问题归为线性问题或可迭代的形式[36, 37]。而超声导波的弥散性和多模态性，使得准确构造相应的逆散射重构格式更为困难。迄今为止，只有少量的相关研究发表。Santos 等[38]首先研究了刻痕状裂纹长度的定量化问题，Longo 等[39]则探讨了重构平板连接处圆形脱层缺陷的方法。然而，他们的重构方法需要对缺陷形状有一定的事先认知或只是重构一个维度（长度方向）的尺寸。Singh 等[40]探索了在二维平板表面的矩形、圆形、三角形缺陷的重构方法，他们最终采用优化算法找出缺陷的尺度（如边长、半径等），但这需要事先明确缺陷的位置和几何类别，因此限制了该方法的广泛应用。

1.2 基于超声导波检测的基本原理

早期的超声检测被广泛地应用于地质结构的勘探，发展较为成熟的定量化检测方法为衍射层析成像技术。1984 年 Devaney[41]就给出了地质结构中衍射层析成像的详细理论推导，该方法从波动方程的标量场出发，通过引入全空间结构中波场的基本解，建立散射波场和缺陷区域积分的方程，最终通过波数域和空间域的傅里叶变换重构出散射区域。1987 年 Blackledge[42]提出了基于声场的定量化衍射层析成像和弹性波的定量化衍射层析成像。这种衍射层析成像方法，基于严格的理论推导，具有较高的成像精度，但这种方法主要是针对标量场或只有单一方向位移波场的应用。Achenbach[43]提出了弹性动力学系统的互易定理，并针对缺陷建立积分方程严格阐述了缺陷形状和散射波场之间的关系。根据积分方程，Kitahara 等[33]明确了 Born 近似和 Kirchhoff 近似的适用范围，即 Born 近似适用于一定尺寸缺陷的检测，而 Kirchhoff 近似适用于裂纹检测。由于积分方程中必须采用相应材料结构的全空间基本解，所以对于复合材料很难进行检测，且采用的体波衰减较快，对于大型结构的检测效率较低。为了解决体波衰减快的问题，有研究者提出了导波的概念，三维结构中的导波比体波衰减慢，而二维结构中的导波不会衰减，因此采用导波检测结构，其覆盖范围更广。

近年来，Wang 等[44-46]采用导波重构了二维板中的各种缺陷，包括表面减薄缺陷和内部空洞缺陷。为了准确地重构出缺陷的形状，首要任务就是模拟结构中的散射波场。针对散射波场的数值计算，可供参考的方法也很多，如有限元法[47-49]、边界元法[50-52]、矩阵法[53]、模态激发法[54]、有限差分法[55-57]等。通常，有限元法适于各方向尺寸差距不大的结构，边界元法适于无限大、半无限大结构的波场模拟，有限差分法在时域的计算效率更高，但为了高效又准确地计算散射波场，常常采用几种方法的结合。基于散射波场求解得到的反射系数 C^{ref}，Wang 等[44-46]分别采用 SH 波和 Lamb 波对二维板进行了定量化的重构，首先根据互易定理建立边界积分方程，然后利用 Born 近似（以入射场代替总场）和相应结构中的基本解，将边界积分方程进行简化，最终的缺陷形状可用反射系数的傅里叶变换得到

$$d(X_1)=\frac{1}{2\pi}\int_{-\infty}^{+\infty}\frac{-2\mathrm{i}b\xi_n}{\xi_n^2+k^2}C^{\text{ref}}\mathrm{e}^{-2\mathrm{i}\xi_n x_i}\mathrm{d}(2\xi_n) \tag{1.1}$$

此式基于 SH 波，其中 d（X_1）为缺陷深度，表示关于坐标位置 X_1 的函数；b 为半板厚度；k 为横波波数；ξ_n 为第 n 阶 SH 波的波数；C^{ref} 为第 n 阶 SH 波的反射系数。如图 1.1 所示，纯实线表示缺陷的实际形状，根据 SH 波的不同模态得到的重构结果也不一样，多组缺陷的重构结果说明，最低阶模态的重构结果最为稳定，且最接近真实缺陷。采用这种定量化的重构方法，不用预知缺陷的大概位置和形状，只要通过反射波的信息就可以计算出缺陷的准确位置和形状。但这种方法的不足之处在于：①Born 近似的小缺陷假设限制了缺陷的重构精度；②必须找到待测结构中解析的基本解。对于 Born 近似的不足，可以通过反复的模型迭代来克服，但相应结构的基本解很难推导，现在已有的解析形式基本解只针对几种规则的形状。

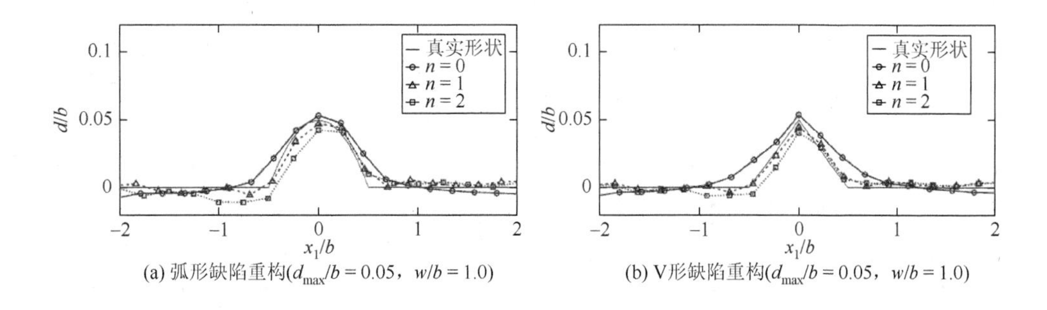

(a) 弧形缺陷重构($d_{\max}/b=0.05$，$w/b=1.0$)　(b) V形缺陷重构($d_{\max}/b=0.05$，$w/b=1.0$)

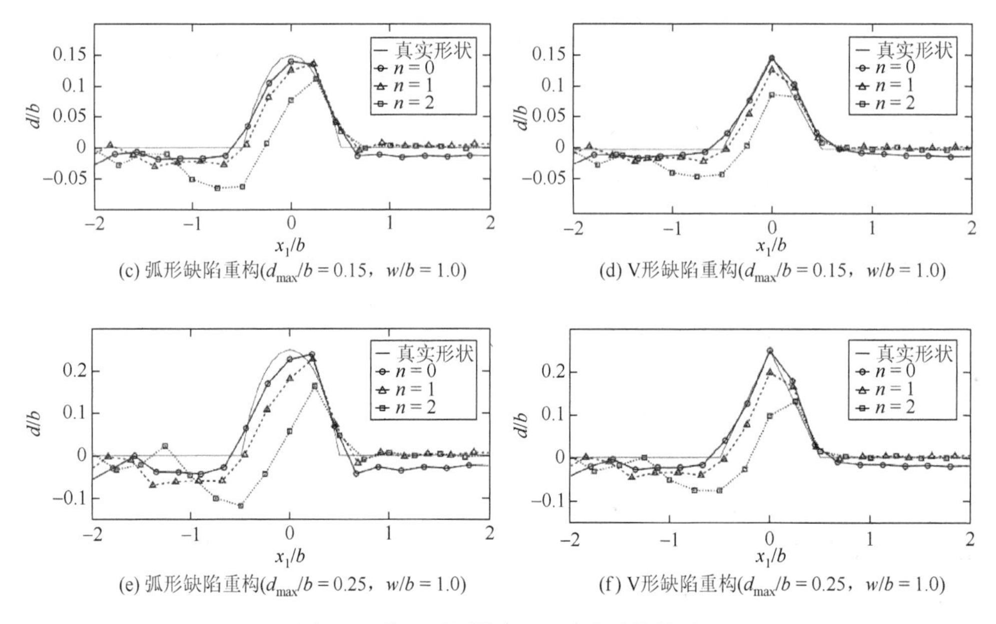

(c) 弧形缺陷重构($d_{max}/b = 0.15$，$w/b = 1.0$)　(d) V形缺陷重构($d_{max}/b = 0.15$，$w/b = 1.0$)

(e) 弧形缺陷重构($d_{max}/b = 0.25$，$w/b = 1.0$)　(f) V形缺陷重构($d_{max}/b = 0.25$，$w/b = 1.0$)

图 1.1　基于不同模态 SH 波的重构结果

管道作为常用的输运工具，其安全检测也是当前热点问题。但管道中导波传播特性相当复杂，尤其是其弥散性和多模态耦合使操作者难以从散射波场中提取有用的信息[58]。为此，有必要对超声导波在管道中的传播机理，以及导波和缺陷的相互作用进行系统研究。首先是关于导波自身传播特性的研究，其中最重要的是根据弥散方程绘制频散曲线（频率-波数曲线）。对于各向同性弹性板中的导波弥散方程，经典著作中都有论述[59]，而对于各向同性弹性介质构成的管道，最早 Gazis[60-62]通过三篇文章详述了管道中平面应变的振动模态和管道中导波的三维分析，结合一些近似处理给出了指定周向阶数的弥散方程。虽然无外力作用下管道的波场可以直接从波动方程求得，但需要求解的行列式较为复杂，尤其是轴向弯曲模态。近年来，随着计算机的不断发展，结合有限元分析管道中导波的弥散方程显得更为有效，借助半解析法[21, 63]能够精确绘制出弥散曲线。利用这种半解析法，Bai 等[64]推导了圆柱形层状压电材料中的弹性动力学格林函数，并绘制了周向波数分别为 0 和 1 的频散曲线。Marzani[63]详细分析了弹性材料和黏弹性材料中纵向模态和扭转模态，并与实验结果进行了比较。在工程检测中激发出相应模态的导波是非常复杂的工作，多年以来许多学者搭建了各种实验平台。1998 年，Shin 等[22]给出了纵振模态和弯曲模态的频散图，同时介绍了一种可以发射非轴对称模态导波的局部加载斜入射技术，并从实验中证明了弯曲模态的导波可以在一定距离上完全覆盖检测区域。Barshinger 等[23]通过单个探头检查相对较长管道中的腐蚀和裂纹，该方法与标准的逐点扫描相比，节省了大量的时间和财力，而且可以在不去除绝缘层或焦油涂层的情况下检查管道。实验证明，导波在含缺陷管道中的散射信号不仅与缺陷的形状和激励信号模态有关，而且与接收信号的位置有关。沿管道母线方向传播的导波可以用来真实地检测管道中的缺陷，而不只是停留在纯理论层面。虽然很多研究者已经搭建了各种用于检测管道的实验平台，也得出了很多检测数据，从一定程度上得到了几种规则缺陷尺寸和单频反射信号之间的关系，但在不知道管道表面缺陷形状的前提下，如何开展缺陷的定量化检测仍是一个难点。

管道中最常用的导波除了沿母线方向传播的导波，周向传播的导波也是研究的热点，但两者相比，周向传播的导波更加复杂，因为周向导波的相速度是半径的函数，且受管道的壁厚影响较大。在实际检测中对于大直径管道采用周向传播的导波进行缺陷检测更为有效。为了进一步验证实验平台搭建的合理性，往往需要配合大量的理论分析和数值仿真。当然，在研究管道中导波与缺陷作用产生的散射波场时，必须利用导波弥散特性分析的结果。这种针对导波和散射物（管道缺陷）作用机理的研究称为正问题（forward problem）。Ditri[65]利用 Auld[66]提出的二维模型中横截面波场的模态正交性，推导出管道横截面中模态正交性方程，并借助 S 参数公式建立了管道中周向裂纹张开角度与反射系数的关系，利用已知纯张力引起的近似裂纹张开位移，可推导出由轴对称模态导波入射产生的任意周向阶模态导波，且具有较大波长和应力分布均匀的散射波场公式。Bai 等[64]基于半解析有限元法和波函数展开法，提出了一种用于研究管道中周向裂纹的散射波场问题的计算方法，该方法可以将三维波场散射问题分解为两个准一维问题，从而极大地缩短了计算时间，仿真结果表明管道中裂纹开口角度和深度都会影响反射波场的幅值。Rattanawangcharoen 等[21]基于三维弹性理论，根据界面之间的位移和应力条件建立了传播矩阵，将有限元和波函数的展开用于分析管道中轴对称模态导波的散射波场，并通过计算弹性杆和双层各向同性圆柱中散射波场，证明了该方法的有效性和准确性。Duan 等[67]通过加权残差公式发展了一种有效的混合数值方法，该方法从频域求解问题，通过傅里叶变换得到时域结果，并且为了分离时域散射波的模态，开发了一种技术：所有信号接收点都位于管道轴向，并采用二维傅里叶变换将时域结果变换到波数-频率域，从而将导波模态分离。该方法适用于求解含任意形状缺陷的长管道模型的波场。Baronian 等[68]提出了几种迭代算法用于近似计算各向同性或各向异性材料中导波散射波场的近似解，在含缺陷的极小区域内采用经典有限元的离散，而对无缺陷区域的直管道部分采用模态展开法模拟波场，利用特定的传输条件使得每一步迭代只需要对有限元稀疏矩阵进行推导。在各向同性的情况下，将该方法与其他现有方法进行比较，分析了新方法的迭代次数和计算效率。同时，有关周向模态导波的散射波场计算也可以从相关文献中找到。例如，Rattanawangcharoen[69]采用二维有限元模型和波函数展开法求解周向导波的散射波场问题；Wang 等[70]对管道建模，采用 ABAQUS 软件完成了三维有限元仿真，分析了反射系数和透射系数的曲线受缺陷尺寸的影响，为利用周向 SH 导波检测管道缺陷提供了数值依据。

在正问题充分研究的基础上，可以有效推进反问题研究。有大量学者提出了各种解决反问题的方法。例如，Liu 等[71]利用周向导波系统并结合多通道时间反转聚焦的方法检测厚壁管道，与传统单通道时间反转聚焦相比，得到的反射信号幅值增大。同时，采用的大范围截断窗口方法无须事先判断缺陷的位置。Valle 等[72]研究了包含裂纹的各向同性管道中周向导波的传播问题，裂纹的尺寸可以采用修正的 Auld 公式来表征，通过时频域的数字信号处理方法提取反射信号，并进行裂纹定位。结果表明，通过该方法探测小裂纹可以降低对高频信号的要求。Shivaraj 等[73]利用压电陶瓷晶体传感器发射了高阶周向导波，用于检测管道中隐蔽区域的裂纹和点状腐蚀缺陷，并搭建了一整套实验系统，包括楔形发射器、手动管道爬行器、数据采集卡和编码器等。在管道的超声检测上，研究者给出了各种不同的检测方法，而大部分研究都利用纵振波和扭转波检测管道缺陷，因为纵振波和扭转波都是轴对称波，是管道中最为简单的导波模态，因此采用轴对称模态导波作为入射波来分析导波与缺陷的相互作用较为简单。Lowe 等[74]和 Alleyne 等[75]开发了基于纵振波和扭转波的检测技术，认为 $L(0, 2)$模态导波频率在 70kHz 处频散现象小且群速度最大，模态导波在 20kHz 处群速度最大，$T(0, 2)$不易受其他模态干扰，故分别选取 70kHz 、 20kHz 为上述两种模态导波激励信号的中心频率。

近年来，只有少量文献介绍了用超声导波检测管道缺陷的大小。例如，Li[76]利用轴向传感器阵列得到的数据，并结合二维卷积方法对轴向缺陷大小进行检测。Davies 等[77]基于源成像法和合成孔径聚焦法，分析裂纹、小孔型缺陷的尺寸与缺陷回波幅值的关系。邓菲等以缺陷特征相对应的关系曲线样本库为基础，并基于时间反转法确定缺陷散射波场中各导波模态的能量分布规律，判断缺陷的参数特征[78, 79]。这些方法对检测设备的要求较高，且需要预知缺陷类型再进行缺陷大小检测，所以难以在工程中应用。此后，基于缺陷回波信号主要由缺陷前后两端信号组成的思路，郑国军等[80]提出了一种基于 Gabor 字典的匹配追踪算法分解出缺陷前后端信号，并通过分解出的信号信息计算缺陷轴向大小的方法。Stoyko 等[81]发现无缺陷管道中导波模态的截止频率和含矩形开口缺陷管道中导波模态的截止频率存在差异，这一特性可以用来推断矩形缺陷的尺寸。Davies 等[82]利用合成聚焦导波对管道周向裂纹状缺陷的检测、定位和尺寸测量技术进行了量化，该系统采用压电换能器元件的圆周阵列，并使用该阵列激励扭转模态的导波，利用缺陷图像的幅值来估计缺陷深度，以及采用缺陷图像周向轮廓的一半最大处的全宽来估计缺陷的周向程度。Liu 等[83]提出了一种基于周向导波（guided circumferential waves，GCW）和连续小波变换（continuous wavelet transformation，CWT）的径向裂纹定量识别方法，利用 Gabor 小波从高频散、多模态导波中提取出用于裂纹评估的导波模态，并对具有径向裂纹的有机玻璃环进行了数值模拟和实验。结果表明，利用连续小波变换提取适当的 GCW 分量，可以精确地确定裂纹的位置，并且类似于 Rayleigh 波模态的导波与其他模态相比具有更高的裂纹检测可靠性。Cheong 等[84]计算了 PHWR 核电站给水管道中的导波弥散曲线，通过短时傅里叶变换（short time Fourier transform，STFT），采用 $F(m, 2)$和 $L(0, 2)$模态的导波检测给水管道的开口缺陷。结果表明，该方法不能探测直管内的轴向缺陷，但是弯曲管内的轴向缺口可以用 500kHz 的导波探测到，因为 $F(m, 2)$和 $L(0, 2)$模态的入射导波包含周向位移，在弯曲区域会转换为某些复杂的模态，这些复杂模态对轴向缺陷更为敏感。Acciani 等[85]提出了一种用于检测管道腐蚀缺陷的方法，该方法基于超声导波的反射信号，并借助小波变换的特性，以简化的公式表示信号。首先采用滤波，然后利用遗传算法，选择适当的表示系数向神经网络分类器进行反馈，该分类器评估可用于检测管道上的缺陷尺寸。

总体而言，以上研究内容及成果对于板结构和管道中导波的研究都具有重要的指导意义，但如何采用数值方法高效而又准确地求解含任意缺陷管道中的散射波场，使得数值结果能够和实验仿真结果一致，这仍然是值得研究的方向。同时，提出有效且高精度的缺陷检测方法也是本书的重要组成部分。

1.3　缺陷重构中噪声的处理

关于噪声信号的处理也是本书的主要组成部分，在实际工程检测中，噪声是无法避免的，如何抑制噪声使缺陷的检测更为精确，这是必须面对的问题。信号中的很多噪声来自结构本身的不均匀性，这种不均匀性会产生散射波场干扰真实的缺陷信号，并且结构边界形状的不规则也会产生噪声，这些噪声会随机干扰整个时域的检测信号，对于这类背景噪声可以通过高斯白噪声进行数值仿真。有关噪声的处理，众多学者提出了各种方法，如平均法[86]、自回归分析法[87]、自互相关法[88]、顺序统计法[89]、匹配滤波法[90]、分谱处理（split spectrum processing，SSP）法[91]、小波变换法[92, 93]、稀疏信号表示法[94]和希尔伯特-黄变换（Hilbert-Huang transform，HHT）法[95]等。如果噪声的回波和缺陷产生的回波有明显差别，且知道缺陷的回波和噪声能量密度，这时采用 Wiener 滤波法[96]最为合适。但在实际情况中，噪声和缺陷的能量密度是未知的，所以想要采用 Wiener 滤波法需要借助大量工程经验。由于噪声一般都和缺陷信号占据同样的时间窗口，所以简单的时间域滤波对抑制噪声的效果十分有限，有时还会将有用信号滤去。为对信号进行全面的分析，Gabor[97]提出了短时傅里叶变换，这种方法可以建立信号的时域和频域关系，并在时频域对信号进行分析。此后，Haar[98]在 20 世纪 90 年代初提出了小波变换法，随后很多学者基于小波变换法[99-102]提出了各种小波基函数，并将信号在不同的小波基下展开分析。通过小波滤波可以有效降低噪声，且不丢失缺陷信号。

1.4　本书主要内容

本书以工程中常见的典型结构为研究对象，包括平板、管道、半无限大结构以及含覆盖层的无限大结构，主要通过超声导波检测其表面减薄缺陷和内部空腔，严格从弹性结构中的波动理论出发，通过公式推导，得到可以刻画缺陷结构的方程，结合数值仿真证明这种方法的可实用性，从而完成定量化的缺陷重构，为实际工程检测提供一种切实可行的且高效、精确的方案。本书主要分为以下几部分。

第 1 章　超声导波无损检测：介绍当前国内外最常用的检测方法，以及超声导波检测的现状；详述已有文献中对平板和管道导波的研究，从实验、理论分析、数值仿真等多方面展开讨论；最终指出本书的研究方向和待解决问题。

第 2 章　正交曲线坐标系下超声导波的频散特性：介绍常见坐标系下波动方程的求解，以及一般正交曲线坐标系下求解波动方程的 WKB 法和半解析有限元法。

第 3 章　边界积分方程理论基础：以弹性动力学为基础，建立弹性波场的边界积分方程，这是边界元法和反问题研究的基础。

第 4 章　超声导波散射波场模拟的数值方法：主要介绍几种常用的波场数值模拟方法，包括边界元法、混合有限元法和模式激发法，并简单介绍不同方法的应用算例。

第 5 章　基于边界积分方程的缺陷反演：在第 3 章边界积分方程的基础上，进一步将其利用在反问题研究中，通过边界积分方程建立缺陷边界上散射波场与检测点处反射波系数的数学关系，最终用于平板中缺陷重构和管道中轴对称缺陷重构。

第 6 章　半无限大结构中缺陷重构：主要利用 Rayleigh 波反演半无限大结构中的表面缺陷和采用 Love 波反演含覆盖层半无限大结构中夹层缺陷。

第 7 章　基于傅里叶定量化缺陷重构：在第 5 章的基础上，重新提出一种半解析半数值的缺陷重构方法，并将迭代算法与其融合，实现圆环结构中缺陷、管道中非轴对称缺陷以及层合板中缺陷的高精度重构。

第 8 章　缺陷检测中噪声信号的处理：通过模拟工程检测中可能遇到的高斯白噪声，研究噪声对本书重构方法的影响，并给出两种明确的小波去噪方案，结合这两种去噪方案，即使在较低信噪比的环境中，依然能够重构出缺陷的轮廓。

参考文献

[1] Atherton D L. Magnetic inspection is key to ensuring safe pipelines. NDT and E International，1997，30（1）：40.

[2] 林俊明. 漏磁检测技术及发展现状研究. 无损探伤，2006，30（1）：1-5，11.

[3] Zscherpel U，Onel Y，Ewert U. New concepts for corrosion inspection of pipelines by digital industrial radiology（DIR）. Insight，2001，43（2）：97-101.

[4] García-Martín J，Gómez-Gil J，Vázquez-Sánchez E. Non-destructive techniques based on eddy current testing. Sensors，2011，11（3）：2525-2565.

[5] Bernieri A，Ferrigno L，Laracca M，et al. Crack shape reconstruction in eddy current testing using machine learning systems for regression. IEEE Transactions on Instrumentation and Measurement，2008，57（9）：1958-1968.

[6] 任吉林. 涡流检测技术近 20 年的进展. 无损检测，1998，20（5）：121-125.

[7] 单宝华，喻言，欧进萍. 超声相控阵检测技术及其应用. 无损检测，2004，26（5）：235-239.

[8] Wang T S，Zhang C，Aleksov A，et al. Two-dimensional analytic modeling of acoustic diffraction for ultrasonic beam steering by phased array transducers. Ultrasonics，2017，76：35-43.

[9] Ohara Y，Takahashi K，Ino Y，et al. High-selectivity imaging of closed cracks in a coarse-grained stainless steel by nonlinear ultrasonic phased array. NDT and E International，2017，91：139-147.

[10] Berriman J R，Hutchins D A，Neild A，et al. The application of time-frequency analysis to the air-coupled ultrasonic testing of concrete. IEEE Transactions on Ultrasonics Ferroelectrics and Frequency Control，2006，53（4）：768-776.

[11] Horn D，Mayo W R. NDE reliability gains from combining eddy-current and ultrasonic testing. NDT and E International，2000，33（6）：351-362.

[12] Mirahmadi S J，Honarvar F. Application of signal processing techniques to ultrasonic testing of plates by Lamb wave mode. NDT and E International，2001，44（1）：131-137.

[13] Wu J J，Tang Z F，Lv F，et al. Ultrasonic guided wave focusing in waveguides with constant irregular cross-sections. Ultrasonics，2018，89：1-12.

[14] Su Z Q，Ye L，Lu Y. Guided Lamb waves for identification of damage in composite structures：A review. Journal of Sound and Vibration，2006，295（3）：753-780.

[15] Rose J L. A baseline and vision of ultrasonic guided wave inspection potential. Journal of Pressure Vessel Technology，2002，124（3）：273-282.

[16] Zhao X L，Gao H D，Zhang G F，et al. Active health monitoring of an aircraft wing with embedded piezoelectric sensor/actuator network：I. Defect detection，localization and growth monitoring. Smart Materials and Structures，2007，16（4）：1208-1217.

[17] Xu H，Cheng L，Su Z Q，et al. Damage visualization based on local dynamic perturbation：Theory and application to characterization of multi-damage in a plane structure. Journal of Sound and Vibration，2013，332（14）：3438-3462.

[18] 刘钊，徐春广，孟凡武，等. 板内缺陷超声导波阵列检测技术. 仪表技术与传感器，2013，（9）：86-88.

[19] Hong M，Wang Q，Su Z Q，et al. In situ health monitoring for bogie systems of CRH380 train on Beijing—Shanghai high-speed railway. Mechanical Systems and Signal Processing，2014，45（2）：378-395.

[20] 卢超，李诚，常俊杰. 钢轨轨底垂直振动模式导波检测技术的实验研究. 实验力学，2012，27（5）：593-600.

[21] Rattanawangcharoen N，Shah A H. Guided waves in laminated isotropic circular cylinder. Computational

Mechanics，1992，10（2）：97-105.

[22] Shin H J，Rose J L. Guided wave tuning principles for defect detection in tubing. Journal of Nondestructive Evaluation，1998，17（1）：27-36.

[23] Barshinger J，Rose J L，Avioli Jr M J. Guided wave resonance tuning for pipe inspection. Journal of Pressure Vessel Technology，2002，124（3）：303-310.

[24] Jansen D P，Hutchins D A. Immersion tomography using Rayleigh and Lamb waves. Ultrasonics，1992，30（4）：245-254.

[25] Malyarenko E V，Hinders M K. Ultrasonic Lamb wave diffraction tomography. Ultrasonics，2001，39（4）：269-281.

[26] Hinders M K，Malyarenko E V. Comparison of double crosshole and fanbeam Lamb wave ultrasonic tomography. AIP Conference Proceedings，2001，557（1）：732-739.

[27] Rohde A H，Veidt M，Rose L R F，et al. A computer simulation study of imaging flexural inhomogeneities using plate-wave diffraction tomography. Ultrasonics，2008，48（1）：6-15.

[28] 王朔中，方针. 声衍射层析成像研究进展. 声学技术，2010，29（2）：117-122.

[29] Belanger P，Cawley P，Simonetti F. Guided wave diffraction tomography within the Born approximation. IEEE Transactions on Ultrasonics，Ferroelectrics，and Frequency Control，2010，57（6）：1405-1418.

[30] Huthwaite P，Simonetti F. High-resolution guided wave tomography. Wave Motion，2013，50（5）：979-993.

[31] Rose J H，Krumhansl J A. Determination of flaw characteristics from ultrasonic scattering data. Journal of Applied Physics，1979，50（4）：2951-2952.

[32] Hsu D K，Rose J H，Thompson D O. Reconstruction of inclusions in solids using ultrasonic Born inversion. Journal of Applied Physics，1984，55（1）：162-168.

[33] Kitahara M，Nakahata K，Hirose S. Elastodynamic inversion for shape reconstruction and type classification of flaws. Wave Motion，2002，36（4）：443-455.

[34] Touhei T. A fast volume integral equation method for elastic wave propagation in a half space. International Journal of Solids and Structures，2011，48（22）：3194-3208.

[35] Guzina B B，Fata S N，Bonnet M. On the stress-wave imaging of cavities in a semi-infinite solid. International Journal of Solids and Structures，2003，40（6）：1505-1523.

[36] 吴斌，郑钢丰，何存富. 用二维逆 Born 近似法对杆中圆形缺陷的反演. 应用力学学报，2006，23（4）：572-576.

[37] 郑钢丰，吴斌，何存富. 用改进的 Kirchhoff 方法重构非均匀介质中缺陷形状. 压电与声光，2012，34（1）：118-120.

[38] Santos M，Perdigao J. Leaky Lamb waves for the detection and sizing of defects in bonded aluminium lap joints. NDT and E International，2005，38（7）：561-568.

[39] Longo R，Vanlanduit S，Vanherzeele J，et al. A method for crack sizing using laser Doppler vibrometer measurements of surface acoustic waves. Ultrasonics，2010，50（1）：76-80.

[40] Singh D，Castaings M，Bacon C. Sizing strip-like defects in plates using guided waves. NDT and E International，2011，44（5）：394-404.

[41] Devaney A J. Geophysical diffraction tomography. IEEE Transactions on Geoscience and Remote Sensing，1984，GE-22（1）：3-13.

[42] Blackledge J M，Burge R E，Hopcraft K I，et al. Quantitative diffraction tomography. I. Pulsed acoustic fields. Journal of Physics，D：Applied Physics，1987，20（1）：1-10.

[43] Achenbach J D. Reciprocity in Elastodynamics. Cambridge：Cambridge University Press，2003.

[44] Wang B，Hirose S. Inverse problem for shape reconstruction of plate-thinning by guided SH-waves. The Japanese

Society for Non-Destructive Inspection，2012，53（10）：1782-1789.

[45] Wang B，Qian Z H，Hirose S. Inverse shape reconstruction of inner cavities using guided SH-waves in a plate. Shock and Vibration，2015，2015：1-9.

[46] Wang B，Hirose S. Shape reconstruction of plate thinning using reflection coefficients of ultrasonic lamb waves：A numerical approach. ISIJ International，2012，52（7）：1320-1327.

[47] Imhof M G. Scattering of acoustic and elastic waves using hybrid multiple multipole expansions—Finite element technique. The Journal of the Acoustical Society of America，1996，100（3）：1325-1338.

[48] de Basabe J D，Sen M K. Grid dispersion and stability criteria of some common finite-element methods for acoustic and elastic wave equations. Geophysics，2007，72（6）：81-95.

[49] Liu G R. A combined finite element/strip element method for analyzing elastic wave scattering by cracks and inclusions in laminates. Computational Mechanics，2002，28（1）：76-82.

[50] 笪益辉，王彬，钱征华. 一种求解瑞利波散射问题的修正边界元方法. 固体力学学报，2017，38（5）：379-390.

[51] Kitahara M，Nakahata K，Ichino T. Application of BEM for the visualization of scattered wave fields from flaws. AIP Conference Proceedings，2004，700（1）：43-50.

[52] Arias I，Achenbach J D. Rayleigh wave correction for the BEM analysis of two-dimensional elastodynamic problems in a half-space. International Journal for Numerical Methods in Engineering，2004，60（13）：2131-2146.

[53] Waterman P C. Matrix theory of elastic wave scattering. The Journal of the Acoustical Society of America，1976，60（3）：567-580.

[54] Gunawan A，Hirose S. Mode-exciting method for Lamb wave-scattering analysis. The Journal of the Acoustical Society of America，2004，115（3）：996-1005.

[55] 王秀明，张海澜，王东. 利用高阶交错网格有限差分法模拟地震波在非均匀孔隙介质中的传播. 地球物理学报，2003，46（6）：842-849.

[56] Marfurt K J. Accuracy of finite-difference and finite-element modeling of the scalar and elastic wave equations. Geophysics，1984，49（5）：533-549.

[57] Bayliss A，Jordan K E，LeMesurier B J，et al. A fourth-order accurate finite-difference scheme for the computation of elastic waves. Bulletin of the Seismological Society of America，1986，76（4）：1115-1132.

[58] Wilcox P，Lowe M，Cawley P. The effect of dispersion on long-range inspection using ultrasonic guided waves. NDT and E International，2001，34（1）：1-9.

[59] Achenbach J D. Wave Propagation in Elastic Solids. New York：North-Holland，1973.

[60] Gazis D C. Exact analysis of the plane-strain vibrations of thick-walled hollow cylinders. The Journal of the Acoustical Society of America，1958，30（8）：786-794.

[61] Gazis D C. Three-dimensional investigation of the propagation of waves in hollow circular cylinders. Ⅰ. Analytical foundation. The Journal of the Acoustical Society of America，1959，31（5）：568-573.

[62] Gazis D C. Three-dimensional investigation of the propagation of waves in hollow circular cylinders. Ⅱ. Numerical results. The Journal of the Acoustical Society of America，1959，31（5）：573-578.

[63] Marzani A. Time-transient response for ultrasonic guided waves propagating in damped cylinders. International Journal of Solids and Structures，2008，45（25）：6347-6368.

[64] Bai H，Taciroglu E，Dong S B，et al. Elastodynamic Green's functions for a laminated piezoelectric cylinder. International Journal of Solids and Structures，2004，41（22）：6335-6350.

[65] Ditri J J. Utilization of guided elastic waves for the characterization of circumferential cracks in hollow cylinders. Journal of the Acoustical Society of America，1994，96（6）：3769-3775.

[66] Auld B A. Acoustic fields and waves in solids. New York：John-Wiley and Sons，1990.

[67] Duan W B，Niu X D，Gan T H，et al. A numerical study on the excitation of guided waves in rectangular plates using multiple point sources. Metals，2017，7（12）：552.

[68] Baronian V，Bonnet-Ben Dhia A S，Fliss S，et al. Iterative methods for scattering problems in isotropic or anisotropic elastic waveguides. Wave Motion，2016，64：13-33.

[69] Rattanawangcharoen N. Propagation and scattering of elastic waves in laminated circular cylinders. Winnipeg：University of Manitoba，1993.

[70] Wang S，Huang S L，Zhao W，et al. 3D modeling of circumferential SH guided waves in pipeline for axial cracking detection in ILI tools. Ultrasonics，2015，56：325-331.

[71] Liu Z H，Xu Q L，Gong Y，et al. A new multichannel time reversal focusing method for circumferential Lamb waves and its applications for defect detection in thick-walled pipe with large-diameter. Ultrasonics，2014，54（7）：1967-1976.

[72] Valle C，Niethammer M，Qu J M，et al. Crack characterization using guided circumferential waves. Journal of the Acoustical Society of America，2001，110（3）：1282-1290.

[73] Shivaraj K，Balasubramaniam K，Krishnamurthy C V，et al. Ultrasonic circumferential guided wave for pitting-type corrosion imaging at inaccessible pipe-support locations. Journal of Pressure Vessel Technology，2008，130（2）：1030-1036.

[74] Lowe M J S，Alleyne D N，Cawley P. The mode conversion of a guided wave by a part-circumferential notch in a pipe. Journal of Applied Mechanics，1998，65（3）：649-656.

[75] Alleyne D N，Lowe M J S，Cawley P. The reflection of guided waves from circumferential notches in pipes. Journal of Applied Mechanics，1998，65（3）：635-641.

[76] Li J. On circumferential disposition of pipe defects by long-range ultrasonic guided waves. Journal of Pressure Vessel Technology，2005，127（4）：530-537.

[77] Davies J，Cawley P. The application of synthetically focused imaging techniques for high resolution guided wave pipe inspection. AIP Conference Proceedings，2007，894（1）：681-688.

[78] 邓菲，吴斌，何存富. 基于时间反转的管道导波缺陷参数辨识方法. 机械工程学报，2010，46（8）：18-24.

[79] Deng F，Wu B，He C F. A time-reversal defect-identifying method for guided wave inspection in pipes. Journal of Pressure Vessel Technology，2008，130（2）：021503-021510.

[80] 郑国军，唐志峰，王友钊，等. 基于匹配追踪算法的超声导波管道轴向缺陷大小定量分析. 机械工程学报，2013，49（4）：1-5.

[81] Stoyko D K，Popplewell N，Shah A H. Detecting and describing a notch in a pipe using singularities. International Journal of Solids and Structures，2014，51（15-16）：2729-2743.

[82] Davies J，Cawley P. The application of synthetic focusing for imaging crack-like defects in pipelines using guided waves. IEEE Transactions on Ultrasonics，Ferroelectrics，and Frequency Control，2009，56（4）：759-771.

[83] Liu Y，Li Z，Gong K Z. Detection of a radial crack in annular structures using guided circumferential waves and continuous wavelet transform. Mechanical Systems and Signal Processing，2012，30（7）：157-167.

[84] Cheong Y M，Lee D H，Jung H K. Ultrasonic guided wave parameters for detection of axial cracks in feeder pipes of PHWR nuclear power plants. Ultrasonics，2004，42（1）：883-888.

[85] Acciani G，Brunetti G，Fornarelli G，et al. Angular and axial evaluation of superficial defects on non-accessible pipes by wavelet transform and neural network-based classification. Ultrasonics，2010，50（1）：13-25.

[86] Nakamura M，Nishida S，Shibasaki H. Spectral properties of signal averaging and a novel technique for improving

the signal-to-noise ratio. Journal of Biomedical Engineering，1989，11（1）：72-78.

[87] Wear K A，Wagner R F，Insana M F，et al. Application of autoregressive spectral analysis to cepstral estimation of mean scatterer spacing. IEEE Transactions on Ultrasonics Ferroelectrics and Frequency Control，1993，40（1）：50-58.

[88] Spiesberger J L. The matched-lag filter：Detecting broadband multipath signals with auto-and cross-correlation functions. Journal of the Acoustical Society of America，2001，110（3）：1696.

[89] Shepherd M R，Gee K L. Higher-order statistical analysis of nonlinearly propagated broadband noise. The Journal of the Acoustical Society of America，2008，124（4）：2491.

[90] Bell B M，Reynolds S A. A matched filter network for estimating pulse arrival times. IEEE Transactions on Signal Processing，1991，39（2）：477-481.

[91] Margetan F J，Gray J A，Thompson R B. Microstructural noise in titanium alloys and its influence on the detectability of hard-alpha inclusions. Review of Progress in Quantitative Nondestructive Evaluation，1992，11：1717-1724.

[92] Daubechies I. The wavelet transform，time-frequency localization and signal analysis. IEEE Transactions on Information Theory，1990，36（5）：961-1005.

[93] Da Y，Wang B，Qian Z H. Noise processing of flaw reconstruction by wavelet transform in ultrasonic guided SH waves. Meccanica，2017，52（10）：2307-2328.

[94] Li X，Bilgutay N M，Murthy R. Spectral histogram using the minimization algorithm theory and applications to flaw detection. IEEE Transactions on Ultrasonics Ferroelectrics and Frequency Control，1992，39（2）：279-284.

[95] Huang N E，Wu M L，Qu W D，et al. Applications of Hilbert-Huang transform to non-stationary financial time series analysis. Applied Stochastic Models in Business and Industry，2003，19（3）：245-268.

[96] Neal S P，Speckman P L，Enright M A. Flaw signature estimation in ultrasonic nondestructive evaluation using the Wiener filter with limited prior information. IEEE Transactions on Ultrasonics Ferroelectrics and Frequency Control，1993，40（4）：347-353.

[97] Gabor D. Theory of communication. Journal of the Institute of Electrical Engineers，1946，93：429-549.

[98] Haar A. Zur theorie der orthogonalen funktionensysteme. Mathematische Annalen，1910，69（3）：331-371.

[99] Meyer Y，Bartram J F. Wavelets and applications. Journal of the Acoustical Society of America，1992，92（5）：3023.

[100] Tang X O，Stewart W K. Optical and sonar image classification：Wavelet packet transform vs Fourier transform. Computer vision and Image Understanding，2000，79（1）：25-46.

[101] Abbate A，Koay J，Frankel J，et al. Signal detection and noise suppression using a wavelet transform signal processor：Application to ultrasonic flaw detection. IEEE Transactions on Ultrasonics Ferroelectrics and Frequency Control，1997，44（1）：14-26.

[102] Song S P，Que P W. Wavelet based noise suppression technique and its application to ultrasonic flaw detection. Ultrasonics，2006，44（2）：188-193.

第2章　正交曲线坐标系下超声导波的频散特性

2.1　引　　言

研究结构中的波场首先要清楚结构中存在哪些模式的导波，因此要对相应结构中超声导波进行频散分析。在均匀各向同性介质中，通过选择合适的坐标系建立波动方程，可以将面内和面外位移进行解耦，从而简化波动方程，得到只有平面内位移的导波和只有反平面位移的导波。例如，采用直角坐标系分析平板中兰姆（Lamb）波和剪切（SH）波，采用柱坐标系分析管道中纵振波和扭转波。本章给出一般正交曲线坐标系中超声导波频散特性分析方法，通过控制曲线坐标系中的曲线曲率变化，分析不同曲面结构（包括平板、圆柱和一般等距曲面结构）。

2.2　直角坐标系和极坐标系下的波动方程

在笛卡儿坐标系中，将坐标轴记为x_i，于是位移向量$\boldsymbol{u}(\boldsymbol{x},t)$可表示为

$$\boldsymbol{u}(\boldsymbol{x},t)=u_i\boldsymbol{e}_i=u_1\boldsymbol{e}_1+u_2\boldsymbol{e}_2+u_3\boldsymbol{e}_3,\quad i=1,2,3 \tag{2.1}$$

其中，$\boldsymbol{x}=(x_1,x_2,x_3)$；$\boldsymbol{e}_1$、$\boldsymbol{e}_2$、$\boldsymbol{e}_3$为一组正交的单位基向量；$u_i$为位移向量$\boldsymbol{u}$的坐标分量；$t$为时间；$u_i\boldsymbol{e}_i$为对指标$i$的求和，即爱因斯坦求和约定。在此处声明，本书如无特殊说明，相同指标（哑标）表示求和约定。

假设位移函数$u_i(x_1,x_2,x_3,t)$连续可微，从而将其对坐标和时间的偏导数分别记为

$$u_{i,j}=\frac{\partial u_i}{\partial x_j},\quad \dot{u}_i=\frac{\partial u_i}{\partial t} \tag{2.2}$$

在线性理论中，位移与应变关系可表示成矢量形式，即

$$\boldsymbol{\varepsilon}=\frac{1}{2}(\boldsymbol{u}\nabla+\nabla\boldsymbol{u}) \tag{2.3}$$

进一步，其分量形式为

$$\varepsilon_{ij}=\frac{1}{2}(u_{i,j}+u_{j,i}) \tag{2.4}$$

很显然，应变分量满足 $\varepsilon_{ij}=\varepsilon_{ji}$，因此应变张量 $\boldsymbol{\varepsilon}$ 是二阶对称张量。

假设有一封闭连续介质区域 V，其外边界为 S，在外载荷作用下产生运动，根据线性动量平衡原理，有

$$\int_S \boldsymbol{t}\mathrm{d}S+\int_V \boldsymbol{f}\mathrm{d}V=\int_V \rho\ddot{\boldsymbol{u}}\mathrm{d}V \tag{2.5}$$

其中，$\ddot{\boldsymbol{u}}=\partial^2\boldsymbol{u}/\partial t^2$；$\boldsymbol{t}$ 为作用在边界 S 上的牵引力；$\boldsymbol{f}$ 为作用在 V 上的体力。

根据柯西应力公式，有

$$\boldsymbol{t}=\boldsymbol{\sigma}\cdot\boldsymbol{n} \tag{2.6}$$

其中，$\boldsymbol{\sigma}$ 为应力张量；$\boldsymbol{n}$ 为当前位置的法向量，并根据高斯定理，式（2.5）可写成

$$\int_V(\nabla\cdot\boldsymbol{\sigma}+\boldsymbol{f}-\rho\ddot{\boldsymbol{u}})\mathrm{d}V=\boldsymbol{0} \tag{2.7}$$

将牵引力的分量形式 $t_i=\sigma_{ij}n_j$ 代入式（2.5），并考虑在直角坐标系中（在正交曲线坐标系中不具有如下简单形式），有

$$\int_S \sigma_{ij}n_j\mathrm{d}S+\int_V f_i\mathrm{d}V=\int_V \rho\ddot{u}_i\mathrm{d}V \tag{2.8}$$

再利用高斯定理有

$$\int_V(\sigma_{ij,j}+f_i-\rho\ddot{u}_i)\mathrm{d}V=0 \tag{2.9}$$

因为对于任意 V，式（2.9）都成立，所以有

$$\sigma_{ij,j}+f_i=\rho\ddot{u}_i \tag{2.10}$$

该式就称为线弹性体运动的应力式。

根据广义胡克定律，建立应力与应变关系：

$$\sigma_{ij}=C_{ijkl}\varepsilon_{kl} \tag{2.11}$$

其中，张量 $C_{ijkl}=C_{jikl}=C_{klij}=C_{ijlk}$，共有 81 个分量，但对于各向异性材料其相互独立分量只有 21 个。

对于各向同性弹性体，有

$$C_{ijkl}=\lambda\delta_{ij}\delta_{kl}+\mu(\delta_{ik}\delta_{jl}+\delta_{il}\delta_{jk}) \tag{2.12}$$

其中，δ_{ij} 为 Kronecker 符号，只有下标相同时等于 1，否则等于 0；λ 和 μ 为拉梅弹性常数，μ 也称为剪切模量。

将式（2.12）代入式（2.11），得

$$\sigma_{ij}=\lambda\delta_{ij}\varepsilon_{kk}+2\mu\varepsilon_{ij} \tag{2.13}$$

将式（2.13）和式（2.4）代入式（2.10），就得到线弹性体运动的位移式：

$$\mu u_{i,jj}+(\lambda+\mu)u_{j,ji}+f_i=\rho\ddot{u}_i \tag{2.14}$$

通常 f_i 为零时，表示无源振动，此时采用矢量符号表示式（2.14），可写成

$$\mu\nabla^2\boldsymbol{u}+(\lambda+\mu)\nabla\nabla\cdot\boldsymbol{u}=\rho\ddot{\boldsymbol{u}} \tag{2.15}$$

其中，∇^2 表示拉普拉斯算子，对于直角坐标系 $\nabla^2=\partial^2/\partial x^2+\partial^2/\partial y^2+\partial^2/\partial z^2$。

因为位移矢量 $\boldsymbol{u}$ 满足亥姆霍兹（Helmholtz）分解：

$$\boldsymbol{u}=\nabla\varphi+\nabla\times\boldsymbol{\psi} \tag{2.16}$$

其中，φ 为标量；$\boldsymbol{\psi}$ 为矢量。

将式（2.16）代入式（2.15）有

$$\nabla[(\lambda+2\mu)\nabla^2\varphi-\rho\ddot{\varphi}]+\nabla\times(\mu\nabla^2\boldsymbol{\psi}-\rho\ddot{\boldsymbol{\psi}})=\boldsymbol{0} \tag{2.17}$$

对于任意的势场都满足式（2.17），即有

$$\nabla^2\varphi=\frac{\rho}{\lambda+2\mu}\ddot{\varphi}=\frac{1}{c_L^2}\ddot{\varphi} \tag{2.18a}$$

$$\nabla^2\boldsymbol{\psi}=\frac{\rho}{\mu}\ddot{\boldsymbol{\psi}}=\frac{1}{c_T^2}\ddot{\boldsymbol{\psi}} \tag{2.18b}$$

上述公式是纵波（式（2.18a））和横波（式（2.18b））的解耦波动方程，该式仅对均匀各向同性弹性介质成立，而对于非均匀或非各向同性弹性介质，通常不存在这种解耦关系。

2.2.1 直角坐标系中的波动方程

直角坐标系是描述运动最为简单的坐标系，因为其坐标基矢量不随坐标位置的改变而改变。在均匀各向同性弹性介质中建立直角坐标系，将其记为 O-xyz（O 为原点，x、y、z 分别为正交坐标轴），各方向位移 u_x、u_y、u_z 与应变之间的关系有

$$\varepsilon_{xx}=\frac{\partial u_x}{\partial x},\quad \varepsilon_{yy}=\frac{\partial u_y}{\partial y},\quad \varepsilon_{zz}=\frac{\partial u_z}{\partial z}$$

$$\varepsilon_{xy}=\varepsilon_{yx}=\frac{1}{2}\left(\frac{\partial u_x}{\partial y}+\frac{\partial u_y}{\partial x}\right),\quad \varepsilon_{yz}=\varepsilon_{zy}=\frac{1}{2}\left(\frac{\partial u_y}{\partial z}+\frac{\partial u_z}{\partial y}\right),\quad \varepsilon_{zx}=\varepsilon_{xz}=\frac{1}{2}\left(\frac{\partial u_z}{\partial x}+\frac{\partial u_x}{\partial z}\right) \tag{2.19}$$

进一步，根据式（2.13）得应变与应力关系为

$$\sigma_{xx}=\lambda\left(\frac{\partial u_x}{\partial x}+\frac{\partial u_y}{\partial y}+\frac{\partial u_z}{\partial z}\right)+2\mu\frac{\partial u_x}{\partial x},\quad \sigma_{yy}=\lambda\left(\frac{\partial u_x}{\partial x}+\frac{\partial u_y}{\partial y}+\frac{\partial u_z}{\partial z}\right)+2\mu\frac{\partial u_y}{\partial y}$$

$$\sigma_{zz}=\lambda\left(\frac{\partial u_x}{\partial x}+\frac{\partial u_y}{\partial y}+\frac{\partial u_z}{\partial z}\right)+2\mu\frac{\partial u_z}{\partial z},\quad \sigma_{xy}=\sigma_{yx}=\mu\left(\frac{\partial u_x}{\partial y}+\frac{\partial u_y}{\partial x}\right)$$

$$\sigma_{yz}=\sigma_{zy}=\mu\left(\frac{\partial u_y}{\partial z}+\frac{\partial u_z}{\partial y}\right),\quad \sigma_{zx}=\sigma_{xz}=\mu\left(\frac{\partial u_z}{\partial x}+\frac{\partial u_x}{\partial z}\right) \tag{2.20}$$

可将式（2.20）直接代入式（2.10）（无体力项），得

$$\begin{cases}\mu\nabla^2 u_x+(\lambda+\mu)\left(\dfrac{\partial^2 u_x}{\partial x^2}+\dfrac{\partial^2 u_y}{\partial x\partial y}+\dfrac{\partial^2 u_z}{\partial x\partial z}\right)=\rho\dfrac{\partial^2 u_x}{\partial t^2}\\ \mu\nabla^2 u_y+(\lambda+\mu)\left(\dfrac{\partial^2 u_y}{\partial y^2}+\dfrac{\partial^2 u_x}{\partial x\partial y}+\dfrac{\partial^2 u_z}{\partial y\partial z}\right)=\rho\dfrac{\partial^2 u_y}{\partial t^2}\\ \mu\nabla^2 u_z+(\lambda+\mu)\left(\dfrac{\partial^2 u_z}{\partial z^2}+\dfrac{\partial^2 u_x}{\partial x\partial z}+\dfrac{\partial^2 u_y}{\partial y\partial z}\right)=\rho\dfrac{\partial^2 u_z}{\partial t^2}\end{cases} \tag{2.21}$$

该式与式（2.14）（不含体力项）情况一致。

另一种情况，若采用标量势 φ 和矢量势 $\boldsymbol{\psi}$ 的分量 ψ_x、ψ_y、ψ_z 表示波动方程，有

$$\nabla^2\varphi=\frac{1}{c_L^2}\frac{\partial^2\varphi}{\partial t^2},\quad \nabla^2\psi_x=\frac{1}{c_T^2}\frac{\partial^2\psi_x}{\partial t^2},\quad \nabla^2\psi_y=\frac{1}{c_T^2}\frac{\partial^2\psi_y}{\partial t^2},\quad \nabla^2\psi_z=\frac{1}{c_T^2}\frac{\partial^2\psi_z}{\partial t^2} \tag{2.22}$$

将得到的解代入式（2.16），就得到位移分量的最终表达式为

$$u_x=\frac{\partial\varphi}{\partial x}+\frac{\partial\psi_z}{\partial y}-\frac{\partial\psi_y}{\partial z},\quad u_y=\frac{\partial\varphi}{\partial y}-\frac{\partial\psi_z}{\partial x}+\frac{\partial\psi_x}{\partial z},\quad u_z=\frac{\partial\varphi}{\partial z}+\frac{\partial\psi_y}{\partial x}-\frac{\partial\psi_x}{\partial y} \tag{2.23}$$

实际上，将式（2.23）代入式（2.21）进行整理，也可以得到式（2.22）。

2.2.2　极坐标系中的波动方程

在三维结构中，柱坐标系和球坐标系也经常用于研究波动问题。这两种坐标系中坐标基矢量是坐标位置的函数，因此在求导数时需要考虑其影响。不妨将柱坐标系记作 $O\text{-}r\theta z$，其单位基矢量记为 $\boldsymbol{e}_r$、$\boldsymbol{e}_\theta$、$\boldsymbol{e}_z$，其各个偏导数为

$$\begin{cases}\dfrac{\partial \boldsymbol{e}_r}{\partial r}=\boldsymbol{0},\quad \dfrac{\partial \boldsymbol{e}_r}{\partial\theta}=\boldsymbol{e}_\theta,\quad \dfrac{\partial \boldsymbol{e}_r}{\partial z}=\boldsymbol{0}\\ \dfrac{\partial \boldsymbol{e}_\theta}{\partial r}=\boldsymbol{0},\quad \dfrac{\partial \boldsymbol{e}_\theta}{\partial\theta}=-\boldsymbol{e}_r,\quad \dfrac{\partial \boldsymbol{e}_\theta}{\partial z}=\boldsymbol{0}\\ \dfrac{\partial \boldsymbol{e}_z}{\partial r}=\boldsymbol{0},\quad \dfrac{\partial \boldsymbol{e}_z}{\partial\theta}=\boldsymbol{0},\quad \dfrac{\partial \boldsymbol{e}_z}{\partial z}=\boldsymbol{0}\end{cases} \tag{2.24}$$

为了书写方便，将柱坐标轴记为 $x_1=r,x_2=\theta,x_3=z$，根据式（2.3）得到应变的矢量形式如下：

$$\boldsymbol{\varepsilon}=\frac{1}{2}(\boldsymbol{u}\nabla+\nabla\boldsymbol{u})=\frac{1}{2}\left(\boldsymbol{g}^i\frac{\partial(u_j\boldsymbol{e}_j)}{\partial x_i}+\frac{\partial(u_j\boldsymbol{e}_j)}{\partial x_i}\boldsymbol{g}^i\right) \tag{2.25}$$

其中，$\boldsymbol{g}^i=\boldsymbol{e}_{\underline{i}}/A_{\underline{i}}$ 为逆变基矢量（具体见张量分析），$A_i=|\boldsymbol{g}_i|\ (i=1,2,3)$ 称为拉梅常数，这里带有下划线的重复角标 $\underline{i}$ 表示不求和。$A_{\underline{i}}\,(i=1,2,3)$ 具体求解见下面详述，因为空间矢量 $\boldsymbol{r}$ 的局部增量 $\mathrm{d}\boldsymbol{r}$ 都可记为

$$\mathrm{d}\boldsymbol{r}=\frac{\partial\boldsymbol{r}}{\partial x^i}\mathrm{d}x^i=\boldsymbol{g}_i\mathrm{d}x^i \tag{2.26}$$

所以用直角坐标系表示 $\boldsymbol{r}$：

$$\boldsymbol{r}=x\boldsymbol{e}_x+y\boldsymbol{e}_y+z\boldsymbol{e}_z \tag{2.27}$$

将其代入式(2.26)，因为在正交坐标系中坐标轴的上下角标不再有差异，即 $x^i=x_i$，因此有

$$\boldsymbol{g}_i=\frac{\partial x}{\partial x_i}\boldsymbol{e}_x+\frac{\partial y}{\partial x_i}\boldsymbol{e}_y+\frac{\partial z}{\partial x_i}\boldsymbol{e}_z \tag{2.28}$$

又因为柱坐标系与直角坐标系的关系如下：

$$x=x_1\cos x_2,\quad y=x_1\sin x_2,\quad z=x_3 \tag{2.29}$$

将式（2.29）代入式（2.28），有

$$\boldsymbol{g}_1=\cos x_2\boldsymbol{e}_x+\sin x_2\boldsymbol{e}_y,\quad \boldsymbol{g}_2=-x_1\sin x_2\boldsymbol{e}_x+x_1\cos x_2\boldsymbol{e}_y,\quad \boldsymbol{g}_3=\boldsymbol{e}_z \tag{2.30}$$

从而，得到

$$A_1=|\boldsymbol{g}_1|=1,\quad A_2=|\boldsymbol{g}_2|=x_1,\quad A_3=|\boldsymbol{g}_3|=1 \tag{2.31}$$

对式（2.25）进行整理，可得

$$\boldsymbol{\varepsilon}=\frac{1}{2}(\boldsymbol{u}\nabla+\nabla\boldsymbol{u})=\frac{1}{2}\left[\left(\frac{\partial u_j}{\partial x_i}+\frac{\partial u_i}{\partial x_j}\right)\boldsymbol{e}_j\boldsymbol{g}^i+u_j\boldsymbol{g}^i\frac{\partial\boldsymbol{e}_j}{\partial x_i}+u_j\frac{\partial\boldsymbol{e}_j}{\partial x_i}\boldsymbol{g}^i\right] \tag{2.32}$$

将 $\boldsymbol{g}^i=\boldsymbol{e}_{\underline{i}}/A_{\underline{i}}$ 和式（2.24）代入式（2.26），整理后得到相应分量形式：

$$\begin{gathered}\varepsilon_{11}=\frac{\partial u_1}{\partial x_1},\quad \varepsilon_{22}=\frac{1}{x_1}\left(\frac{\partial u_2}{\partial x_2}+u_1\right),\quad \varepsilon_{33}=\frac{\partial u_3}{\partial x_3},\quad \varepsilon_{12}=\varepsilon_{21}=\frac{1}{2}\left(\frac{1}{x_1}\frac{\partial u_1}{\partial x_2}+\frac{\partial u_2}{\partial x_1}-\frac{u_2}{x_1}\right)\\ \varepsilon_{23}=\varepsilon_{32}=\frac{1}{2}\left(\frac{\partial u_2}{\partial x_3}+\frac{1}{x_1}\frac{\partial u_3}{\partial x_2}\right),\quad \varepsilon_{31}=\varepsilon_{13}=\frac{1}{2}\left(\frac{\partial u_1}{\partial x_3}+\frac{\partial u_3}{\partial x_1}\right)\end{gathered} \tag{2.33}$$

根据式（2.13），得到应力表达式为

$$
\begin{cases}
\sigma_{11}=\lambda\left[\dfrac{\partial u_1}{\partial x_1}+\dfrac{1}{x_1}\left(\dfrac{\partial u_2}{\partial x_2}+u_1\right)+\dfrac{\partial u_3}{\partial x_3}\right]+2\mu\dfrac{\partial u_1}{\partial x_1}\\
\sigma_{22}=\lambda\left[\dfrac{\partial u_1}{\partial x_1}+\dfrac{1}{x_1}\left(\dfrac{\partial u_2}{\partial x_2}+u_1\right)+\dfrac{\partial u_3}{\partial x_3}\right]+2\mu\dfrac{\partial u_2}{\partial x_2}\\
\sigma_{33}=\lambda\left[\dfrac{\partial u_1}{\partial x_1}+\dfrac{1}{x_1}\left(\dfrac{\partial u_2}{\partial x_2}+u_1\right)+\dfrac{\partial u_3}{\partial x_3}\right]+2\mu\dfrac{\partial u_3}{\partial x_3}\\
\sigma_{12}=\sigma_{21}=\mu\left(\dfrac{1}{x_1}\dfrac{\partial u_1}{\partial x_2}+\dfrac{\partial u_2}{\partial x_1}-\dfrac{u_2}{x_1}\right)\\
\sigma_{23}=\sigma_{32}=\mu\left(\dfrac{\partial u_2}{\partial x_3}+\dfrac{1}{x_1}\dfrac{\partial u_3}{\partial x_2}\right)\\
\sigma_{31}=\sigma_{13}=\mu\left(\dfrac{\partial u_1}{\partial x_3}+\dfrac{\partial u_3}{\partial x_1}\right)
\end{cases}
\tag{2.34}
$$

根据式（2.7）得到柱坐标系下的运动式为

$$
\begin{aligned}
&\boldsymbol{g}^k\boldsymbol{e}_i\frac{\partial\sigma_{ij}}{\partial x_k}\boldsymbol{e}_j+\sigma_{ij}\boldsymbol{g}^k\frac{\partial\boldsymbol{e}_i}{\partial x_k}\boldsymbol{e}_j+\sigma_{ij}\boldsymbol{g}^k\boldsymbol{e}_i\frac{\partial\boldsymbol{e}_j}{\partial x_k}+f_i\boldsymbol{e}_i+\rho\ddot{u}_i\boldsymbol{e}_i\\
&=\left(\frac{2\sigma_{1j}}{A_2}+\frac{1}{A_1}\frac{\partial\sigma_{1j}}{\partial x_1}+\frac{1}{A_2}\frac{\partial\sigma_{2j}}{\partial x_2}+\frac{1}{A_3}\frac{\partial\sigma_{3j}}{\partial x_3}+f_j+\rho\ddot{u}_j\right)\boldsymbol{e}_j=0
\end{aligned}
\tag{2.35}
$$

将式（2.34）代入式（2.35），可得到位移分量表示的运动式为

$$
\begin{aligned}
&\lambda\left[\frac{\partial^2u_1}{\partial x_1^2}+\frac{\partial^2u_3}{\partial x_1\partial x_3}+\frac{1}{x_1}\left(\frac{1}{x_1}\frac{\partial u_2}{\partial x_2}+\frac{u_1}{x_1}+\frac{\partial^2u_2}{\partial x_1\partial x_2}+3\frac{\partial u_1}{\partial x_1}+2\frac{\partial u_3}{\partial x_3}\right)\right]\\
&+\mu\left[2\frac{\partial^2u_1}{\partial x_1^2}+\frac{\partial^2u_1}{\partial x_3^2}+\frac{\partial^2u_3}{\partial x_1\partial x_3}+\frac{1}{x_1}\left(4\frac{\partial u_1}{\partial x_1}+\frac{1}{x_1}\frac{\partial^2u_1}{\partial x_2^2}+\frac{\partial^2u_2}{\partial x_1\partial x_2}-\frac{1}{x_1}\frac{\partial u_2}{\partial x_2}\right)\right]+f_1+\rho\ddot{u}_1=0
\end{aligned}
\tag{2.36}
$$

这里只给出了 x_1 方向的运动式，其他两个方向的运动式可参照类似的方式得到。

上述推导是从位移分量出发，建立运动式。接下来，将采用势函数建立运动式，参照式（2.16）的坐标变换关系，得到柱坐标系下势函数表示的位移表达式：

$$
\boldsymbol{u}=\nabla\varphi+\nabla\times\boldsymbol{\psi}=\boldsymbol{g}^i\frac{\partial\varphi}{\partial x_i}+\boldsymbol{g}^i\times\frac{\partial\boldsymbol{\psi}}{\partial x_i}
\tag{2.37}
$$

其分量形式为

$$\begin{cases} u_1 = \dfrac{\partial \varphi}{\partial x_1} + \dfrac{1}{x_1}\dfrac{\partial \psi_3}{\partial x_2} - \dfrac{\partial \psi_2}{\partial x_3} \\ u_2 = \dfrac{\partial \varphi}{\partial x_2} + \dfrac{1}{x_1}\dfrac{\partial \psi_1}{\partial x_3} - \dfrac{\partial \psi_3}{\partial x_1} \\ u_3 = \dfrac{\partial \varphi}{\partial x_3} + \dfrac{\partial \psi_2}{\partial x_1} - \dfrac{1}{x_1}\dfrac{\partial \psi_1}{\partial x_2} + \dfrac{\psi_2}{x_1} \end{cases} \tag{2.38}$$

再根据式（2.18）就可得到势函数表示的波动方程，这里主要涉及柱坐标系下标量场和矢量场的拉普拉斯算子：

$$\nabla^2 \varphi = \nabla \cdot \nabla \varphi = \frac{\partial}{\partial x_j}\left(\boldsymbol{g}^i \frac{\partial \varphi}{\partial x_i}\right) \cdot \boldsymbol{g}^j \tag{2.39}$$

其分量形式为

$$\nabla^2 \varphi = \left(\frac{\partial^2}{\partial x_1^2} + \frac{1}{x_1}\frac{\partial}{\partial x_1} + \frac{1}{x_1^2}\frac{\partial^2}{\partial x_2^2} + \frac{\partial^2}{\partial x_3^2}\right)\varphi \tag{2.40}$$

由式（2.40）得柱坐标系下的拉普拉斯算子表达式为

$$\nabla^2 = \frac{\partial^2}{\partial x_1^2} + \frac{1}{x_1}\frac{\partial}{\partial x_1} + \frac{1}{x_1^2}\frac{\partial^2}{\partial x_2^2} + \frac{\partial^2}{\partial x_3^2} \tag{2.41}$$

根据式（2.18a）得到只含标量势的运动式，即

$$\nabla^2 \varphi = \left(\frac{\partial^2}{\partial x_1^2} + \frac{1}{x_1}\frac{\partial}{\partial x_1} + \frac{1}{x_1^2}\frac{\partial^2}{\partial x_2^2} + \frac{\partial^2}{\partial x_3^2}\right)\varphi = \frac{1}{c_L^2}\frac{\partial^2 \varphi}{\partial t^2} \tag{2.42}$$

然而，矢量的拉普拉斯算子表达式为

$$\nabla^2 \boldsymbol{\psi} = \nabla \cdot \nabla \boldsymbol{\psi} = \boldsymbol{g}^j \frac{\partial}{\partial x_j} \cdot \left[\boldsymbol{g}^i \frac{\partial (\psi_k \boldsymbol{e}_k)}{\partial x_i}\right] \tag{2.43}$$

根据式（2.18b）可得到只含矢量势的运动式，即

$$\begin{cases} \nabla^2 \psi_1 - \dfrac{\psi_1}{x_1^2} - \dfrac{2}{x_1^2}\dfrac{\partial \psi_2}{\partial x_2} = \dfrac{1}{c_T^2}\dfrac{\partial^2 \psi_1}{\partial t^2} \\ \nabla^2 \psi_2 - \dfrac{\psi_2}{x_1^2} + \dfrac{2}{x_1^2}\dfrac{\partial \psi_1}{\partial x_2} = \dfrac{1}{c_T^2}\dfrac{\partial^2 \psi_2}{\partial t^2} \\ \nabla^2 \psi_3 = \dfrac{1}{c_T^2}\dfrac{\partial^2 \psi_3}{\partial t^2} \end{cases} \tag{2.44}$$

式（2.44）也可以通过矢量梯度、散度和旋度与拉普拉斯算子的关系得到，即

$$\nabla^2 \boldsymbol{\psi} = \nabla(\nabla \cdot \boldsymbol{\psi}) - \nabla \times \nabla \times \boldsymbol{\psi} \tag{2.45}$$

球坐标系也是描述运动的常用坐标系，将其记作$O\text{-}r\theta\gamma$，对应的单位基向量为$\boldsymbol{e}_r$、$\boldsymbol{e}_\theta$、$\boldsymbol{e}_\gamma$，其偏导数为

$$\frac{\partial \boldsymbol{e}_r}{\partial r}=\boldsymbol{0},\quad \frac{\partial \boldsymbol{e}_r}{\partial \theta}=\boldsymbol{e}_\theta,\quad \frac{\partial \boldsymbol{e}_r}{\partial \gamma}=\boldsymbol{e}_\theta \sin\theta$$

$$\frac{\partial \boldsymbol{e}_\theta}{\partial r}=\boldsymbol{0},\quad \frac{\partial \boldsymbol{e}_\theta}{\partial \theta}=-\boldsymbol{e}_r,\quad \frac{\partial \boldsymbol{e}_\theta}{\partial \gamma}=\boldsymbol{e}_\gamma \cos\theta$$

$$\frac{\partial \boldsymbol{e}_\gamma}{\partial r}=\boldsymbol{0},\quad \frac{\partial \boldsymbol{e}_\gamma}{\partial \theta}=\boldsymbol{0},\quad \frac{\partial \boldsymbol{e}_\gamma}{\partial \gamma}=-\boldsymbol{e}_r \sin\theta-\boldsymbol{e}_\theta \cos\theta$$

接着，参照式（2.25）～式（2.44）的推导过程，即可得到球坐标系下由位移表示的运动式和势函数表示的运动式，具体过程这里不再重复，读者可自行推导。

2.3　正交曲线坐标系下的波动方程

如图 2.1 所示，光滑曲面 S 上任意取一点 O，确定正交曲线坐标系 O-$\alpha\beta\gamma$，在 $\gamma\leqslant 0$ 的区域是一表面满足曲率缓变条件（$k\rho_{\min}\gg 1$，k 为波数，$\rho_{\min}$ 为曲面曲率半径中的最小值）的均匀各向同性线弹性介质。我们将 α、β 和 γ 方向的单位向量分别表示为 $\boldsymbol{e}_\alpha$、$\boldsymbol{e}_\beta$ 和 $\boldsymbol{e}_\gamma$，A_α、A_β 和 A_γ 为曲线坐标的拉梅常数，原点 O 所在面为参考曲面，即该位置处 $\gamma=0$，因此有

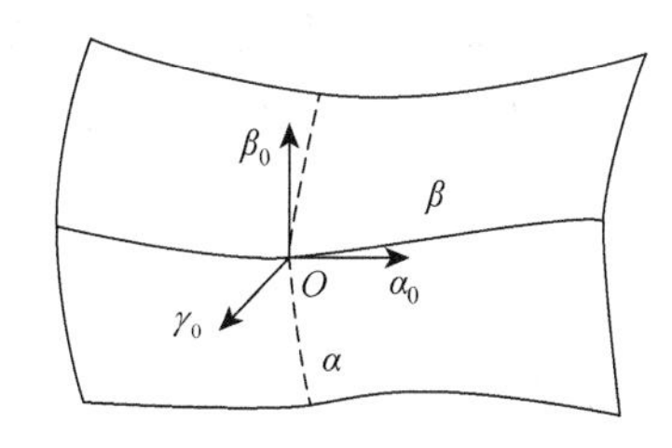

图 2.1　正交曲面坐标系

$$A_\alpha\approx 1+\frac{\gamma}{\rho_\alpha},\quad A_\beta\approx 1+\frac{\gamma}{\rho_\beta},\quad A_\gamma=1 \tag{2.46}$$

其中，ρ_α 和 ρ_β 为曲面在 O 点的主曲率半径。

设有一沿 α 方向传播的平面波，位移矢量具有与式（2.16）同样的赫姆霍兹分解，即

$$\boldsymbol{u}=\nabla\varphi+\nabla\times\boldsymbol{\psi} \tag{2.47}$$

在正交曲线坐标系中，其标量梯度和矢量旋度依然有如下形式：

$$\nabla\varphi=\frac{\boldsymbol{e}_\alpha}{A_\alpha}\frac{\partial\varphi}{\partial\alpha}+\frac{\boldsymbol{e}_\beta}{A_\beta}\frac{\partial\varphi}{\partial\beta}+\frac{\boldsymbol{e}_\gamma}{A_\gamma}\frac{\partial\varphi}{\partial\gamma},\quad \nabla\times\boldsymbol{\psi}=\frac{1}{A_\alpha A_\beta A_\gamma}\begin{vmatrix} A_\alpha\boldsymbol{e}_\alpha & A_\beta\boldsymbol{e}_\beta & A_\gamma\boldsymbol{e}_\gamma \\ \dfrac{\partial}{\partial\alpha} & \dfrac{\partial}{\partial\beta} & \dfrac{\partial}{\partial\gamma} \\ A_\alpha\psi_\alpha & A_\beta\psi_\beta & A_\gamma\psi_\gamma \end{vmatrix} \tag{2.48}$$

假设现在质点位移只受 O-$\alpha\gamma$ 平面内位置的影响，同时波的传播方向沿 α 方向。从而，式（2.48）可进一步整理为

$$\nabla\varphi=\frac{\boldsymbol{e}_\alpha}{A_\alpha}\frac{\partial\varphi}{\partial\alpha}+\frac{\boldsymbol{e}_\gamma}{A_\gamma}\frac{\partial\varphi}{\partial\gamma}$$

$$\nabla\times\boldsymbol{\psi}=-\frac{1}{A_\beta A_\gamma}\boldsymbol{e}_\alpha\frac{\partial(A_\beta\psi_\beta)}{\partial\gamma}-\frac{1}{A_\alpha A_\gamma}\boldsymbol{e}_\beta\left[\frac{\partial(A_\gamma\psi_\gamma)}{\partial\alpha}-\frac{\partial(A_\alpha\psi_\alpha)}{\partial\gamma}\right]+\frac{1}{A_\alpha A_\beta}\boldsymbol{e}_\gamma\frac{\partial(A_\beta\psi_\beta)}{\partial\alpha}\tag{2.49}$$

将式（2.49）代入式（2.47）得到正交曲线坐标系中α、β和γ方向的位移分量为

$$\begin{cases}u_\alpha=\dfrac{1}{A_\alpha}\dfrac{\partial\varphi}{\partial\alpha}-\dfrac{1}{A_\gamma}\dfrac{\partial\psi_\beta}{\partial\gamma}-\dfrac{\psi_\beta}{A_\beta A_\gamma}\dfrac{\partial A_\beta}{\partial\gamma}\\ u_\beta=\dfrac{1}{A_\beta}\dfrac{\partial\psi_\gamma}{\partial\alpha}+\dfrac{\psi_\gamma}{A_\alpha A_\gamma}\dfrac{\partial A_\gamma}{\partial\alpha}-\dfrac{1}{A_\gamma}\dfrac{\partial\psi_\alpha}{\partial\gamma}-\dfrac{\psi_\alpha}{A_\alpha A_\gamma}\dfrac{\partial A_\alpha}{\partial\gamma}\\ u_\gamma=\dfrac{1}{A_\gamma}\dfrac{\partial\varphi}{\partial\gamma}+\dfrac{1}{A_\alpha}\dfrac{\partial\psi_\beta}{\partial\alpha}+\dfrac{\psi_\beta}{A_\alpha A_\beta}\dfrac{\partial A_\beta}{\partial\alpha}\end{cases}\tag{2.50}$$

不妨设势函数可以表示成如下形式：

$$\varphi=U(\gamma)\mathrm{e}^{\mathrm{i}k\alpha},\quad \psi_\alpha=V_1(\gamma)\mathrm{e}^{\mathrm{i}k\alpha},\quad \psi_\beta=V_2(\gamma)\mathrm{e}^{\mathrm{i}k\alpha},\quad \psi_\gamma=V_3(\gamma)\mathrm{e}^{\mathrm{i}k\alpha}\tag{2.51}$$

$$\nabla^2\varphi=\frac{\rho}{\lambda+2\mu}\ddot{\varphi}=\frac{1}{c_L^2}\ddot{\varphi}\tag{2.52a}$$

$$\nabla^2\boldsymbol{\psi}=\frac{\rho}{\mu}\ddot{\boldsymbol{\psi}}=\frac{1}{c_T^2}\ddot{\boldsymbol{\psi}}\tag{2.52b}$$

将式（2.51）代入式（2.52a），忽略含有$(1/\rho_\alpha)^2$和$(1/\rho_\beta)^2$的项，简化得

$$\frac{\partial^2U}{\partial\gamma^2}+\left(\frac{1}{\rho_\beta+\gamma}+\frac{1}{\rho_\alpha+\gamma}\right)\frac{\partial U}{\partial\gamma}+\left(k_L^2-k^2+\frac{2\rho_\alpha\gamma k^2}{A_1^2}\right)U=0\tag{2.53}$$

$$\nabla^2\boldsymbol{\psi}=\nabla\cdot\nabla\boldsymbol{\psi}=\boldsymbol{g}^j\frac{\partial}{\partial x_j}\cdot\left[\boldsymbol{g}^i\frac{\partial(\psi_k\boldsymbol{e}_k)}{\partial x_i}\right]\tag{2.54}$$

2.3.1 WKB 法求解

直接求解上述公式是十分困难的，为此这里借助 WKB 法求解。首先假设式（2.53）的解具有如下形式：

$$U=C\mathrm{e}^{\int\phi(\gamma)\mathrm{d}\gamma}\tag{2.55}$$

其中，C为常数。

因为$\min(|\rho_\alpha|,|\rho_\beta|)\gg|\gamma|$，所以具有如下渐近表示：

$$\frac{1}{\rho_\alpha+\gamma}\approx\frac{1}{\rho_\alpha},\quad \frac{1}{\rho_\beta+\gamma}\approx\frac{1}{\rho_\beta},\quad \frac{\rho_\alpha\gamma k^2}{A_1^2}\approx\frac{\gamma k^2}{\rho_\alpha}\tag{2.56}$$

从而，式（2.53）进一步简化为

$$\frac{\partial^2 U}{\partial \gamma^2}+\left(\frac{1}{\rho_\beta}+\frac{1}{\rho_\alpha}\right)\frac{\partial U}{\partial \gamma}+\left(k_L^2-k^2+\frac{2\gamma k^2}{\rho_\alpha}\right)U=0 \tag{2.57}$$

将式（2.55）代入式（2.57），有

$$[\phi(\gamma)]^2+\frac{\mathrm{d}\phi(\gamma)}{\mathrm{d}\gamma}+\left(\frac{1}{\rho_\alpha}+\frac{1}{\rho_\beta}\right)\phi(\gamma)+\left(k_L^2-k^2+\frac{2\gamma k^2}{\rho_\alpha}\right)=0 \tag{2.58}$$

引入符号 $k^2-k_L^2=q^2$，并假设式（2.58）的渐近级数解为

$$\phi(\gamma)=\phi_0(\gamma)q+\phi_1(\gamma)+\frac{\phi_2(\gamma)}{q}+\frac{\phi_3(\gamma)}{q^2}+\cdots \tag{2.59}$$

将式（2.59）代入式（2.58），并令 q 各幂次的系数为零，同时忽略 $(1/\rho_\alpha)^2$ 和 $(1/\rho_\beta)^2$ 及更高阶项，得

$$\phi_0^2=1,\quad \phi_1=-\frac{1}{2}\left(\frac{1}{\rho_\alpha}+\frac{1}{\rho_\beta}\right),\quad \phi_2=-\frac{k^2}{\rho_\alpha}\gamma,\quad \phi_2=\frac{k^2}{2\rho_\alpha} \tag{2.60}$$

将其代入式（2.58），并由式（2.55）得

$$U(\gamma)=C\mathrm{e}^{\left[q+\frac{k^2}{2q^2\rho_\alpha}-\frac{1}{2}\left(\frac{1}{\rho_\alpha}+\frac{1}{\rho_\beta}\right)\right]\gamma-\frac{k^2}{2q\rho_\alpha}\gamma^2} \tag{2.61}$$

因此，标量势的具体形式如下：

$$\varphi=U(\gamma)\mathrm{e}^{\mathrm{i}k\alpha}=C\mathrm{e}^{\mathrm{i}k\alpha+\left[q+\frac{k^2}{2q^2\rho_\alpha}-\frac{1}{2}\left(\frac{1}{\rho_\alpha}+\frac{1}{\rho_\beta}\right)\right]\gamma-\frac{k^2}{2q\rho_\alpha}\gamma^2} \tag{2.62}$$

对于矢量势的求解，也可以参照上述方法。首先将矢量势的分量形式写出：

$$\begin{cases}\left(1-\frac{2\gamma}{\rho_\alpha}\right)\frac{\partial^2\psi_\alpha}{\partial\alpha^2}+\frac{2}{\rho_\alpha}\frac{\partial\psi_\gamma}{\partial\alpha}+\left(\frac{1}{\rho_\alpha}+\frac{1}{\rho_\beta}\right)\frac{\partial\psi_\alpha}{\partial\alpha}+\frac{\partial^2\psi_\alpha}{\partial\gamma^2}=-k_T^2\psi_\alpha\\ \left(1-\frac{2\gamma}{\rho_\alpha}\right)\frac{\partial^2\psi_\beta}{\partial\alpha^2}+\left(\frac{1}{\rho_\alpha}+\frac{1}{\rho_\beta}\right)\frac{\partial\psi_\beta}{\partial\gamma}+\frac{\partial^2\psi_\beta}{\partial\gamma^2}=-k_T^2\psi_\beta\\ \left(1-\frac{2\gamma}{\rho_\alpha}\right)\frac{\partial^2\psi_\gamma}{\partial\alpha^2}-\frac{2}{\rho_\alpha}\frac{\partial\psi_\alpha}{\partial\alpha}+\left(\frac{1}{\rho_\alpha}+\frac{1}{\rho_\beta}\right)\frac{\partial\psi_\gamma}{\partial\gamma}+\frac{\partial^2\psi_\gamma}{\partial\gamma^2}=-k_T^2\psi_\gamma\end{cases} \tag{2.63}$$

根据式（2.55）～式（2.62）的推导过程，近似得到式（2.63）的解。当然，该过程比标量势更为复杂，因为 ψ_α 和 ψ_γ 是耦合的，大多数情况下无法得到解析形式的解，只能通过数值方法进行计算。因此，本书又提出更为简单的方法，详细过程见 2.3.2 节。

2.3.2　半解析有限元法求解

建立如图 2.1 所示的正交曲面坐标系，其拉梅常数见式（2.46）。因此，得到曲面上任意一点处的应变表达式为

$$\begin{cases}\varepsilon_{11}=\dfrac{1}{h_1}\dfrac{\partial u_1}{\partial \alpha}+\dfrac{\kappa_1}{A_\alpha}u_3\\ \varepsilon_{22}=\dfrac{1}{h_2}\dfrac{\partial u_2}{\partial \beta}+\dfrac{\kappa_2}{A_\beta}u_3\\ \varepsilon_{33}=\dfrac{\partial u_3}{\partial \gamma}\\ \varepsilon_{12}=\dfrac{1}{2}\left(\dfrac{1}{A_\alpha}\dfrac{\partial u_2}{\partial \alpha}+\dfrac{1}{A_\beta}\dfrac{\partial u_1}{\partial \beta}\right)\\ \varepsilon_{13}=\dfrac{1}{2}\left(\dfrac{1}{A_\alpha}\dfrac{\partial u_3}{\partial \alpha}+\dfrac{\partial u_1}{\partial \gamma}-\dfrac{\kappa_1}{A_\alpha}u_1\right)\\ \varepsilon_{23}=\dfrac{1}{2}\left(\dfrac{1}{A_\beta}\dfrac{\partial u_3}{\partial \beta}+\dfrac{\partial u_2}{\partial \gamma}-\dfrac{\kappa_2}{A_\beta}u_2\right)\end{cases} \tag{2.64}$$

其中，$\kappa_1=1/\rho_\alpha;\kappa_2=1/\rho_\beta$。

进一步，将应变分量表示为

$$\boldsymbol{\varepsilon}=\begin{bmatrix}\dfrac{1}{A_\alpha}\dfrac{\partial}{\partial \alpha} & 0 & \dfrac{\kappa_1}{A_\alpha}\\ 0 & \dfrac{1}{A_\beta}\dfrac{\partial}{\partial \beta} & \dfrac{\kappa_2}{A_\beta}\\ 0 & 0 & \dfrac{\partial}{\partial \gamma}\\ 0 & \dfrac{\partial}{\partial \gamma}-\dfrac{\kappa_2}{A_\beta} & \dfrac{1}{A_\beta}\dfrac{\partial}{\partial \beta}\\ \dfrac{\partial}{\partial \gamma}-\dfrac{\kappa_1}{A_\alpha} & 0 & \dfrac{1}{A_\alpha}\dfrac{\partial}{\partial \alpha}\\ \dfrac{1}{A_\beta}\dfrac{\partial}{\partial \beta} & \dfrac{1}{A_\alpha}\dfrac{\partial}{\partial \alpha} & 0\end{bmatrix}\begin{bmatrix}u_1\\ u_2\\ u_3\end{bmatrix}=\boldsymbol{L}\boldsymbol{u} \tag{2.65}$$

其中，

$$\boldsymbol{u}=\begin{bmatrix}u_1\\ u_2\\ u_3\end{bmatrix}$$

$$\boldsymbol{L}=\boldsymbol{L}_1\frac{1}{A_\alpha}\frac{\partial}{\partial \alpha}+\boldsymbol{L}_2\frac{1}{A_\beta}\frac{\partial}{\partial \beta}+\boldsymbol{L}_3\frac{\partial}{\partial \gamma}+\boldsymbol{L}_4\frac{\kappa_1}{A_\alpha}+\boldsymbol{L}_5\frac{\kappa_2}{A_\beta} \tag{2.66}$$

同时

$$\boldsymbol{L}_1=\begin{bmatrix}1&0&0\\0&0&0\\0&0&0\\0&0&0\\0&0&1\\0&1&0\end{bmatrix},\quad \boldsymbol{L}_2=\begin{bmatrix}0&0&0\\0&1&0\\0&0&0\\0&0&1\\0&0&0\\1&0&0\end{bmatrix},\quad \boldsymbol{L}_3=\begin{bmatrix}0&0&0\\0&0&0\\0&0&1\\0&1&0\\1&0&0\\0&0&0\end{bmatrix}$$
$$\boldsymbol{L}_4=\begin{bmatrix}0&0&1\\0&0&0\\0&0&0\\0&0&0\\-1&0&0\\0&0&0\end{bmatrix},\quad \boldsymbol{L}_5=\begin{bmatrix}0&0&0\\0&0&1\\0&0&0\\0&-1&0\\0&0&0\\0&0&0\end{bmatrix} \tag{2.67}$$

此时，依然沿γ进行单元离散，于是位移可以用形函数$\boldsymbol{N}$表示：

$$\boldsymbol{u}=\begin{bmatrix}u_1\\u_2\\u_3\end{bmatrix}=\boldsymbol{NU} \tag{2.68}$$

将式（2.68）和式（2.66）代入式（2.65），得

$$\boldsymbol{\varepsilon}=\boldsymbol{Lu}=\boldsymbol{L}_1\frac{1}{A_\alpha}\boldsymbol{NU}_{,1}+\boldsymbol{L}_2\frac{1}{A_\beta}\boldsymbol{NU}_{,2}+\boldsymbol{L}_3\boldsymbol{N}_{,3}\boldsymbol{U}+\boldsymbol{L}_4\frac{\kappa_1}{A_\alpha}\boldsymbol{NU}+\boldsymbol{L}_5\frac{\kappa_2}{A_\beta}\boldsymbol{NU} \tag{2.69}$$

记

$$\boldsymbol{B}_1=\boldsymbol{L}_1\frac{1}{A_\alpha}\boldsymbol{N},\quad \boldsymbol{B}_2=\boldsymbol{L}_2\frac{1}{A_\beta}\boldsymbol{N},\quad \boldsymbol{B}_3=\boldsymbol{L}_3\boldsymbol{N}_{,3}+\boldsymbol{L}_4\frac{\kappa_1}{A_\alpha}\boldsymbol{N}+\boldsymbol{L}_5\frac{\kappa_2}{A_\beta}\boldsymbol{N} \tag{2.70}$$

不妨设图 2.1 中的α为波传播方向，将β方向进行傅里叶级数展开，即

$$\boldsymbol{U}(\alpha,\beta)=\sum_n \mathrm{e}^{\mathrm{i}n\frac{2\pi}{l}\beta}\boldsymbol{U}_n\mathrm{e}^{\mathrm{i}k\alpha}=\sum_{\tilde{n}}\mathrm{e}^{\mathrm{i}\tilde{n}\beta}\boldsymbol{U}_n\mathrm{e}^{\mathrm{i}k\alpha},\quad n=\cdots,-2,-1,0,1,2,\cdots \tag{2.71}$$

其中，$\tilde{n}=n\frac{2\pi}{l}$；$l$为$\beta$方向上的周期；$k$为波数。

在半解析半有限元法中，利用哈密顿（Hamilton）原理对波动方程进行推导求解。而哈密顿原理要求积分$A=\int_{t_1}^{t_2}(K-W)\mathrm{d}t$是极值，其中，$K$为质点系的动能，$W$为质点系的应变能。所以，在曲面中的任意一点有

$$\delta H=\int_{t_1}^{t_2}\delta(W-K)\mathrm{d}t=0 \tag{2.72}$$

其中，W为

$$W=\frac{1}{2}\int_V \boldsymbol{\varepsilon}^{\mathrm{T}}\boldsymbol{\sigma}\mathrm{d}V \tag{2.73}$$

K 为

$$K=\frac{1}{2}\int_V \boldsymbol{u}^{\mathrm{T}}\rho\ddot{\boldsymbol{u}}\mathrm{d}V \tag{2.74}$$

其中，V 为体积；ρ 为曲面材料密度；$\ddot{\boldsymbol{u}}$ 为位移对时间 t 的二阶导数。

将式（2.73）和式（2.74）代入式（2.72），可以得到

$$\int_{t_1}^{t_2}\left[\int_V \delta\boldsymbol{\varepsilon}^{\mathrm{T}}\boldsymbol{\sigma}\mathrm{d}V+\int_V \delta\boldsymbol{u}^{\mathrm{T}}\rho\ddot{\boldsymbol{u}}\mathrm{d}V\right]\mathrm{d}t=0 \tag{2.75}$$

n_{el} 为 γ 方向离散单元的总数，式（2.75）的离散形式可以写成

$$\int_{t_1}^{t_2}\left[\int_\alpha\int_\beta\bigcup_{e=1}^{n_{el}}\int_{\gamma_1^{(e)}}^{\gamma_0^{(e)}}(\delta\boldsymbol{\varepsilon}_h^{\mathrm{T}}\boldsymbol{\sigma}_h+\delta\boldsymbol{u}_h^{\mathrm{T}}\rho\ddot{\boldsymbol{u}}_h)A_\alpha A_\beta\mathrm{d}\alpha\mathrm{d}\beta\mathrm{d}\gamma\right]\mathrm{d}t=0 \tag{2.76}$$

其中，$\gamma_0^{(e)}$ 和 $\gamma_1^{(e)}$ 表示第 e 个单元区间，单元内的位移和应变满足式（2.69），所以将其代入式（2.76），得到

$$\int_{t_1}^{t_2}\left\{\int_\alpha\int_\beta\left[\bigcup_{e=1}^{n_{el}}\delta q^{\mathrm{T}}(\boldsymbol{m}_e\ddot{\boldsymbol{q}}-\boldsymbol{k}_1\boldsymbol{q}_{,\alpha\alpha}-\boldsymbol{k}_2\boldsymbol{q}_{,\alpha}-\boldsymbol{k}_3\boldsymbol{q})\right]\mathrm{d}\alpha\mathrm{d}\beta\right\}\mathrm{d}t=0 \tag{2.77}$$

式（2.77）中单元刚度矩阵有以下定义：

$$\begin{aligned}
&\boldsymbol{k}_1=\int_{\gamma_1^{(e)}}^{\gamma_0^{(e)}}[\boldsymbol{B}_1^{\mathrm{T}}\boldsymbol{D}\boldsymbol{B}_1]A_\alpha A_\beta\mathrm{d}\gamma\\
&\boldsymbol{k}_2=\int_{\gamma_1^{(e)}}^{\gamma_0^{(e)}}[\mathrm{i}\boldsymbol{B}_3^{\mathrm{T}}\boldsymbol{D}\boldsymbol{B}_1-\mathrm{i}\boldsymbol{B}_1^{\mathrm{T}}\boldsymbol{D}\boldsymbol{B}_3+\gamma\kappa_2\boldsymbol{B}_2^{\mathrm{T}}\boldsymbol{D}\boldsymbol{B}_1+\gamma\kappa_2\boldsymbol{B}_1^{\mathrm{T}}\boldsymbol{D}\boldsymbol{B}_2]A_\alpha A_\beta\mathrm{d}\gamma\\
&\boldsymbol{k}_3=\int_{\gamma_1^{(e)}}^{\gamma_0^{(e)}}[\mathrm{i}\gamma\kappa_2\boldsymbol{B}_3^{\mathrm{T}}\boldsymbol{D}\boldsymbol{B}_2-\mathrm{i}\gamma\kappa_2\boldsymbol{B}_2^{\mathrm{T}}\boldsymbol{D}\boldsymbol{B}_3+(\gamma\kappa_2)^2\boldsymbol{B}_2^{\mathrm{T}}\boldsymbol{D}\boldsymbol{B}_2+\boldsymbol{B}_3^{\mathrm{T}}\boldsymbol{D}\boldsymbol{B}_3]A_\alpha A_\beta\mathrm{d}\gamma
\end{aligned} \tag{2.78}$$

其中，$\boldsymbol{D}$ 为材料弹性常数矩阵。

单元质量矩阵为

$$\boldsymbol{m}=\rho_e\int_{\gamma_1^{(e)}}^{\gamma_0^{(e)}}[\boldsymbol{N}^{\mathrm{T}}\boldsymbol{N}]A_\alpha A_\beta\mathrm{d}\gamma \tag{2.79}$$

利用标准的有限元装配程序可得到

$$\boldsymbol{M}\ddot{\boldsymbol{U}}-\boldsymbol{K}_1\boldsymbol{U}_{,\alpha\alpha}-\boldsymbol{K}_2\boldsymbol{U}_{,\alpha}+\boldsymbol{K}_3\boldsymbol{U}=0 \tag{2.80}$$

其中，$\boldsymbol{M}=\bigcup_{e=1}^{n_{el}}\boldsymbol{m}_e$；$\boldsymbol{K}_1=\bigcup_{e=1}^{n_{el}}\boldsymbol{k}_1$；$\boldsymbol{K}_2=\bigcup_{e=1}^{n_{el}}\boldsymbol{k}_2$；$\boldsymbol{K}_3=\bigcup_{e=1}^{n_{el}}\boldsymbol{k}_3$；$\boldsymbol{U}$ 为组合的节点位移 $\boldsymbol{q}$。

利用位移的表达形式，可以将式（2.80）写成如下形式：

$$[k^2\boldsymbol{K}_1-\mathrm{i}k\boldsymbol{K}_2+\boldsymbol{K}_3-\omega^2\boldsymbol{M}]_M\boldsymbol{U}=\boldsymbol{0} \tag{2.81}$$

通过将式（2.81）中的 M 维二次特征值问题重构为一个 $2M$ 一阶形式的问题（式（2.82）），可以通过频率的取值得到波数的值，即

$$[\boldsymbol{A}-k\boldsymbol{B}]_{2M}\boldsymbol{V}=\boldsymbol{0} \tag{2.82}$$

其中，

$$\boldsymbol{A}=\begin{bmatrix} 0 & \boldsymbol{K}_3-\omega^2\boldsymbol{M} \\ \boldsymbol{K}_3-\omega^2\boldsymbol{M} & -\mathrm{i}\boldsymbol{K}_2 \end{bmatrix}_{2M}$$

$$\boldsymbol{B}=\begin{bmatrix} \boldsymbol{K}_3-\omega^2\boldsymbol{M} & 0 \\ 0 & -\boldsymbol{K}_1 \end{bmatrix}_{2M} \tag{2.83}$$

$$\boldsymbol{V}=\begin{bmatrix} \boldsymbol{U} \\ k\boldsymbol{U} \end{bmatrix}_{2M}$$

要得到式（2.83）的非平凡解，则其系数矩阵行列式应为 0，即

$$\det[\boldsymbol{A}-k\boldsymbol{B}]_{2M}=0 \tag{2.84}$$

当给定曲面的曲率半径和频率时，通过求解式（2.84）的特征值和特征向量分别得到波数和沿 γ 方向的位移分布值，进一步可得到曲率半径、频率和波数（波速）的关系。

2.3.3　基于半解析有限元法的管道导波频散特性分析

本节以管道为例，介绍半解析有限元法的应用。在圆柱坐标系 (r,θ,z) 中，将管道中位移场写成分量形式：

$$\boldsymbol{u}(r,\theta,z,t)=[u,v,w]^{\mathrm{T}} \tag{2.85}$$

其中，u、v、w 分别为径向位移、周向位移和轴向位移。

根据有限元的离散方法，对于完整无缺陷的管道采用径向离散，位移表达式如下：

$$\begin{bmatrix} u(r,\theta,z,t) \\ v(r,\theta,z,t) \\ w(r,\theta,z,t) \end{bmatrix}=\begin{bmatrix} N(r(\nu)) & 0 & 0 \\ 0 & N(r(\nu)) & 0 \\ 0 & 0 & N(r(\nu)) \end{bmatrix}\begin{bmatrix} U(\theta,z,t) \\ V(\theta,z,t) \\ W(\theta,z,t) \end{bmatrix} \tag{2.86}$$

$\nu\in[-1,1]$ 为局部变量，$N(r(\nu))$ 为形函数，式（2.86）可以简写为

$$\boldsymbol{u}(r,\theta,z,t)=\boldsymbol{N}(r(\nu))\boldsymbol{U}(\theta,z,t) \tag{2.87}$$

其中，$\boldsymbol{u}(r,\theta,z,t)=\begin{bmatrix} u(r,\theta,z,t) \\ v(r,\theta,z,t) \\ w(r,\theta,z,t) \end{bmatrix}$；$\boldsymbol{N}(r(\nu))=\begin{bmatrix} N(r(\nu)) & 0 & 0 \\ 0 & N(r(\nu)) & 0 \\ 0 & 0 & N(r(\nu)) \end{bmatrix}$；$\boldsymbol{U}(\theta,z,t)=\begin{bmatrix} U(\theta,z,t) \\ V(\theta,z,t) \\ W(\theta,z,t) \end{bmatrix}$。

根据应变和位移之间的关系，可得

$$\boldsymbol{\varepsilon}=\boldsymbol{B}_1\boldsymbol{U}+\boldsymbol{B}_2\boldsymbol{U}_{,\theta}+\boldsymbol{B}_3\boldsymbol{U}_{,z} \tag{2.88}$$

其中，$\boldsymbol{B}_1=\begin{bmatrix} N_{,r} & \cdots & \cdots \\ N/r & \cdots & \cdots \\ \cdots & \cdots & \cdots \\ \cdots & \cdots & \cdots \\ \cdots & \cdots & N_{,r} \\ \cdots & N_{,r}-N/r & \cdots \end{bmatrix}$；$\boldsymbol{B}_2=\begin{bmatrix} \cdots & \cdots & \cdots \\ \cdots & N/r & \cdots \\ \cdots & \cdots & \cdots \\ \cdots & \cdots & N/r \\ \cdots & \cdots & \cdots \\ N/r & \cdots & \cdots \end{bmatrix}$；$\boldsymbol{B}_3=\begin{bmatrix} \cdots & \cdots & \cdots \\ \cdots & \cdots & \cdots \\ \cdots & \cdots & N \\ \cdots & N & \cdots \\ N & \cdots & \cdots \\ \cdots & \cdots & \cdots \end{bmatrix}$。

根据哈密顿原理可以得到运动方程为

$$\boldsymbol{K}_1\boldsymbol{U}+\boldsymbol{K}_2\boldsymbol{U}_{,\theta}+\boldsymbol{K}_3\boldsymbol{U}_{,z}-\boldsymbol{K}_4\boldsymbol{U}_{,\theta\theta}-\boldsymbol{K}_5\boldsymbol{U}_{,\theta z}-\boldsymbol{K}_6\boldsymbol{U}_{,zz}+\boldsymbol{M}\ddot{\boldsymbol{U}}=\boldsymbol{F} \tag{2.89}$$

系统刚度矩阵$\boldsymbol{K}_i$、质量矩阵$\boldsymbol{M}$和载荷向量$\boldsymbol{F}$具有如下形式：

$$\begin{aligned} \boldsymbol{K}_1 &= \int \boldsymbol{B}_1^{\mathrm{T}}\boldsymbol{D}\boldsymbol{B}_1 r\mathrm{d}r \\ \boldsymbol{K}_2 &= \int(\boldsymbol{B}_1^{\mathrm{T}}\boldsymbol{D}\boldsymbol{B}_2-\boldsymbol{B}_2^{\mathrm{T}}\boldsymbol{D}\boldsymbol{B}_1)r\mathrm{d}r \\ \boldsymbol{K}_3 &= \int(\boldsymbol{B}_1^{\mathrm{T}}\boldsymbol{D}\boldsymbol{B}_3-\boldsymbol{B}_3^{\mathrm{T}}\boldsymbol{D}\boldsymbol{B}_1)r\mathrm{d}r \\ \boldsymbol{K}_4 &= \int \boldsymbol{B}_2^{\mathrm{T}}\boldsymbol{D}\boldsymbol{B}_2 r\mathrm{d}r \\ \boldsymbol{K}_5 &= \int(\boldsymbol{B}_2^{\mathrm{T}}\boldsymbol{D}\boldsymbol{B}_3+\boldsymbol{B}_3^{\mathrm{T}}\boldsymbol{D}\boldsymbol{B}_2)r\mathrm{d}r \\ \boldsymbol{K}_6 &= \int \boldsymbol{B}_3^{\mathrm{T}}\boldsymbol{D}\boldsymbol{B}_3 r\mathrm{d}r \\ \boldsymbol{M} &= \int \rho\boldsymbol{N}^{\mathrm{T}}\boldsymbol{N}r\mathrm{d}r \\ \boldsymbol{F} &= \int \boldsymbol{N}^{\mathrm{T}}\boldsymbol{P}r\mathrm{d}r \end{aligned} \tag{2.90}$$

其中，$\boldsymbol{D}$为圆柱体中的弹性张量；ρ为材料密度；$\boldsymbol{P}$为外载荷向量。

式（2.90）中的积分是指每个单元层的径向积分。因为$\boldsymbol{U}$中只含有(θ,z,t)自变量，整个控制方程含有时间的简谐项，对周向采用傅里叶级数展开，即

$$\boldsymbol{F}(\theta,z,t)=\mathrm{e}^{-\mathrm{i}\omega t}\boldsymbol{F}(\theta,z)=\mathrm{e}^{\mathrm{i}\omega t}\sum_{n=-\infty}^{+\infty}\mathrm{e}^{\mathrm{i}n\theta}\overline{\boldsymbol{F}}_n(z)$$

$$\boldsymbol{U}(\theta,z,t)=\mathrm{e}^{-\mathrm{i}\omega t}\boldsymbol{U}(\theta,z)=\mathrm{e}^{\mathrm{i}\omega t}\sum_{n=-\infty}^{+\infty}\mathrm{e}^{\mathrm{i}n\theta}\overline{\boldsymbol{U}}_n(z) \tag{2.91}$$

将式（2.91）代入式（2.89），得

$$(\boldsymbol{K}_1+\mathrm{i}n\boldsymbol{K}_2+n^2\boldsymbol{K}_4-\omega^2\boldsymbol{M})\overline{\boldsymbol{U}}_n+(\boldsymbol{K}_3-\mathrm{i}n\boldsymbol{K}_5)\overline{\boldsymbol{U}}_{n,z}-\boldsymbol{K}_6\overline{\boldsymbol{U}}_{n,zz}=\overline{\boldsymbol{F}}_n \tag{2.92}$$

再将式（2.92）进行傅里叶变换，得

$$(\boldsymbol{K}_1+\mathrm{i}n\boldsymbol{K}_2+n^2\boldsymbol{K}_4-\omega^2\boldsymbol{M})\boldsymbol{U}_n+\mathrm{i}k_n(\boldsymbol{K}_3-\mathrm{i}n\boldsymbol{K}_5)\boldsymbol{U}_n+k_n^2\boldsymbol{K}_6\boldsymbol{U}_n=\boldsymbol{F}_n \tag{2.93}$$

其中，$\boldsymbol{U}_n=\int_{-\infty}^{+\infty}\overline{\boldsymbol{U}}_n\mathrm{e}^{-\mathrm{i}k_n z}\mathrm{d}z$；$\boldsymbol{F}_n=\int_{-\infty}^{+\infty}\overline{\boldsymbol{F}}_n\mathrm{e}^{-\mathrm{i}k_n z}\mathrm{d}z$。

式（2.93）中含有3个特征参数n、ω、k_n，当指定n、ω时，k_n就是待求特征值。对于式（2.93）的求解，首先将k_n的二次特征值问题变换成一次，得

$$[\boldsymbol{A}(n,\omega)-k_n\boldsymbol{B}(n,\omega)]\boldsymbol{Q}_n=\boldsymbol{P}_n \tag{2.94}$$

其中，

$$
\begin{aligned}
\boldsymbol{A}(n,\omega)&=\begin{bmatrix} 0 & \boldsymbol{K}_1+\mathrm{i}n\boldsymbol{K}_2+n^2\boldsymbol{K}_4-\omega^2\boldsymbol{M} \\ \boldsymbol{K}_1+\mathrm{i}n\boldsymbol{K}_2+n^2\boldsymbol{K}_4-\omega^2\boldsymbol{M} & \mathrm{i}(\boldsymbol{K}_3-\mathrm{i}n\boldsymbol{K}_5) \end{bmatrix}\\
\boldsymbol{B}(n,\omega)&=\begin{bmatrix} \boldsymbol{K}_1+\mathrm{i}n\boldsymbol{K}_2+n^2\boldsymbol{K}_4-\omega^2\boldsymbol{M} & 0 \\ 0 & -\boldsymbol{K}_6 \end{bmatrix}\\
\boldsymbol{Q}_n&=\begin{bmatrix} \boldsymbol{U}_n \\ k_n\boldsymbol{U}_n \end{bmatrix}\\
\boldsymbol{P}_n&=\begin{bmatrix} 0 \\ \boldsymbol{F}_n \end{bmatrix}
\end{aligned}
\tag{2.95}
$$

如果$\boldsymbol{U}_n$是 M 维向量，则$\boldsymbol{Q}_n$是$2M$ 维向量。为了使式（2.93）有非平凡解，则要求行列式$|\boldsymbol{A}(n,\omega)-k_n\boldsymbol{B}(n,\omega)|=0$，对应$k_n$会有$2M$ 个特征值k_{nm}，这些特征值可分为实数、纯虚数和复数，其中实数k_{nm}表示导波，纯虚数和复数k_{nm}表示衰减的波，而且$2M$ 个特征值中有一半表示沿z负半轴传播或衰减的波，另一半表示沿z正半轴传播或衰减的波。每个特征值k_{nm}都对应一组左特征向量ϕ_{nm}^{L}和右特征向量ϕ_{nm}^{R}，即满足

$$
\begin{aligned}
[\boldsymbol{A}^{\mathrm{T}}(n,\omega)-k_{nm}\boldsymbol{B}^{\mathrm{T}}(n)]\phi_{nm}^{\mathrm{L}}&=0\\
[\boldsymbol{A}(n,\omega)-k_{nm}\boldsymbol{B}(n)]\phi_{nm}^{\mathrm{R}}&=0
\end{aligned}
\tag{2.96}
$$

这些特征向量表示壁厚方向离散质点的位移，同时满足双正交性：

$$
\begin{aligned}
\phi_{nm}^{\mathrm{LT}}\boldsymbol{B}\phi_{np}^{\mathrm{R}}&=\mathrm{diag}(B_{nm})\\
\phi_{nm}^{\mathrm{LT}}\boldsymbol{A}\phi_{np}^{\mathrm{R}}&=\mathrm{diag}(k_{nm}B_{nm})
\end{aligned}
\tag{2.97}
$$

具体形式可以写成

$$
\phi_{nm}^{\mathrm{R}}=\begin{bmatrix} \phi_{nmu}^{\mathrm{R}} \\ k_{nm}\phi_{nmu}^{\mathrm{R}} \end{bmatrix},\quad \phi_{nm}^{\mathrm{L}}=\begin{bmatrix} \phi_{nmu}^{\mathrm{L}} \\ k_{nm}\phi_{nmu}^{\mathrm{L}} \end{bmatrix}
\tag{2.98}
$$

将式（2.98）代入式（2.97），整理得

$$
\begin{aligned}
&[\phi_{npu}^{\mathrm{L}}]^{\mathrm{H}}(\boldsymbol{K}_1+\mathrm{i}n\boldsymbol{K}_2+n^2\boldsymbol{K}_4-\omega^2M)\phi_{nmu}^{\mathrm{R}}-k_{np}k_{nm}[\phi_{npu}^{\mathrm{L}}]^{\mathrm{H}}\boldsymbol{K}_6\phi_{nmu}^{\mathrm{R}}=\delta_{pm}B_{nm}\\
&(k_{np}+k_{nm})[\phi_{npu}^{\mathrm{L}}]^{\mathrm{H}}(\boldsymbol{K}_1+\mathrm{i}n\boldsymbol{K}_2+n^2\boldsymbol{K}_4-\omega^2M)\phi_{nmu}^{\mathrm{R}}+\mathrm{i}k_{np}k_{nm}[\phi_{npu}^{\mathrm{L}}]^{\mathrm{H}}(\boldsymbol{K}_3-\mathrm{i}n\boldsymbol{K}_5)\phi_{nmu}^{\mathrm{R}}\\
&\quad=\delta_{pm}k_{nm}B_{nm}
\end{aligned}
\tag{2.99}
$$

根据特征值与特征向量之间的关系，式（2.94）中$\boldsymbol{Q}_n$的解可以用右特征向量线性组合表示，即

$$
\boldsymbol{Q}_n=\sum_{m=1}^{2M}Q_{mn}\phi_{nm}^{\mathrm{R}}
\tag{2.100}
$$

再将式（2.100）代入式（2.94），并结合双正交性得

$$Q_{mn}=\frac{[\phi_{nmu}^{\mathrm{L}}]^{\mathrm{H}}\boldsymbol{P}_n}{(k_{nm}-k_n)B_{nm}} \tag{2.101}$$

即

$$\boldsymbol{Q}_n=\sum_{m=1}^{2M}\frac{[\phi_{nmu}^{\mathrm{L}}]^{\mathrm{H}}\boldsymbol{P}_n}{(k_{nm}-k_n)B_{nm}}\phi_{nm}^{\mathrm{R}} \tag{2.102}$$

$\boldsymbol{Q}_n$ 中包含 $\boldsymbol{U}_n$ 的表达式，即

$$\boldsymbol{U}_n=\sum_{m=1}^{2M}\frac{k_{nm}[\phi_{nmu}^{\mathrm{L}}]^{\mathrm{H}}\boldsymbol{F}_n}{(k_{nm}-k_n)B_{nm}}\phi_{nmu}^{\mathrm{R}}=\sum_{m=1}^{2M}\frac{[\phi_{nmu}^{\mathrm{L}}]^{\mathrm{H}}\boldsymbol{F}_n}{(1-k_n/k_{nm})B_{nm}}\phi_{nmu}^{\mathrm{R}} \tag{2.103}$$

对 $\boldsymbol{U}_n$ 进行傅里叶逆变换得到第 n 阶周向位移为

$$\bar{\boldsymbol{U}}_n=\frac{1}{2\pi}\sum_{m=1}^{2M}\int_{-\infty}^{+\infty}\frac{[\phi_{nmu}^{\mathrm{L}}]^{\mathrm{H}}\boldsymbol{F}_n}{(1-k_n/k_{nm})B_{nm}}\phi_{nmu}^{\mathrm{R}}\mathrm{e}^{\mathrm{i}kz}\mathrm{d}k_n \tag{2.104}$$

通常 $\boldsymbol{F}_n$ 、ϕ_{nmu}^{L} 、ϕ_{nmu}^{R} 、B_{nm} 与 k_n 无关，$\boldsymbol{F}_n$ 是由式（2.93）通过傅里叶变换得到的，可以分为周向对称载荷和点载荷两种情况。

一种情况是 $\boldsymbol{F}(\theta,z)$ 为周向对称载荷，则 $n=0$ ，即

$$\boldsymbol{F}(\theta,z)=\bar{\boldsymbol{F}}_0(z)=\bar{\boldsymbol{F}}_0\delta(z-z_0) \tag{2.105}$$

对式（2.105）进行傅里叶变换，得到

$$\boldsymbol{F}_0(z)=\int_{-\infty}^{+\infty}\bar{\boldsymbol{F}}_0\delta(z-z_0)\mathrm{e}^{-\mathrm{i}kz}\mathrm{d}z=\bar{\boldsymbol{F}}_0\mathrm{e}^{-\mathrm{i}kz_0} \tag{2.106}$$

将式（2.106）代入式（2.104），得

$$\bar{\boldsymbol{U}}_n=\frac{1}{2\pi}\sum_{m=1}^{2M}\int_{-\infty}^{+\infty}\frac{[\phi_{nmu}^{\mathrm{L}}]^{\mathrm{H}}\bar{\boldsymbol{F}}_0}{(1-k_n/k_{nm})B_{nm}}\phi_{nmu}^{\mathrm{R}}\mathrm{e}^{\mathrm{i}k(z-z_0)}\mathrm{d}k \tag{2.107}$$

根据柯西积分定理，进一步得到

$$\begin{aligned}\bar{\boldsymbol{U}}_n=&-\mathrm{i}\sum_{m=1}^{M}\frac{k_{nm}[\phi_{nmu}^{\mathrm{L}}]^{\mathrm{H}}\bar{\boldsymbol{F}}_0}{B_{nm}}\phi_{nmu}^{\mathrm{R}}\mathrm{e}^{\mathrm{i}k_{nm}(z-z_0)}\\&-\mathrm{i}\sum_{m=M+1}^{2M}\frac{k_{nm}[\phi_{nmu}^{\mathrm{L}}]^{\mathrm{H}}\bar{\boldsymbol{F}}_0}{B_{nm}}\phi_{nmu}^{\mathrm{R}}\mathrm{e}^{-\mathrm{i}k_{nm}(z-z_0)}\end{aligned} \tag{2.108}$$

式中，已将沿 z 正半轴和负半轴的传播波和衰减波分开表示。

另一种情况是 $\boldsymbol{F}(\theta,z)$ 为集中点载荷，由于集中力只作用于单元层上一点处，即

$$\boldsymbol{F}_0^{\mathrm{T}}=[0,\cdots,\alpha_{F_r},\cdots,0;0,\cdots,\alpha_{F_\theta},\cdots,0;0,\cdots,\alpha_{F_z},\cdots,0] \tag{2.109}$$

$\boldsymbol{F}(\theta,z)$ 可以表示为 $\boldsymbol{F}(\theta,z)=\bar{\boldsymbol{F}}_0\delta(\theta-\theta_0)\delta(z-z_0)$ ，假设在极小的角度 $[-\theta_s,\theta_s]$ 内 $\boldsymbol{F}(\theta,z)$ 是密度 q_0 的函数，且满足脉冲函数的性质，即

$$\int_{-\theta_s}^{+\theta_s} q_0 r_0 \mathrm{d}\theta = 1 \text{或} q_0 = \frac{1}{2r_0\theta_s} \tag{2.110}$$

$\boldsymbol{F}(\theta,z)$ 可以用傅里叶级数展开：

$$\boldsymbol{F}(\theta,z) = \sum_{n=-\infty}^{n=+\infty} \mathrm{e}^{\mathrm{i}n\theta} \bar{\boldsymbol{F}}_n(z) = \sum_{n=-\infty}^{n=+\infty} \mathrm{e}^{\mathrm{i}n\theta} \frac{1}{2\pi r_0} \frac{\sin(n\theta_s)}{n\theta_s} \bar{\boldsymbol{F}}_0 \delta(z-z_0) \tag{2.111}$$

并得到 $\bar{\boldsymbol{F}}_n(z)$ 的傅里叶变换形式：

$$\boldsymbol{F}_n(k_{nm}) = \frac{1}{2\pi r_0} \frac{\sin(n\theta_s)}{n\theta_s} \bar{\boldsymbol{F}}_0 \mathrm{e}^{\mathrm{i}k_{nm}z_0} \tag{2.112}$$

将式（2.112）代入式（2.104），得到沿 z 轴负方向传播的第 n 阶周向模态的位移表达式为

$$\bar{\boldsymbol{U}}_n^- = -\frac{\mathrm{i}}{2\pi r_0} \sum_{m=1}^{M} \frac{k_{nm}[\phi_{nmu}^{\mathrm{L}}]^{\mathrm{H}} \bar{\boldsymbol{F}}_0}{B_{nm}} \frac{\sin(n\theta_s)}{n\theta_s} \phi_{nmu}^{\mathrm{R}} \mathrm{e}^{-\mathrm{i}k_{nm}(z-z_0)} \tag{2.113}$$

采用同样的方法可以得到沿 z 轴正方向传播的第 n 阶周向模态的位移表达式为

$$\bar{\boldsymbol{U}}_n^+ = -\frac{\mathrm{i}}{2\pi r_0} \sum_{m=1}^{M} \frac{k_{nm}[\phi_{nmu}^{\mathrm{L}}]^{\mathrm{H}} \bar{\boldsymbol{F}}_0}{B_{nm}} \frac{\sin(n\theta_s)}{n\theta_s} \phi_{nmu}^{\mathrm{R}} \mathrm{e}^{\mathrm{i}k_{nm}(z-z_0)} \tag{2.114}$$

通过式（2.114）可以看出，一个集中载荷在管道中产生的位移响应等效于一系列环形载荷作用下位移的总和。

无论是周向对称载荷还是集中点载荷，都可以简写成

$$\boldsymbol{U} = \sum_{n=-\infty}^{+\infty} \mathrm{e}^{\mathrm{i}n(\theta-\theta_0)} (\bar{\boldsymbol{U}}_n^- + \bar{\boldsymbol{U}}_n^+) \tag{2.115}$$

应变表达式为

$$\boldsymbol{\varepsilon} = \sum_{n=-\infty}^{+\infty} (\boldsymbol{B}_1 + \mathrm{i}n\boldsymbol{B}_2 - \mathrm{i}k_{nm}\boldsymbol{B}_3) \mathrm{e}^{\mathrm{i}n(\theta-\theta_0)} (\bar{\boldsymbol{U}}_n^- + \bar{\boldsymbol{U}}_n^+) \tag{2.116}$$

2.4　本 章 小 结

本章主要介绍了各向同性均匀材料中波动方程的一般理论求解方法和数值求解方法。为了简化问题，介绍了直角坐标系、极坐标系，以及一般正交曲面坐标系下的波动方程用于分析不同的情况。对于理论推导，可采用亥姆霍兹分解，通过引用标量势和矢量势函数简化式的推导，从而得到位移表达式。对于大多数波动问题，由于位移场之间的耦合关系，很难直接得到解析的表达式，所以采用数值方法是有必要的。因此，本章以正交曲线坐标系为例，参照半解析有限元法的思路，求解正交曲线坐标系下的波动问题，并将其应用于管道结构的导波频散特性分析，为后续讨论曲面结构中的检测打下了基础。本章中提到的大量公式推导，主要参考了相应著作和文献[1]～[8]。

参 考 文 献

[1] Achenbach J D. Wave Propagation in Elastic Solids. New York：North-Holland，1984.

[2] Biryukov S V，Gulyaev Y V，Krylov V V，et al. Surface Acoustic Waves in Inhomogeneous Media. New York：Springer-Verlag，1995.

[3] Auld B A. Acoustic Fields and Waves in Solids. 2nd ed. Malabar：Krieger Publishing Company，1990.

[4] Viktorov I A. Rayleigh and Lamb Waves：Physical Theory and Application. New York：Plenum，1967.

[5] Rose J L. Ultrasonic Waves in Elastic Solids. Cambridge：Cambridge University Press，1999.

[6] 黄克智，薛明德，陆明万. 张量分析. 北京：清华大学出版社，2003.

[7] Qian Z H，Jin F，Wang Z K，et al. Transverse surface waves on a piezoelectric material carrying a functionally graded layer of finite thickness. International Journal of Engineering Science，2007，45（2-8）：455-466.

[8] Da Y H，Dong G R，Shang Y，et al. Circumferential defect detection using ultrasonic guided waves. Engineering Computations，2020，37（6）：1923-1943.

第3章　边界积分方程理论基础

3.1　引　　言

本章从动力学互易定理出发，首先推导流体中边界积分方程的一般表达式，然后推导固体中边界积分方程的一般表达式。本章的公式推导和诸多结论为后续的散射波场数值模拟和缺陷反演奠定了基础。

3.2　流体中边界积分方程

3.2.1　流体中互易定理

如图 3.1 所示，空间流体介质记为V，其闭合表面记作S，p_1和p_2表示该介质中两个不同状态下简谐波的解（省略时间项$\exp(-\mathrm{i}\omega t)$）。那么，$p_1$和$p_2$各自满足亥姆霍兹方程：

$$\begin{aligned}\nabla^2 p_1 + k^2 p_1 = -f_1 \\ \nabla^2 p_2 + k^2 p_2 = -f_2\end{aligned} \tag{3.1}$$

如果对闭合表面S进行积分，则得到如下方程：

$$I = \int_S [p_2(\nabla p_1 \cdot \boldsymbol{n}) - p_1(\nabla p_2 \cdot \boldsymbol{n})]\mathrm{d}S \tag{3.2}$$

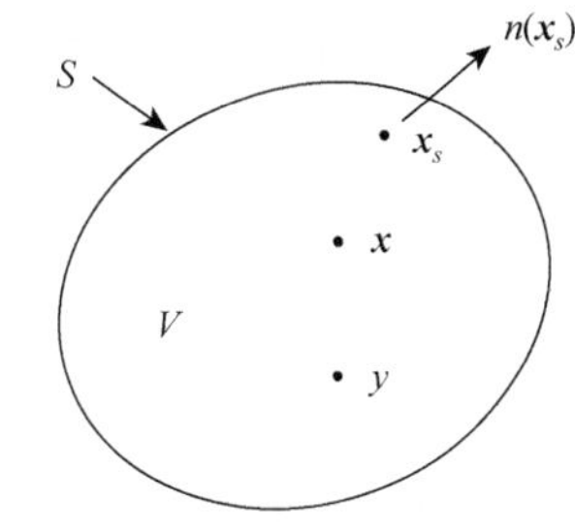

图 3.1　流体体积V及其表面积S

利用高斯定理，可得

$$I = \int_V [\nabla \cdot (p_2 \nabla p_1) - \nabla \cdot (p_1 \nabla p_2)]\mathrm{d}V \tag{3.3}$$

每一项可以进一步展开成

$$I = \int_V (\nabla p_2 \cdot \nabla p_1 + p_2 \nabla^2 p_1 - \nabla p_1 \cdot \nabla p_2 - p_1 \nabla^2 p_2)\mathrm{d}V \tag{3.4}$$

式（3.4）中的第一项、第三项相互抵消。将式（3.1）代入式（3.4），得到

$$I = \int_V [p_2(-f_1 - k^2 p_1) - p_1(-f_2 - k^2 p_2)]\mathrm{d}V \tag{3.5}$$

进一步整理得

$$I = \int_V (p_1 f_2 - p_2 f_1)\mathrm{d}V \tag{3.6}$$

因为式（3.6）和式（3.2）相等，所以得到流体互易定理的一般形式：

$$\int_V (p_1 f_2 - p_2 f_1)\mathrm{d}V = \int_S \left(p_2 \frac{\partial p_1}{\partial n} - p_1 \frac{\partial p_2}{\partial n} \right)\mathrm{d}S \tag{3.7}$$

式（3.7）意味着同一介质中两个不同运动状态的数学关系，只要适当地选择其中一个状态，式（3.7）就可以表示成非常有用的积分表达式和积分方程。因此，再次考虑如图 3.1 所示的一般区域V，现在令第一种状态为任意体力f下的解，第二种状态取基本解G，从而式（3.7）可写成

$$\begin{aligned}&\int_V [p(\boldsymbol{x},\omega)\delta(\boldsymbol{x}-\boldsymbol{y}) - G(\boldsymbol{x},\boldsymbol{y},\omega)f(\boldsymbol{x},\omega)]\mathrm{d}V(\boldsymbol{x})\\ &= \int_S \left[G(\boldsymbol{x}_s,\boldsymbol{y},\omega)\frac{\partial p(\boldsymbol{x}_s,\omega)}{\partial n(\boldsymbol{x}_s)} - p(\boldsymbol{x}_s,\omega)\frac{\partial G(\boldsymbol{x}_s,\boldsymbol{y},\omega)}{\partial n(\boldsymbol{x}_s)} \right]\mathrm{d}S(\boldsymbol{x}_s)\end{aligned} \tag{3.8}$$

其中，$\boldsymbol{x}$、$\boldsymbol{y}$分别为场点和源点位置；$\delta(\boldsymbol{x}-\boldsymbol{y})$表示集中载荷。

利用$\delta(\boldsymbol{x}-\boldsymbol{y})$的性质，式（3.8）可写为

$$\begin{aligned}\alpha p(\boldsymbol{y},\omega) &= \int_V [G(\boldsymbol{x},\boldsymbol{y},\omega)f(\boldsymbol{x},\omega)]\mathrm{d}V(\boldsymbol{x})\\ &+ \int_S \left[G(\boldsymbol{x}_s,\boldsymbol{y},\omega)\frac{\partial p(\boldsymbol{x}_s,\omega)}{\partial n(\boldsymbol{x}_s)} - p(\boldsymbol{x}_s,\omega)\frac{\partial G(\boldsymbol{x}_s,\boldsymbol{y},\omega)}{\partial n(\boldsymbol{x}_s)} \right]\mathrm{d}S(\boldsymbol{x}_s)\end{aligned} \tag{3.9}$$

其中，

$$\alpha = \begin{cases} 1, & \boldsymbol{y}\ \text{在}\ V\text{内} \\ 1/2, & \boldsymbol{y}\ \text{在边界}\ S\text{上} \\ 0, & \boldsymbol{y}\ \text{在}\ V\text{外} \end{cases} \tag{3.10}$$

式（3.10）中因子α取决于源点$\boldsymbol{y}$的位置。当$\boldsymbol{y}$在边界S上时，只有$\boldsymbol{y}$点处光滑$\alpha=1/2$才成立。如果$\boldsymbol{y}$是S上不光滑的点（棱或拐角），α就会是不同的常数。

式（3.9）表示流体中任意一点压强p的一般积分表达定理，通常基本解G是其中一种条件，通过该积分表达式可以求出另外一种状态的解。

当考虑图 3.1 中存在一入射波，且在体积V内无源（体力f=0）时，该状态也满足亥姆霍兹方程：

$$\nabla^2 p^{\mathrm{inc}} + k^2 p^{\mathrm{inc}} = 0 \tag{3.11}$$

很显然，如果基本解状态中源点$\boldsymbol{y}$位于不同区域，参照式（3.9）可得到

$$\bar{\alpha} p^{\mathrm{inc}} = \int_S \left[G(\boldsymbol{x}_s,\boldsymbol{y},\omega)\frac{\partial p^{\mathrm{inc}}(\boldsymbol{x}_s,\omega)}{\partial n(\boldsymbol{x}_s)} - p^{\mathrm{inc}}(\boldsymbol{x}_s,\omega)\frac{\partial G(\boldsymbol{x}_s,\boldsymbol{y},\omega)}{\partial n(\boldsymbol{x}_s)} \right]\mathrm{d}S(\boldsymbol{x}_s) \tag{3.12}$$

其中，

$$\bar{\alpha}=\begin{cases}1, & y\text{在}V\text{内}\\ 1/2, & y\text{在边界}S\text{上}\\ 0, & y\text{在}V\text{外}\end{cases} \tag{3.13}$$

3.2.2　辐射条件

上述情况都是针对有限体积V中运动的描述，然而在许多情况下，为方便计算，需考虑无限大区域上的积分表达式。对于此类情况，需要认真分析p在无穷远处边界上的积分。因此，考虑一个半径为R的无限大球体面（表面为S_R，圆心为$\boldsymbol{y}$）和有限表面S之间包含的区域V，体力f在区域V内，如图3.2所示。如果对新的包含区域V运用式（3.9），可得

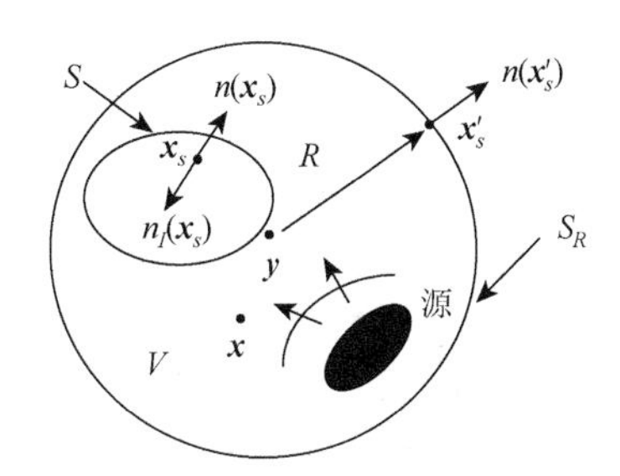

图3.2　无限大球体表面S_R包围一个含有源（体力）的域（S是无限介质中散射体的表面）

$$\begin{aligned}\alpha p(\boldsymbol{y},\omega)=&\int_V[G(\boldsymbol{x},\boldsymbol{y},\omega)f(\boldsymbol{x},\omega)]\mathrm{d}V(\boldsymbol{x})\\&+\int_S\left[G(\boldsymbol{x}_s,\boldsymbol{y},\omega)\frac{\partial p(\boldsymbol{x}_s,\omega)}{\partial n_I(\boldsymbol{x}_s)}-p(\boldsymbol{x}_s,\omega)\frac{\partial G(\boldsymbol{x}_s,\boldsymbol{y},\omega)}{\partial n_I(\boldsymbol{x}_s)}\right]\mathrm{d}S(\boldsymbol{x}_s)\\&+\int_{S_R}\left[G(\boldsymbol{x}'_s,\boldsymbol{y},\omega)\frac{\partial p(\boldsymbol{x}'_s,\omega)}{\partial n(\boldsymbol{x}'_s)}-p(\boldsymbol{x}'_s,\omega)\frac{\partial G(\boldsymbol{x}'_s,\boldsymbol{y},\omega)}{\partial n(\boldsymbol{x}'_s)}\right]\mathrm{d}S(\boldsymbol{x}'_s)\end{aligned} \tag{3.14}$$

其中，n_I是S的内法线。

然而，在S_R处有

$$\begin{aligned}G&=\frac{\exp(\mathrm{i}k|\boldsymbol{x}'_s-\boldsymbol{y}|)}{4\pi|\boldsymbol{x}'_s-\boldsymbol{y}|}=\frac{\exp(\mathrm{i}kR)}{4\pi R}\\ \frac{\partial G}{\partial n(\boldsymbol{x}'_s)}&=\frac{\partial G}{\partial R}=\frac{\mathrm{i}k\exp(\mathrm{i}kR)}{4\pi R}-\frac{\exp(\mathrm{i}kR)}{4\pi R^2}\\&=\mathrm{i}kG-\frac{G}{R}\end{aligned} \tag{3.15}$$

因此，S_R积分变为

$$\int_{S_R}\left[\left(G\frac{\partial p}{\partial R}-\mathrm{i}kp\right)+p\frac{G}{R}\right]R^2\mathrm{d}\Omega \tag{3.16}$$

在以$\boldsymbol{y}$为原点的球坐标系(R,θ,ϕ)下，表面微元角$\mathrm{d}\Omega=\sin\theta\mathrm{d}\theta\mathrm{d}\phi$。于是，有

$$\frac{1}{4\pi}\int_{S_R}\exp(\mathrm{i}kR)\left(\frac{\partial p}{\partial R}-\mathrm{i}kp\right)R\mathrm{d}\Omega+\frac{1}{4\pi}\int_{S_R}\exp(\mathrm{i}kR)p\mathrm{d}\Omega \tag{3.17}$$

当 $R\to\infty$ 时，为使式（3.17）中的积分消失，则

$$R\left(\frac{\partial p}{\partial R}-\mathrm{i}kp\right)\to 0,\quad p\to 0 \tag{3.18}$$

或

$$\frac{\partial p}{\partial R}-\mathrm{i}kp\to o\left(\frac{1}{R}\right)$$

$$p=o\left(\frac{1}{R}\right) \tag{3.19}$$

式（3.18）或者式（3.19）就称为 Sommerfeld 辐射条件。这些条件保证了无穷远处的波是向外传播的，且衰减得足够快以致在无穷远处趋于 0，从而使得式（3.16）的积分等于 0。如果 p 在一个无限大区域满足 Sommerfeld 辐射条件，则式（3.14）可简化为

$$\begin{aligned}\alpha p(\boldsymbol{y},\omega)&=\int_V[G(\boldsymbol{x},\boldsymbol{y},\omega)f(\boldsymbol{x},\omega)]\mathrm{d}V(\boldsymbol{x})\\&+\int_S\left[p(\boldsymbol{x}_s,\omega)\frac{\partial G(\boldsymbol{x}_s,\boldsymbol{y},\omega)}{\partial n(\boldsymbol{x}_s)}-G(\boldsymbol{x}_s,\boldsymbol{y},\omega)\frac{\partial p(\boldsymbol{x}_s,\omega)}{\partial n(\boldsymbol{x}_s)}\right]\mathrm{d}S(\boldsymbol{x}_s)\end{aligned} \tag{3.20}$$

其中，$n(\boldsymbol{x}_s)=-n_I(\boldsymbol{x}_s)$ 为表面 S 的外法线。

3.2.3 散射问题的边界积分方程

考虑一个在无限大介质中传播的入射波到达缺陷表面 S，如图 3.3 所示。如果令 p^{scatt} 是从缺陷处散射的波，并且假设 p^{scatt} 满足 Sommerfeld 辐射条件，那么由式（3.20）可得

$$\alpha p^{\mathrm{scatt}}(\boldsymbol{y},\omega)=\int_S\left[p^{\mathrm{scatt}}(\boldsymbol{x}_s,\omega)\frac{\partial G(\boldsymbol{x}_s,\boldsymbol{y},\omega)}{\partial n(\boldsymbol{x}_s)}-G(\boldsymbol{x}_s,\boldsymbol{y},\omega)\frac{\partial p^{\mathrm{scatt}}(\boldsymbol{x}_s,\omega)}{\partial n(\boldsymbol{x}_s)}\right]\mathrm{d}S(\boldsymbol{x}_s) \tag{3.21}$$

结合式（3.12），对于在源区域外的 $\boldsymbol{y}$，入射波的压强 p^{inc} 满足

$$\beta p^{\mathrm{inc}}(\boldsymbol{y},\omega)=\int_S\left[p^{\mathrm{inc}}(\boldsymbol{x}_s,\omega)\frac{\partial G(\boldsymbol{x}_s,\boldsymbol{y},\omega)}{\partial n(\boldsymbol{x}_s)}-G(\boldsymbol{x}_s,\boldsymbol{y},\omega)\frac{\partial p^{\mathrm{inc}}(\boldsymbol{x}_s,\omega)}{\partial n(\boldsymbol{x}_s)}\right]\mathrm{d}S(\boldsymbol{x}_s) \tag{3.22}$$

其中，

$$\beta=-\bar{\alpha}=\begin{cases}-1, & \boldsymbol{y}\text{在}V\text{内}\\-1/2, & \boldsymbol{y}\text{在边界}S\text{上}\\0, & \boldsymbol{y}\text{在}V\text{外}\end{cases} \tag{3.23}$$

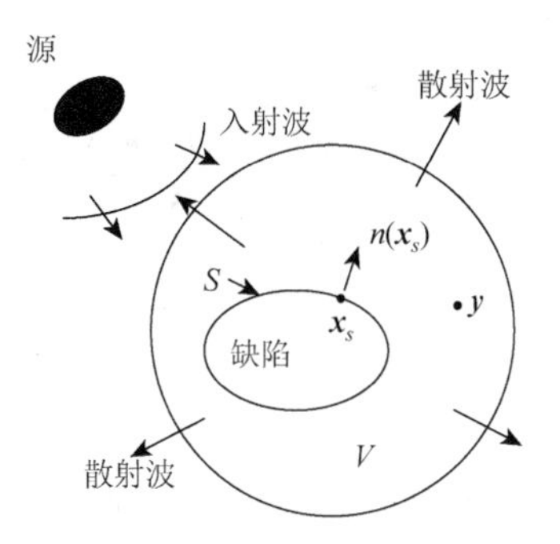

图 3.3　在无限域中由缺陷引起入射波的散射

将式（3.21）和式（3.22）相加，可得

$$\alpha p^{\text{scatt}}(\boldsymbol{y},\omega)+\beta p^{\text{inc}}(\boldsymbol{y},\omega)=\int_S\left[p(\boldsymbol{x}_s,\omega)\frac{\partial G(\boldsymbol{x}_s,\boldsymbol{y},\omega)}{\partial n(\boldsymbol{x}_s)}-G(\boldsymbol{x}_s,\boldsymbol{y},\omega)\frac{\partial p(\boldsymbol{x}_s,\omega)}{\partial n(\boldsymbol{x}_s)}\right]\mathrm{d}S(\boldsymbol{x}_s) \tag{3.24}$$

总压强 $p=p^{\text{inc}}+p^{\text{scatt}}$。

当源点 $\boldsymbol{y}$ 在边界 S 外时（其中，$\alpha=1,\beta=0$），式（3.24）可简化为

$$p^{\text{scatt}}(\boldsymbol{y},\omega)=\int_S\left[p(\boldsymbol{x}_s,\omega)\frac{\partial G(\boldsymbol{x}_s,\boldsymbol{y},\omega)}{\partial n(\boldsymbol{x}_s)}-G(\boldsymbol{x}_s,\boldsymbol{y},\omega)\frac{\partial p(\boldsymbol{x}_s,\omega)}{\partial n(\boldsymbol{x}_s)}\right]\mathrm{d}S(\boldsymbol{x}_s) \tag{3.25}$$

式（3.25）可视为经典检测模型的数学表达式。

3.3　弹性固体中边界积分方程

3.3.1　弹性固体中互易定理

依然参考图 3.1，此时体积 V 包含弹性固体，对于固体中两种简谐波，其位移矢量分别为 $\boldsymbol{u}^1$ 和 $\boldsymbol{u}^2$，满足运动方程：

$$\begin{cases}\dfrac{\partial \boldsymbol{t}_k^1}{\partial x_k}=-\rho\omega^2\boldsymbol{u}^1-\boldsymbol{f}^1\\[2ex]\dfrac{\partial \boldsymbol{t}_k^2}{\partial x_k}=-\rho\omega^2\boldsymbol{u}^2-\boldsymbol{f}^2\end{cases} \tag{3.26}$$

其中，牵引力 $\boldsymbol{t}_k^1$、$\boldsymbol{t}_k^2$ 和应力 $\boldsymbol{\tau}^1$、$\boldsymbol{\tau}^2$ 的关系为 $\boldsymbol{t}_k^1=\tau_{kl}^1\boldsymbol{e}_l$、$\boldsymbol{t}_k^2=\tau_{kl}^2\boldsymbol{e}_l$。

同样对这两种状态点乘再进行积分，得

$$\begin{aligned}I&=\int_S(\boldsymbol{t}^2\cdot\boldsymbol{u}^1-\boldsymbol{t}^1\cdot\boldsymbol{u}^2)\mathrm{d}S\\&=\int_S(\boldsymbol{t}_k^2n_k\cdot\boldsymbol{u}^1-\boldsymbol{t}_k^1n_k\cdot\boldsymbol{u}^2)\mathrm{d}S\end{aligned} \tag{3.27}$$

采用高斯定理将面积分转化为体积分：

$$I = \int_V \left[\frac{\partial(\boldsymbol{t}_k^2 \cdot \boldsymbol{u}^1)}{\partial x_k} - \frac{\partial(\boldsymbol{t}_k^1 \cdot \boldsymbol{u}^2)}{\partial x_k} \right] \mathrm{d}V \tag{3.28}$$

进一步展开为

$$I = \int_V \left(\frac{\partial \boldsymbol{t}_k^2}{\partial x_k} \cdot \boldsymbol{u}^1 + \boldsymbol{t}_k^2 \cdot \frac{\partial \boldsymbol{u}^1}{\partial x_k} - \frac{\partial \boldsymbol{t}_k^1}{\partial x_k} \cdot \boldsymbol{u}^2 - \boldsymbol{t}_k^1 \cdot \frac{\partial \boldsymbol{u}^2}{\partial x_k} \right) \mathrm{d}V \tag{3.29}$$

对式（3.29）中的第一项和第三项用式（3.26）中右边项代替，有

$$I = \int_V [(-\rho\omega^2 \boldsymbol{u}^2 - \boldsymbol{f}^2) \cdot \boldsymbol{u}^1 - (-\rho\omega^2 \boldsymbol{u}^1 - \boldsymbol{f}^1) \cdot \boldsymbol{u}^2] \mathrm{d}V + \int_V \left(\boldsymbol{t}_k^2 \cdot \frac{\partial \boldsymbol{u}^1}{\partial x_k} - \boldsymbol{t}_k^1 \cdot \frac{\partial \boldsymbol{u}^2}{\partial x_k} \right) \mathrm{d}V \tag{3.30}$$

整理得

$$I = \int_V (\boldsymbol{f}^1 \cdot \boldsymbol{u}^2 - \boldsymbol{f}^2 \cdot \boldsymbol{u}^1) \mathrm{d}V + \int_V \left(\boldsymbol{t}_k^2 \cdot \frac{\partial \boldsymbol{u}^1}{\partial x_k} - \boldsymbol{t}_k^1 \cdot \frac{\partial \boldsymbol{u}^2}{\partial x_k} \right) \mathrm{d}V \tag{3.31}$$

现在考虑式（3.31）中第二个积分中的两项。结合牵引力和应力之间的关系，以及应力与应变关系，这两项变为

$$\begin{aligned}
\tau_{kl}^2 \frac{\partial u_l^1}{\partial x_k} - \tau_{kl}^1 \frac{\partial u_l^2}{\partial x_k} &= C_{klij} \frac{\partial u_i^2}{\partial x_j} \frac{\partial u_l^1}{\partial x_k} - C_{klij} \frac{\partial u_i^1}{\partial x_j} \frac{\partial u_l^2}{\partial x_k} \\
&= C_{klij} \frac{\partial u_i^2}{\partial x_j} \frac{\partial u_l^1}{\partial x_k} - C_{ijkl} \frac{\partial u_l^2}{\partial x_k} \frac{\partial u_i^1}{\partial x_j} \\
&= C_{ikjl} \frac{\partial u_i^2}{\partial x_j} \frac{\partial u_l^2}{\partial x_k} - C_{ijkl} \frac{\partial u_l^2}{\partial x_k} \frac{\partial u_i^1}{\partial x_j} \\
&= 0
\end{aligned} \tag{3.32}$$

由于式（3.31）中的第二个积分消失了，所以得到弹性介质的互易定理为

$$\int_V (\boldsymbol{f}^1 \cdot \boldsymbol{u}^2 - \boldsymbol{f}^2 \cdot \boldsymbol{u}^1) \mathrm{d}V = \int_S (\boldsymbol{t}_k^2 n_k \cdot \boldsymbol{u}^1 - \boldsymbol{t}_k^1 n_k \cdot \boldsymbol{u}^2) \mathrm{d}S \tag{3.33}$$

这也可以写成关于位移和应力分量的形式：

$$\int_V (f_k^1 u_k^2 - f_k^2 u_k^1) \mathrm{d}V = \int_S (\tau_{kl}^2 n_k \cdot u_l^1 - \tau_{kl}^1 n_k \cdot u_l^2) \mathrm{d}S \tag{3.34}$$

参照流体中的情况，假设在弹性固体中存在两种运动状态，第一种是在任意体力 $\boldsymbol{f}$ 下满足的运动方程，第二种是基本解，即

$$\begin{aligned}
&\text{第一种状态：} u_k^1 = u_k, \quad \tau_{kl}^1 = \tau_{kl} = C_{klij} \frac{\partial u_l}{\partial x_j}, \quad f_k^1 = f_k \\
&\text{第二种状态：} u_k^2 = G_{kn}, \quad \tau_{kl}^2 = C_{klij} \frac{\partial G_{in}}{\partial x_j}, \quad f_k^2 = \delta_{kn} \delta(\boldsymbol{x} - \boldsymbol{y})
\end{aligned} \tag{3.35}$$

将式（3.35）代入式（3.33），得

$$\int_V [f_k(\boldsymbol{x},\omega)G_{kn}(\boldsymbol{x},\boldsymbol{y},\omega) - \delta_{kn}u_k(\boldsymbol{x},\omega)\delta(\boldsymbol{x}-\boldsymbol{y})]\mathrm{d}V(\boldsymbol{x})$$
$$= \int_S \left[C_{klij}n_k(\boldsymbol{x}_s)u_l(\boldsymbol{x}_s,\omega)\frac{\partial G_{in}(\boldsymbol{x}_s,\boldsymbol{y},\omega)}{\partial x_j} - C_{klij}n_k(\boldsymbol{x}_s)G_{in}(\boldsymbol{x}_s,\boldsymbol{y},\omega)\frac{\partial u_i(\boldsymbol{x}_s,\omega)}{\partial x_j} \right]\mathrm{d}S(\boldsymbol{x}_s) \tag{3.36}$$

考虑到脉冲函数的性质，由式（3.36）可得

$$\alpha u_n(\boldsymbol{y},\omega) = \int_V f_k(\boldsymbol{x},\omega)G_{kn}(\boldsymbol{x},\boldsymbol{y},\omega)\mathrm{d}V(\boldsymbol{x})$$
$$+ \int_S \left[C_{klij}n_k(\boldsymbol{x}_s)G_{in}(\boldsymbol{x}_s,\boldsymbol{y},\omega)\frac{\partial u_i(\boldsymbol{x}_s,\omega)}{\partial x_j} - C_{klij}n_k(\boldsymbol{x}_s)u_l(\boldsymbol{x}_s,\omega)\frac{\partial G_{in}(\boldsymbol{x}_s,\boldsymbol{y},\omega)}{\partial x_j} \right]\mathrm{d}S(\boldsymbol{x}_s) \tag{3.37}$$

其中，α 与之前定义（式（3.10））相同。

若令第一种状态位移矢量为 $\boldsymbol{u}^{\mathrm{inc}}$ 的入射波在区域 V 的弹性介质中传播，那么有

$$\bar{\alpha}u_n^{\mathrm{inc}}(\boldsymbol{y},\omega) =$$
$$\int_S \left[C_{klij}n_k(\boldsymbol{x}_s)G_{ln}(\boldsymbol{x}_s,\boldsymbol{y},\omega)\frac{\partial u_i^{\mathrm{inc}}(\boldsymbol{x}_s,\omega)}{\partial x_j} - C_{klij}n_k(\boldsymbol{x}_s)u_l^{\mathrm{inc}}(\boldsymbol{x}_s,\omega)\frac{\partial G_{in}(\boldsymbol{x}_s,\boldsymbol{y},\omega)}{\partial x_j} \right]\mathrm{d}S(\boldsymbol{x}_s) \tag{3.38}$$

其中，$\bar{\alpha}$ 与之前定义（式（3.13））一致。

3.3.2　辐射条件

对于如图 3.2 所示的无限大区域包含弹性固体的情况，同样对 S 和 S_R 包含区域采用互易定理：

$$\alpha u_n(\boldsymbol{y},\omega) = \int_V f_k(\boldsymbol{x},\omega)G_{kn}(\boldsymbol{x},\boldsymbol{y},\omega)\mathrm{d}V(\boldsymbol{x})$$
$$+ \int_S \left[C_{klij}n_{lk}(\boldsymbol{x}_s)\partial G_{ln}(\boldsymbol{x}_s,\boldsymbol{y},\omega)\frac{\partial u_i(\boldsymbol{x}_s,\omega)}{\partial x_j} - C_{klij}n_{lk}(\boldsymbol{x}_s)u_l(\boldsymbol{x}_s,\omega)\frac{\partial G_{in}(\boldsymbol{x}_s,\boldsymbol{y},\omega)}{\partial x_j} \right]\mathrm{d}S(\boldsymbol{x}_s)$$
$$+ \int_{S_R} \left[C_{klij}n_k(\boldsymbol{x}'_s)G_{ln}(\boldsymbol{x}'_s,\boldsymbol{y},\omega)\frac{\partial u_i(\boldsymbol{x}'_s,\omega)}{\partial x'_j} - C_{klij}n_k(\boldsymbol{x}'_s)u_l(\boldsymbol{x}'_s,\omega)\frac{\partial G_{in}(\boldsymbol{x}'_s,\boldsymbol{y},\omega)}{\partial x'_j} \right]\mathrm{d}S(\boldsymbol{x}'_s) \tag{3.39}$$

为确保 $R\to\infty$ 时，对 S_R 积分为零，必须对无穷远处的解运用辐射条件。在弹性介质中，这些辐射条件可以用一些不同的形式表述。通常采用亥姆霍兹分解，将位移分为两部分：

$$\boldsymbol{u}=\nabla\phi+\nabla\times\boldsymbol{\psi}=\boldsymbol{u}^{\mathrm{p}}+\boldsymbol{u}^{\mathrm{s}} \tag{3.40}$$

其中，

$$\nabla\times\boldsymbol{u}^{\mathrm{p}}=\boldsymbol{0},\quad \nabla\cdot\boldsymbol{u}^{\mathrm{s}}=0 \tag{3.41}$$

将 $\boldsymbol{u}$ 中 $\boldsymbol{u}^{\mathrm{p}}$ 和 $\boldsymbol{u}^{\mathrm{s}}$ 满解耦，即分别满足亥姆霍兹方程：

$$\begin{cases}\nabla^2\boldsymbol{u}^{\mathrm{p}}+k_1^2\boldsymbol{u}^{\mathrm{p}}=0\\ \nabla^2\boldsymbol{u}^{\mathrm{s}}+k_2^2\boldsymbol{u}^{\mathrm{s}}=0\end{cases} \tag{3.42}$$

从而得到 $\boldsymbol{u}^{\mathrm{p}}$ 和 $\boldsymbol{u}^{\mathrm{s}}$ 的辐射条件为

$$\begin{cases}\lim\limits_{R\to\infty}\boldsymbol{u}^{\mathrm{p}}=0,\quad \lim\limits_{R\to\infty}R\left(\dfrac{\partial\boldsymbol{u}^{\mathrm{p}}}{\partial R}-\mathrm{i}k_1\boldsymbol{u}^{\mathrm{p}}\right)=0\\ \lim\limits_{R\to\infty}\boldsymbol{u}^{\mathrm{s}}=0,\quad \lim\limits_{R\to\infty}R\left(\dfrac{\partial\boldsymbol{u}^{\mathrm{s}}}{\partial R}-\mathrm{i}k_2\boldsymbol{u}^{\mathrm{s}}\right)=0\end{cases} \tag{3.43}$$

可以证明如果满足式（3.43）中的辐射条件，那么式（3.39）中 S_R 上的积分为零，即

$$\begin{aligned}\alpha u_n(\boldsymbol{y},\omega)=&\int_V f_k(\boldsymbol{x},\omega)G_{kn}(\boldsymbol{x},\boldsymbol{y},\omega)\mathrm{d}V(\boldsymbol{x})\\&+\int_S\left[C_{klij}n_k(\boldsymbol{x}_s)u_l(\boldsymbol{x}_s,\omega)\frac{\partial G_{in}(\boldsymbol{x}_s,\boldsymbol{y},\omega)}{\partial x_j}-C_{klij}n_k(\boldsymbol{x}_s)G_{ln}(\boldsymbol{x}_s,\boldsymbol{y},\omega)\frac{\partial u_i(\boldsymbol{x}_s,\omega)}{\partial x_j}\right]\mathrm{d}S(\boldsymbol{x}_s)\end{aligned} \tag{3.44}$$

由于这个结果证明的烦琐性和复杂性，所以忽略了其过程。读者可以在文献[7]中找到更详细的资料，其中还给出了辐射条件的其他等价形式。

3.3.3　散射问题的边界积分方程

现在考虑弹性介质中（图 3.3）的散射问题，其中散射位移 u^{scatt} 是位移为 u^{inc} 的入射波遇到缺陷表面 S 而产生的。由于 u^{scatt} 满足辐射条件，所以式（3.44）可写成

$$\begin{aligned}&\alpha u_n^{\mathrm{scatt}}(\boldsymbol{y},\omega)=\\&\int_S\left[C_{klij}n_k(\boldsymbol{x}_s)u_i^{\mathrm{scatt}}(\boldsymbol{x}_s,\omega)\frac{\partial G_{in}(\boldsymbol{x}_s,\boldsymbol{y},\omega)}{\partial x_j}-C_{klij}n_k(\boldsymbol{x}_s)G_{ln}(\boldsymbol{x}_s,\boldsymbol{y},\omega)\frac{\partial u_i^{\mathrm{scatt}}(\boldsymbol{x}_s,\omega)}{\partial x_j}\right]\mathrm{d}S(\boldsymbol{x}_s)\end{aligned} \tag{3.45}$$

将式（3.38）和式（3.45）相加，发现对于在源区域外的任何一处总位移 $u=u^{\mathrm{inc}}+u^{\mathrm{scatt}}$ 都有

$$\alpha u_n^{\text{scatt}}(\boldsymbol{y},\omega)+\beta u_n^{\text{inc}}(\boldsymbol{y},\omega)=$$
$$+\int_S\left[C_{klij}n_k(\boldsymbol{x}_s)u_l(\boldsymbol{x}_s,\omega)\frac{\partial G_{in}(\boldsymbol{x}_s,\boldsymbol{y},\omega)}{\partial x_j}-C_{klij}n_k(\boldsymbol{x}_s)G_{ln}(\boldsymbol{x}_s,\boldsymbol{y},\omega)\frac{\partial u_i(\boldsymbol{x}_s,\omega)}{\partial x_j}\right]\mathrm{d}S(\boldsymbol{x}_s) \tag{3.46}$$

其中，α、β 可以参考式（3.10）和式（3.23）。

如果将 $\boldsymbol{y}$ 点取在表面 S 上，式（3.46）可以作为解决许多散射问题的基础，由此获得一个关于表面应力和位移的积分方程。在这个情况下，可以发现

$$\frac{u_n(\boldsymbol{y}_s,\omega)}{2}=u_n^{\text{inc}}(\boldsymbol{y}_s,\omega)$$
$$+\int_S\left[C_{klij}n_k(\boldsymbol{x}_s)u_l(\boldsymbol{x}_s,\omega)\frac{\partial G_{in}(\boldsymbol{x}_s,\boldsymbol{y},\omega)}{\partial x_j}-C_{klij}n_k(\boldsymbol{x}_s)G_{ln}(\boldsymbol{x}_s,\boldsymbol{y},\omega)\frac{\partial u_i(\boldsymbol{x}_s,\omega)}{\partial x_j}\right]\mathrm{d}S(\boldsymbol{x}_s) \tag{3.47}$$

式（3.47）中的积分和流体情况下的理解一样，是主值积分。例如，对于一个空腔情况，表面牵引力 $n_kC_{klij}\partial u_i/\partial x_j$ 在表面为零，因此有

$$\frac{u_n(\boldsymbol{y}_s,\omega)}{2}=u_n^{\text{inc}}(\boldsymbol{y}_s,\omega)$$
$$+\int_S\left[C_{klij}n_k(\boldsymbol{x}_s)u_l(\boldsymbol{x}_s,\omega)\frac{\partial G_{in}(\boldsymbol{x}_s,\boldsymbol{y},\omega)}{\partial x_j}\right]\mathrm{d}S(\boldsymbol{x}_s) \tag{3.48}$$

这是一个关于未知表面位移的积分方程。

3.4 本章小结

流体和弹性体中互易关系与基本解的运用可以在许多文献中找到。参考文献[1]～[9]给出了运用边界元法解决缺陷散射问题中出现的面积分方程所需的细节。

参考文献

[1] Hartmann F. Introduction to Boundary Elements. New York：Springer Verlag，1989.

[2] Beer G, Watson J O. Introduction to Finite and Boundary Element Methods for Engineers. New York: Wiley, 1992.

[3] Kane J H. Boundary Element Analysis. Englewood Cliffs，NJ：Prentice-Hall，1994.

[4] Liu Y J，Rizzo F J. A weakly singular form of the hypersingular boundary integral equation applied to 3-D acoustic wave problems. Computer Methods in Applied Mechanics and Engineering，1992，96（2）：271-287.

[5] Kupradze V D. Three-Dimensional Problems of the Mathematical Theory of Elasticity and Thermoelasticity. New York：North-Holland，1979.

[6] Kupradze V D. Potential Methods in the Theory of Elasticity. Jerusalem：Israel Program for Scientific Translations，1965.

[7] Kupradze V D. Dynamical problems in elasticity//Sneddon I N，Hill R. Progress in Solid Mechanics. Amsterdam：North Holland，1963.

[8] Parton V Z，Perlin P I. Integral Equations in Elasticity. Moscow：Mir Publishers，1982.

[9] Varadan V K，Varadan V V. Elastic Wave Propagation and Scattering. Michigan：Ann Arbor Science，1982.

第 4 章　超声导波散射波场模拟的数值方法

4.1　引　　言

边界元法和有限元法是超声导波数值模拟的有效手段。边界元法是将结构降一维进行数值建模仿真，例如，采用边界元法对管道中超声导波进行仿真时，只需要将管道的内外表面进行单元离散；对于二维结构，只需对其表面曲线进行单元划分。因此，边界元法显著降低了数值模拟中系统的自由度，提高了计算效率。同时，有限元法也作为一种非常成熟的数值计算方法，用于解决各种波动问题。关于有限元的商业软件也非常丰富，因此采用有限元法模拟超声导波是一种便捷有效的方法。在大多数仿真中，为了降低系统自由度，通常将结构进行分割，取其有效部分进行单元网格划分，而分割处（截断处）的边界条件描述直接影响计算结果的精确性。此外，4.4 节简单描述了模式激发法求解散射波场的方法。本章将介绍修正边界元法的超声导波数值模拟和混合有限元法用于被截断结构的数值仿真。这两种方法都是在原有传统边界元法和有限元法的基础上，对被截断结构边界处的位移和力进行准确描述，从而提高计算精确性。

4.2　边 界 元 法

4.2.1　传统边界元法

第 3 章已介绍了互易定理的边界积分形式，即式（3.37）。将基本解波场与真实波场作为两种状态分别代入互易定理，可得关于真实波场的积分方程，为

$$\alpha u_n(\boldsymbol{y},\omega)=\int_V f_k(\boldsymbol{x},\omega)G_{kn}(\boldsymbol{x},\boldsymbol{y},\omega)\mathrm{d}V(\boldsymbol{x})$$
$$+\int_S\left[C_{klij}n_k(\boldsymbol{x}_s)G_{in}(\boldsymbol{x}_s,\boldsymbol{y},\omega)\frac{\partial u_i(\boldsymbol{x}_s,\omega)}{\partial x_j}-C_{klij}n_k(\boldsymbol{x}_s)u_l(\boldsymbol{x}_s,\omega)\frac{\partial G_{in}(\boldsymbol{x}_s,\boldsymbol{y},\omega)}{\partial x_j}\right]\mathrm{d}S(\boldsymbol{x}_s) \tag{4.1}$$

注意，当点 $\boldsymbol{y}$ 位于光滑边界上时 α 取 $1/2$，而对于非光滑边界的情况，α 取值受夹角 θ 影响（图 4.1），其具体形式如下：

$$\alpha = \begin{cases} 1, & \boldsymbol{y}\text{在}V\text{内} \\ \dfrac{1}{2}, & \boldsymbol{y}\text{在}S\text{边界上（光滑）} \\ \dfrac{\theta}{2\pi}, & \boldsymbol{y}\text{在}S\text{边界上（非光滑）} \end{cases} \tag{4.2}$$

但在本章中，只讨论常量单元的边界元法[1]，即只用一个点代表每个单元（图 4.2）。因此，在单元划分时，尽量避免单元中包含非光滑边界的情况。同时，考虑到在区域V内不存在体力项，即$f_k(\boldsymbol{x},\omega)=0$，于是有

$$\alpha u_n(\boldsymbol{y},\omega)=\int_S\left[C_{klij}n_k(\boldsymbol{x}_s)G_{ln}(\boldsymbol{x}_s,\boldsymbol{y},\omega)\frac{\partial u_i(\boldsymbol{x}_s,\omega)}{\partial x_j}-C_{klij}n_k(\boldsymbol{x}_s)u_l(\boldsymbol{x}_s,\omega)\frac{\partial G_{in}(\boldsymbol{x}_s,\boldsymbol{y},\omega)}{\partial x_j}\right]\mathrm{d}S(\boldsymbol{x}_s) \tag{4.3}$$

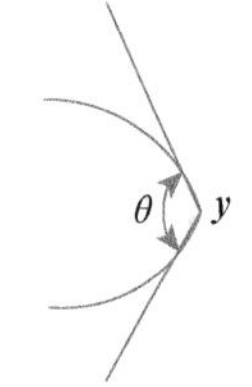

图 4.1　$\boldsymbol{y}$位于非光滑边界处的情况

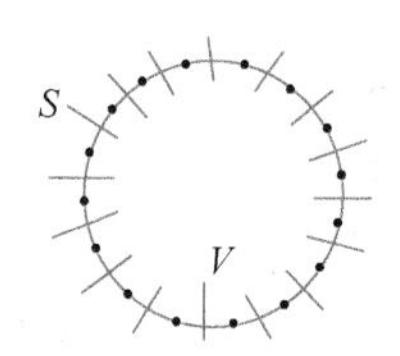

图 4.2　常量单元离散（其中，黑色点代表每个单元的节点）

将其写成离散单元形式，即

$$\alpha u_n(\boldsymbol{y}^P,\omega)=\sum_{Q=1}^{N}C_{klij}n_k(\boldsymbol{x}_s^Q)\frac{\partial u_i(\boldsymbol{x}_s^Q,\omega)}{\partial x_j}\int_{\Gamma_Q}G_{ln}(\boldsymbol{x}_s^Q,\boldsymbol{y},\omega)\mathrm{d}S(\boldsymbol{x}_s)$$
$$-\sum_{Q=1}^{N}u_l(\boldsymbol{x}_s^Q,\omega)\int_{\Gamma_Q}C_{klij}n_k(\boldsymbol{x}_s^Q)\frac{\partial G_{in}(\boldsymbol{x}_s^Q,\boldsymbol{y},\omega)}{\partial x_j}\mathrm{d}S(\boldsymbol{x}_s) \tag{4.4}$$

由于采用的是常量单元，所以待求状态的位移和力在每个单元上都是常量，从而被提到积分号外面。这里Q表示当前单元编号，N表示单元的总数目，Γ_Q表示每个单元的长度，源点$\boldsymbol{y}=\boldsymbol{y}^P$表示当前源点位于第$P$个单元上。记

$$\int_{\Gamma_Q}G_{ln}(\boldsymbol{x}_s^Q,\boldsymbol{y}^P,\omega)\mathrm{d}S(\boldsymbol{x}_s)=\hat{G}_{ln}^{PQ},\quad \int_{\Gamma_Q}C_{klij}n_k(\boldsymbol{x}_s^Q)\frac{\partial G_{in}(\boldsymbol{x}_s^Q,\boldsymbol{y}^P,\omega)}{\partial x_j}\mathrm{d}S(\boldsymbol{x}_s)=\hat{T}_{ln}^{PQ}$$
$$C_{klij}n_k(\boldsymbol{x}_s^Q)\frac{\partial u_i(\boldsymbol{x}_s^Q,\omega)}{\partial x_j}=F_l^Q,\quad u_l(\boldsymbol{x}_s^Q,\omega)=U_l^Q,\quad u_n(\boldsymbol{y}^P,\omega)=U_n^P \tag{4.5}$$

将式（4.5）代入式（4.4），得

$$\frac{1}{2}U_n^P=\sum_{Q=1}^{N}F_l^Q\hat{G}_{ln}^{PQ}-\sum_{Q=1}^{N}U_l^Q\hat{T}_{ln}^{PQ} \tag{4.6}$$

为了方便计算，在单元划分时，确保每个单元都是光滑的。式（4.6）进一步写成矩阵形式为

$$\boldsymbol{GF} = \boldsymbol{TU} \tag{4.7}$$

其中，

$$\boldsymbol{G} = \begin{bmatrix} \hat{G}_{11}^{11} & \hat{G}_{21}^{11} & \hat{G}_{11}^{12} & \hat{G}_{21}^{12} & \cdots & \hat{G}_{11}^{1N} & \hat{G}_{21}^{1N} \\ \hat{G}_{12}^{11} & \hat{G}_{22}^{11} & \hat{G}_{12}^{12} & \hat{G}_{22}^{12} & \cdots & \hat{G}_{12}^{1N} & \hat{G}_{22}^{1N} \\ \hat{G}_{11}^{21} & \hat{G}_{21}^{21} & \hat{G}_{11}^{22} & \hat{G}_{21}^{22} & \cdots & \hat{G}_{11}^{2N} & \hat{G}_{21}^{2N} \\ \hat{G}_{12}^{21} & \hat{G}_{22}^{21} & \hat{G}_{12}^{22} & \hat{G}_{22}^{22} & \cdots & \hat{G}_{12}^{2N} & \hat{G}_{22}^{2N} \\ \vdots & \vdots & \vdots & \vdots & & \vdots & \vdots \\ \hat{G}_{11}^{N1} & \hat{G}_{21}^{N1} & \hat{G}_{11}^{N2} & \hat{G}_{21}^{N2} & \cdots & \hat{G}_{11}^{NN} & \hat{G}_{21}^{NN} \\ \hat{G}_{12}^{N1} & \hat{G}_{22}^{N1} & \hat{G}_{12}^{N2} & \hat{G}_{22}^{N2} & \cdots & \hat{G}_{12}^{NN} & \hat{G}_{22}^{NN} \end{bmatrix}$$

$$\boldsymbol{T} = \begin{bmatrix} \hat{T}_{11}^{11} + \frac{1}{2} & \hat{T}_{21}^{11} & \hat{T}_{11}^{12} & \hat{T}_{21}^{12} & \cdots & \hat{T}_{11}^{1N} & \hat{T}_{21}^{1N} \\ \hat{T}_{12}^{11} & \hat{T}_{22}^{11} + \frac{1}{2} & \hat{T}_{12}^{12} & \hat{T}_{22}^{12} & \cdots & \hat{T}_{12}^{1N} & \hat{T}_{22}^{1N} \\ \hat{T}_{11}^{21} & \hat{T}_{21}^{21} & \hat{T}_{11}^{22} + \frac{1}{2} & \hat{T}_{21}^{22} & \cdots & \hat{T}_{11}^{2N} & \hat{T}_{21}^{2N} \\ \hat{T}_{12}^{21} & \hat{T}_{22}^{21} & \hat{T}_{12}^{22} & \hat{T}_{22}^{22} + \frac{1}{2} & \cdots & \hat{T}_{12}^{2N} & \hat{T}_{22}^{2N} \\ \vdots & \vdots & \vdots & \vdots & & \vdots & \vdots \\ \hat{T}_{11}^{N1} & \hat{T}_{21}^{N1} & \hat{T}_{11}^{N2} & \hat{T}_{21}^{N2} & \cdots & \hat{T}_{11}^{NN} + \frac{1}{2} & \hat{T}_{21}^{NN} \\ \hat{T}_{12}^{N1} & \hat{T}_{22}^{N1} & \hat{T}_{12}^{N2} & \hat{T}_{22}^{N2} & \cdots & \hat{T}_{12}^{NN} & \hat{T}_{22}^{NN} + \frac{1}{2} \end{bmatrix}$$

$$\boldsymbol{U} = \begin{bmatrix} U_1^1 \\ U_2^1 \\ U_1^2 \\ U_2^2 \\ \vdots \\ U_1^N \\ U_2^N \end{bmatrix}, \quad \boldsymbol{F} = \begin{bmatrix} F_1^1 \\ F_2^1 \\ F_1^2 \\ F_2^2 \\ \vdots \\ F_1^N \\ F_2^N \end{bmatrix} \tag{4.8}$$

这里以 $\hat{G}_{ln}^{PQ}$ 为例，针对二维问题，介绍其上下标的含义，上标 P 指源点在第 P 单元上，Q 表示当前场点在第 Q 单元上；下标 l 表示基本解位移方向，n 表示源点的集中载荷作用方向。式（4.8）表明，源点将遍历每一个单元，最终形成一个可求解的方阵。

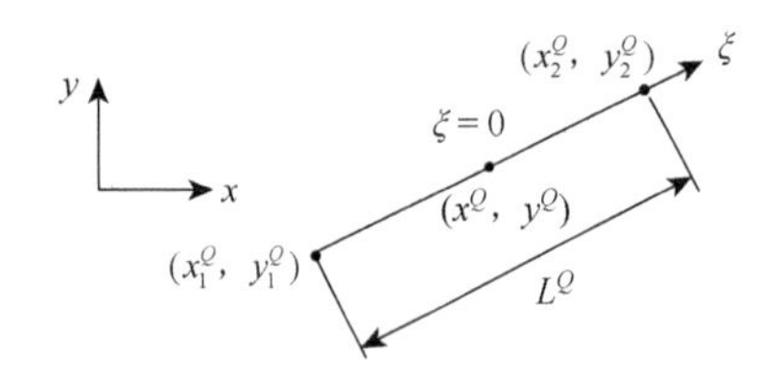

图 4.3　局部单元和整体坐标关系示意图

接下来，进一步求解式（4.5）中积分项。如图 4.3 所示的第 Q 单元局部坐标系 ξ，建立整体坐标 (x, y) 与局部坐标 ξ 之间的关系为

$$\begin{cases} x = \dfrac{x_2^Q - x_1^Q}{2} + \dfrac{x_2^Q - x_1^Q}{2}\xi \\ y = \dfrac{y_2^Q - y_1^Q}{2} + \dfrac{y_2^Q - y_1^Q}{2}\xi \end{cases} \tag{4.9}$$

进一步，有

$$\mathrm{d}x = \frac{x_2^Q - x_1^Q}{2}\mathrm{d}\xi, \quad \mathrm{d}y = \frac{y_2^Q - y_1^Q}{2}\mathrm{d}\xi \tag{4.10}$$

因此，对于 $\mathrm{d}S(\boldsymbol{x}_s)$，有

$$\mathrm{d}S(\boldsymbol{x}_s) = \sqrt{(\mathrm{d}x)^2 + (\mathrm{d}y)^2} = \sqrt{\left(\frac{x_2^Q - x_1^Q}{2}\right)^2 + \left(\frac{y_2^Q - y_1^Q}{2}\right)^2}\mathrm{d}\xi = L^Q\mathrm{d}\xi \tag{4.11}$$

从而，式（4.5）中积分重新写成

$$\int_{-1}^{1} G_{ln}(\boldsymbol{x}_s^Q(\xi), \boldsymbol{y}^P, \omega)L^Q\mathrm{d}\xi = \hat{G}_{ln}^{PQ}, \quad \int_{-1}^{1} C_{klij}n_k(\boldsymbol{x}_s^Q(\xi))\frac{\partial G_{in}(\boldsymbol{x}_s^Q(\xi), \boldsymbol{y}^P, \omega)}{\partial x_j}L^Q\mathrm{d}\xi = \hat{T}_{ln}^{PQ} \tag{4.12}$$

对于各向同性均匀材料中二维弹性动力学问题的全平面频域基本解（面力 $T_{\alpha\beta}^*$ 和位移 $G_{\alpha\beta}^*$）如下：

$$\begin{aligned} T_{\alpha\beta}^* = \mu A\Bigg\{&\left[\left(\delta_{\alpha\beta}\frac{\partial r}{\partial n} + n_\alpha r_{,\beta}\right) + \frac{\lambda}{\mu}n_\beta r_{,\alpha}\right]\frac{\partial U_1}{\partial r} \\ &-\left[\left(\delta_{\alpha\beta}\frac{\partial r}{\partial n} + n_\alpha r_{,\beta}\right) + 2\left(n_\alpha r_{,\beta} - 2r_{,\alpha}r_{,\beta}\frac{\partial r}{\partial n}\right) + 2\frac{\lambda}{\mu}n_\beta r_{,\alpha}\right]\frac{U_2}{R} \\ &-\left[2r_{,\alpha}r_{,\beta}\frac{\partial r}{\partial n} + \frac{\lambda}{\mu}n_\beta r_{,\alpha}\right]\frac{\partial U_2}{\partial r}\Bigg\} \\ G_{\alpha\beta}^* = A(U_1 &- U_2 r_{,\alpha}r_{,\beta}) \end{aligned} \tag{4.13}$$

其中，

$$A = \frac{\mathrm{i}}{4\mu}$$

$$U_1 = \mathrm{H}_0^1(k_T r) - \frac{1}{k_T r}\mathrm{H}_1^1(k_T r) + \left(\frac{k_L}{k_T}\right)^2\frac{1}{k_L r}\mathrm{H}_1^1(k_L r) \tag{4.14}$$

$$U_2 = -\mathrm{H}_2^1(k_T r) + \left(\frac{k_L}{k_T}\right)^2\mathrm{H}_2^1(k_L r)$$

其中，r 为场点 $\boldsymbol{x}$ 与源点 $\boldsymbol{y}$ 之间的距离，即 $r=\sqrt{(x^P-x^Q)^2+(y^P-y^Q)^2}$ ；$\boldsymbol{n}$ 为点 $\boldsymbol{x}$ 处表面的单位法向；$\mathrm{H}_n^1(\ )$ 为第一类第 n 阶汉克尔（Hankel）函数；λ、μ、ρ、$k_T=\omega/\sqrt{\mu/\rho}$ 和 $k_L=\omega/\sqrt{(\lambda+2\mu)/\rho}$ 分别为材料的拉梅常数、密度以及当前频率下的横波波数和纵波波数。

在求解过程中，当场点和源点位于不同单元时，位移基础解和应力基础解都是常规积分，可直接采用高斯积分进行求解。当场点和源点位于同一单元时，位移和应力基本解的积分中存在奇异点，因此表达式需要经过特殊处理。分析式（4.13）可以发现力基本解是奇函数，当场点和源点处于同一单元时积分为零，因此可以直接忽略。而位移基础解的奇异积分可以通过下面的方法处理：

$$G_{\alpha\beta}^*=\frac{\mathrm{i}}{4\mu}(U_1\delta_{\alpha\beta}-U_2r_{,\alpha}r_{,\beta}) \tag{4.15}$$

其中，U_1 和 U_2 分别可以分解为两部分：$U_1=U_1^O+U_1^D$ 和 $U_2=U_2^O+U_2^D$。

因此，位移基本解可以写成 $u_{\alpha\beta}^*=u_{\alpha\beta}^{*O}+u_{\alpha\beta}^{*D}$，其中，

$$\begin{aligned}U_1^O&=\frac{\mathrm{i}(\lambda+3\mu)}{\pi(\lambda+2\mu)}\ln r\\U_2^O&=\frac{\mathrm{i}(\lambda+\mu)}{\pi(\lambda+2\mu)}\end{aligned} \tag{4.16}$$

$$\begin{aligned}U_1^D=&\frac{1}{2(\lambda+2\mu)}\left\{\lambda+3\mu+\frac{\mathrm{i}}{\pi}\left[2(\lambda+2\mu)\ln\frac{k_T}{2}+\lambda+\mu\right.\right.\\&\left.\left.+2(\lambda+3\mu)\gamma+2\mu\ln\frac{k_T}{2}\right]\right\}+\sum_{n=1}^{\infty}\frac{(-1)^n}{(n!)^2}\left(\frac{k_Tr}{2}\right)^{2n}\left\{\frac{1}{2(n+1)}\right.\\&\left.\times\left[2n+1+\left(\frac{k_L}{k_T}\right)^{2n+2}\right]A+B-\frac{1}{2(n+1)}D+\frac{1}{2(n+1)}\left[1-\left(\frac{k_L}{k_T}\right)^{2n+2}\right]E\right\}\end{aligned} \tag{4.17}$$

$$\begin{aligned}U_2^D=&\sum_{n=1}^{\infty}\frac{(-1)^n}{(n!)^2}\left(\frac{k_Tr}{2}\right)^{2n}\left\{\frac{n}{n+1}\left[1-\left(\frac{k_L}{k_T}\right)^{2n+2}\right]A\right.\\&\left.+B-\left(\frac{k_L}{k_T}\right)^{2n+2}C-\frac{n}{n+1}D+\frac{1}{n+1}\left[1-\left(\frac{k_L}{k_T}\right)^{2n+2}\right]E\right\}\end{aligned}$$

其中，涉及的变量 A～E、函数 $\phi(n)$ 和常量 γ 定义如下：

$$A = 1 + \frac{2\mathrm{i}}{\pi}(\ln r + \gamma), \quad B = \frac{2\mathrm{i}}{\pi}\left[\ln\frac{k_T}{2} - \phi(n)\right], \quad C = \frac{2\mathrm{i}}{\pi}\left[\ln\frac{k_L}{2} - \phi(n)\right]$$
$$D = \frac{2\mathrm{i}}{\pi}\left[\ln\frac{k_T}{2} - \left(\frac{k_L}{k_T}\right)^{2n+2}\ln\frac{k_L}{2}\right], \quad E = \frac{\mathrm{i}}{\pi}[\phi(n) + \phi(n+1)] \tag{4.18}$$
$$\phi(n) = \sum_{m=1}^{n}\frac{1}{m}, \quad \gamma = 0.57721$$

4.2.2　修正边界元法

如图 4.4 所示，当 Lamb 波在无限长自由平板中传播时，遇到缺陷，产生散射波。散射波至远场分别形成向后传播的反射波与向前传播的透射波。不同频率下的 Lamb 波模态数不同，因此当单一模态 Lamb 波作为入射波时，与缺陷作用后也会产生其他模态。由 Lamb 波的弥散关系可知，反射波和透射波中将至少存在 A_0 和 S_0 两种模态。

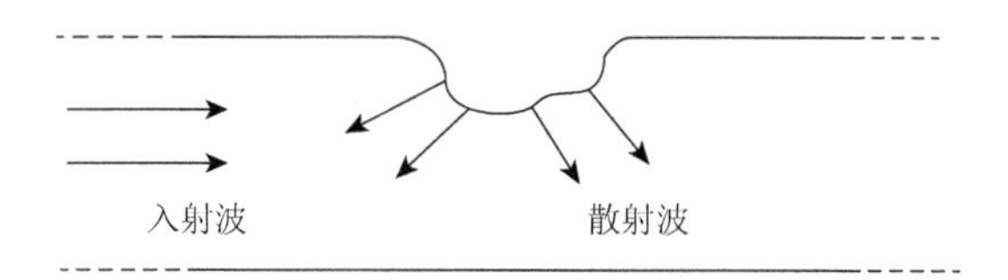

图 4.4　入射 Lamb 波遇到缺陷发生散射示意图

图 4.4 中，虚线部分代表距离缺陷散射中心较远的边界，称为无穷边界。因为在采用边界元法时，需要对计算模型的边界进行单元划分，但对无穷边界划分单元是不现实的，所以传统边界元法要把图 4.4 中的无限结构截断成有限结构，也就是实线部分包括缺陷在内的区域，如图 4.5 所示。传统边界元法忽略了无穷边界，导致在截断边界处产生回波，因此采用传统边界元法求解 Lamb 波散射场是不够准确的。为此，这里提出了修正边界元法，该方法通过对截断边界的补偿来提高散射波场求解的精确性。

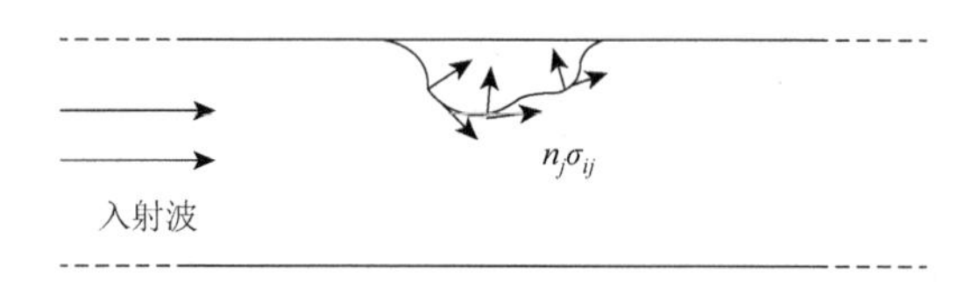

图 4.5　入射波场

首先，将总波场 $\boldsymbol{u}^{\text{tot}}$ 分解为已知入射波场 $\boldsymbol{u}^{\text{inc}}$ 和待求散射波场 $\boldsymbol{u}^{\text{sca}}$。入射波场 $\boldsymbol{u}^{\text{inc}}$ 在缺陷表面产生面力 $\boldsymbol{t}^{\text{inc}}=n_j\sigma_{ij}^{\text{inc}}$，而总场中缺陷表面为自由表面，即 $\boldsymbol{t}^{\text{tot}}=\boldsymbol{0}$，那么对于散射波场，就相当于在缺陷表面施加了反向作用力 $\boldsymbol{t}^{\text{sca}}=-n_j\sigma_{ij}^{\text{inc}}$，如图 4.6 所示。

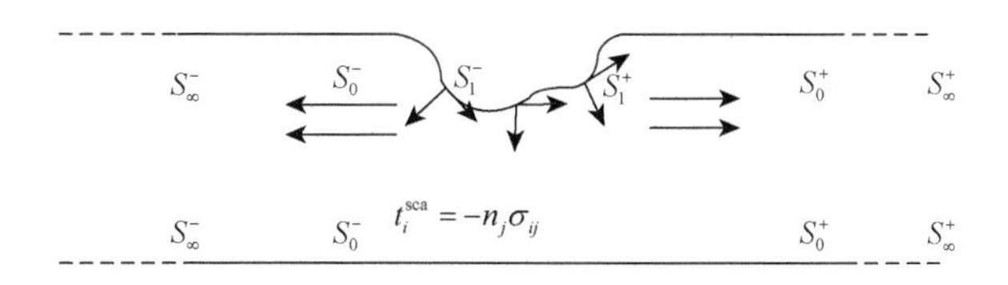

图 4.6　散射波场

假设截断边界距离缺陷足够远，那么在截断边界处散射场中只包含未衰减的 Lamb 波。为了计算方便，确保每个单元都是光滑的，根据式（4.3）可得

$$\begin{aligned}&\frac{1}{2}u_n(\boldsymbol{y},\omega)+\int_{S_\infty^-}T_{ln}^*(\boldsymbol{x}_s,\boldsymbol{y},\omega)u_l(\boldsymbol{x}_s,\omega)\mathrm{d}S(\boldsymbol{x}_s)\\&\quad+\int_{S_\infty^+}T_{ln}^*(\boldsymbol{x}_s,\boldsymbol{y},\omega)u_l(\boldsymbol{x}_s,\omega)\mathrm{d}S(\boldsymbol{x}_s)+\int_{S_0\cup S_1}T_{ln}^*(\boldsymbol{x}_s,\boldsymbol{y},\omega)u_l(\boldsymbol{x}_s,\omega)\mathrm{d}S(\boldsymbol{x}_s)\\&=\int_{S_0\cup S_1}G_{ln}^*(\boldsymbol{x}_s,\boldsymbol{y},\omega)t_l(\boldsymbol{x}_s,\omega)\mathrm{d}S(\boldsymbol{x}_s)\end{aligned}\tag{4.19}$$

其中，T_{ln}^* 和 G_{ln}^* 如式（4.13）所示，这里 u_n 和 t_l 表示散射波场中的位移和力；$\boldsymbol{x}_s$ 表示场点；$\boldsymbol{y}$ 表示源点。

因为截断边界距离散射中心（缺陷）足够远，所以被省略的无穷边界上的质点位移可以近似表示为板内一系列 Lamb 波模态的位移之和。由于这些模态的 Lamb 波的实际位移都是未知的，所以这里把每个模态的位移表示为一个未知系数与该模态单位幅值 Lamb 波位移相乘，将这些未知系数称为散射系数。根据以上分析，截断边界处的散射波场位移可以分别表示为如下形式。

当质点 $\boldsymbol{y}$ 处于负无穷边界时，它的散射场位移可以表示为

$$\boldsymbol{u}(\boldsymbol{y},\omega)\approx R_1^-(\omega)\boldsymbol{u}^{1-}(\omega)+R_2^-(\omega)\boldsymbol{u}^{2-}(\omega)+\cdots+R_m^-(\omega)\boldsymbol{u}^{m-}(\omega)\tag{4.20}$$

当质点 $\boldsymbol{y}$ 处于正无穷边界时，它的散射场位移可以表示为

$$\boldsymbol{u}(\boldsymbol{y},\omega)\approx R_1^+(\omega)\boldsymbol{u}^{1+}(\omega)+R_2^+(\omega)\boldsymbol{u}^{2+}(\omega)+\cdots+R_m^+(\omega)\boldsymbol{u}^{m+}(\omega)\tag{4.21}$$

在式（4.20）和式（4.21）中 ω 表示当前角频率，$R_1^\pm(\omega)$、$R_2^\pm(\omega)$、$\cdots$、$R_m^\pm(\omega)$ 为要求解的各个模态 Lamb 波的反射系数和透射系数。$\boldsymbol{u}^{1\pm},\boldsymbol{u}^{2\pm},\cdots,\boldsymbol{u}^{m\pm}$ 代表当前频率下各个模态 Lamb 波的单位位移。其中，负号代表向负方向传播，正号代表向正方向传播。将式（4.19）中第二项和第三项用式（4.20）和式（4.21）表示，得到负无穷边界上的积分：

$$\begin{aligned}
&\int_{S_\infty^-} T_{ln}^*(\boldsymbol{x}_s,\boldsymbol{y},\omega)u_n(\boldsymbol{x}_s,\omega)\mathrm{d}S(\boldsymbol{x}_s)= \\
&\int_{S_\infty^-} T_{ln}^*(\boldsymbol{x}_s,\boldsymbol{y},\omega)[R_1^-(\omega)u_l^{1-}(\boldsymbol{x}_s,\omega) \\
&+R_2^-(\omega)u_l^{2-}(\boldsymbol{x}_s,\omega)+\cdots+R_m^-(\omega)u_l^{m-}(\boldsymbol{x}_s,\omega)] \\
&=R_1^-(\omega)\int_{S_\infty^-} T_{ln}^*(\boldsymbol{x}_s,\boldsymbol{y},\omega)u_l^{1-}(\boldsymbol{x}_s,\omega)\mathrm{d}S(\boldsymbol{x}_s) \\
&+R_2^-(\omega)\int_{S_\infty^-} T_{ln}^*(\boldsymbol{x}_s,\boldsymbol{y},\omega)u_l^{2-}(\boldsymbol{x}_s,\omega)\mathrm{d}S(\boldsymbol{x}_s) \\
&+\cdots+R_m^-(\omega)\int_{S_\infty^-} T_{ln}^*(\boldsymbol{x}_s,\boldsymbol{y},\omega)u_l^{m-}(\boldsymbol{x}_s,\omega)\mathrm{d}S(\boldsymbol{x}_s)
\end{aligned} \tag{4.22}$$

正无穷边界上的积分：

$$\begin{aligned}
&\int_{S_\infty^+} T_{ln}^*(\boldsymbol{x}_s,\boldsymbol{y},\omega)u_n(\boldsymbol{x}_s,\omega)\mathrm{d}S(\boldsymbol{x}_s)= \\
&\int_{S_\infty^+} T_{ln}^*(\boldsymbol{x}_s,\boldsymbol{y},\omega)[R_1^+(\omega)u_l^{1+}(\boldsymbol{x}_s,\omega) \\
&+R_2^+(\omega)u_l^{2+}(\boldsymbol{x}_s,\omega)+\cdots+R_m^+(\omega)u_l^{m+}(\boldsymbol{x}_s,\omega)] \\
&=R_1^+(\omega)\int_{S_\infty^+} T_{ln}^*(\boldsymbol{x}_s,\boldsymbol{y},\omega)u_l^{1+}(\boldsymbol{x}_s,\omega)\mathrm{d}S(\boldsymbol{x}_s) \\
&+R_2^+(\omega)\int_{S_\infty^+} T_{ln}^*(\boldsymbol{x}_s,\boldsymbol{y},\omega)u_l^{2+}(\boldsymbol{x}_s,\omega)\mathrm{d}S(\boldsymbol{x}_s) \\
&+\cdots+R_m^+(\omega)\int_{S_\infty^+} T_{ln}^*(\boldsymbol{x}_s,\boldsymbol{y},\omega)u_l^{m+}(\boldsymbol{x}_s,\omega)\mathrm{d}S(\boldsymbol{x}_s)
\end{aligned} \tag{4.23}$$

从上述积分可以看到，正无穷边界和负无穷边界上积分，可表示为 m 个模态的 Lamb 波在无穷边界上积分。这样只需要对每个模态的 Lamb 波的积分方程进行相同的处理，就可以解决上述两个正无穷边界和负无穷边界上的积分问题。于是，定义

$$A_n^{i\pm}(\boldsymbol{y},\omega)=\int_{S_\infty^\pm} T_{ln}^*(\boldsymbol{x}_s,\boldsymbol{y},\omega)u_l^{i\pm}(\boldsymbol{x}_s,\omega)\mathrm{d}S(\boldsymbol{x}_s) \tag{4.24}$$

为相应于第 i 个模态的修正项，将式（4.24）代入式（4.22）和式（4.23），整理后再代入式（4.19），得

$$\begin{aligned}
&\frac{1}{2}u_n(\boldsymbol{y},\omega)+\sum_i A_n^{i-}(\boldsymbol{y},\omega)R^{i-}(\omega) \\
&+\sum_i A_n^{i+}(\boldsymbol{y},\omega)R^{i+}(\omega)+\int_{S_0\cup S_1} T_{ln}^*(\boldsymbol{x}_s,\boldsymbol{y},\omega)u_l(\boldsymbol{x}_s,\omega)\mathrm{d}S(\boldsymbol{x}_s) \\
&=\int_{S_0\cup S_1} G_{ln}^*(\boldsymbol{x}_s,\boldsymbol{y},\omega)t_l(\boldsymbol{x}_s,\omega)\mathrm{d}S(\boldsymbol{x}_s),\quad i=1,2,\cdots,m
\end{aligned} \tag{4.25}$$

式（4.25）中求和部分代表无穷边界积分，可以发现散射系数（$R^{i-}(\omega)$ 和 $R^{i+}(\omega)$）、$A_n^{i-}(\boldsymbol{y},\omega)$、$A_n^{i+}(\boldsymbol{y},\omega)$ 都是未知量。显然，此时式（4.25）中未知数个数远大于方程数，为使式（4.25）能够求解，需对 $A_n^{i-}(\boldsymbol{y},\omega)$ 和 $A_n^{i+}(\boldsymbol{y},\omega)$ 做进一步分析。对于 $A_n^{i-}(\boldsymbol{y},\omega)$ 和 $A_n^{i+}(\boldsymbol{y},\omega)$ 求解，可以再一次运用弹性动力学互易定理，以 S_2

为界将原来的板模型（图 4.6）分成左右两部分，如图 4.7 和图 4.8 所示，其中 S_2 在左半图和右半图中分别表示为 S_2^- 和 S_2^+。对左边部分采用向左传播的 Lamb 波入射，对右边部分采用向右传播的 Lamb 波入射。分别对这两种波动状态进行边界元法建模，就可以得到 $A_n^{i-}(\boldsymbol{y},\omega)$ 和 $A_n^{i+}(\boldsymbol{y},\omega)$，具体详述如下。

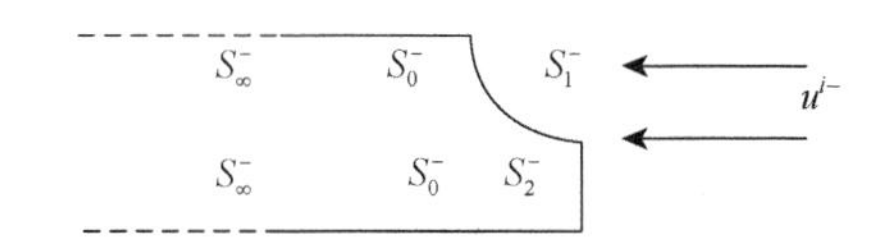

图 4.7　向负方向传播的单位幅值 Lamb 波

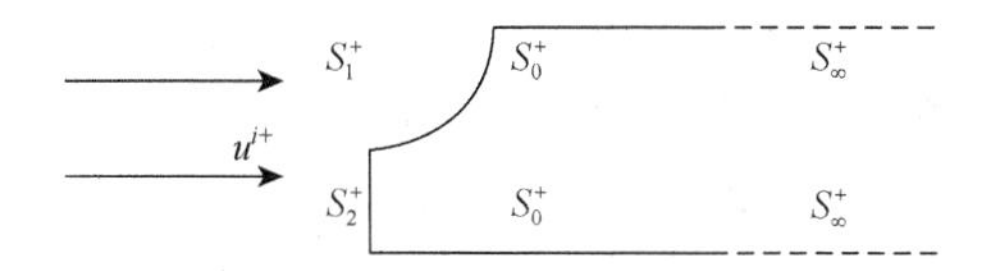

图 4.8　向正方向传播的单位幅值 Lamb 波

显然，$A_n^{i-}(\boldsymbol{y},\omega)$ 和 $A_n^{i+}(\boldsymbol{y},\omega)$ 中上标 i 表示分别对 m 个 Lamb 波模态的修正，y 和 n 分别表示当前考察的单元点和方向。基于互易定理，取第 i 阶 Lamb 波模态作为状态一，取基本解作为状态二，建立边界积分方程。首先求解沿负方向传播的模态修正项 $A_n^{i-}(\boldsymbol{y},\omega)$，分析左半模型（图 4.7），得到

$$
\begin{aligned}
C_{ln}(\boldsymbol{y})u_l^{i-}(\boldsymbol{y},\omega) = & -\int_{S_\infty^-} T_{ln}^*(\boldsymbol{x}_s,\boldsymbol{y},\omega)u_l^{i-}(\boldsymbol{x}_s,\omega)\mathrm{d}S(\boldsymbol{x}_s) - \int_{S_0^-} T_{ln}^*(\boldsymbol{x}_s,\boldsymbol{y},\omega)u_l^{i-}(\boldsymbol{x}_s,\omega)\mathrm{d}S(\boldsymbol{x}_s) \\
& + \int_{S_1^-\cup S_2^-} [G_{ln}^*(\boldsymbol{x}_s,\boldsymbol{y},\omega)t_l^{i-}(\boldsymbol{x}_s,\omega) - T_{ln}^*(\boldsymbol{x}_s,\boldsymbol{y},\omega)u_l^{i-}(\boldsymbol{x}_s,\omega)]\mathrm{d}S(\boldsymbol{x}_s)
\end{aligned} \tag{4.26}
$$

其中，边界 S_∞^- 和 S_0^- 上面力 $t_l^{i-}(\boldsymbol{x}_s,\boldsymbol{y},\omega)$ 为 0，故忽略了有关 $G_{ln}^*(\boldsymbol{x}_s,\boldsymbol{y},\omega)t_l^{i-}(\boldsymbol{x}_s,\boldsymbol{y},\omega)$ 的积分项。

对式（4.26）移项，得到

$$
\begin{aligned}
A_n^{i-}(\boldsymbol{y},\omega) &= \int_{S_\infty^-} T_{ln}^*(\boldsymbol{x}_s,\boldsymbol{y},\omega)u_l^{i-}(\boldsymbol{x}_s,\omega)\mathrm{d}S(\boldsymbol{x}_s) \\
&= C_{ln}(\boldsymbol{y})u_l^{i-}(\boldsymbol{y},\omega) - \int_{S_1^-\cup S_2^-} T_{ln}^*(\boldsymbol{x}_s,\boldsymbol{y},\omega)u_l^{i-}(\boldsymbol{x}_s,\omega)\mathrm{d}S(\boldsymbol{x}_s) \\
&\quad - \int_{S_0^-} T_{ln}^*(\boldsymbol{x}_s,\boldsymbol{y},\omega)u_l^{i-}(\boldsymbol{x}_s,\omega)\mathrm{d}S(\boldsymbol{x}_s) \\
&\quad + \int_{S_1^-\cup S_2^-} G_{ln}^*(\boldsymbol{x}_s,\boldsymbol{y},\omega)t_l^{i-}(\boldsymbol{x}_s,\omega)\mathrm{d}S(\boldsymbol{x}_s)
\end{aligned} \tag{4.27}
$$

同理，对沿正方向传播的模态修正项 $A_n^{i+}(\boldsymbol{y},\omega)$，分析右半模型，使用互易定理，可以得到针对右半模型的边界积分方程，即

$$C_{ln}(\boldsymbol{y})u_l^{i+}(\boldsymbol{y},\omega)=-\int_{S_\infty^+}T_{ln}^*(\boldsymbol{x}_s,\boldsymbol{y},\omega)u_l^{i+}(\boldsymbol{x}_s,\omega)\mathrm{d}S(\boldsymbol{x}_s)-\int_{S_0^+}T_{ln}^*(\boldsymbol{x}_s,\boldsymbol{y},\omega)u_l^{i+}(\boldsymbol{x}_s,\omega)\mathrm{d}S(\boldsymbol{x}_s)$$
$$+\int_{S_1^+\cup S_2^+}[G_{ln}^*(\boldsymbol{x}_s,\boldsymbol{y},\omega)t_l^{i+}(\boldsymbol{x}_s,\omega)-T_{ln}^*(\boldsymbol{x}_s,\boldsymbol{y},\omega)u_l^{i+}(\boldsymbol{x}_s,\omega)]\mathrm{d}S(\boldsymbol{x}_s)\quad(4.28)$$

根据右半模型的边界条件，向右传播的各个模态的 Lamb 波的修正项可以统一表示为

$$\begin{aligned}A_n^{i+}(\boldsymbol{y},\omega)&=\int_{S_\infty^+}T_{ln}^*(\boldsymbol{x}_s,\boldsymbol{y},\omega)u_l^{i+}(\boldsymbol{x}_s,\omega)\mathrm{d}S(\boldsymbol{x}_s)\\&=C_{ln}(\boldsymbol{y})u_l^{i+}(\boldsymbol{y},\omega)-\int_{S_1^+\cup S_2^+}T_{ln}^*(\boldsymbol{x}_s,\boldsymbol{y},\omega)u_l^{i+}(\boldsymbol{x}_s,\omega)\mathrm{d}S(\boldsymbol{x}_s)\\&\quad-\int_{S_0^+}T_{ln}^*(\boldsymbol{x}_s,\boldsymbol{y},\omega)u_l^{i+}(\boldsymbol{x}_s,\omega)\mathrm{d}S(\boldsymbol{x}_s)+\int_{S_1^+\cup S_2^+}G_{ln}^*(\boldsymbol{x}_s,\boldsymbol{y},\omega)t_l^{i+}(\boldsymbol{x}_s,\omega)\mathrm{d}S(\boldsymbol{x}_s)\end{aligned}\quad(4.29)$$

由此可知，第 i 个模态 Lamb 波修正项（$A_n^{i-}(\boldsymbol{y},\omega)$ 和 $A_n^{i+}(\boldsymbol{y},\omega)$）可通过式（4.27）和式（4.29）得到。因为式（4.27）和式（4.29）的等号右边都是已知项，所以很容易得到相应模态的修正项。然后将修正项代入式（4.26）和式（4.28），就得到待求解的修正边界元方程。接下来，进行单元划分和整体矩阵的组装。这里，选取常量单元进行计算。对于常量单元在几何上表现为直线段，每个单元上物理量为常量，且每个单元可以有不同长度。通常情况下，对缺陷边界需要细化，这样才能保证计算结果更加精确。但是，考虑到单元太多会增加计算量，因此在下面计算中需要选取合适的单元长度，既要保证计算精度，也要兼顾计算效率。

对于离散化后的边界元计算模型（图 4.9），修正边界元积分方程可以写成如下形式：

$$\begin{aligned}&C_{ln}(\boldsymbol{y})u_l(\boldsymbol{y},\omega)+\sum_{i=1}^{m}A_n^{i-}(\boldsymbol{y},\omega)R^{i-}(\omega)+\sum_{i=1}^{m}A_n^{i+}(\boldsymbol{y},\omega)R^{i+}(\omega)\\&+\sum_{e\in S_0\cup S_1}\left[\int_{S_e}T_{ln}^*(\boldsymbol{x}_s(\eta),\boldsymbol{y},\omega)\mathrm{d}S(\boldsymbol{x}_s(\eta))u_l(\boldsymbol{x}^e,\omega)\right]\\&=\sum_{e\in S_0\cup S_1}\left[\int_{S_e}G_{ln}^*(\boldsymbol{x}_s(\eta),\boldsymbol{y},\omega)\mathrm{d}S(\boldsymbol{x}_s(\eta))t_l(\boldsymbol{x}^e,\omega)\right]\end{aligned}\quad(4.30)$$

其中，S_e 表示一个单元的边界；$\boldsymbol{x}^e$ 表示该单元的中点坐标；$\eta\in[-1,1]$ 指当前单元的局部积分坐标。同时，因为单元边界都是光滑的，所以 $C_{ln}(\boldsymbol{y})$ 在计算中只取 1/2 或 0。将场点与源点的关系分为两种：①场点与源点在同一单元（$P=Q$）；②场点和源点不在同一单元（$P\neq Q$）。

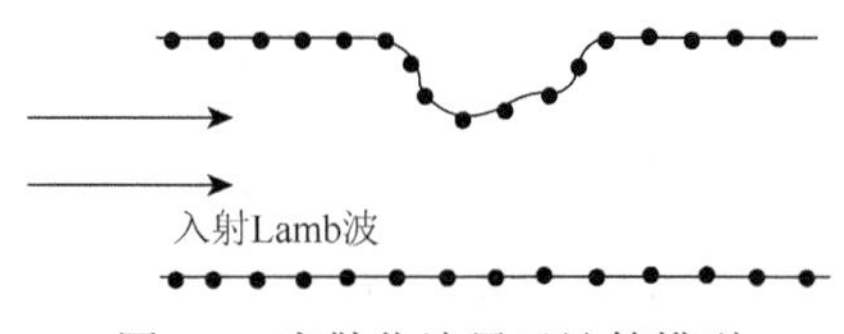

图 4.9 离散化边界元计算模型

将式（4.30）中积分项记成如下形式：

$$\begin{cases} W_{ln}^{PQ} = \int_{S_e^P} G_{ln}^*(\boldsymbol{x}_s(\eta), \boldsymbol{y}^Q, \omega) \mathrm{d}S(\boldsymbol{x}_s(\eta)) \\ H_{ln}^{PQ} = \begin{cases} \int_{S_e^P} T_{ln}^*(\boldsymbol{x}_s(\eta), \boldsymbol{y}^Q, \omega) \mathrm{d}S(\boldsymbol{x}_s(\eta)), & P \neq Q \\ \int_{S_e^P} T_{ln}^*(\boldsymbol{x}_s(\eta), \boldsymbol{y}^Q, \omega) \mathrm{d}S(\boldsymbol{x}_s(\eta)) + \dfrac{1}{2}, & P = Q \end{cases} \end{cases} \tag{4.31}$$

其中，S_e^P 表示在第 P 个单元的边界上的积分；$\boldsymbol{y}^Q$ 表示第 Q 个单元的中点。

根据式（4.31），将式（4.30）重新写成

$$\begin{aligned} &\sum_{i=1}^{m} A_n^{i-}(\boldsymbol{y}^Q, \omega) R^{i-}(\omega) + \sum_{i=1}^{m} A_n^{i+}(\boldsymbol{y}^Q, \omega) R^{i+}(\omega) \\ &+ \sum_{P=1}^{N} H_{ln}^{PQ} u_l(\boldsymbol{x}^P, \omega) = \sum_{P=1}^{N} W_{ln}^{PQ} t_l(\boldsymbol{x}^P, \omega) \end{aligned} \tag{4.32}$$

其中，N 为边界元模型的单元总数；$\boldsymbol{x}^P$ 、$\boldsymbol{y}^Q$ 分别表示第 P 个和第 Q 个单元的中点坐标。

接下来，把每个单元矩阵组装到整体矩阵中。分别将 $\boldsymbol{H}^{PQ}$ 和 $\boldsymbol{W}^{PQ}$ 矩阵组装到整体矩阵 $\boldsymbol{H}$ 和 $\boldsymbol{W}$ 中，将局部分量 $u(\xi_j, \omega)$ 和 $t(\xi_j, \omega)$ 组装到全局分量 $\boldsymbol{U}$ 和 $\boldsymbol{T}$ 中，将修正项 $A_i^{\pm}(\xi_j, \omega)$ 和未知的幅值之比 $R_i^{\pm}(\omega)$ 组装到大矩阵 $\boldsymbol{A}^{\pm}$ 和 $\boldsymbol{R}^{\pm}$ 中，这样通过矩阵对整个模型的所有质点进行计算。所以，式（4.32）可以简单地表达为

$$\boldsymbol{HU} + \boldsymbol{A}^{+}\boldsymbol{R}^{+} + \boldsymbol{A}^{-}\boldsymbol{R}^{-} = \boldsymbol{GT} \tag{4.33}$$

其中，各个全局矩阵分量可以表示为

$$\boldsymbol{U} = [u_1(\xi_1, \omega), u_2(\xi_1, \omega), u_1(\xi_2, \omega), u_2(\xi_2, \omega), \cdots, u_1(\xi_N, \omega), u_2(\xi_N, \omega)]^{\mathrm{T}}$$

$$\boldsymbol{T} = [t_1(\xi_1, \omega), t_2(\xi_1, \omega), t_1(\xi_2, \omega), t_2(\xi_2, \omega), \cdots, t_1(\xi_N, \omega), t_2(\xi_N, \omega)]^{\mathrm{T}}$$

$$\boldsymbol{R}^{\pm} = [R_1^{1\pm}(\omega), R_2^{1\pm}(\omega), R_1^{2\pm}(\omega), R_2^{2\pm}(\omega), \cdots, R_1^{n\pm}(\omega), R_2^{n\pm}(\omega)]^{\mathrm{T}}$$

$$\boldsymbol{A}^{\pm} = \begin{bmatrix} A_1^{1\pm}(\xi_1) & 0 & A_1^{2\pm}(\xi_1) & 0 & \cdots & A_1^{n\pm}(\xi_1) & 0 \\ 0 & A_2^{1\pm}(\xi_1) & 0 & A_2^{2\pm}(\xi_1) & \cdots & 0 & A_2^{n\pm}(\xi_1) \\ A_1^{1\pm}(\xi_2) & 0 & A_1^{2\pm}(\xi_2) & 0 & \cdots & A_1^{n\pm}(\xi_2) & 0 \\ 0 & A_2^{1\pm}(\xi_2) & 0 & A_2^{2\pm}(\xi_2) & \cdots & 0 & A_2^{n\pm}(\xi_2) \\ \vdots & \vdots & \vdots & \vdots & & \vdots & \vdots \\ A_1^{1\pm}(\xi_N) & 0 & A_1^{2\pm}(\xi_N) & 0 & \cdots & A_1^{n\pm}(\xi_N) & 0 \\ 0 & A_2^{1\pm}(\xi_N) & 0 & A_2^{2\pm}(\xi_N) & \cdots & 0 & A_2^{n\pm}(\xi_N) \end{bmatrix} \tag{4.34}$$

U、T、R、A 的下标 1 和 2 分别指质点在平面直角坐标系下的两个方向，ξ 的下标 $1, 2, \cdots, N$ 指模型的单元号，也就是质点所在位置，A、R 的上标 $1, 2, \cdots, n$ 指当前计算频率下频散方程中出现的所有模态数。很明显，对于如图 4.9 所示的缺陷位于单层板材料表面的模型，修正边界元法的计算矩阵可以写成以下形式：

$$\begin{bmatrix} \boldsymbol{H}_{11} & \boldsymbol{H}_{12} & \boldsymbol{H}_{13} & \boldsymbol{H}_{14} \\ \boldsymbol{H}_{21} & \boldsymbol{H}_{22} & \boldsymbol{H}_{23} & \boldsymbol{H}_{24} \\ \boldsymbol{H}_{31} & \boldsymbol{H}_{32} & \boldsymbol{H}_{33} & \boldsymbol{H}_{34} \\ \boldsymbol{H}_{41} & \boldsymbol{H}_{42} & \boldsymbol{H}_{43} & \boldsymbol{H}_{44} \end{bmatrix} \begin{bmatrix} \boldsymbol{U}_0 \\ \boldsymbol{U}_3^+ \\ \boldsymbol{U}_1 \\ \boldsymbol{U}_3^- \end{bmatrix} + \boldsymbol{A}^+\boldsymbol{R}^+ + \boldsymbol{A}^-\boldsymbol{R}^- = \begin{bmatrix} \boldsymbol{G}_{11} & \boldsymbol{G}_{12} & \boldsymbol{G}_{13} & \boldsymbol{G}_{14} \\ \boldsymbol{G}_{21} & \boldsymbol{G}_{22} & \boldsymbol{G}_{23} & \boldsymbol{G}_{24} \\ \boldsymbol{G}_{31} & \boldsymbol{G}_{32} & \boldsymbol{G}_{33} & \boldsymbol{G}_{34} \\ \boldsymbol{G}_{41} & \boldsymbol{G}_{42} & \boldsymbol{G}_{43} & \boldsymbol{G}_{44} \end{bmatrix} \begin{bmatrix} \boldsymbol{T}_0 \\ \boldsymbol{T}_3^+ \\ \boldsymbol{T}_1 \\ \boldsymbol{T}_3^- \end{bmatrix} \tag{4.35}$$

列矩阵中元素的下标 0、1、3 代表图 4.10 相对应的边界。从式（4.35）中可以很明显地看出，未知的系数矩阵 $\boldsymbol{R}$ 被组装到修正边界元系统中，所以在最终的边界元计算系统中增加 $4n$ 个未知量。通过 4.1 节描述的远场位移假设，假设计算模型的截断边界已经距离散射中心足够远。在这样的假设前提下，计算模型上靠近截断边界处的质点与截断的无穷边界上的质点具有同样的性质。也就是说，它们的位移也可以写成当前频散方程中出现的所有模态的 Lamb 波的位移之和。

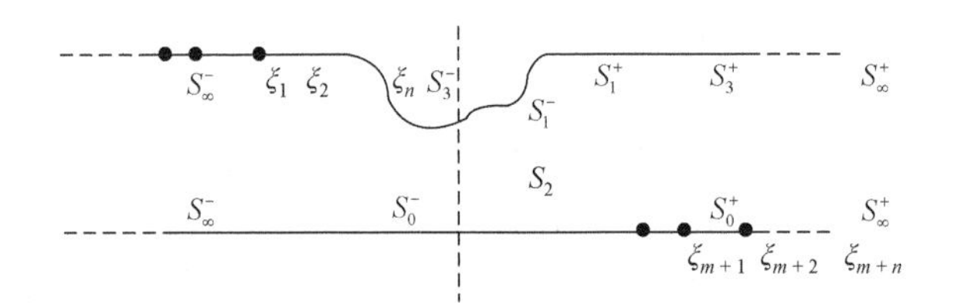

图 4.10　含配置点的边界元模型

根据近场和远场的位移连续性，在计算模型的截断边界附近，根据修正边界元方法求得的近场位移应等于远场导波模态之和。如图 4.10 所示，选取 $2n$ 个配置点 ξ_i（$i=1,2,\cdots,n$）和 ξ_{m+i}（$i=1,2,\cdots,n$），这样将会满足修正边界元计算矩阵的自由度，它们的位移有如下形式：

$$\begin{cases} u(\xi_i,\omega)=\sum_{j=1}^{n} u^{j-}(\xi_i,\omega)R_j^-(\omega) \\ u(\xi_{m+i},\omega)=\sum_{j=1}^{n} u^{j+}(\xi_{m+i},\omega)R_j^+(\omega) \end{cases} \tag{4.36}$$

将式（4.36）表示为如下矩阵的形式：

$$\begin{aligned} \boldsymbol{I}_R^-\boldsymbol{U}_0 &= \boldsymbol{U}_R^-\boldsymbol{R}^- \\ \boldsymbol{I}_R^+\boldsymbol{U}_3^+ &= \boldsymbol{U}_R^+\boldsymbol{R}^+ \end{aligned} \tag{4.37}$$

其中，具体的矩阵形式为

$$\boldsymbol{I}_R^- = [\boldsymbol{I}_{2n} \quad 0]$$

$$\boldsymbol{I}_R^+ = [\boldsymbol{I}_{2n} \quad 0]$$

$$
\boldsymbol{U}_R^- = \begin{bmatrix}
u_1^{1-}(\xi_1,\omega) & 0 & u_1^{2-}(\xi_1,\omega) & 0 & \cdots & u_1^{n-}(\xi_n,\omega) & 0 \\
0 & u_2^{1-}(\xi_1,\omega) & 0 & u_2^{2-}(\xi_1,\omega) & \cdots & 0 & u_2^{n-}(\xi_n,\omega) \\
u_1^{1-}(\xi_2,\omega) & 0 & u_1^{2-}(\xi_2,\omega) & 0 & \cdots & u_1^{n-}(\xi_n,\omega) & 0 \\
0 & u_2^{1-}(\xi_2,\omega) & 0 & u_2^{2-}(\xi_2,\omega) & \cdots & 0 & u_2^{n-}(\xi_n,\omega) \\
\vdots & \vdots & \vdots & \vdots & & \vdots & \vdots \\
u_1^{1-}(\xi_n,\omega) & 0 & u_1^{2-}(\xi_n,\omega) & 0 & \cdots & u_1^{n-}(\xi_n,\omega) & 0 \\
0 & u_2^{1-}(\xi_n,\omega) & 0 & u_2^{2-}(\xi_n,\omega) & \cdots & 0 & u_2^{n-}(\xi_n,\omega)
\end{bmatrix}
$$

$$
\boldsymbol{U}_R^+ = \begin{bmatrix}
u_1^{1+}(\xi_1,\omega) & 0 & u_1^{2+}(\xi_1,\omega) & 0 & \cdots & u_1^{n+}(\xi_n,\omega) & 0 \\
0 & u_2^{1+}(\xi_1,\omega) & 0 & u_2^{2+}(\xi_1,\omega) & \cdots & 0 & u_2^{n+}(\xi_n,\omega) \\
u_1^{1+}(\xi_2,\omega) & 0 & u_1^{2+}(\xi_2,\omega) & 0 & \cdots & u_1^{n+}(\xi_n,\omega) & 0 \\
0 & u_2^{1+}(\xi_2,\omega) & 0 & u_2^{2+}(\xi_2,\omega) & \cdots & 0 & u_2^{n+}(\xi_n,\omega) \\
\vdots & \vdots & \vdots & \vdots & & \vdots & \vdots \\
u_1^{1+}(\xi_n,\omega) & 0 & u_1^{2+}(\xi_n,\omega) & 0 & \cdots & u_1^{n+}(\xi_n,\omega) & 0 \\
0 & u_2^{1+}(\xi_n,\omega) & 0 & u_2^{2+}(\xi_n,\omega) & \cdots & 0 & u_2^{n+}(\xi_n,\omega)
\end{bmatrix}
\tag{4.38}
$$

其中，u 的下标 1、2 分别指质点的坐标轴方向；ξ 的下标 $1, 2, \cdots, n$ 指模型的单元号也就是质点位置，u 的上标 $1, 2, \cdots, n$ 指当前计算频率下的模态数。通过上面提到的远场连续边界条件，上述矩阵就被组装到下面最终的全局矩阵中：

$$
\begin{bmatrix}
\boldsymbol{H}_{11} & \boldsymbol{H}_{12} & \boldsymbol{H}_{13} & \boldsymbol{H}_{14} & \boldsymbol{A}_0^- & \boldsymbol{A}_0^+ \\
\boldsymbol{H}_{21} & \boldsymbol{H}_{22} & \boldsymbol{H}_{23} & \boldsymbol{H}_{24} & \boldsymbol{A}_{3+}^- & \boldsymbol{A}_{3+}^+ \\
\boldsymbol{H}_{31} & \boldsymbol{H}_{32} & \boldsymbol{H}_{33} & \boldsymbol{H}_{34} & \boldsymbol{A}_1^- & \boldsymbol{A}_1^+ \\
\boldsymbol{H}_{41} & \boldsymbol{H}_{42} & \boldsymbol{H}_{43} & \boldsymbol{H}_{44} & \boldsymbol{A}_{3-}^- & \boldsymbol{A}_{3-}^+ \\
-\boldsymbol{I}_R^- & \boldsymbol{0} & \boldsymbol{0} & \boldsymbol{0} & \boldsymbol{U}_R^- & \boldsymbol{0} \\
\boldsymbol{0} & -\boldsymbol{I}_R^+ & \boldsymbol{0} & \boldsymbol{0} & \boldsymbol{0} & \boldsymbol{U}_R^+
\end{bmatrix}
\begin{bmatrix}
\boldsymbol{U}_0 \\ \boldsymbol{U}_3^+ \\ \boldsymbol{U}_1 \\ \boldsymbol{U}_3^- \\ \boldsymbol{R}^- \\ \boldsymbol{R}^+
\end{bmatrix}
=
\begin{bmatrix}
\boldsymbol{G}_{11} & \boldsymbol{G}_{12} & \boldsymbol{G}_{13} & \boldsymbol{G}_{14} & \boldsymbol{0} & \boldsymbol{0} \\
\boldsymbol{G}_{21} & \boldsymbol{G}_{22} & \boldsymbol{G}_{23} & \boldsymbol{G}_{24} & \boldsymbol{0} & \boldsymbol{0} \\
\boldsymbol{G}_{31} & \boldsymbol{G}_{32} & \boldsymbol{G}_{33} & \boldsymbol{G}_{34} & \boldsymbol{0} & \boldsymbol{0} \\
\boldsymbol{G}_{41} & \boldsymbol{G}_{42} & \boldsymbol{G}_{43} & \boldsymbol{G}_{44} & \boldsymbol{0} & \boldsymbol{0} \\
\boldsymbol{0} & \boldsymbol{0} & \boldsymbol{0} & \boldsymbol{0} & \boldsymbol{0} & \boldsymbol{0} \\
\boldsymbol{0} & \boldsymbol{0} & \boldsymbol{0} & \boldsymbol{0} & \boldsymbol{0} & \boldsymbol{0}
\end{bmatrix}
\begin{bmatrix}
\boldsymbol{T}_0 \\ \boldsymbol{T}_3^+ \\ \boldsymbol{T}_1 \\ \boldsymbol{T}_3^- \\ \boldsymbol{0} \\ \boldsymbol{0}
\end{bmatrix}
\tag{4.39}
$$

因此，未知的反射系数和透射系数与模型上未知的位移将一起被直接求出。这样得到的 Lamb 波在单层板中的散射场，将是被修正过的结果。

4.3 基于边界元法典型结构中散射波场计算

4.3.1 Rayleigh 波散射波场的修正边界元法求解

对于各向同性均匀介质，可以建立如下边界积分方程(本书只考虑二维问题)：

$$c_{ij}(\xi)u_j(\xi,\omega)=\int_{\Gamma}[U_{ij}(\xi,\boldsymbol{x},\omega)t_j(\boldsymbol{x},\omega)-T_{ij}(\xi,\boldsymbol{x},\omega)u_j(\boldsymbol{x},\omega)]\mathrm{d}\Gamma(\boldsymbol{x}),\quad i,j=1,2 \tag{4.40}$$

其中，u_j、t_j 为待求状态的位移和表面力；U_{ij}、T_{ij} 为全平面的频域基本解，分别表示位移和表面力，下标中 i 表示体力的作用方向，j 表示位移或表面力的响应方向；Γ 表示弹性固体的边界，它所在区域记作 V；ξ 表示基本解中体力的作用位置；$\boldsymbol{x}$ 表示边界上的响应位置。书中对于时间简谐项 $\mathrm{e}^{-\mathrm{i}\omega t}$ 都进行省略。（本书中若无特殊说明，一致采用“爱因斯坦求和约定”）如果只采用常量单元进行计算，则有

$$c_{ij}(\xi)=\begin{cases}\delta_{ij}, & \xi\in V\text{且}\xi\notin\Gamma\\ \dfrac{1}{2}\delta_{ij}, & \xi\in\Gamma\\ 0, & \xi\notin V\end{cases}\quad,\ \delta_{ij}\text{是 Kronecker 符号}$$

对于具体的模型，图 4.11 为含半圆缺陷的半无限平面，其中 Γ_1^-、Γ_1^+ 分别表示缺陷边界的左、右部分，Γ_0^-、Γ_0^+ 表示无缺陷边界的截断部分，Γ_∞^-、Γ_∞^+ 表示无限边界（$\Gamma=\Gamma_1^-+\Gamma_1^++\Gamma_0^-+\Gamma_0^++\Gamma_\infty^-+\Gamma_\infty^+$），$\Gamma_2$ 表示 3 个 Rayleigh 波波长（因为 Rayleigh 波能量只集中在距表面 2～3 个 Rayleigh 波波长）。指定某单一频率的 Rayleigh 波作为入射波 u_i^{inc}，沿 x_1 正向传播，当入射波遇到缺陷会产生散射波 u_i^{sca}、t_j^{sca}。

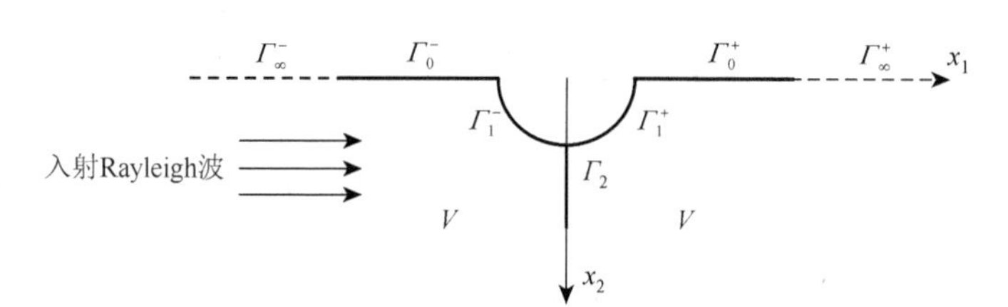

图 4.11　含半圆缺陷的半无限平面

于是，将式（4.40）用于求解散射场，进一步写成

$$\begin{aligned}c_{ij}(\xi)u_j^{\mathrm{sca}}(\xi,\omega)=&-\int_{\Gamma_\infty^-\cup\Gamma_\infty^+}T_{ij}(\xi,\boldsymbol{x},\omega)u_j^{\mathrm{sca}}(\boldsymbol{x},\omega)\mathrm{d}\Gamma(\boldsymbol{x})\\&-\int_{\Gamma_0^-\cup\Gamma_0^+}T_{ij}(\xi,\boldsymbol{x},\omega)u_j^{\mathrm{sca}}(\boldsymbol{x},\omega)\mathrm{d}\Gamma(\boldsymbol{x})\\&+\int_{\Gamma_1^-\cup\Gamma_1^+}[U_{ij}(\xi,\boldsymbol{x},\omega)t_j^{\mathrm{sca}}(\boldsymbol{x},\omega)-T_{ij}(\xi,\boldsymbol{x},\omega)u_j^{\mathrm{sca}}(\boldsymbol{x},\omega)]\mathrm{d}\Gamma(\boldsymbol{x}),\quad i,j=1,2\end{aligned} \tag{4.41}$$

因为在无缺陷边界上表面力自由，即当 $\xi\in\Gamma_\infty^-\cup\Gamma_\infty^+\cup\Gamma_0^-\cup\Gamma_0^+$ 时，$t_j^{\mathrm{sca}}=0$（所以式（4.41）中已经省略了这些项）。当 Rayleigh 波与缺陷作用时不仅会产生不同

幅值的 Rayleigh 波，而且会产生体波，众所周知体波沿传播方向呈几何衰减，而二维问题中的 Rayleigh 波是不衰减的，因此当表面质点距离缺陷足够远时，该质点的位移可以表示成单位 Rayleigh 波的位移场乘以一个散射系数[2]，即

$$
\begin{aligned}
u_j^{\text{sca}}(\boldsymbol{x},\omega) &\approx R^-(\omega)u_j^{\text{unitRay}}(\boldsymbol{x},\omega), \quad \boldsymbol{x}\in\Gamma_\infty^- \\
u_j^{\text{sca}}(\boldsymbol{x},\omega) &\approx R^+(\omega)u_j^{\text{unitRay}}(\boldsymbol{x},\omega), \quad \boldsymbol{x}\in\Gamma_\infty^+
\end{aligned}
\tag{4.42}
$$

其中，u_j^{unitRay} 表示单位 Rayleigh 波位移；R^-、R^+ 分别对应负无穷边界和正无穷边界上的幅值。

将式（4.42）代入式（4.41），得

$$
\begin{aligned}
c_{ij}(\boldsymbol{\xi})u_j^{\text{sca}}(\boldsymbol{\xi},\omega) = &-R^-(\omega)\int_{\Gamma_\infty^-} T_{ij}(\boldsymbol{\xi},\boldsymbol{x},\omega)u_j^{\text{unitRay}}(\boldsymbol{x},\omega)\mathrm{d}\Gamma(\boldsymbol{x}) \\
&-R^+(\omega)\int_{\Gamma_\infty^+} T_{ij}(\boldsymbol{\xi},\boldsymbol{x},\omega)u_j^{\text{unitRay}}(\boldsymbol{x},\omega)\mathrm{d}\Gamma(\boldsymbol{x}) - \int_{\Gamma_0^-\cup\Gamma_0^+} T_{ij}(\boldsymbol{\xi},\boldsymbol{x},\omega)u_j^{\text{sca}}(\boldsymbol{x},\omega)\mathrm{d}\Gamma(\boldsymbol{x}) \\
&+\int_{\Gamma_1^-\cup\Gamma_1^+} [U_{ij}(\boldsymbol{\xi},\boldsymbol{x},\omega)t_j^{\text{sca}}(\boldsymbol{x},\omega) - T_{ij}(\boldsymbol{\xi},\boldsymbol{x},\omega)u_j^{\text{sca}}(\boldsymbol{x},\omega)]\mathrm{d}\Gamma(\boldsymbol{x})
\end{aligned}
\tag{4.43}
$$

在实际数值计算中，需要将 $\Gamma_0^-\cup\Gamma_0^+\cup\Gamma_1^-\cup\Gamma_1^+$ 边界进行离散，对每一个单元按顺序编号 $1,2,\cdots,N$，当截断点离缺陷足够远时，即第 1 个单元和第 N 个单元依然满足式（4.43）的远场近似假设，所以有

$$
u_j^{\text{sca}}(\boldsymbol{x}^1,\omega)\approx R^-(\omega)u_j^{\text{unitRay}}(\boldsymbol{x}^1,\omega), \quad u_j^{\text{sca}}(\boldsymbol{x}^N,\omega)\approx R^+(\omega)u_j^{\text{unitRay}}(\boldsymbol{x}^N,\omega)
$$

将式（4.43）中 $\Gamma_0^-\cup\Gamma_0^+$ 的第 1 个单元（Γ_0^1）和第 N 个单元（Γ_0^N）单独积分，再记 $A_i^-(\boldsymbol{\xi},\omega)=\int_{\Gamma_\infty^-} T_{ij}(\boldsymbol{\xi},\boldsymbol{x},\omega)u_j^{\text{unitRay}}(\boldsymbol{x},\omega)\mathrm{d}\Gamma(\boldsymbol{x})$，$A_i^+(\boldsymbol{\xi},\omega)=\int_{\Gamma_\infty^+} T_{ij}(\boldsymbol{\xi},\boldsymbol{x},\omega)u_j^{\text{unitRay}}(\boldsymbol{x},\omega)\mathrm{d}\Gamma(\boldsymbol{x})$，并代入式（4.43），进一步简化，得到

$$
\begin{aligned}
c_{ij}(\boldsymbol{\xi})u_j^{\text{sca}}(\boldsymbol{\xi},\omega) = &-R^-(\omega)A_i^-(\boldsymbol{\xi},\omega) - R^+(\omega)A_i^+(\boldsymbol{\xi},\omega) \\
&-R^-(\omega)\int_{\Gamma_0^1} T_{ij}(\boldsymbol{\xi},\boldsymbol{x}^1,\omega)u_j^{\text{unitRay}}(\boldsymbol{x}^1,\omega)\mathrm{d}\Gamma(\boldsymbol{x}^1) \\
&-R^+(\omega)\int_{\Gamma_0^N} T_{ij}(\boldsymbol{\xi},\boldsymbol{x}^N,\omega)u_j^{\text{unitRay}}(\boldsymbol{x}^N,\omega)\mathrm{d}\Gamma(\boldsymbol{x}^N) \\
&-\int_{\tilde{\Gamma}_0^-\cup\tilde{\Gamma}_0^+} T_{ij}(\boldsymbol{\xi},\tilde{\boldsymbol{x}},\omega)u_j^{\text{sca}}(\tilde{\boldsymbol{x}},\omega)\mathrm{d}\tilde{\Gamma}(\tilde{\boldsymbol{x}}) \\
&+\int_{\Gamma_1^-\cup\Gamma_1^+} [U_{ij}(\boldsymbol{\xi},\boldsymbol{x},\omega)t_j^{\text{sca}}(\boldsymbol{x},\omega) - T_{ij}(\boldsymbol{\xi},\boldsymbol{x},\omega)u_j^{\text{sca}}(\boldsymbol{x},\omega)]\mathrm{d}\Gamma(\boldsymbol{x})
\end{aligned}
\tag{4.44}
$$

其中，$\tilde{\Gamma}_0^-\cup\tilde{\Gamma}_0^+$ 为 $\Gamma_0^-\cup\Gamma_0^+$ 中不含第 1 个单元和第 N 个单元的边界。

首先需要求解式（4.44）中 $A_i^-(\boldsymbol{\xi},\omega)$ 和 $A_i^+(\boldsymbol{\xi},\omega)$。为此，将图 4.11 中的半平面沿 Γ_2 分为两个四分之一平面，对于左右两个四分之一平面各自运用互易定理。对

于左半平面，以全平面 Green 函数为状态 A，向左传播的单位幅值 Rayleigh 波作为状态 B，如图 4.12（a）所示；对于右半平面，以全平面 Green 函数为状态 A，向右传播的单位幅值 Rayleigh 波作为状态 B，如图 4.12（b）所示。

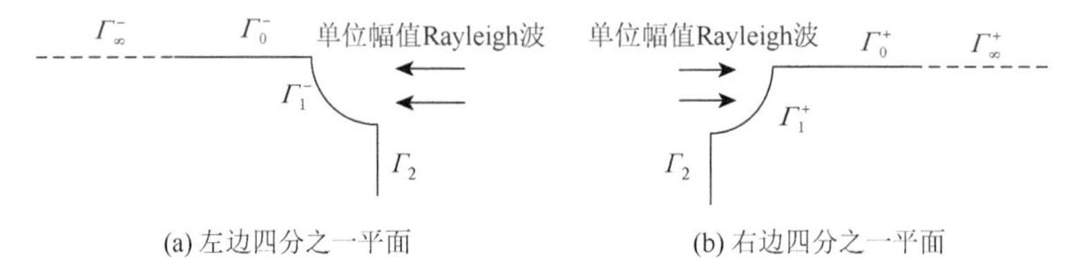

图 4.12　半平面的分解

左、右边四分之一平面的处理方法一致，所以这里只详细叙述左边四分之一平面（图 4.12（a））的推导。采用互易定理，建立单位幅值 Rayleigh 波场和全平面基本解的积分方程：

$$
\begin{aligned}
c_{ij}(\boldsymbol{\xi})u_j^{\text{unitRay}}(\boldsymbol{\xi},\omega) = &-\int_{\Gamma_\infty^-} T_{ij}(\boldsymbol{\xi},\boldsymbol{x},\omega)u_j^{\text{unitRay}}(\boldsymbol{x},\omega)\mathrm{d}\Gamma(\boldsymbol{x}) \\
&-\int_{\Gamma_0^-} T_{ij}(\boldsymbol{\xi},\boldsymbol{x},\omega)u_j^{\text{unitRay}}(\boldsymbol{x},\omega)\mathrm{d}\Gamma(\boldsymbol{x}) \\
&+\int_{\Gamma_1^-\cup\Gamma_2} [U_{ij}(\boldsymbol{\xi},\boldsymbol{x},\omega)t_j^{\text{unitRay}}(\boldsymbol{x},\omega) - T_{ij}(\boldsymbol{\xi},\boldsymbol{x},\omega)u_j^{\text{unitRay}}(\boldsymbol{x},\omega)]\mathrm{d}\Gamma(\boldsymbol{x})
\end{aligned} \tag{4.45}
$$

将式（4.45）中 $\int_{\Gamma_\infty^-} T_{ij}(\boldsymbol{\xi},\boldsymbol{x},\omega)u_j^{\text{unitRay}}(\boldsymbol{x},\omega)\mathrm{d}\Gamma(\boldsymbol{x})$ 用 $A_i^-(\boldsymbol{\xi},\omega)$ 代替，则有

$$
\begin{aligned}
A_i^-(\boldsymbol{\xi},\omega) = &-c_{ij}(\boldsymbol{\xi})u_j^{\text{unitRay}}(\boldsymbol{\xi},\omega) - \int_{\Gamma_0^-} T_{ij}(\boldsymbol{\xi},\boldsymbol{x},\omega)u_j^{\text{unitRay}}(\boldsymbol{x},\omega)\mathrm{d}\Gamma(\boldsymbol{x}) \\
&+\int_{\Gamma_1^-\cup\Gamma_2} [U_{ij}(\boldsymbol{\xi},\boldsymbol{x},\omega)t_j^{\text{unitRay}}(\boldsymbol{x},\omega) - T_{ij}(\boldsymbol{\xi},\boldsymbol{x},\omega)u_j^{\text{unitRay}}(\boldsymbol{x},\omega)]\mathrm{d}\Gamma(\boldsymbol{x})
\end{aligned} \tag{4.46}
$$

因为式（4.46）右边项都为已知，所以可以直接求出 $A_i^-(\boldsymbol{\xi},\omega)$。通过同样的推导可以得到 $A_i^+(\boldsymbol{\xi},\omega)$，最后将 $A_i^-(\boldsymbol{\xi},\omega)$ 和 $A_i^+(\boldsymbol{\xi},\omega)$ 代入式（4.44），就可以解出散射场的表面位移。

这里主要探讨散射场的具体求解方法，以及修正边界元法的矩阵组装方法。首先针对散射场的求解，将总波场分解成两部分（图 4.13）：一部分是不含缺陷的入射波场；另一部分是含缺陷的散射波场。因为无缺陷模型中的入射波场已知，所以沿着缺陷边界的表面力能够求解。同时，为满足总波场中边界自由条件，则散射波场缺陷边界处（半圆）的力应与入射波场中虚线处的力大小相等、方向相

反。结合力的边界条件，由修正边界元法计算出散射场位移，再将散射场位移和入射场位移相加就得到总波场位移。下面将进一步分析散射波场的修正边界元法的求解，即矩阵的组装。

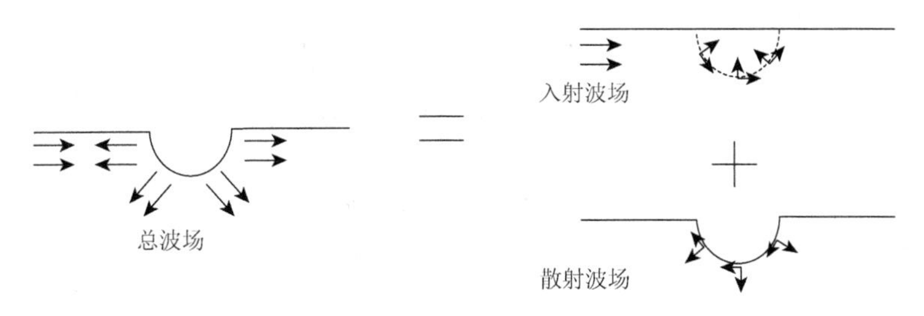

图 4.13　总波场分解为入射波场和散射波场的示意图

对于式（4.44）和式（4.46）中涉及的边界积分，可以通过单元离散进行数值求解。将边界 $\varGamma_0^- \cup \varGamma_0^+ \cup \varGamma_1^- \cup \varGamma_1^+$ 离散成 N 个单元，其中编号为 1（$\boldsymbol{\xi}^1$）和 N（$\boldsymbol{\xi}^N$）的两个单元单独取出，其边界积分是 $\int_{\varGamma_0^1} \mathrm{d}\varGamma(\boldsymbol{x}^1), \int_{\varGamma_0^N} \mathrm{d}\varGamma(\boldsymbol{x}^N)$，而剩余边界 $(\tilde{\varGamma}_0^- \cup \tilde{\varGamma}_0^+ \cup \varGamma_1^- \cup \varGamma_1^+)$ 积分可以看作每个单元 $\varGamma_e^i$ 边界积分的和：

$$\int_{\tilde{\varGamma}_0^- \cup \tilde{\varGamma}_0^+ \cup \varGamma_1^- \cup \varGamma_1^+} \mathrm{d}\varGamma(\boldsymbol{x}) = \sum_{n=2}^{N-1} \int_{\varGamma_e^n} \mathrm{d}\varGamma_e(\boldsymbol{x}^n) \tag{4.47}$$

对图 4.11 所示的结构，力的边界条件已知，所要求的是边界位移。当单元划分足够细（每个 Rayleigh 波长上单元不少于 20 个）时，就可以直接采用常量单元而不会影响计算的精度。在二维问题中，单元总个数为 N，则待求位移个数为 $2N$，为了方程能够求解，每个单元都要作用 x_1、x_2 两个方向的单位体力，并将最终的方程组装成整体矩阵，即

$$\boldsymbol{H}(\omega)\boldsymbol{U}(\omega) + \boldsymbol{A}(\omega)\tilde{\boldsymbol{U}}(\omega) = \boldsymbol{G}(\omega)\boldsymbol{T}(\omega) \tag{4.48}$$

其中，

$$\boldsymbol{A}(\omega) = \begin{bmatrix} A_1^-(\xi^1,\omega) & 0 & 0 & \cdots & 0 & 0 & A_1^+(\xi^1,\omega) \\ A_2^-(\xi^1,\omega) & 0 & 0 & \cdots & 0 & 0 & A_2^+(\xi^1,\omega) \\ \vdots & \vdots & \vdots & & \vdots & \vdots & \vdots \\ A_1^-(\xi^N,\omega) & 0 & 0 & \cdots & 0 & 0 & A_1^+(\xi^N,\omega) \\ A_2^-(\xi^N,\omega) & 0 & 0 & \cdots & 0 & 0 & A_2^+(\xi^N,\omega) \end{bmatrix}_{2N\times(2N-2)}, \quad \tilde{\boldsymbol{U}}(\omega) = \begin{bmatrix} R^- \\ u_1^{\mathrm{sca}}(\xi^2,\omega) \\ u_2^{\mathrm{sca}}(\xi^2,\omega) \\ \vdots \\ u_1^{\mathrm{sca}}(\xi^{N-1},\omega) \\ u_2^{\mathrm{sca}}(\xi^{N-1},\omega) \\ R^+ \end{bmatrix}_{(2N-2)\times 1}$$

$$\boldsymbol{U}(\omega)=\begin{bmatrix} R^{-}u_1^{\text{unitRay}}(\xi^1,\omega) \\ R^{-}u_2^{\text{unitRay}}(\xi^1,\omega) \\ u_1^{\text{sca}}(\xi^2,\omega) \\ u_2^{\text{sca}}(\xi^2,\omega) \\ \vdots \\ u_1^{\text{sca}}(\xi^{N-1},\omega) \\ u_2^{\text{sca}}(\xi^{N-1},\omega) \\ R^{+}u_1^{\text{unitRay}}(\xi^N,\omega) \\ R^{+}u_2^{\text{unitRay}}(\xi^N,\omega) \end{bmatrix}_{(2N)\times 1},\quad \boldsymbol{T}(\omega)=\begin{bmatrix} t_1^{\text{sca}}(\xi^1,\omega) \\ t_2^{\text{sca}}(\xi^1,\omega) \\ t_1^{\text{sca}}(\xi^2,\omega) \\ t_2^{\text{sca}}(\xi^2,\omega) \\ \vdots \\ t_1^{\text{sca}}(\xi^{N-1},\omega) \\ t_2^{\text{sca}}(\xi^{N-1},\omega) \\ t_1^{\text{sca}}(\xi^N,\omega) \\ t_2^{\text{sca}}(\xi^N,\omega) \end{bmatrix}_{(2N)\times 1},\quad \boldsymbol{H}_{mn}=\begin{bmatrix} \hat{H}_{11}^{mn} & \hat{H}_{12}^{mn} \\ \hat{H}_{21}^{mn} & \hat{H}_{22}^{mn} \end{bmatrix}_{2\times 2}$$

$$\boldsymbol{G}_{mn}=\begin{bmatrix} \hat{G}_{11}^{mn} & \hat{G}_{12}^{mn} \\ \hat{G}_{21}^{mn} & \hat{G}_{22}^{mn} \end{bmatrix}_{2\times 2}$$

$$\hat{H}_{ij}^{mn}=\frac{1}{2}\delta_{ij}\delta_{mn}+\int_{\Gamma_e^n} T_{ij}(\xi^m,x^n,\omega)\mathrm{d}\Gamma_e^n(x^n),\quad i,j=1,2$$

$$\hat{G}_{ij}^{mn}=\int_{\Gamma_e^n} U_{ij}(\xi^m,x^n,\omega)\mathrm{d}\Gamma_e^n(x^n),\quad i,j=1,2$$

$\boldsymbol{A}(\omega)$ 中每个元素都可以通过式（4.47）得到，$\tilde{\boldsymbol{U}}(\omega)$ 和 $\boldsymbol{U}(\omega)$ 是待求散射场位移，$\boldsymbol{T}(\omega)$ 是散射场的边界表面力，$\boldsymbol{H}(\omega)$ 含有 $N\times N$ 个元素，且每个元素 $\boldsymbol{H}_{mn}$ 都是 2×2 的方阵，其中 m、n 分别表示基本解中体力的作用单元编号和响应单元编号，$\boldsymbol{G}(\omega)$ 也含有 $N\times N$ 个元素，且每个元素 $\boldsymbol{G}_{mn}$ 都是 2×2 的方阵。需要注意 $\tilde{\boldsymbol{U}}(\omega)$ 和 $\boldsymbol{U}(\omega)$ 都是待求列向量，但 $\tilde{\boldsymbol{U}}(\omega)$ 是 $(2N-2)\times 1$ 维，而 $\boldsymbol{U}(\omega)$ 是 $(2N)\times 1$ 维，要求解散射场位移必须将两者进行统一，具体处理方法如下：

$$\boldsymbol{H}(\omega)\boldsymbol{U}(\omega)=\tilde{\boldsymbol{H}}(\omega)\tilde{\boldsymbol{U}}(\omega)$$

$$\tilde{\boldsymbol{H}}(\omega)=\begin{bmatrix} \hat{H}_{1j}^{11}(\xi^1,x^1,\omega)\cdot u_j^{\text{unitRay}}(x^1,\omega) & H_{12} & \cdots & H_{1(N-1)} & \hat{H}_{1j}^{1N}(\xi^1,x^N,\omega)\cdot u_j^{\text{unitRay}}(x^N,\omega) \\ \hat{H}_{2j}^{11}(\xi^1,x^1,\omega)\cdot u_j^{\text{unitRay}}(x^1,\omega) & & \cdots & & \hat{H}_{2j}^{1N}(\xi^1,x^N,\omega)\cdot u_j^{\text{unitRay}}(x^N,\omega) \\ \vdots & & \vdots & \vdots & \vdots \\ \hat{H}_{1j}^{N1}(\xi^1,x^1,\omega)\cdot u_j^{\text{unitRay}}(x^1,\omega) & & \cdots & & \hat{H}_{1j}^{NN}(\xi^1,x^N,\omega)\cdot u_j^{\text{unitRay}}(x^N,\omega) \\ \hat{H}_{2j}^{N1}(\xi^1,x^1,\omega)\cdot u_j^{\text{unitRay}}(x^1,\omega) & H_{N2} & \cdots & H_{N(N-1)} & \hat{H}_{2j}^{NN}(\xi^1,x^N,\omega)\cdot u_j^{\text{unitRay}}(x^N,\omega) \end{bmatrix}_{2N\times(2N-2)}$$

（4.49）

将式（4.49）代入式（4.48），得

$$[\tilde{\boldsymbol{H}}(\omega)+\boldsymbol{A}(\omega)]\tilde{\boldsymbol{U}}(\omega)=\boldsymbol{G}(\omega)\boldsymbol{T}(\omega) \tag{4.50}$$

由此可知，式（4.50）是超定方程组，因此只能求解它的最小二乘解。这样反射系数和各节点位移可以同时求出。下面用多个算例验证该修正边界元法的正确性。

接下来用修正边界元法求解无缺陷半平面（图 4.14）中 Rayleigh 波的位移场。

弹性固体的材料参数：材料密度 $\rho = 7800\text{kg}/\text{m}^3$，剪切模量 $\mu = 7.9872\times10^{10}\text{N}/\text{m}^2$，拉梅常数 $\lambda = 1.103\times10^{11}\text{N}/\text{m}^2$，横波波速 $c_T = 3200\text{m}/\text{s}$，纵波波速 $c_L = 5884\text{m}/\text{s}$。书中将采用统一的无量纲方式：$\overline{x} = x/b$，$\overline{\omega} = \omega b/(2\pi c_T)$，$\overline{t} = tc_T/b$，$\overline{\rho} = 1$，$\overline{\mu} = 1$，$\overline{\lambda} = \lambda/\mu$，其中，$b$ 为相应频率的 Rayleigh 波波长。该算例中圆频率 $\omega = 18.0473\text{MHz}$，$b = 1.0315\times10^{-3}\text{m}$，采用单位幅值 Rayleigh 波沿 x_1 正向传播。图 4.14 中，边界 Γ_0^- 和 Γ_0^+ 为单元划分区域，$1,2,3,4,\cdots,N-3,N-2,N-1,N$ 为单元编号。边界 Γ_2 是为了求解式（4.44）中 $A_i^-(\xi,\omega)$ 和 $A_i^+(\xi,\omega)$ 而引入（与图 4.11 中 Γ_2 一致）的。假设一个向右传播的单位 Rayleigh 波位移场，已知 2 号单元的位移，其他单元为自由边界（外力为零）；按照理论分析，可以在边界上解得一个完整的 Rayleigh 波场。图 4.15（a）和（b）分别表示传统边界元法和修正边界元法与真实 Rayleigh 波位移的比较结果。采用平均误差计算公式比较这两种方法和理论值之间的误差：

$$\delta_i = \frac{\left(\sum_{n=1}^{N}\left|\frac{u_i^n}{v_i^n}-1\right|\right)}{N},\quad i=1,2 \tag{4.51}$$

其中，下标 i 表示坐标分量；N 为单元的总个数；u_i^n（传统边界元法或修正边界元法）和 v_i^n（真实 Rayleigh 波位移场）分别表示数值解和解析解；δ_i 为平均误差。

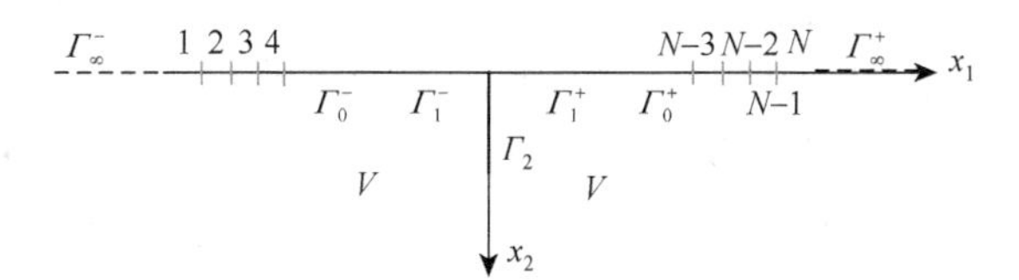

图 4.14　无缺陷半平面中的 Rayleigh 波传播的边界元模型

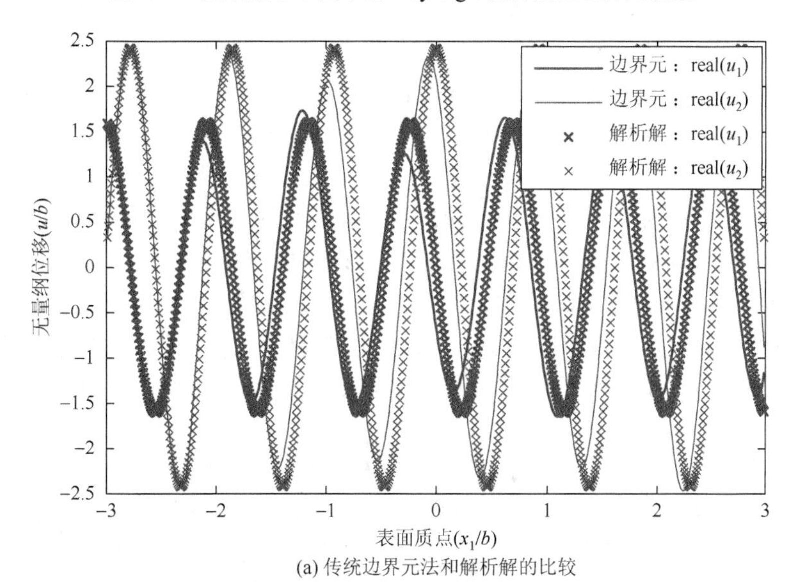

(a) 传统边界元法和解析解的比较

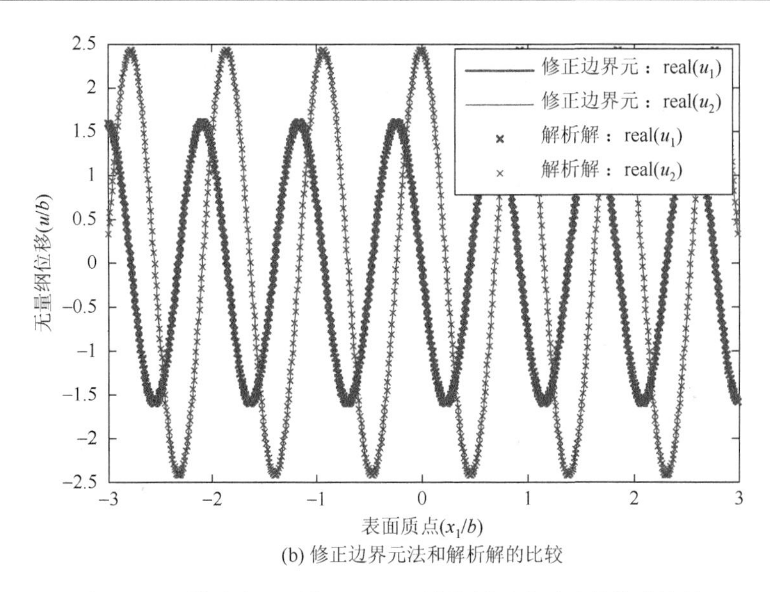

(b) 修正边界元法和解析解的比较

图 4.15　无缺陷半平面中 Rayleigh 波传播到边界处的位移比较

由式（4.51）得到传统边界元法的误差约为1.5751，而修正边界元法的误差为1.24×10^{-5}。因此，可知使用修正边界元法可有效提高计算精度。

另外，由于修正边界元法要求截断点以外的边界上只含有 Rayleigh 波，所以要对截断点的选择进行讨论。为此，分别在 5 个不同的源点处作用竖直方向的单位简谐集中力，该 5 个源点坐标分别为$(0,0.0034)$、$(0,0.6987)$、$(0,1.3941)$、$(0,2.0894)$和$(0,2.7848)$，并分别采用修正边界元法求解。当截断点的横坐标为$x_1=\pm34.9416$时，比较了左侧截断点（$x_1=-34.9416$）处随深度变化的位移场，如图 4.16 所示。图 4.16（a）为左侧截断点处基本解的 Rayleigh 波成分，图 4.16（b）为由修正边界元法计算出的实际位移。对比图 4.16（a）和（b）可以发现，五条曲线中源点 1 和源点 2 的计算结果曲线基本一致，这说明，当单位集中力作用在源点 1 和源点 2 时，在左侧截断点$x_1/b=-34.9416$处，远场位移中 Rayleigh 波成分占优，此时截断点的选择是合理的。而随着源点深度增加（源点 3、4、5 号），在$x_1/b=-34.9416$处，解析解中的 Rayleigh 波和用修正边界元法得到的位移场差别较大，这是因为从源点传来的体波至此仍未衰减，所以式（4.42）的假设在此不成立。因此，当源点较深时，截断点应离源点较远，否则会导致较大误差。经计算，当源点深度（x_2）不超过 2 个 Rayleigh 波长时，截断点距源点只需要 60 个波长即可。

进一步用修正边界元法求解含半圆缺陷的散射场，如图 4.11 所示。圆心在坐标原点，半径$R=1.0315\times10^{-3}\text{m}$，入射波为单位幅值的 Rayleigh 波，时域信号如图 4.17 所示。其中心频率$f=2.8723\text{MHz}$，$b=R$（其他材料参数同上）。由傅里叶变换计算出频域的散射场，并求出总场，再通过傅里叶逆变换得到时域总场。图 4.18（a）和（b）分别为时域总场在 x_1 和 x_2 方向的分量，图中纵坐标–1～1 是缺陷的位置，通过观察可以发现，当入射波遇到缺陷时主要产生反射波，而透射波很弱，并且在表面截断点处（纵坐标为–3 和 3）未观察到多余反射场，这说明修正边界元法不会因为边界截断而引入虚假的反射波。当频率 $f = 2.8723\text{MHz}$，即无量纲频率 $\bar{\omega}=1$ 时，可以得到该频率下表面质点位移的幅值，将其与 Kawase[3] 的结果进行对比，如图 4.19 所示，其中实线和虚线表示修正边界元法的结果，符号“□”“●”表示 Kawase 的计算结果，两者的结果较为一致，这进一步说明了修正边界元法计算的正确性。

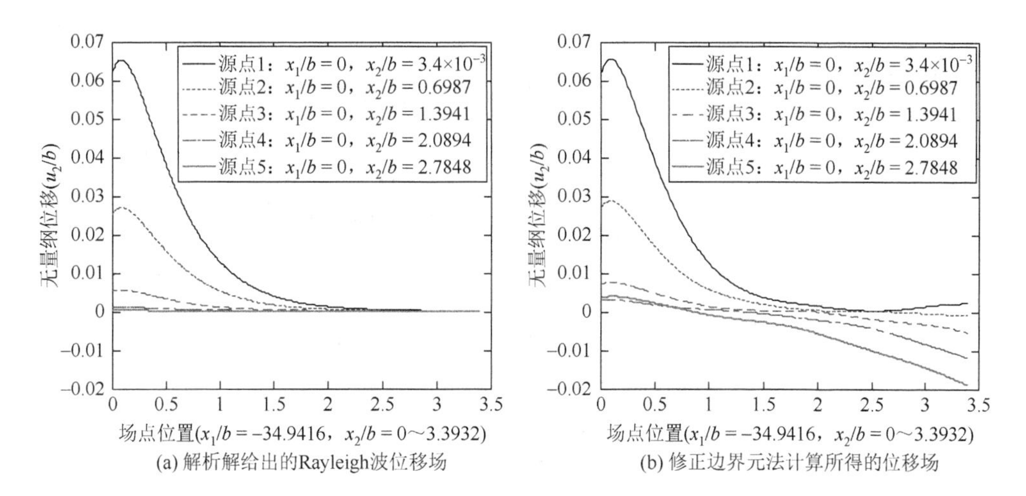

图 4.16　基本解的远场位移对比

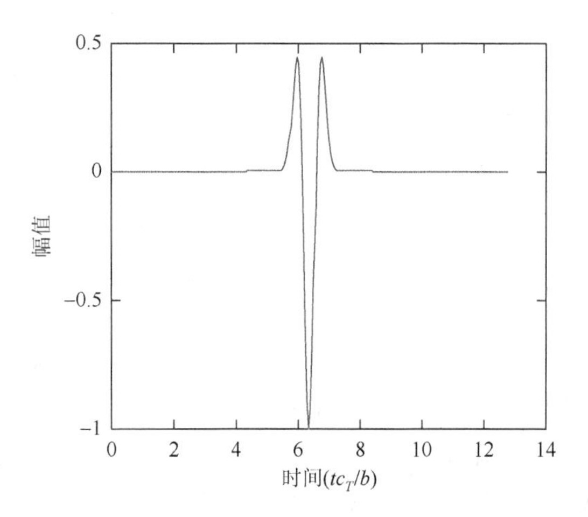

图 4.17　入射 Rayleigh 波的时域信号

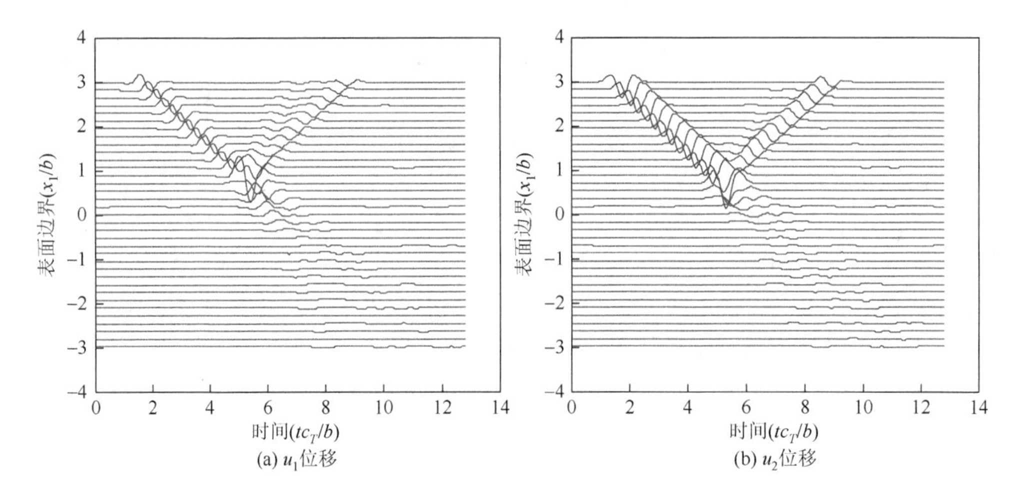

图 4.18 Rayleigh 波对半圆缺陷的散射场时域结果

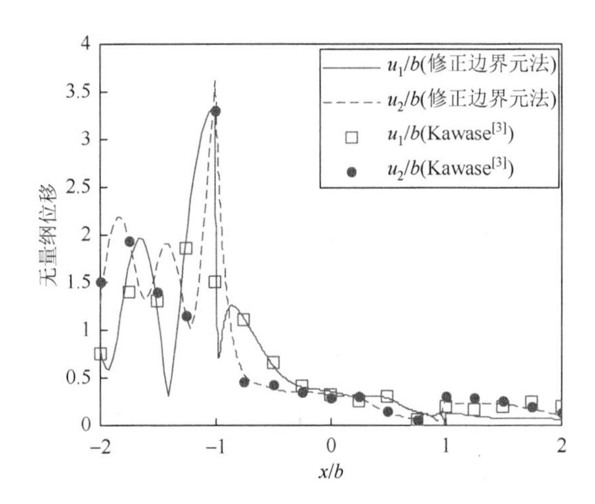

图 4.19 Rayleigh 波对半圆缺陷的散射场频域结果比较

然后，检验通过修正边界元法求得的散射场是否满足边界积分方程：

$$\int_{\Gamma_1^- \cup \Gamma_1^+} \left[C_{klij} \frac{\partial U_{im}^{\text{half}}(\boldsymbol{x}-\boldsymbol{X})}{\partial x_j} n_k(\boldsymbol{x}) u_l^{\text{tot}}(\boldsymbol{x}) \right] \mathrm{d}S(\boldsymbol{x}) = u_m^{\text{sca}}(\boldsymbol{X}), \quad \boldsymbol{X} \in V, \quad k,l,i,j,m = 1,2 \tag{4.52}$$

其中，总场位移 $u_l^{\text{tot}}(\boldsymbol{x}) = u_l^{\text{sca}}(\boldsymbol{x}) + u_l^{\text{inc}}(\boldsymbol{x})$；$U_{im}^{\text{half}}(\boldsymbol{x}-\boldsymbol{X})$ 为半平面的格林函数基本解在远场的近似表达式（只含 Rayleigh 波部分）。

式（4.52）是关于缺陷的边界积分方程，如果修正边界元法求解出的散射场正确，则必满足式（4.52）。方程中用到半平面的格林函数基本解在远场的近似表达式（只含 Rayleigh 波部分），其具体形式参见文献[4]: $U_{11}^{\text{half}} = G_{11}^{B,\text{pol}}; U_{12}^{\text{half}} = G_{12}^{B,\text{pol}}$;

$U_{21}^{\text{half}}=G_{21}^{B,\text{pol}};U_{22}^{\text{half}}=G_{22}^{B,\text{pol}}$。下面将列举三种不同缺陷的散射场计算结果，通过验证都能满足式（4.52）。

图 4.20（a）～（c）对应三种不同缺陷形状，分别采用修正边界元法计算其散射场。在数值计算中，模型全长$2L$随着频率（波长）不同而变化。材料参数：密度$\rho=7800\text{kg/m}^3$，剪切模量$\mu=7.9872\times10^{10}\text{N/m}^2$，拉梅常数$\lambda=1.5974\times10^{11}\text{N/m}^2$，横波波速$c_T=3200\text{m/s}$，纵波波速$c_L=6400\text{m/s}$。无量纲方法：$\bar{x}=x/b$，$\bar{\omega}=\omega b/(2\pi c_T)$，$\bar{t}=tc_T/b$，$\bar{\rho}=1$，$\bar{\mu}=1$，$\bar{\lambda}=\lambda/\mu$，其中，$b=0.007\text{m}$。对于图 4.20（a）、（b）的数值计算，无量纲频率范围取$\bar{\omega}\in[0.0001,2.8\pi]$；对于图 4.20（c）的数值计算，无量纲频率范围取$\bar{\omega}\in[0.0001,6\pi]$。

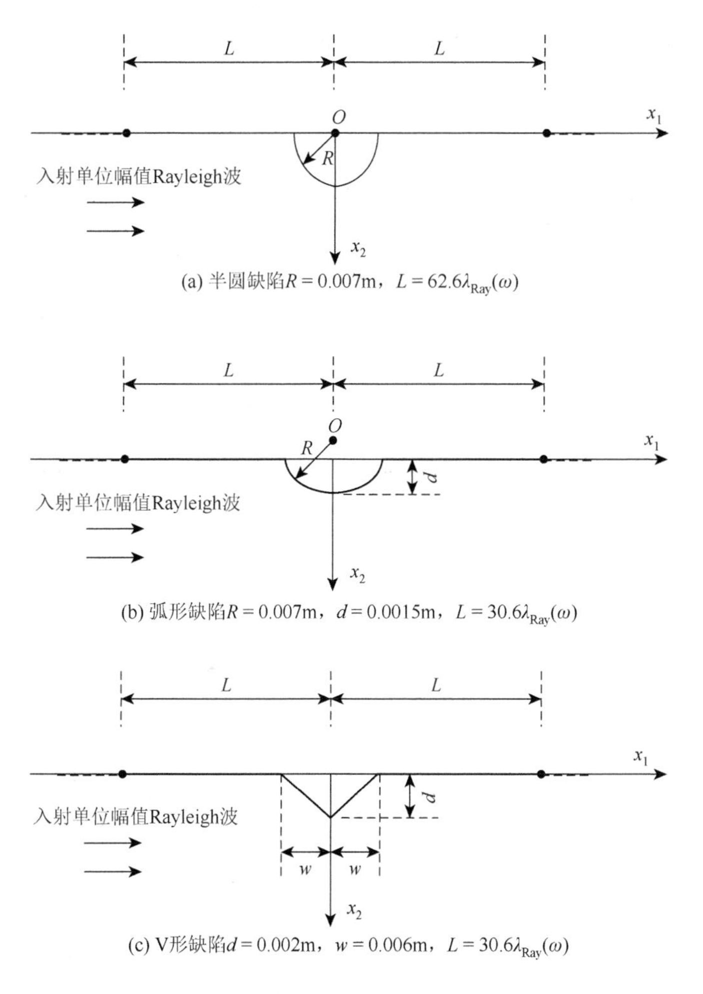

图 4.20　不同形状缺陷的示意图

由修正边界元法计算出不同形状缺陷的散射场，再将散射场代入式（4.52），得到的结果如图 4.21 所示。其中，“+”表示边界积分结果（式（4.52）等式左边计算结果），“□”表示场点散射场的位移（式（4.52）等式右边））。图 4.21（a）和（b）是半圆缺陷（图 4.20（a））验证结果，分别表示 x_2 方向位移的实部（real）和虚部（imag）；图 4.21（c）和（d）是弧形缺陷（图 4.20（b））验证结果，分别表示 x_2 方向位移的实部和虚部；图 4.20（e）和（f）是 V 形缺陷（图 4.20（c））验证结果，分别表示 x_2 方向位移的实部和虚部。图 4.21（a）、（b）结果最为精确，这是因为在三个算例中只有半圆缺陷的 $L=62.6\lambda_{\text{Ray}}(\omega)$，其他两个算例中 $L=30.6\lambda_{\text{Ray}}(\omega)$，由之前提到截断点距离缺陷越远，体波对场点的位移影响越小，即截断点的位移越趋近于 Rayleigh 波，所以 L 越长，采用修正边界元法计算的结果越精确。但从总体上看，这 6 幅图都证明了计算的散射场可以满足缺陷边界积分方程（式（4.52））。

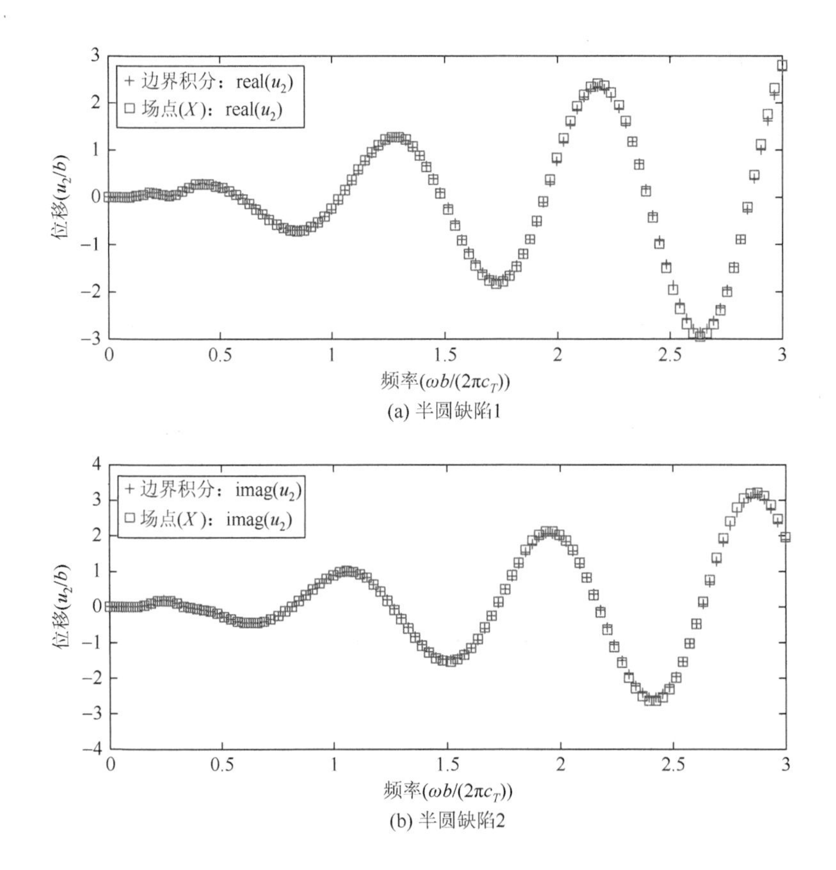

(a) 半圆缺陷1

(b) 半圆缺陷2

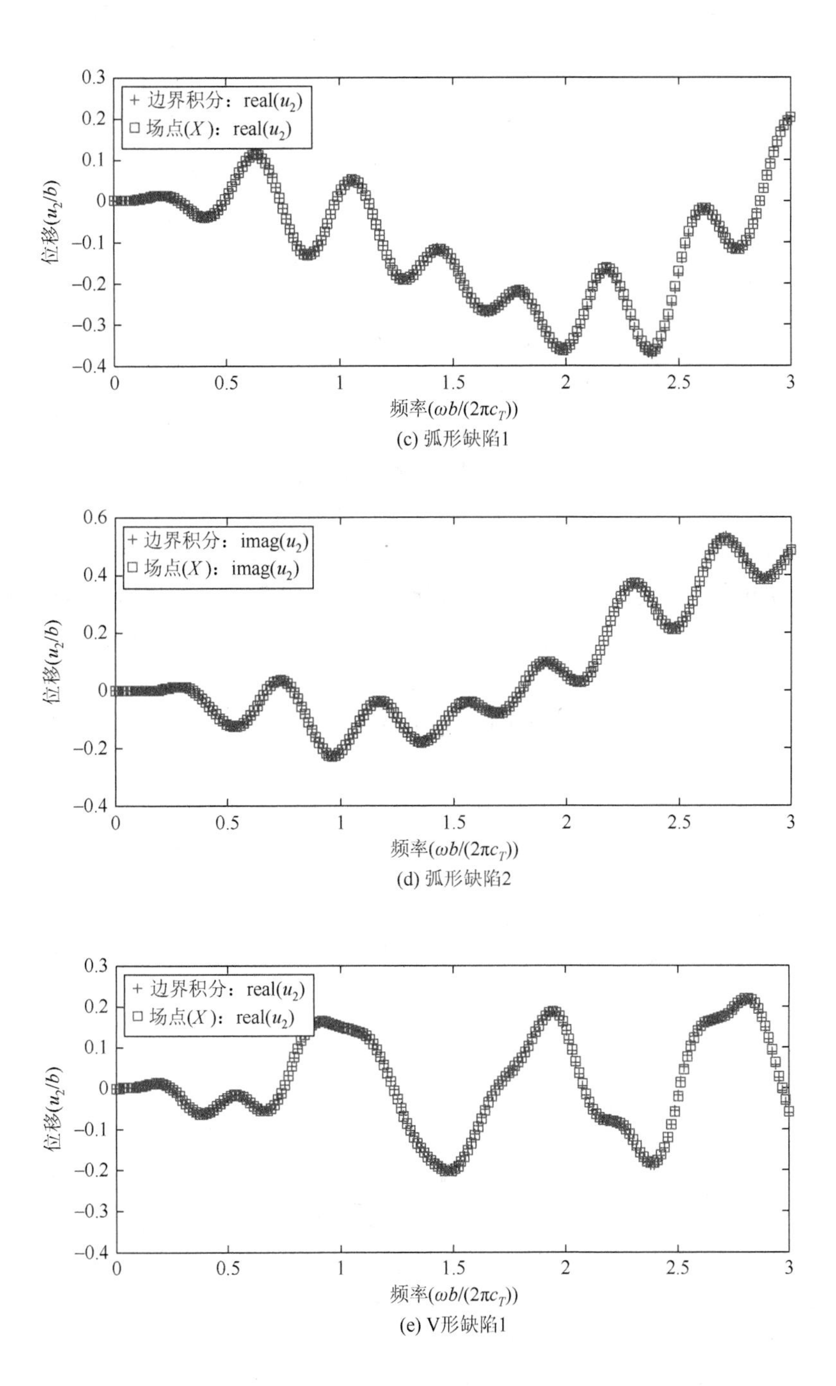

(c) 弧形缺陷1

(d) 弧形缺陷2

(e) V形缺陷1

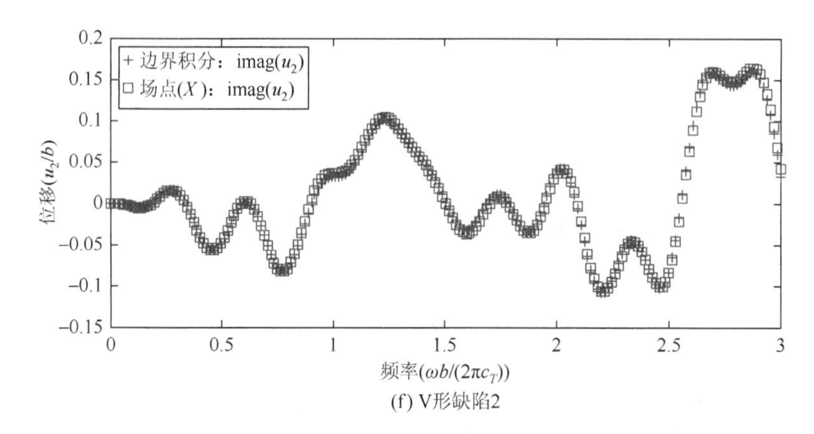

(f) V形缺陷2

图 4.21　不同形状缺陷的散射场频域结果验证

4.3.2　Love 波散射波场的修正边界元法求解

Love 波是含覆盖层半无限大结构中的表面波，由于半无限大结构建模的复杂性，这里将采用修正边界元法对其进行研究。如图 4.22 所示，将总波场分解成入射波场和散射波场，这里主要对散射波场进行模拟仿真。根据修正边界元法，又可将结构分成两部分，如图 4.23 所示。与 Rayleigh 波的修正边界元法不同，Love 波的修正边界元法需要对覆盖层的上下表面同时进行修正，如图 4.24 所示。

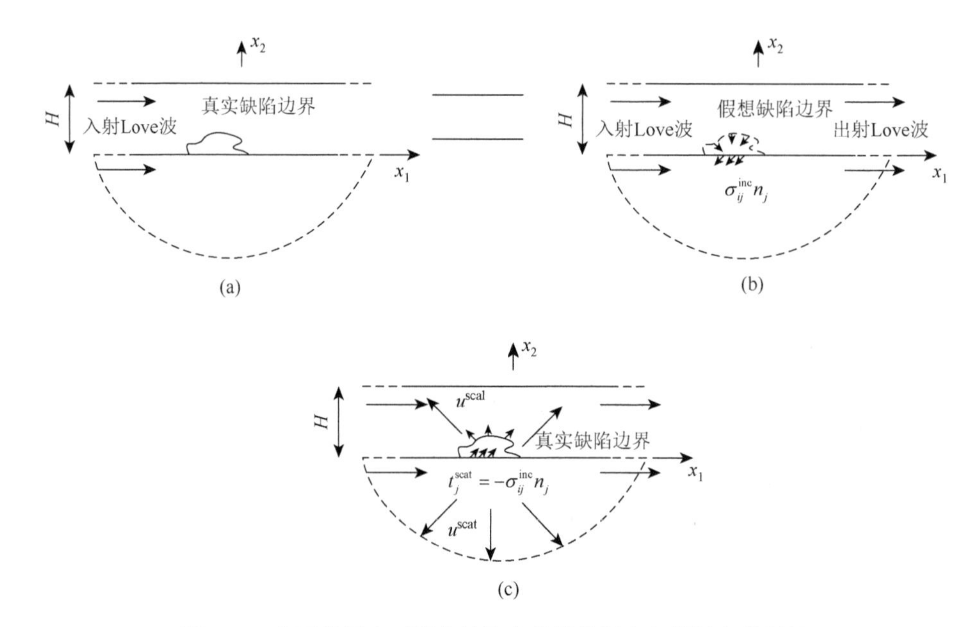

图 4.22　含覆盖层半无限大结构中总场分解为入射场和散射场

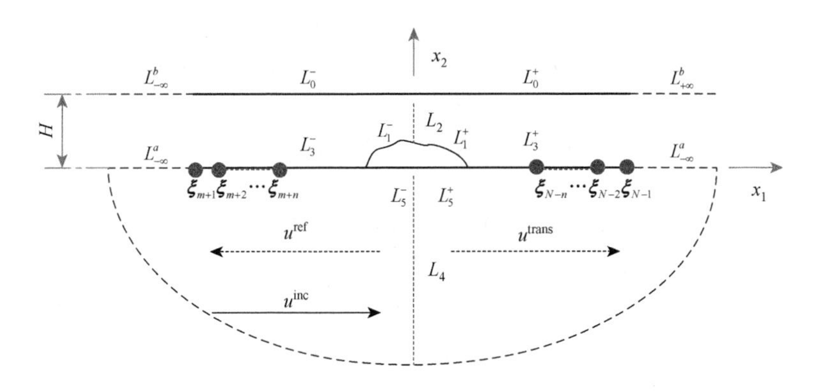

图 4.23　根据修正边界元法将结构分成两部分（按竖直虚线将结构分为左右两部分）

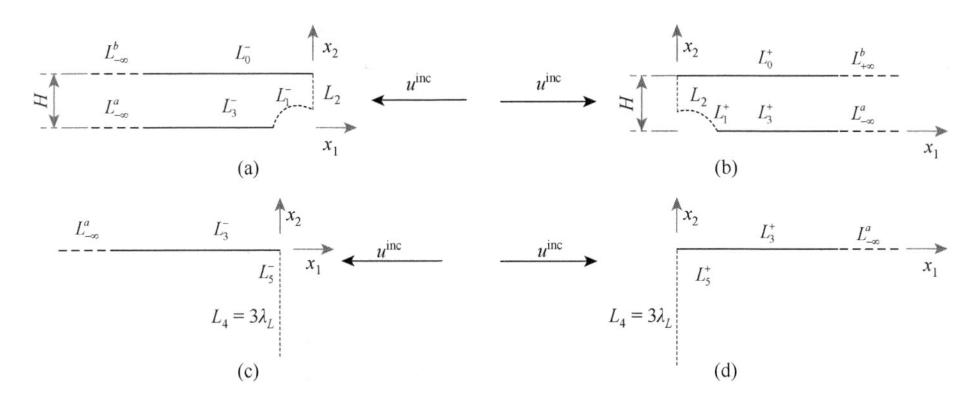

图 4.24　将图 4.23 进一步细分成覆盖层和半无限大平面

根据互易定理可将左右两部分运动状态写成

$$\frac{1}{2}u^{i\pm}(\boldsymbol{\xi},\omega)=\int_{L}[U(\boldsymbol{\xi},\boldsymbol{x},\omega)t^{i\pm}(\boldsymbol{x},\omega)-T(\boldsymbol{\xi},\boldsymbol{x},\omega)u^{i\pm}(\boldsymbol{x},\omega)]\mathrm{d}L(\boldsymbol{x}) \tag{4.53}$$

其中，U、T 为基本解的位移和力；$u^{i\pm}$、$t^{i\pm}$ 为实际运动状态的位移和力；上标“$-$”表示左半部分，“$+$”表示右半部分。

将右半部分上表面（L^b）简化为

$$\begin{aligned}A_i^{B+}(\boldsymbol{\xi})=&-\frac{1}{2}u^{i+}(\boldsymbol{\xi},\omega)-\int_{L_0^+\cup L_1^+\cup L_3^+\cup L_2}T(\boldsymbol{\xi},\boldsymbol{x},\omega)u^{i+}(\boldsymbol{x},\omega)\mathrm{d}L(\boldsymbol{x})\\&+\int_{L_1^+\cup L_3^+\cup L_2}U(\boldsymbol{\xi},\boldsymbol{x},\omega)t^{i+}(\boldsymbol{x},\omega)\mathrm{d}L(\boldsymbol{x})\end{aligned} \tag{4.54}$$

同理，可将左半部分上表面简化为

$$A_i^{B-}(\boldsymbol{\xi}) = -\frac{1}{2}u^{i-}(\boldsymbol{\xi},\omega) - \int_{L_0^-\cup L_1^-\cup L_3^-\cup L_2} T(\boldsymbol{\xi},\boldsymbol{x},\omega)u^{i-}(\boldsymbol{x},\omega)\mathrm{d}L(\boldsymbol{x}) + \int_{L_1^-\cup L_3^-\cup L_2} U(\boldsymbol{\xi},\boldsymbol{x},\omega)t^{i-}(\boldsymbol{x},\omega)\mathrm{d}L(\boldsymbol{x}) \tag{4.55}$$

同理，可将左半部分和右半部分下表面分别简化为

$$A_i^{A-}(\boldsymbol{\xi}) = -\frac{1}{2}u^{i-}(\boldsymbol{\xi},\omega) - \int_{L_3^-\cup L_5^-\cup L_4} T(\boldsymbol{\xi},\boldsymbol{x},\omega)u^{i-}(\boldsymbol{x},\omega)\mathrm{d}L(\boldsymbol{x}) + \int_{L_3^-\cup L_5^-\cup L_4} U(\boldsymbol{\xi},\boldsymbol{x},\omega)t^{i-}(\boldsymbol{x},\omega)\mathrm{d}L(\boldsymbol{x}) \tag{4.56}$$

$$A_i^{A+}(\boldsymbol{\xi}) = -\frac{1}{2}u^{i+}(\boldsymbol{\xi},\omega) - \int_{L_3^+\cup L_5^+\cup L_4} T(\boldsymbol{\xi},\boldsymbol{x},\omega)u^{i+}(\boldsymbol{x},\omega)\mathrm{d}L(\boldsymbol{x}) + \int_{L_3^+\cup L_5^+\cup L_4} U(\boldsymbol{\xi},\boldsymbol{x},\omega)t^{i+}(\boldsymbol{x},\omega)\mathrm{d}L(\boldsymbol{x}) \tag{4.57}$$

因此，得到表示覆盖层的矩阵方程如下：

$$\boldsymbol{H}^B\boldsymbol{U}^B + \boldsymbol{A}^{B\pm}\boldsymbol{R}^\pm = \boldsymbol{G}^B\boldsymbol{T}^B \tag{4.58}$$

其中，

$$\begin{gathered}
\boldsymbol{U}^B = [u(\boldsymbol{\xi}_1,\omega), u(\boldsymbol{\xi}_2,\omega), \cdots, u(\boldsymbol{\xi}_{N_1},\omega)]^\mathrm{T} \\
\boldsymbol{T}^B = [t(\boldsymbol{\xi}_1,\omega), t(\boldsymbol{\xi}_2,\omega), \cdots, t(\boldsymbol{\xi}_{N_1},\omega)]^\mathrm{T} \\
\boldsymbol{A}^{B\pm} = \begin{bmatrix} A_1^{B\pm}(\boldsymbol{\xi}_1) & A_2^{B\pm}(\boldsymbol{\xi}_1) & \cdots & A_n^{B\pm}(\boldsymbol{\xi}_1) \\ A_1^{B\pm}(\boldsymbol{\xi}_2) & A_2^{B\pm}(\boldsymbol{\xi}_2) & \cdots & A_n^{B\pm}(\boldsymbol{\xi}_2) \\ \vdots & \vdots & & \vdots \\ A_1^{B\pm}(\boldsymbol{\xi}_{N_1}) & A_2^{B\pm}(\boldsymbol{\xi}_{N_1}) & \cdots & A_n^{B\pm}(\boldsymbol{\xi}_{N_1}) \end{bmatrix} \\
\boldsymbol{R}^\pm = [R_1^\pm(\omega), R_2^\pm(\omega), \cdots, R_n^\pm(\omega)]^\mathrm{T}
\end{gathered} \tag{4.59}$$

将式（4.58）写成具体形式：

$$\begin{bmatrix} \boldsymbol{H}_{11}^B & \boldsymbol{H}_{12}^B & \boldsymbol{H}_{13}^B & \boldsymbol{H}_{14}^B \\ \boldsymbol{H}_{21}^B & \boldsymbol{H}_{22}^B & \boldsymbol{H}_{23}^B & \boldsymbol{H}_{24}^B \\ \boldsymbol{H}_{31}^B & \boldsymbol{H}_{32}^B & \boldsymbol{H}_{33}^B & \boldsymbol{H}_{34}^B \\ \boldsymbol{H}_{41}^B & \boldsymbol{H}_{42}^B & \boldsymbol{H}_{43}^B & \boldsymbol{H}_{44}^B \end{bmatrix} \begin{bmatrix} \boldsymbol{U}_0 \\ \boldsymbol{U}_3^- \\ \boldsymbol{U}_1 \\ \boldsymbol{U}_3^+ \end{bmatrix} + \boldsymbol{A}^{B\pm}\boldsymbol{R}^\pm = \begin{bmatrix} \boldsymbol{G}_{11}^B & \boldsymbol{G}_{12}^B & \boldsymbol{G}_{13}^B & \boldsymbol{G}_{14}^B \\ \boldsymbol{G}_{21}^B & \boldsymbol{G}_{22}^B & \boldsymbol{G}_{23}^B & \boldsymbol{G}_{24}^B \\ \boldsymbol{G}_{31}^B & \boldsymbol{G}_{32}^B & \boldsymbol{G}_{33}^B & \boldsymbol{G}_{34}^B \\ \boldsymbol{G}_{41}^B & \boldsymbol{G}_{42}^B & \boldsymbol{G}_{43}^B & \boldsymbol{G}_{44}^B \end{bmatrix} \begin{bmatrix} \boldsymbol{T}_0 \\ \boldsymbol{T}_3^- \\ \boldsymbol{T}_1 \\ \boldsymbol{T}_3^+ \end{bmatrix} \tag{4.60}$$

其中，$\boldsymbol{H}_{ij}^B$、$\boldsymbol{G}_{ij}^B$ 为矩阵 $\boldsymbol{T}^B$、$\boldsymbol{G}^B$ 的子矩阵；$\boldsymbol{U}_\alpha^\pm$、$\boldsymbol{T}_\alpha^\pm$ 为位移和力，其分别对应于不同边界 $L_\alpha^\pm$。

同理，得到下半平面的矩阵方程为

$$\boldsymbol{H}^A\boldsymbol{U}^A + \boldsymbol{A}^{A\pm}\boldsymbol{R}^\pm = \boldsymbol{G}^A\boldsymbol{T}^A \tag{4.61}$$

其中，

$$\boldsymbol{U}^{A}=[u(\boldsymbol{\upsilon}_1,\omega),u(\boldsymbol{\upsilon}_2,\omega),\cdots,u(\boldsymbol{\upsilon}_{N_2},\omega)]^{\mathrm{T}}$$

$$\boldsymbol{T}^{A}=[t(\boldsymbol{\upsilon}_1,\omega),t(\boldsymbol{\upsilon}_2,\omega),\cdots,t(\boldsymbol{\upsilon}_{N_2},\omega)]^{\mathrm{T}}$$

$$\boldsymbol{A}^{A\pm}=\begin{bmatrix} A_1^{A\pm}(\boldsymbol{\upsilon}_1) & A_2^{A\pm}(\boldsymbol{\upsilon}_1) & \cdots & A_n^{A\pm}(\boldsymbol{\upsilon}_1) \\ A_1^{A\pm}(\boldsymbol{\upsilon}_2) & A_2^{A\pm}(\boldsymbol{\upsilon}_2) & \cdots & A_n^{A\pm}(\boldsymbol{\upsilon}_2) \\ \vdots & \vdots & & \vdots \\ A_1^{A\pm}(\boldsymbol{\upsilon}_{N_1}) & A_2^{A\pm}(\boldsymbol{\upsilon}_{N_1}) & \cdots & A_n^{A\pm}(\boldsymbol{\upsilon}_{N_1}) \end{bmatrix} \tag{4.62}$$

因此，式（4.61）进一步写成

$$\begin{bmatrix} \boldsymbol{H}_{11}^{A} & \boldsymbol{H}_{12}^{A} & \boldsymbol{H}_{13}^{A} \\ \boldsymbol{H}_{21}^{A} & \boldsymbol{H}_{22}^{A} & \boldsymbol{H}_{23}^{A} \\ \boldsymbol{H}_{31}^{A} & \boldsymbol{H}_{32}^{A} & \boldsymbol{H}_{33}^{A} \end{bmatrix}\begin{bmatrix} \boldsymbol{U}_3^{-} \\ \boldsymbol{U}_5 \\ \boldsymbol{U}_3^{+} \end{bmatrix}+\boldsymbol{A}^{A\pm}\boldsymbol{R}^{\pm}=\begin{bmatrix} \boldsymbol{G}_{11}^{A} & \boldsymbol{G}_{12}^{A} & \boldsymbol{G}_{13}^{A} \\ \boldsymbol{G}_{21}^{A} & \boldsymbol{G}_{22}^{A} & \boldsymbol{G}_{23}^{A} \\ \boldsymbol{G}_{31}^{A} & \boldsymbol{G}_{32}^{A} & \boldsymbol{G}_{33}^{A} \end{bmatrix}\begin{bmatrix} \boldsymbol{T}_3^{-} \\ \boldsymbol{T}_5 \\ \boldsymbol{T}_3^{+} \end{bmatrix} \tag{4.63}$$

根据边界（L_3）连续性条件，可将式（4.60）和式（4.63）合并，整理成

$$\begin{bmatrix} \boldsymbol{H}_{11}^{B} & \boldsymbol{H}_{12}^{B} & \boldsymbol{H}_{13}^{B} & \boldsymbol{H}_{14}^{B} & -\boldsymbol{G}_{12}^{B} & \boldsymbol{0} & -\boldsymbol{G}_{14}^{B} & \boldsymbol{A}_0^{B-} & \boldsymbol{A}_0^{B+} \\ \boldsymbol{H}_{21}^{B} & \boldsymbol{H}_{22}^{B} & \boldsymbol{H}_{23}^{B} & \boldsymbol{H}_{24}^{B} & -\boldsymbol{G}_{22}^{B} & \boldsymbol{0} & -\boldsymbol{G}_{24}^{B} & \boldsymbol{A}_{3-}^{B-} & \boldsymbol{A}_{3-}^{B+} \\ \boldsymbol{H}_{31}^{B} & \boldsymbol{H}_{32}^{B} & \boldsymbol{H}_{33}^{B} & \boldsymbol{H}_{34}^{B} & -\boldsymbol{G}_{32}^{B} & \boldsymbol{0} & -\boldsymbol{G}_{34}^{B} & \boldsymbol{A}_1^{B-} & \boldsymbol{A}_1^{B+} \\ \boldsymbol{H}_{41}^{B} & \boldsymbol{H}_{42}^{B} & \boldsymbol{H}_{43}^{B} & \boldsymbol{H}_{44}^{B} & -\boldsymbol{G}_{42}^{B} & \boldsymbol{0} & -\boldsymbol{G}_{44}^{B} & \boldsymbol{A}_{3+}^{B-} & \boldsymbol{A}_{3+}^{B+} \\ \boldsymbol{0} & \boldsymbol{H}_{11}^{A} & \boldsymbol{0} & \boldsymbol{H}_{13}^{A} & \boldsymbol{G}_{11}^{A} & \boldsymbol{H}_{12}^{A} & \boldsymbol{G}_{13}^{A} & \boldsymbol{A}_{3-}^{A-} & \boldsymbol{A}_{3-}^{A+} \\ \boldsymbol{0} & \boldsymbol{H}_{21}^{A} & \boldsymbol{0} & \boldsymbol{H}_{23}^{A} & \boldsymbol{G}_{21}^{A} & \boldsymbol{H}_{22}^{A} & \boldsymbol{G}_{23}^{A} & \boldsymbol{A}_{5}^{A-} & \boldsymbol{A}_{5}^{A+} \\ \boldsymbol{0} & \boldsymbol{H}_{31}^{A} & \boldsymbol{0} & \boldsymbol{H}_{33}^{A} & \boldsymbol{G}_{31}^{A} & \boldsymbol{H}_{32}^{A} & \boldsymbol{G}_{33}^{A} & \boldsymbol{A}_{3+}^{A-} & \boldsymbol{A}_{3+}^{A+} \\ \boldsymbol{0} & \boldsymbol{I}_R^{-} & \boldsymbol{0} & \boldsymbol{0} & \boldsymbol{0} & \boldsymbol{0} & \boldsymbol{0} & \boldsymbol{U}_R^{-} & \boldsymbol{0} \\ \boldsymbol{0} & \boldsymbol{0} & \boldsymbol{0} & \boldsymbol{I}_R^{+} & \boldsymbol{0} & \boldsymbol{0} & \boldsymbol{0} & \boldsymbol{0} & \boldsymbol{U}_R^{+} \end{bmatrix}\begin{bmatrix} \boldsymbol{U}_0 \\ \boldsymbol{U}_3^{-} \\ \boldsymbol{U}_1 \\ \boldsymbol{U}_3^{+} \\ \boldsymbol{T}_3^{-} \\ \boldsymbol{U}_5 \\ \boldsymbol{T}_3^{+} \\ \boldsymbol{R}^{-} \\ \boldsymbol{R}^{+} \end{bmatrix}$$

$$=\begin{bmatrix} \boldsymbol{G}_{11}^{B} & \boldsymbol{G}_{12}^{B} & \boldsymbol{G}_{13}^{B} & \boldsymbol{G}_{14}^{B} & \boldsymbol{0} & \boldsymbol{0} & \boldsymbol{0} & \boldsymbol{0} & \boldsymbol{0} \\ \boldsymbol{G}_{21}^{B} & \boldsymbol{G}_{22}^{B} & \boldsymbol{G}_{23}^{B} & \boldsymbol{G}_{24}^{B} & \boldsymbol{0} & \boldsymbol{0} & \boldsymbol{0} & \boldsymbol{0} & \boldsymbol{0} \\ \boldsymbol{G}_{31}^{B} & \boldsymbol{G}_{32}^{B} & \boldsymbol{G}_{33}^{B} & \boldsymbol{G}_{34}^{B} & \boldsymbol{0} & \boldsymbol{0} & \boldsymbol{0} & \boldsymbol{0} & \boldsymbol{0} \\ \boldsymbol{G}_{41}^{B} & \boldsymbol{G}_{42}^{B} & \boldsymbol{G}_{43}^{B} & \boldsymbol{G}_{44}^{B} & \boldsymbol{0} & \boldsymbol{0} & \boldsymbol{0} & \boldsymbol{0} & \boldsymbol{0} \\ \boldsymbol{0} & \boldsymbol{0} & \boldsymbol{0} & \boldsymbol{H}_{13}^{A} & \boldsymbol{0} & \boldsymbol{G}_{12}^{A} & \boldsymbol{0} & \boldsymbol{0} & \boldsymbol{0} \\ \boldsymbol{0} & \boldsymbol{0} & \boldsymbol{0} & \boldsymbol{H}_{23}^{A} & \boldsymbol{0} & \boldsymbol{G}_{22}^{A} & \boldsymbol{0} & \boldsymbol{0} & \boldsymbol{0} \\ \boldsymbol{0} & \boldsymbol{0} & \boldsymbol{0} & \boldsymbol{H}_{33}^{A} & \boldsymbol{0} & \boldsymbol{G}_{32}^{A} & \boldsymbol{0} & \boldsymbol{0} & \boldsymbol{0} \\ \boldsymbol{0} & \boldsymbol{0} & \boldsymbol{0} & \boldsymbol{0} & \boldsymbol{0} & \boldsymbol{0} & \boldsymbol{0} & \boldsymbol{0} & \boldsymbol{0} \\ \boldsymbol{0} & \boldsymbol{0} & \boldsymbol{0} & \boldsymbol{0} & \boldsymbol{0} & \boldsymbol{0} & \boldsymbol{0} & \boldsymbol{0} & \boldsymbol{0} \end{bmatrix}\begin{bmatrix} \boldsymbol{T}_0 \\ \boldsymbol{0} \\ \boldsymbol{T}_1 \\ \boldsymbol{0} \\ \boldsymbol{0} \\ \boldsymbol{T}_5 \\ \boldsymbol{0} \\ \boldsymbol{0} \\ \boldsymbol{0} \end{bmatrix} \tag{4.64}$$

其中，

$$\boldsymbol{A}^{B\pm}=\begin{bmatrix} \boldsymbol{A}_0^{B\pm} \\ \boldsymbol{A}_{3-}^{B\pm} \\ \boldsymbol{A}_1^{B\pm} \\ \boldsymbol{A}_{3+}^{B\pm} \end{bmatrix},\quad \boldsymbol{A}^{A\pm}=\begin{bmatrix} \boldsymbol{A}_{3-}^{A\pm} \\ \boldsymbol{A}_5^{A\pm} \\ \boldsymbol{A}_{3+}^{A\pm} \end{bmatrix} \tag{4.65}$$

为验证修正边界元法的正确性，首先采用该方法计算含覆盖层半无限大结构中点源的基本解（图 4.25），将其与理论解进行对比。其结果如表 4.1 所示，这充分说明了修正边界元法的计算精度较高，其频率无量纲形式为 $\varpi=\dfrac{\omega b}{c_T}$，其中，$\omega$ 为当前频率，b 为覆盖层厚度，c_T 为覆盖层中横波波速。

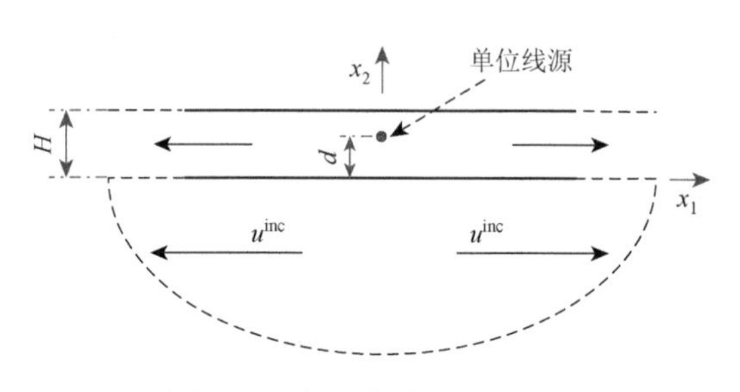

图 4.25　点源激励问题示意图

表 4.1　点源作用下远场幅值比较（修正边界元法结果和理论解比较）

无量纲频率 ϖ	导波模态	修正边界元法	理论解
1.2	1	0.13562i	0.13557i
6.5	1	0.01634i	0.01635i
	2	0.01335i	0.01335i
10.8	1	0.00709i	0.00705i
	2	0.00983i	0.00983i
	3	−0.0358i	−0.0358i

然后，采用修正边界元法计算覆盖层和半无限域中都含有缺陷的散射波场（图 4.26 和表 4.2）。

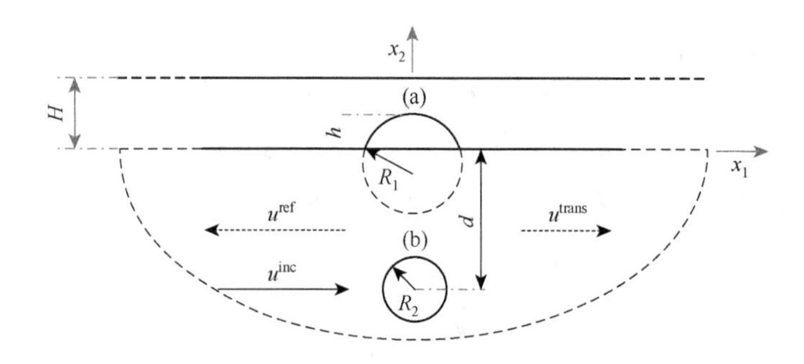

图 4.26　覆盖层和半无限域中都含有缺陷的结构示意图

（a）覆盖层中缺陷半径为 R_1，高为 h；（b）无限域中圆形缺陷半径为 R_2，与下表面距离为 d

表 4.2　不同频率下反射系数和透射系数

无量纲频率 $\bar{\omega}$	导波模态	反射系数	透射系数
0.8	1	−0.00026 + 0.00746i	−0.00026 + 0.00758i
5	1	−0.00004 + 0.00052i	−0.00028 + 0.00202i
	2	0.00046 + 0.00494i	−0.00190 + 0.01682i
9.5	1	0.00001−0.00001i	−0.00002 + 0.00010i
	2	0.00003−0.00005i	−0.00017 + 0.00090i
	2	0.00018−0.00027i	−0.00060 + 0.00375i

4.3.3　层合板中 Lamb 波散射波场的修正边界元法求解

与 Rayleigh 波和 Love 波相比，层合板中 Lamb 波模态更为复杂，也就是说需要的修正项更多。这里以三层各向同性材料组成的结构为例（图 4.27），对含缺陷的层合板模型进行修正边界元法数值模拟。

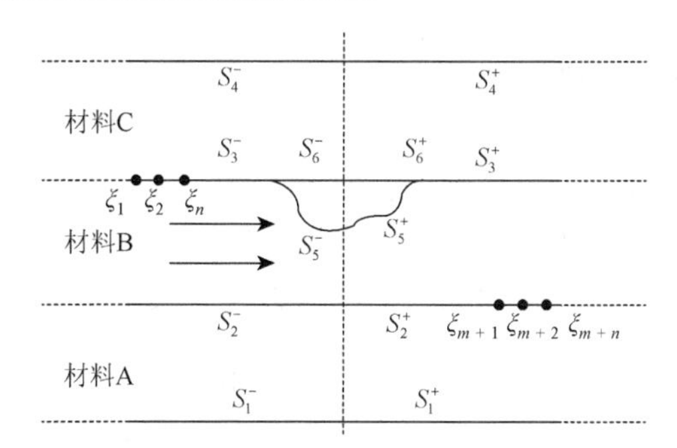

图 4.27　三层板任意缺陷模型示意图

如图 4.27 所示，A、B、C 代表三种均匀各向同性材料，修正边界元法在单层板的推导，以及矩阵组装过程可以参照 Love 波。

A 材料的修正边界元系统可以写成如下矩阵形式：

$$\begin{bmatrix} \boldsymbol{H}_{11}^{A} & H_{12}^{A} \\ \boldsymbol{H}_{21}^{A} & H_{22}^{A} \end{bmatrix}\begin{bmatrix} \boldsymbol{U}_1 \\ \boldsymbol{U}_2 \end{bmatrix} + \boldsymbol{A}^{A+}\boldsymbol{R}^{+} + \boldsymbol{A}^{A-}\boldsymbol{R}^{-} = \begin{bmatrix} \boldsymbol{G}_{11}^{A} & \boldsymbol{G}_{12}^{A} \\ \boldsymbol{G}_{21}^{A} & \boldsymbol{G}_{22}^{A} \end{bmatrix}\begin{bmatrix} \boldsymbol{T}_1 \\ \boldsymbol{T}_2 \end{bmatrix} \tag{4.66}$$

B 材料的修正边界元系统可以写成如下矩阵形式：

$$\begin{bmatrix} \boldsymbol{H}_{11}^{B} & \boldsymbol{H}_{12}^{B} & \boldsymbol{H}_{13}^{B} & \boldsymbol{H}_{14}^{B} \\ \boldsymbol{H}_{21}^{B} & \boldsymbol{H}_{22}^{B} & \boldsymbol{H}_{23}^{B} & \boldsymbol{H}_{24}^{B} \\ \boldsymbol{H}_{31}^{B} & \boldsymbol{H}_{32}^{B} & \boldsymbol{H}_{33}^{B} & \boldsymbol{H}_{34}^{B} \\ \boldsymbol{H}_{41}^{B} & \boldsymbol{H}_{42}^{B} & \boldsymbol{H}_{43}^{B} & \boldsymbol{H}_{44}^{B} \end{bmatrix}\begin{bmatrix} \boldsymbol{U}_2 \\ \boldsymbol{U}_3^{-} \\ \boldsymbol{U}_5 \\ \boldsymbol{U}_3^{+} \end{bmatrix} + \boldsymbol{A}^{B+}\boldsymbol{R}^{+} + \boldsymbol{A}^{B-}\boldsymbol{R}^{-} = \begin{bmatrix} \boldsymbol{G}_{11}^{B} & \boldsymbol{G}_{12}^{B} & \boldsymbol{G}_{13}^{B} & \boldsymbol{G}_{14}^{B} \\ \boldsymbol{G}_{21}^{B} & \boldsymbol{G}_{22}^{B} & \boldsymbol{G}_{23}^{B} & \boldsymbol{G}_{24}^{B} \\ \boldsymbol{G}_{31}^{B} & \boldsymbol{G}_{32}^{B} & \boldsymbol{G}_{33}^{B} & \boldsymbol{G}_{34}^{B} \\ \boldsymbol{G}_{41}^{B} & \boldsymbol{G}_{42}^{B} & \boldsymbol{G}_{43}^{B} & \boldsymbol{G}_{44}^{B} \end{bmatrix}\begin{bmatrix} \boldsymbol{T}_2 \\ \boldsymbol{T}_3^{-} \\ \boldsymbol{T}_5 \\ \boldsymbol{T}_3^{+} \end{bmatrix} \tag{4.67}$$

C 材料的修正边界元系统可以写成如下矩阵形式：

$$\begin{bmatrix} \boldsymbol{H}_{11}^{\mathrm{C}} & \boldsymbol{H}_{12}^{\mathrm{C}} & \boldsymbol{H}_{13}^{\mathrm{C}} & \boldsymbol{H}_{14}^{\mathrm{C}} \\ \boldsymbol{H}_{21}^{\mathrm{C}} & \boldsymbol{H}_{22}^{\mathrm{C}} & \boldsymbol{H}_{23}^{\mathrm{C}} & \boldsymbol{H}_{24}^{\mathrm{C}} \\ \boldsymbol{H}_{31}^{\mathrm{C}} & \boldsymbol{H}_{32}^{\mathrm{C}} & \boldsymbol{H}_{33}^{\mathrm{C}} & \boldsymbol{H}_{34}^{\mathrm{C}} \\ \boldsymbol{H}_{41}^{\mathrm{C}} & \boldsymbol{H}_{42}^{\mathrm{C}} & \boldsymbol{H}_{43}^{\mathrm{C}} & \boldsymbol{H}_{44}^{\mathrm{C}} \end{bmatrix} \begin{bmatrix} \boldsymbol{U}_3^- \\ \boldsymbol{U}_6 \\ \boldsymbol{U}_3^+ \\ \boldsymbol{U}_4 \end{bmatrix} + \boldsymbol{A}^{\mathrm{C}+}\boldsymbol{R}^+ + \boldsymbol{A}^{\mathrm{C}-}\boldsymbol{R}^- = \begin{bmatrix} \boldsymbol{G}_{11}^{\mathrm{C}} & \boldsymbol{G}_{12}^{\mathrm{C}} & \boldsymbol{G}_{13}^{\mathrm{C}} & \boldsymbol{G}_{14}^{\mathrm{C}} \\ \boldsymbol{G}_{21}^{\mathrm{C}} & \boldsymbol{G}_{22}^{\mathrm{C}} & \boldsymbol{G}_{23}^{\mathrm{C}} & \boldsymbol{G}_{24}^{\mathrm{C}} \\ \boldsymbol{G}_{31}^{\mathrm{C}} & \boldsymbol{G}_{32}^{\mathrm{C}} & \boldsymbol{G}_{33}^{\mathrm{C}} & \boldsymbol{G}_{34}^{\mathrm{C}} \\ \boldsymbol{G}_{41}^{\mathrm{C}} & \boldsymbol{G}_{42}^{\mathrm{C}} & \boldsymbol{G}_{43}^{\mathrm{C}} & \boldsymbol{G}_{44}^{\mathrm{C}} \end{bmatrix} \begin{bmatrix} \boldsymbol{T}_3^- \\ \boldsymbol{T}_6 \\ \boldsymbol{T}_3^+ \\ \boldsymbol{T}_4 \end{bmatrix} \tag{4.68}$$

仅有此三个独立的修正边界元系统矩阵，无法对 Lamb 波在多层板中的散射场进行求解，它们需要和模型的边界条件相联系，组装成一个包含模型整体信息的全局矩阵。截断界面附近的质点具有无穷边界上质点的性质，它的位移形式可以写成当前频厚积下所有模态的 Lamb 波的位移之和，即

$$\begin{cases} u(\xi_i,\omega) = \sum\limits_{j=1}^{n} u^{j-}(\xi_i,\omega)R_j^-(\omega) \\ u(\xi_{m+i},\omega) = \sum\limits_{j=1}^{n} u^{j+}(\xi_{m+i},\omega)R_j^+(\omega) \end{cases} \tag{4.69}$$

层与层之间的界面是刚性连接的，也就是说，在层与层之间质点的位移和应力必须是连续的。使用上述两个条件，全局计算矩阵就可以表达成式（4.70），而且散射系数、模型上的未知位移和应力都可以同时求出。

$$\begin{bmatrix} \boldsymbol{H}_{11}^{\mathrm{A}} & \boldsymbol{H}_{12}^{\mathrm{A}} & -\boldsymbol{G}_{12}^{\mathrm{A}} & \boldsymbol{0} & \boldsymbol{0} & \boldsymbol{0} & \boldsymbol{0} & \boldsymbol{0} & \boldsymbol{0} & \boldsymbol{0} & \boldsymbol{A}_1^{\mathrm{A}-} & \boldsymbol{A}_1^{\mathrm{A}+} \\ \boldsymbol{H}_{21}^{\mathrm{A}} & \boldsymbol{H}_{22}^{\mathrm{A}} & -\boldsymbol{G}_{22}^{\mathrm{A}} & \boldsymbol{0} & \boldsymbol{0} & \boldsymbol{0} & \boldsymbol{0} & \boldsymbol{0} & \boldsymbol{0} & \boldsymbol{0} & \boldsymbol{A}_2^{\mathrm{A}-} & \boldsymbol{A}_2^{\mathrm{A}+} \\ \boldsymbol{0} & \boldsymbol{H}_{11}^{\mathrm{B}} & \boldsymbol{G}_{11}^{\mathrm{B}} & \boldsymbol{H}_{12}^{\mathrm{B}} & \boldsymbol{H}_{13}^{\mathrm{B}} & \boldsymbol{H}_{14}^{\mathrm{B}} & \boldsymbol{G}_{12}^{\mathrm{B}} & \boldsymbol{0} & \boldsymbol{G}_{14}^{\mathrm{B}} & \boldsymbol{0} & \boldsymbol{A}_2^{\mathrm{B}-} & \boldsymbol{A}_2^{\mathrm{B}+} \\ \boldsymbol{0} & \boldsymbol{H}_{21}^{\mathrm{B}} & \boldsymbol{G}_{21}^{\mathrm{B}} & \boldsymbol{H}_{22}^{\mathrm{B}} & \boldsymbol{H}_{23}^{\mathrm{B}} & \boldsymbol{H}_{24}^{\mathrm{B}} & \boldsymbol{G}_{22}^{\mathrm{B}} & \boldsymbol{0} & \boldsymbol{G}_{24}^{\mathrm{B}} & \boldsymbol{0} & \boldsymbol{A}_{3-}^{\mathrm{B}-} & \boldsymbol{A}_{3-}^{\mathrm{B}+} \\ \boldsymbol{0} & \boldsymbol{H}_{31}^{\mathrm{B}} & \boldsymbol{G}_{31}^{\mathrm{B}} & \boldsymbol{H}_{32}^{\mathrm{B}} & \boldsymbol{H}_{33}^{\mathrm{B}} & \boldsymbol{H}_{34}^{\mathrm{B}} & \boldsymbol{G}_{32}^{\mathrm{B}} & \boldsymbol{0} & \boldsymbol{G}_{34}^{\mathrm{B}} & \boldsymbol{0} & \boldsymbol{A}_5^{\mathrm{B}-} & \boldsymbol{A}_5^{\mathrm{B}+} \\ \boldsymbol{0} & \boldsymbol{H}_{41}^{\mathrm{B}} & \boldsymbol{G}_{41}^{\mathrm{B}} & \boldsymbol{H}_{42}^{\mathrm{B}} & \boldsymbol{H}_{43}^{\mathrm{B}} & \boldsymbol{H}_{44}^{\mathrm{B}} & \boldsymbol{G}_{42}^{\mathrm{B}} & \boldsymbol{0} & \boldsymbol{G}_{44}^{\mathrm{B}} & \boldsymbol{0} & \boldsymbol{A}_{3+}^{\mathrm{B}-} & \boldsymbol{A}_{3+}^{\mathrm{B}+} \\ \boldsymbol{0} & \boldsymbol{0} & \boldsymbol{0} & \boldsymbol{H}_{11}^{\mathrm{C}} & \boldsymbol{0} & \boldsymbol{H}_{13}^{\mathrm{C}} & -\boldsymbol{G}_{11}^{\mathrm{C}} & \boldsymbol{H}_{12}^{\mathrm{C}} & -\boldsymbol{G}_{13}^{\mathrm{C}} & \boldsymbol{H}_{14}^{\mathrm{C}} & \boldsymbol{A}_{3-}^{\mathrm{C}-} & \boldsymbol{A}_{3-}^{\mathrm{C}+} \\ \boldsymbol{0} & \boldsymbol{0} & \boldsymbol{0} & \boldsymbol{H}_{21}^{\mathrm{C}} & \boldsymbol{0} & \boldsymbol{H}_{23}^{\mathrm{C}} & -\boldsymbol{G}_{21}^{\mathrm{C}} & \boldsymbol{H}_{22}^{\mathrm{C}} & -\boldsymbol{G}_{23}^{\mathrm{C}} & \boldsymbol{H}_{24}^{\mathrm{C}} & \boldsymbol{A}_6^{\mathrm{C}-} & \boldsymbol{A}_6^{\mathrm{C}+} \\ \boldsymbol{0} & \boldsymbol{0} & \boldsymbol{0} & \boldsymbol{H}_{31}^{\mathrm{C}} & \boldsymbol{0} & \boldsymbol{H}_{33}^{\mathrm{C}} & -\boldsymbol{G}_{31}^{\mathrm{C}} & \boldsymbol{H}_{32}^{\mathrm{C}} & -\boldsymbol{G}_{33}^{\mathrm{C}} & \boldsymbol{H}_{34}^{\mathrm{C}} & \boldsymbol{A}_{3+}^{\mathrm{C}-} & \boldsymbol{A}_{3+}^{\mathrm{C}+} \\ \boldsymbol{0} & \boldsymbol{0} & \boldsymbol{0} & \boldsymbol{H}_{41}^{\mathrm{C}} & \boldsymbol{0} & \boldsymbol{H}_{43}^{\mathrm{C}} & -\boldsymbol{G}_{41}^{\mathrm{C}} & \boldsymbol{H}_{42}^{\mathrm{C}} & -\boldsymbol{G}_{43}^{\mathrm{C}} & \boldsymbol{H}_{44}^{\mathrm{C}} & \boldsymbol{A}_4^{\mathrm{C}-} & \boldsymbol{A}_4^{\mathrm{C}+} \\ \boldsymbol{0} & -\boldsymbol{I}^{R+} & \boldsymbol{0} & \boldsymbol{0} & \boldsymbol{0} & \boldsymbol{0} & \boldsymbol{0} & \boldsymbol{0} & \boldsymbol{0} & \boldsymbol{0} & \boldsymbol{0} & \boldsymbol{U}^{R+} \\ \boldsymbol{0} & \boldsymbol{0} & \boldsymbol{0} & -\boldsymbol{I}^{R-} & \boldsymbol{0} & \boldsymbol{0} & \boldsymbol{0} & \boldsymbol{0} & \boldsymbol{0} & \boldsymbol{0} & \boldsymbol{U}^{R-} & \boldsymbol{0} \end{bmatrix} \begin{bmatrix} \boldsymbol{U}_1 \\ \boldsymbol{U}_2 \\ \boldsymbol{T}_2 \\ \boldsymbol{U}_3^- \\ \boldsymbol{U}_5 \\ \boldsymbol{U}_3^+ \\ \boldsymbol{T}_3^- \\ \boldsymbol{U}_6 \\ \boldsymbol{T}_3^+ \\ \boldsymbol{U}_4 \\ \boldsymbol{R}^- \\ \boldsymbol{R}^+ \end{bmatrix}$$

$$
=\begin{bmatrix}
\boldsymbol{G}_{11}^{\mathrm{A}} & \mathbf{0} & \mathbf{0} & \mathbf{0} & \mathbf{0} & \mathbf{0} & \mathbf{0} & \mathbf{0} & \mathbf{0} & \mathbf{0} & \mathbf{0} & \mathbf{0} \\
\boldsymbol{G}_{21}^{\mathrm{A}} & \mathbf{0} & \mathbf{0} & \mathbf{0} & \mathbf{0} & \mathbf{0} & \mathbf{0} & \mathbf{0} & \mathbf{0} & \mathbf{0} & \mathbf{0} & \mathbf{0} \\
\mathbf{0} & \mathbf{0} & \mathbf{0} & \mathbf{0} & \boldsymbol{G}_{13}^{\mathrm{B}} & \mathbf{0} & \mathbf{0} & \mathbf{0} & \mathbf{0} & \mathbf{0} & \mathbf{0} & \mathbf{0} \\
\mathbf{0} & \mathbf{0} & \mathbf{0} & \mathbf{0} & \boldsymbol{G}_{23}^{\mathrm{B}} & \mathbf{0} & \mathbf{0} & \mathbf{0} & \mathbf{0} & \mathbf{0} & \mathbf{0} & \mathbf{0} \\
\mathbf{0} & \mathbf{0} & \mathbf{0} & \mathbf{0} & \boldsymbol{G}_{33}^{\mathrm{B}} & \mathbf{0} & \mathbf{0} & \mathbf{0} & \mathbf{0} & \mathbf{0} & \mathbf{0} & \mathbf{0} \\
\mathbf{0} & \mathbf{0} & \mathbf{0} & \mathbf{0} & \boldsymbol{G}_{43}^{\mathrm{B}} & \mathbf{0} & \mathbf{0} & \mathbf{0} & \mathbf{0} & \mathbf{0} & \mathbf{0} & \mathbf{0} \\
\mathbf{0} & \mathbf{0} & \mathbf{0} & \mathbf{0} & \mathbf{0} & \mathbf{0} & \mathbf{0} & \boldsymbol{G}_{12}^{\mathrm{C}} & \mathbf{0} & \boldsymbol{G}_{14}^{\mathrm{C}} & \mathbf{0} & \mathbf{0} \\
\mathbf{0} & \mathbf{0} & \mathbf{0} & \mathbf{0} & \mathbf{0} & \mathbf{0} & \mathbf{0} & \boldsymbol{G}_{22}^{\mathrm{C}} & \mathbf{0} & \boldsymbol{G}_{24}^{\mathrm{C}} & \mathbf{0} & \mathbf{0} \\
\mathbf{0} & \mathbf{0} & \mathbf{0} & \mathbf{0} & \mathbf{0} & \mathbf{0} & \mathbf{0} & \boldsymbol{G}_{32}^{\mathrm{C}} & \mathbf{0} & \boldsymbol{G}_{34}^{\mathrm{C}} & \mathbf{0} & \mathbf{0} \\
\mathbf{0} & \mathbf{0} & \mathbf{0} & \mathbf{0} & \mathbf{0} & \mathbf{0} & \mathbf{0} & \boldsymbol{G}_{42}^{\mathrm{C}} & \mathbf{0} & \boldsymbol{G}_{44}^{\mathrm{C}} & \mathbf{0} & \mathbf{0} \\
\mathbf{0} & \mathbf{0} & \mathbf{0} & \mathbf{0} & \mathbf{0} & \mathbf{0} & \mathbf{0} & \mathbf{0} & \mathbf{0} & \mathbf{0} & \mathbf{0} & \mathbf{0} \\
\mathbf{0} & \mathbf{0} & \mathbf{0} & \mathbf{0} & \mathbf{0} & \mathbf{0} & \mathbf{0} & \mathbf{0} & \mathbf{0} & \mathbf{0} & \mathbf{0} & \mathbf{0}
\end{bmatrix}
\begin{bmatrix}
\boldsymbol{T}_1 \\ \mathbf{0} \\ \mathbf{0} \\ \mathbf{0} \\ \boldsymbol{T}_5 \\ \mathbf{0} \\ \mathbf{0} \\ \boldsymbol{T}_6 \\ \mathbf{0} \\ \boldsymbol{T}_4 \\ \mathbf{0} \\ \mathbf{0}
\end{bmatrix}
\tag{4.70}
$$

当单一模态的 Lamb 波在多层板中传播时，遇到不连续处时会发生散射。当模型截断边界距离散射中心足够远时，由散射源产生的衰减波将全部耗散，此时模型中只存在 Lamb 波。所以与修正边界元法在单层板中的情况类似，当 Lamb 波的散射系数随着模型截断距离逐渐增加而收敛到稳定值时，说明其推导过程与计算程序正确。在图 4.28 所示的多层板模型中入射 A_0 模态的 Lamb 波，观察反射系数和透射系数随模型长度增加的变化情况。如图 4.28 所示，三层板铝-铁-铝的厚度分别是 1mm、1mm、1mm。模型中间层有一 V 形缺陷，S 表示缺陷宽度，h 表示缺陷深度。

频厚积为 1.5MHz·mm 时的 A_0 模态 Lamb 波，从左向右入射，遇到如图 4.28 所示 V 形缺陷发生散射，模型长度从 2mm 依次增加到 12mm，如图 4.29 所示。

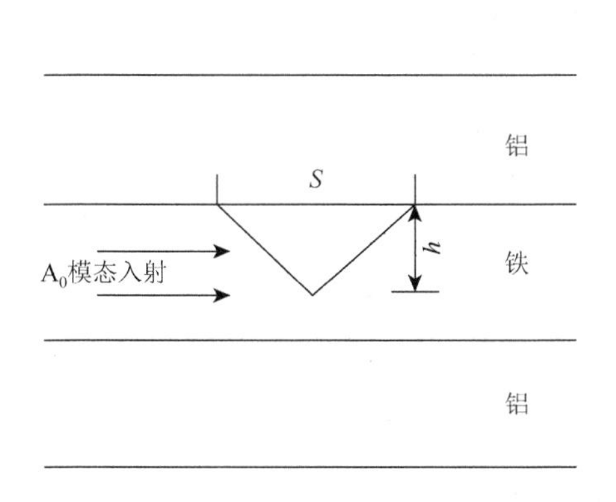

图 4.28　含有 V 形缺陷的三层板模型示意图

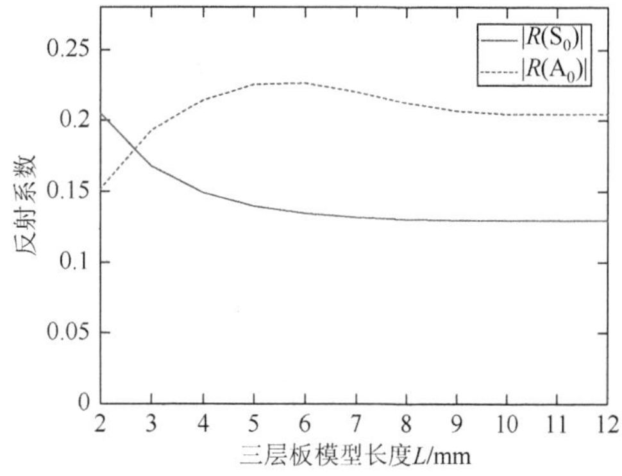

图 4.29　A_0 模态入射上述模型反射系数随长度增加的变化情况

由图 4.29 和图 4.30 的收敛性测试可以看到，在铝-铁-铝三层板结构中入射 A_0 模态的 Lamb 波，当计算模型的长度小于 4mm 时，S_0 和 A_0 模态的反射系数与透射系数都极不稳定，变化非常大。当模型长度大于 4mm 时，各个模态的反射系数和透射系数渐渐趋于稳定。这说明，此时板中的衰减波已渐渐消失。当模型长度大于 10mm 时，可以认为衰减波已经完全衰减，此时反射系数和透射系数都趋于稳定。因此，在之后的数值模拟中，将模型的截断长度控制在 12mm 以上，以确保计算结果的准确性。三层板模型的计算中，取模型的长度 L 为 14mm。

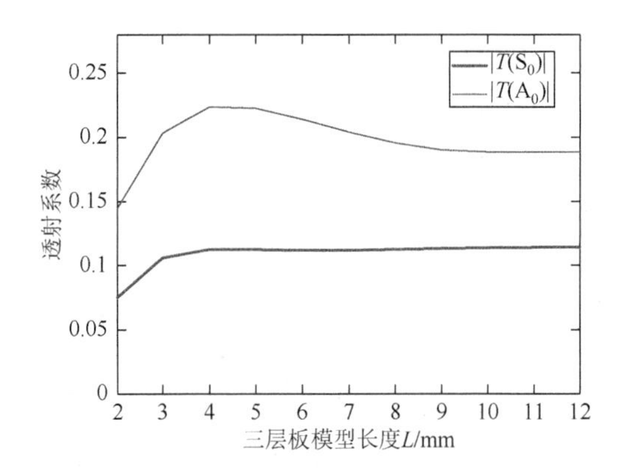

图 4.30　A_0 模态入射时上述模型透射系数随模型截断长度增加的变化情况

下面分别用频厚积在 0.3～1.5MHz·mm 时的 A_0 模态 Lamb 波，从左向右入射如图4.28所示的模型，观察各个模态的反射系数与透射系数随频厚积增加的变化情况。

图 4.31 为 A_0 模式入射三层板模型时 0.1～0.5MHz 下散射系数的变化情况。模型长度为 14mm，模型材料为铁-铝-铁，缺陷宽度为 0.2mm，深度为 0.5mm。

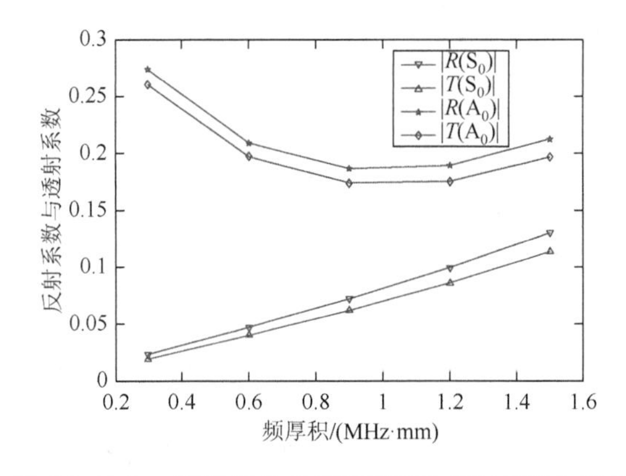

图 4.31　A_0 模式入射含 V 形缺陷的三层板模型的反射系数与透射系数示意图

由图 4.31 可以粗略看出，原生模态的反射系数和透射系数随频厚积增加出现微小波动，次生模态的散射系数变化虽表现为单调递增，但是其数值较小，不易被检测到，对缺陷的敏感度较低。相比之下原生反射模态在数值大小上虽有微小波动，但随频厚积增加时一直保持对缺陷较高的敏感度。因此，在缺陷检测中，观察该模态的变化，将使检测更加直观有效。

4.4　混合有限元法

本章提出的散射波场求解方法同样结合有限元法和半解析有限元法（第 2 章中提及），明确了非传播模态的选取，建立的混合有限元法（hybrid finite element method，HFEM）模型适用于各种结构中散射波场的计算，这里以管道结构为例，介绍其混合有限元法的应用。这里将管道的缺陷（本书涉及的缺陷都是非穿透型）分为两类：①轴对称缺陷；②非轴对称缺陷。针对这两类模型均采用三维有限元计算，但是这两种结构中波的模态是不一样的，对称结构中模态的周向阶数是由入射导波的周向阶数决定的，而非对称结构中模态的周向阶数是非常复杂的。首先介绍传统有限元中 20 节点六面体单元；其次分析半解析有限元法和有限元法在交界面上的节点载荷等效的问题，这里主要涉及直角坐标系和柱坐标系之间的对应关系；然后对半解析有限元法的径向离散进行收敛性验证，推导出散射波场的方程；最后根据推导出的散射波场方程，计算不同尺度的轴对称缺陷的散射波场，分别绘制纵振模态和扭转模态的反射系数随频率变化的示意图。

如图 4.32 所示，管道的缺陷部分和非缺陷部分分别记作 V_1 和 V_2。由于 V_2 中没有缺陷，可以直接采用第 2 章中介绍的半解析有限元法求解，而 V_1 部分含有缺陷，只能通过三维有限元法进行求解。因此，对于这样一个含缺陷的管道，必须结合这两种方法。在具体处理中，这里采用两种软件 HyperMesh 和 MATLAB，并基于三维有限元法进行联合仿真。其中，HyperMesh 主要用于管道的三维有限元的网格划分，而数值求解及分析都借助 MATLAB。下面就三维有限元法进行简单阐述。

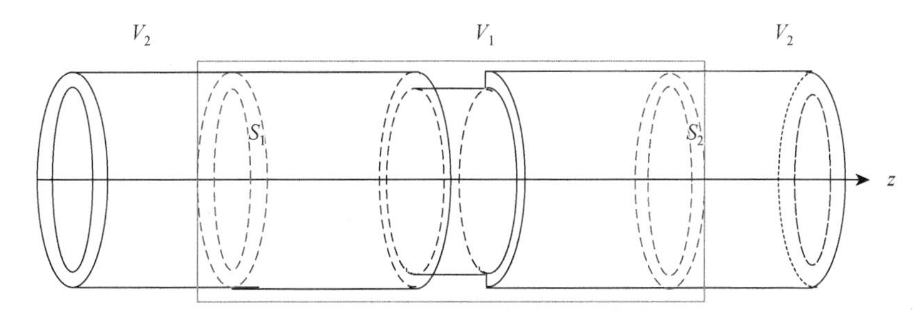

图 4.32　含缺陷管道模型示意图

本书采用的是20节点六面体等参单元（图4.33），其形函数为

$$\boldsymbol{N}=\begin{bmatrix} N_1 & 0 & 0 & N_2 & 0 & 0 & \cdots & N_{20} & 0 & 0 \\ 0 & N_1 & 0 & 0 & N_2 & 0 & \cdots & 0 & N_{20} & 0 \\ 0 & 0 & N_1 & 0 & 0 & N_2 & \cdots & 0 & 0 & N_{20} \end{bmatrix} \tag{4.71}$$

其中，

$$N_i=\frac{1}{8}(1+\xi_i\xi)(1+\eta_i\eta)(1+\zeta_i\zeta)(\xi_i\xi+\eta_i\eta+\zeta_i\zeta-2),\quad i=1,2,3,4,5,6,7,8 \tag{4.72}$$

和

$$\begin{aligned} N_i&=\frac{1}{4}(1-\xi^2)(1+\eta_i\eta)(1+\zeta_i\zeta),\quad i=10,12,14,16 \\ N_i&=\frac{1}{4}(1-\eta^2)(1+\xi_i\xi)(1+\zeta_i\zeta),\quad i=9,11,13,15 \\ N_i&=\frac{1}{4}(1-\zeta^2)(1+\xi_i\xi)(1+\eta_i\eta),\quad i=17,18,19,20 \end{aligned} \tag{4.73}$$

式（4.72）中下标i表示六面体8个顶点；式（4.73）中下标i对应六面体的棱边中点，因此$i=1,2,\cdots,20$，ξ、η、ζ为局部坐标，取值范围为$[-1,1]$。

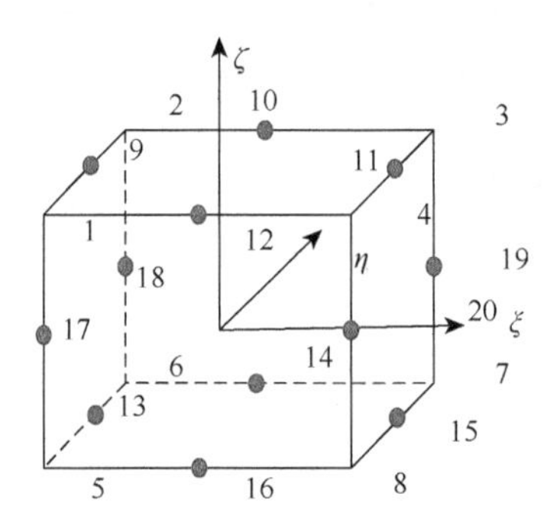

图4.33　20节点六面体等参单元

单元的刚度矩阵和质量矩阵分别表示为

$$\boldsymbol{K}^e=\int_{V^e}(\boldsymbol{B}^e)^{\mathrm{T}}\boldsymbol{D}\boldsymbol{B}^e\mathrm{d}V^e=\int_{-1}^{1}\int_{-1}^{1}\int_{-1}^{1}(\boldsymbol{B}^e)^{\mathrm{T}}\boldsymbol{D}\boldsymbol{B}^e\,|\boldsymbol{J}|\,\mathrm{d}\xi\mathrm{d}\eta\mathrm{d}\zeta \tag{4.74}$$

和

$$\boldsymbol{M}^e=\int_{V^e}\rho\boldsymbol{N}^{\mathrm{T}}\boldsymbol{N}\mathrm{d}V^e=\int_{-1}^{1}\int_{-1}^{1}\int_{-1}^{1}\rho\boldsymbol{N}^{\mathrm{T}}\boldsymbol{N}\,|\boldsymbol{J}|\,\mathrm{d}\xi\mathrm{d}\eta\mathrm{d}\zeta \tag{4.75}$$

$\boldsymbol{K}^e$和$\boldsymbol{M}^e$的数值结果可以通过三维高斯积分求得。其中，ρ为材料密度，$\boldsymbol{D}$为弹性张量，对于各向同性材料，其表达式如下：

$$
\boldsymbol{D}=\begin{bmatrix}\lambda+2\mu & \lambda & \lambda & 0 & 0 & 0\\ \lambda & \lambda+2\mu & \lambda & 0 & 0 & 0\\ \lambda & \lambda & \lambda+2\mu & 0 & 0 & 0\\ 0 & 0 & 0 & \mu & 0 & 0\\ 0 & 0 & 0 & 0 & \mu & 0\\ 0 & 0 & 0 & 0 & 0 & \mu\end{bmatrix} \tag{4.76}
$$

式中，λ、μ 为拉梅常数。

$\boldsymbol{B}^e$ 是几何矩阵，$\boldsymbol{J}$ 是雅可比矩阵，具体形式如下：

$$
\boldsymbol{B}^e=[\boldsymbol{B}_1^e,\boldsymbol{B}_2^e,\cdots,\boldsymbol{B}_i^e,\cdots,\boldsymbol{B}_{20}^e] \tag{4.77}
$$

其中，

$$
\boldsymbol{B}_i^e=\begin{bmatrix}\dfrac{\partial N_i}{\partial x} & 0 & 0 & \dfrac{\partial N_i}{\partial y} & 0 & \dfrac{\partial N_i}{\partial z}\\ 0 & \dfrac{\partial N_i}{\partial y} & 0 & \dfrac{\partial N_i}{\partial x} & \dfrac{\partial N_i}{\partial z} & 0\\ 0 & 0 & \dfrac{\partial N_i}{\partial z} & 0 & \dfrac{\partial N_i}{\partial y} & \dfrac{\partial N_i}{\partial x}\end{bmatrix}^{\mathrm{T}} \tag{4.78}
$$

和

$$
\boldsymbol{J}=\begin{bmatrix}\dfrac{\partial x}{\partial \xi} & \dfrac{\partial y}{\partial \xi} & \dfrac{\partial z}{\partial \xi}\\ \dfrac{\partial x}{\partial \eta} & \dfrac{\partial y}{\partial \eta} & \dfrac{\partial z}{\partial \eta}\\ \dfrac{\partial x}{\partial \zeta} & \dfrac{\partial y}{\partial \zeta} & \dfrac{\partial z}{\partial \zeta}\end{bmatrix}=\begin{bmatrix}\dfrac{\partial N_1}{\partial \xi} & \cdots & \dfrac{\partial N_{20}}{\partial \xi}\\ \dfrac{\partial N_1}{\partial \eta} & \cdots & \dfrac{\partial N_{20}}{\partial \eta}\\ \dfrac{\partial N_1}{\partial \zeta} & \cdots & \dfrac{\partial N_{20}}{\partial \zeta}\end{bmatrix}\begin{bmatrix}x_1 & y_1 & z_1\\ \vdots & \vdots & \vdots\\ x_{20} & y_{20} & z_{20}\end{bmatrix} \tag{4.79}
$$

在式（4.79）中，$(x_1,y_1,z_1),(x_2,y_2,z_2),\cdots,(x_{20},y_{20},z_{20})$ 表示单元中 20 个节点在直角坐标系（全局坐标系）中的位置。由导数性质可得到如下关系：

$$
\begin{bmatrix}\dfrac{\partial N_i}{\partial x}\\ \dfrac{\partial N_i}{\partial y}\\ \dfrac{\partial N_i}{\partial z}\end{bmatrix}=\boldsymbol{J}^{-1}\begin{bmatrix}\dfrac{\partial N_i}{\partial \xi}\\ \dfrac{\partial N_i}{\partial \eta}\\ \dfrac{\partial N_i}{\partial \zeta}\end{bmatrix} \tag{4.80}
$$

式（4.70）～式（4.80）都是针对每个等参单元的公式，在有限元计算中还需将单元矩阵组装成整体矩阵。（矩阵组装是有限元中的基本内容，这里不做过多叙述）

有限元仿真中除了上述刚度矩阵和质量矩阵的计算，还需要计算外载荷，即等效体力与等效面力，等效节点面力的推导如下：

$$\boldsymbol{P}^e = \int_{-1}^{1}\int_{-1}^{1} \boldsymbol{N}^{\mathrm{T}} \boldsymbol{p}(x(\xi,\eta),y(\xi,\eta))W|_{\zeta=\pm1}\,\mathrm{d}\xi\mathrm{d}\eta \tag{4.81}$$

在如图 4.32 所示的管道上，分别存在截面 S_1 和 S_2， $\boldsymbol{p}(x(\xi,\eta),y(\xi,\eta))$ 是这两个截面上的面力，可以通过半解析有限元法求解得到。由应力应变关系和管道截面的法向量 $\boldsymbol{n}$ ，即可求出面力 $\boldsymbol{p}(x(\xi,\eta),y(\xi,\eta))$：

$$\boldsymbol{p}(x(\xi,\eta),y(\xi,\eta)) = \boldsymbol{D}[\boldsymbol{\varepsilon}(x(\xi,\eta),y(\xi,\eta))]\boldsymbol{n} \tag{4.82}$$

这里需要注意，半解析有限元法建立在柱坐标系中，而有限元法建立在直角坐标系中，因此要采用坐标变换。W 是截面上单元面积，表达式如下：

当 $\xi=\pm1$ 时，有

$$W=\sqrt{\left(\frac{\partial y}{\partial\eta}\frac{\partial z}{\partial\zeta}-\frac{\partial y}{\partial\zeta}\frac{\partial z}{\partial\eta}\right)^2+\left(\frac{\partial z}{\partial\eta}\frac{\partial x}{\partial\zeta}-\frac{\partial z}{\partial\zeta}\frac{\partial x}{\partial\eta}\right)^2+\left(\frac{\partial x}{\partial\eta}\frac{\partial y}{\partial\zeta}-\frac{\partial x}{\partial\zeta}\frac{\partial y}{\partial\eta}\right)^2} \tag{4.83}$$

当 $\eta=\pm1$ 时，有

$$W=\sqrt{\left(\frac{\partial y}{\partial\zeta}\frac{\partial z}{\partial\xi}-\frac{\partial y}{\partial\xi}\frac{\partial z}{\partial\zeta}\right)^2+\left(\frac{\partial z}{\partial\zeta}\frac{\partial x}{\partial\xi}-\frac{\partial z}{\partial\xi}\frac{\partial x}{\partial\zeta}\right)^2+\left(\frac{\partial x}{\partial\xi}\frac{\partial y}{\partial\zeta}-\frac{\partial x}{\partial\zeta}\frac{\partial y}{\partial\xi}\right)^2} \tag{4.84}$$

当 $\zeta=\pm1$ 时，有

$$W=\sqrt{\left(\frac{\partial y}{\partial\xi}\frac{\partial z}{\partial\eta}-\frac{\partial y}{\partial\eta}\frac{\partial z}{\partial\xi}\right)^2+\left(\frac{\partial z}{\partial\xi}\frac{\partial x}{\partial\eta}-\frac{\partial z}{\partial\eta}\frac{\partial x}{\partial\xi}\right)^2+\left(\frac{\partial x}{\partial\xi}\frac{\partial y}{\partial\eta}-\frac{\partial x}{\partial\eta}\frac{\partial y}{\partial\xi}\right)^2} \tag{4.85}$$

式（4.81）对应于 $\zeta=\pm1$ 的情况，针对式（4.81）的数值计算依然采用高斯积分。

如图 4.34 所示，含周向开口缺陷的管道，管道内、外半径分别为 r_{in} 和 r_{out} ，壁厚为 h，缺陷长度为 l_{ay}，深度为 d_{ay}， z_{S_1}、 z_{S_2} 是截面 S_1 和 S_2 的 z 轴坐标，z_{L} 和 z_{R} 是缺陷左、右边界的 z 轴坐标；入射波沿 z 轴负方向，产生的透射波沿 z 轴负方向，反射波沿 z 轴正方向。基于有限元法，建立运动方程：

$$\delta([\boldsymbol{q}]^{\mathrm{H}})\boldsymbol{S}\boldsymbol{q} = \delta([\boldsymbol{q}]^{\mathrm{H}})\boldsymbol{P} \tag{4.86}$$

其中，

$$\boldsymbol{S} = \boldsymbol{K} - \omega^2\boldsymbol{M} \tag{4.87}$$

$\boldsymbol{K}$ 和 $\boldsymbol{M}$ 分别为整体刚度矩阵和整体质量矩阵；ω 为圆频率；$\boldsymbol{q}$ 为由节点位移组成的列向量；$\boldsymbol{P}$ 为节点作用力组成的列向量；上标 H 表示求共轭转置，δ 表示一阶变分。

如图 4.34 所示的部分管道，采用 20 节点六面体单元进行离散，落在 S_1 和 S_2 两个截面上的节点位移和力分别记作 $\boldsymbol{q}_B$ 和 $\boldsymbol{P}_B$ 。除截面节点外，其他节点称为内部节点，记作 $\boldsymbol{q}_I$ 和 $\boldsymbol{P}_I$ 。于是，将式（4.87）中整体矩阵进行重新排列得到

$$\delta\left(\begin{bmatrix} \boldsymbol{q}_I \\ \boldsymbol{q}_B \end{bmatrix}^{\mathrm{H}}\right)\begin{bmatrix} \boldsymbol{S}_{II} & \boldsymbol{S}_{IB} \\ \boldsymbol{S}_{BI} & \boldsymbol{S}_{BB} \end{bmatrix}\begin{bmatrix} \boldsymbol{q}_I \\ \boldsymbol{q}_B \end{bmatrix} = \delta\left(\begin{bmatrix} \boldsymbol{q}_I \\ \boldsymbol{q}_B \end{bmatrix}^{\mathrm{H}}\right)\begin{bmatrix} \boldsymbol{P}_I \\ \boldsymbol{P}_B \end{bmatrix} \tag{4.88}$$

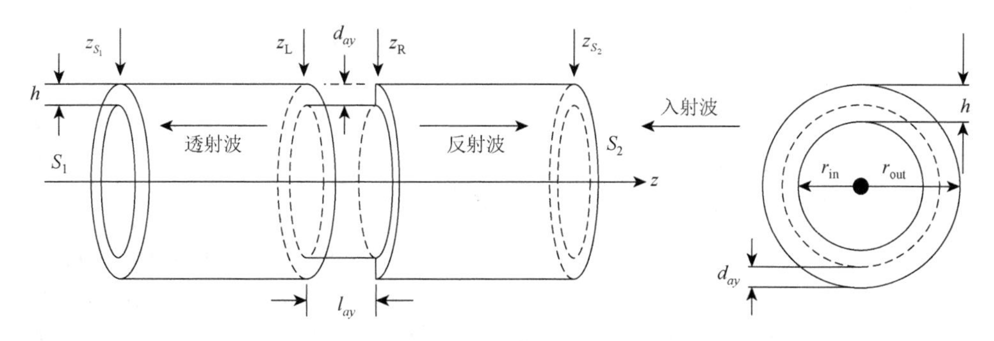

图 4.34 含轴对称缺陷的管道示意图

式（4.88）中内部节点力都为零，但位移未知；截面节点力和位移可以写成入射波 $(\boldsymbol{q}_B^{\mathrm{inc}}, \boldsymbol{P}_B^{\mathrm{inc}})$ 和散射波 $(\boldsymbol{q}_B^{\mathrm{sca}}, \boldsymbol{P}_B^{\mathrm{sca}})$ 的和，即

$$\boldsymbol{q}_B = \boldsymbol{q}_B^{\mathrm{inc}} + \boldsymbol{q}_B^{\mathrm{sca}} \tag{4.89}$$

和

$$\boldsymbol{P}_B = \boldsymbol{P}_B^{\mathrm{inc}} + \boldsymbol{P}_B^{\mathrm{sca}} \tag{4.90}$$

进一步细化，将 S_1 和 S_2 两个截面上的位移和力分别排列，记截面 S_1 上节点位移和力分别为 $\boldsymbol{q}_{S_1}$ 和 $\boldsymbol{P}_{S_1}$，此时散射波为透射波，记为 $\boldsymbol{q}_{S_1}^{\mathrm{tra}}$ 和 $\boldsymbol{P}_{S_1}^{\mathrm{tra}}$，入射波为 $\boldsymbol{q}_{S_1}^{\mathrm{inc}}$ 和 $\boldsymbol{P}_{S_1}^{\mathrm{inc}}$；截面 S_2 上节点位移和力分别为 $\boldsymbol{q}_{S_2}$ 和 $\boldsymbol{P}_{S_2}$，此时散射波为反射波记为 $\boldsymbol{q}_{S_2}^{\mathrm{ref}}$ 和 $\boldsymbol{P}_{S_2}^{\mathrm{ref}}$，入射波为 $\boldsymbol{q}_{S_2}^{\mathrm{inc}}$ 和 $\boldsymbol{P}_{S_2}^{\mathrm{inc}}$。于是，式（4.89）和式（4.90）可分成两部分，即

$$\boldsymbol{q}_{S_1} = \boldsymbol{q}_{S_1}^{\mathrm{inc}} + \boldsymbol{q}_{S_1}^{\mathrm{tra}} \tag{4.91}$$

$$\boldsymbol{q}_{S_2} = \boldsymbol{q}_{S_2}^{\mathrm{inc}} + \boldsymbol{q}_{S_2}^{\mathrm{ref}} \tag{4.92}$$

和

$$\boldsymbol{P}_{S_1} = \boldsymbol{P}_{S_1}^{\mathrm{inc}} + \boldsymbol{P}_{S_1}^{\mathrm{tra}} \tag{4.93}$$

$$\boldsymbol{P}_{S_2} = \boldsymbol{P}_{S_2}^{\mathrm{inc}} + \boldsymbol{P}_{S_2}^{\mathrm{ref}} \tag{4.94}$$

因为入射波是已知的，所以截面节点的入射位移和力都可以得到，详细推导过程已经在第 3 章中给出，于是直接采用结果：

$$\boldsymbol{U}^{\mathrm{inc}} = \sum_{n=-\infty}^{+\infty} \mathrm{e}^{\mathrm{i}n\theta} \overline{\boldsymbol{U}}_n^{\mathrm{inc}}(z) \tag{4.95}$$

式（4.95）表示所有模态的位移总和，其中包含传播模态（导波）和非传播模态，通常仪器的激发位置和截面的距离足够长，因此在截面上入射波只存在导波。按照之前的导波分类，轴向拉伸模态（$L(0,m)$）和周向扭转模态（$T(0,m)$）

是轴对称模态，轴向弯曲模态（$F(n,m)$）是非轴向对称模态（$n \neq 0$）。为了方便分析，在数值仿真和试验中只取一种模态作为入射模态（n,m都为特定值）。假设入射波为轴向拉伸模态（$L(0,m)$），则入射波的位移和力的表达式分别为

$$\boldsymbol{q}^{\text{inc}} = -\frac{\mathrm{i}}{2\pi r_0}\frac{k_{0m}[\phi_{0mu}^{\text{L}}]^{\text{H}}\boldsymbol{F}_1}{B_{0m}}\phi_{0mu}^{\text{R}}\mathrm{e}^{-\mathrm{i}k_{0m}(z-z_0)} = \boldsymbol{\Phi}_{0m}^{1}\mathrm{e}^{-\mathrm{i}k_{0m}(z-z_0)} \tag{4.96}$$

和

$$\boldsymbol{P}^{\text{inc}} = \boldsymbol{D}[(\boldsymbol{B}_1 - \mathrm{i}k_{0m}\boldsymbol{B}_3)\boldsymbol{\Phi}_{0m}^{1}]\mathrm{e}^{-\mathrm{i}k_{0m}(z-z_0)} = \boldsymbol{t}^{\text{inc}}\mathrm{e}^{-\mathrm{i}k_{0m}(z-z_0)} \tag{4.97}$$

其中，$\boldsymbol{F}_1$为入射波在半解析有限元中的等效节点力。

为了更好地分析截面散射位移和力，必须将管道的缺陷分为轴对称缺陷和非轴对称缺陷进行讨论。Cook[5]指出，当管道中缺陷是轴对称时，散射波的周向模态必须等于入射波的周向模态，也就是说当入射模态是轴向对称模态（非轴向对称模态）时，散射模态也必定是轴向对称模态（非轴向对称模态）。当管道中缺陷不是轴向对称时，散射波中包含无数的周向模态。这里只讨论轴对称缺陷，而对于非轴对称缺陷，将在以后章节中进行详细介绍。根据式（4.96）和式（4.97）的入射波位移和面力，又因为轴对称缺陷，则得到散射波位移和力与入射波具有相同的周向模态，具体表达式如下：

$$\boldsymbol{q}_{S_1}^{\text{tra}} = \sum_{m=1}^{M} -\frac{\mathrm{i}A_{0m}^{\text{tra}}}{2\pi r_0}\frac{k_{0m}[\phi_{0mu}^{\text{L}}]^{\text{H}}\boldsymbol{F}_0}{B_{0m}}\phi_{0mu}^{\text{R}}\mathrm{e}^{-\mathrm{i}k_{0m}z} = \sum_{m=1}^{M} A_{0m}^{\text{tra}}\boldsymbol{\Phi}_{0m}^{\text{tra}}\mathrm{e}^{-\mathrm{i}k_{0m}z} \tag{4.98}$$

$$\boldsymbol{P}_{S_1}^{\text{tra}} = \sum_{m=1}^{M}\boldsymbol{D}[A_{0m}^{\text{tra}}(\boldsymbol{B}_1 - \mathrm{i}k_{0m}\boldsymbol{B}_3)\boldsymbol{\Phi}_{0m}^{\text{tra}}\mathrm{e}^{-\mathrm{i}k_{0m}z}] = \sum_{m=1}^{M} A_{0m}^{\text{tra}}\boldsymbol{t}_{S_1}^{\text{tra}}\mathrm{e}^{-\mathrm{i}k_{0m}z} \tag{4.99}$$

和

$$\boldsymbol{q}_{S_2}^{\text{ref}} = \sum_{m=1}^{M} -\frac{\mathrm{i}A_{0m}^{\text{ref}}}{2\pi r_0}\frac{k_{0m}[\phi_{0mu}^{\text{L}}]^{\text{H}}\boldsymbol{F}_0}{B_{0m}}\phi_{0mu}^{\text{R}}\mathrm{e}^{\mathrm{i}k_{0m}z} = \sum_{m=1}^{M} A_{0m}^{\text{ref}}\boldsymbol{\Phi}_{0m}^{\text{ref}}\mathrm{e}^{\mathrm{i}k_{0m}z} \tag{4.100}$$

$$\boldsymbol{P}_{S_2}^{\text{ref}} = \sum_{m=1}^{M}\boldsymbol{D}[A_{0m}^{\text{ref}}(\boldsymbol{B}_1 + \mathrm{i}k_{0m}\boldsymbol{B}_3)\boldsymbol{\Phi}_{0m}^{\text{ref}}\mathrm{e}^{\mathrm{i}k_{0m}z}] = \sum_{m=1}^{M} A_{0m}^{\text{ref}}\boldsymbol{t}_{S_2}^{\text{ref}}\mathrm{e}^{\mathrm{i}k_{0m}z} \tag{4.101}$$

其中，M为半解析中管道径向离散的自由度数；A_{0m}^{tra}、A_{0m}^{ref}为待求系数；$\boldsymbol{F}_0$与式（2.108）一样，此时α_{F_r}、α_{F_θ}、α_{F_z}都等于1。

式（2.104）中的z_0表示激励源的作用位置，对比式（4.98）～式（4.101）并没有发现与z_0类似的散射源的位置坐标，这是因为此时散射源在z轴上不再是一个点，而是存在于一个区域$[z_{\text{L}}, z_{\text{R}}]$，所以没有具体写出来，而是将所含信息隐藏于待求系数A_{0m}^{tra}、A_{0m}^{ref}中。同时式（4.98）～式（4.101）中包含大量非传播模态，这些非传播模态具有指数衰减的性质，但是$\boldsymbol{\Phi}_{0m}^{\text{tra}}\mathrm{e}^{-\mathrm{i}k_{0m}z}$、$\boldsymbol{\Phi}_{0m}^{\text{ref}}\mathrm{e}^{\mathrm{i}k_{0m}z}$随着截面位置不同$z$轴坐标也会不同，并不能始终反映指数衰减，这样就会给数值计算带来极大误差。为了避免这一问题，需要将式（4.98）～式（4.101）进行如下调整：

$$\boldsymbol{q}_{S_1}^{\text{tra}}=\sum_{m=1}^{M}(A_{0m}^{\text{tra}}\mathrm{e}^{-\mathrm{i}k_{0m}z_{\mathrm{L}}})\boldsymbol{\Phi}_{0m}^{\text{tra}}\mathrm{e}^{-\mathrm{i}k_{0m}(z_{S_1}-z_{\mathrm{L}})}=\sum_{m=1}^{M}\tilde{A}_{0m}^{\text{tra}}\boldsymbol{\Phi}_{0m}^{\text{tra}}\mathrm{e}^{-\mathrm{i}k_{0m}(z_{S_1}-z_{\mathrm{L}})} \tag{4.102}$$

$$\boldsymbol{P}_{S_1}^{\text{tra}}=\sum_{m=1}^{M}\boldsymbol{D}[\tilde{A}_{0m}^{\text{tra}}(\boldsymbol{B}_1-\mathrm{i}k_{0m}\boldsymbol{B}_3)\boldsymbol{\Phi}_{0m}^{\text{tra}}\mathrm{e}^{-\mathrm{i}k_{0m}(z_{S_1}-z_{\mathrm{L}})}]=\sum_{m=1}^{M}\tilde{A}_{0m}^{\text{tra}}\boldsymbol{t}_{S_1}^{\text{tra}}\mathrm{e}^{-\mathrm{i}k_{0m}(z_{S_1}-z_{\mathrm{L}})} \tag{4.103}$$

和

$$\boldsymbol{q}_{S_2}^{\text{ref}}=\sum_{m=1}^{M}(A_{0m}^{\text{ref}}\mathrm{e}^{\mathrm{i}k_{0m}z_{\mathrm{R}}})\boldsymbol{\Phi}_{0m}^{\text{ref}}\mathrm{e}^{\mathrm{i}k_{0m}(z_{S_2}-z_{\mathrm{R}})}=\sum_{m=1}^{M}\tilde{A}_{0m}^{\text{ref}}\boldsymbol{\Phi}_{0m}^{\text{ref}}\mathrm{e}^{\mathrm{i}k_{0m}(z_{S_2}-z_{\mathrm{R}})} \tag{4.104}$$

$$\boldsymbol{P}_{S_2}^{\text{ref}}=\sum_{m=1}^{M}\boldsymbol{D}[\tilde{A}_{0m}^{\text{ref}}(\boldsymbol{B}_1+\mathrm{i}k_{0m}\boldsymbol{B}_3)\boldsymbol{\Phi}_{0m}^{\text{ref}}\mathrm{e}^{\mathrm{i}k_{0m}(z_{S_2}-z_{\mathrm{R}})}]=\sum_{m=1}^{M}\tilde{A}_{0m}^{\text{ref}}\boldsymbol{t}_{S_2}^{\text{ref}}\mathrm{e}^{\mathrm{i}k_{0m}(z_{S_2}-z_{\mathrm{R}})} \tag{4.105}$$

当 k_{0m} 存在虚部时（非传播模态），式（4.102）～式（4.105）中 $\mathrm{e}^{-\mathrm{i}k_{0m}(z_{S_1}-z_{\mathrm{L}})}$、$\mathrm{e}^{\mathrm{i}k_{0m}(z_{S_2}-z_{\mathrm{R}})}$ 必是指数衰减，且最短衰减距离分别为 $|z_{S_1}-z_{\mathrm{L}}|$ 和 $|z_{S_2}-z_{\mathrm{R}}|$，同时 $\tilde{A}_{0m}^{\text{tra}}$、$\tilde{A}_{0m}^{\text{ref}}$ 成为新的待求系数。将式(4.96)、式(4.102)、式(4.104)代入式（4.91）和式（4.92），将式（4.97）、式（4.103）、式（4.105）代入式（4.93）和式（4.94），得

$$\boldsymbol{q}_{S_1}=\boldsymbol{\Phi}_{0m}^{1}\mathrm{e}^{-\mathrm{i}k_{0m}(z_{S_1}-z_0)}+\sum_{m=1}^{M}\tilde{A}_{0m}^{\text{tra}}\boldsymbol{\Phi}_{0m}^{\text{tra}}\mathrm{e}^{-\mathrm{i}k_{0m}(z_{S_1}-z_{\mathrm{L}})}=\tilde{\boldsymbol{\Phi}}_{0m}^{1}+\sum_{m=1}^{M}\tilde{A}_{0m}^{\text{tra}}\tilde{\boldsymbol{\Phi}}_{0m}^{\text{tra}} \tag{4.106}$$

$$\boldsymbol{q}_{S_2}=\boldsymbol{\Phi}_{0m}^{1}\mathrm{e}^{-\mathrm{i}k_{0m}(z_{S_2}-z_0)}+\sum_{m=1}^{M}\tilde{A}_{0m}^{\text{ref}}\boldsymbol{\Phi}_{0m}^{\text{ref}}\mathrm{e}^{\mathrm{i}k_{0m}(z_{S_2}-z_{\mathrm{R}})}=\tilde{\boldsymbol{\Phi}}_{0m}^{2}+\sum_{m=1}^{M}\tilde{A}_{0m}^{\text{ref}}\tilde{\boldsymbol{\Phi}}_{0m}^{\text{ref}} \tag{4.107}$$

和

$$\boldsymbol{P}_{S_1}=\boldsymbol{t}^{\text{inc}}\mathrm{e}^{-\mathrm{i}k_{0m}(z_{S_1}-z_0)}+\sum_{m=1}^{M}\tilde{A}_{0m}^{\text{tra}}\boldsymbol{t}_{S_1}^{\text{tra}}\mathrm{e}^{-\mathrm{i}k_{0m}(z_{S_1}-z_{\mathrm{L}})}=\boldsymbol{t}_1^{\text{inc}}+\sum_{m=1}^{M}\tilde{A}_{0m}^{\text{tra}}\tilde{\boldsymbol{t}}_{S_1}^{\text{tra}} \tag{4.108}$$

$$\boldsymbol{P}_{S_2}=\boldsymbol{t}^{\text{inc}}\mathrm{e}^{-\mathrm{i}k_{0m}(z_{S_2}-z_0)}+\sum_{m=1}^{M}\tilde{A}_{0m}^{\text{ref}}\boldsymbol{t}_{S_2}^{\text{ref}}\mathrm{e}^{\mathrm{i}k_{0m}(z_{S_2}-z_{\mathrm{R}})}=\boldsymbol{t}_2^{\text{inc}}+\sum_{m=1}^{M}\tilde{A}_{0m}^{\text{ref}}\tilde{\boldsymbol{t}}_{S_2}^{\text{ref}} \tag{4.109}$$

再将式（4.106）～式（4.109）代入式（4.88），得

$$\begin{aligned}&\delta\left(\begin{bmatrix}\boldsymbol{q}_I\\\tilde{\boldsymbol{A}}\end{bmatrix}^{\mathrm{H}}\right)\begin{bmatrix}\boldsymbol{I}&0\\0&[\tilde{\boldsymbol{\Phi}}]^{\mathrm{H}}\end{bmatrix}\begin{bmatrix}\boldsymbol{S}_{II}&\boldsymbol{S}_{IB}\\\boldsymbol{S}_{BI}&\boldsymbol{S}_{BB}\end{bmatrix}\left\{\begin{bmatrix}\boldsymbol{I}&0\\0&\tilde{\boldsymbol{\Phi}}\end{bmatrix}\begin{bmatrix}\boldsymbol{q}_I\\\tilde{\boldsymbol{A}}\end{bmatrix}+\begin{bmatrix}0\\\tilde{\boldsymbol{\Phi}}^1\end{bmatrix}\right\}\\&=\delta\left(\begin{bmatrix}\boldsymbol{q}_I\\\tilde{\boldsymbol{A}}\end{bmatrix}^{\mathrm{H}}\right)\begin{bmatrix}\boldsymbol{I}&0\\0&[\tilde{\boldsymbol{\Phi}}]^{\mathrm{H}}\end{bmatrix}\left\{\begin{bmatrix}0\\\tilde{\boldsymbol{t}}^1\end{bmatrix}+\begin{bmatrix}0&0\\0&\tilde{\boldsymbol{t}}\end{bmatrix}\begin{bmatrix}\boldsymbol{q}_I\\\tilde{\boldsymbol{A}}\end{bmatrix}\right\}\end{aligned} \tag{4.110}$$

其中，$\tilde{\boldsymbol{A}}=\begin{bmatrix}\tilde{\boldsymbol{A}}_{0m}^{\text{tra}}\\\tilde{\boldsymbol{A}}_{0m}^{\text{ref}}\end{bmatrix}$；$\tilde{\boldsymbol{\Phi}}=[\tilde{\boldsymbol{\Phi}}_{01}^{\text{tra}},\cdots,\tilde{\boldsymbol{\Phi}}_{0m}^{\text{tra}},\tilde{\boldsymbol{\Phi}}_{01}^{\text{ref}},\cdots,\tilde{\boldsymbol{\Phi}}_{0m}^{\text{ref}}]$；$\tilde{\boldsymbol{\Phi}}^1=\begin{bmatrix}\tilde{\boldsymbol{\Phi}}_{0m}^{1}\\\tilde{\boldsymbol{\Phi}}_{0m}^{2}\end{bmatrix}$；$\tilde{\boldsymbol{t}}^1=\begin{bmatrix}\boldsymbol{t}_1^{\text{inc}}\\\boldsymbol{t}_2^{\text{inc}}\end{bmatrix}$；$\tilde{\boldsymbol{t}}=[\tilde{\boldsymbol{t}}_{01}^{\text{tra}},\cdots,\tilde{\boldsymbol{t}}_{0m}^{\text{tra}},\tilde{\boldsymbol{t}}_{01}^{\text{ref}},\cdots,\tilde{\boldsymbol{t}}_{0m}^{\text{ref}}]$；$\boldsymbol{I}$ 为单位矩阵。

然后将式（4.110）进行整理，得到最终的散射波场矩阵方程为

$$G\begin{bmatrix} q_I \\ \tilde{A} \end{bmatrix} = T \tag{4.111}$$

其中，$G=\begin{bmatrix} I & 0 \\ 0 & [\tilde{\Phi}]^{\mathrm{H}} \end{bmatrix}\begin{bmatrix} S_{II} & S_{IB} \\ S_{BI} & S_{BB} \end{bmatrix}\begin{bmatrix} I & 0 \\ 0 & \tilde{\Phi} \end{bmatrix}-\begin{bmatrix} I & 0 \\ 0 & [\tilde{\Phi}]^{\mathrm{H}} \end{bmatrix}\begin{bmatrix} 0 & 0 \\ 0 & \tilde{t} \end{bmatrix}$；$T=\begin{bmatrix} I & 0 \\ 0 & [\tilde{\Phi}]^{\mathrm{H}} \end{bmatrix}\times$ $\left\{\begin{bmatrix} 0 \\ \tilde{t}^1 \end{bmatrix}-\begin{bmatrix} S_{II} & S_{IB} \\ S_{BI} & S_{BB} \end{bmatrix}\begin{bmatrix} 0 \\ \tilde{\Phi}^1 \end{bmatrix}\right\}$；列向量$\begin{bmatrix} q_I \\ \tilde{A} \end{bmatrix}$就是待求的内部节点位移和对应模态的系数。至此，就完成整个混合有限元的推导。

通过上述方法求解出的散射波场，可以得到截面上任意质点的位移和力的表达式如下：

$$u_{0m}^{\mathrm{tra}} = \tilde{A}_{0m}^{\mathrm{tra}} N \tilde{\Phi}_{0m}^{\mathrm{tra}}, \quad f_{0m}^{\mathrm{tra}} = \tilde{A}_{0m}^{\mathrm{tra}} N \tilde{t}_{S_1}^{\mathrm{tra}} \tag{4.112}$$

和

$$u_{0m}^{\mathrm{ref}} = \tilde{A}_{0m}^{\mathrm{ref}} N \tilde{\Phi}_{0m}^{\mathrm{ref}}, \quad f_{0m}^{\mathrm{ref}} = \tilde{A}_{0m}^{\mathrm{ref}} N \tilde{t}_{S_2}^{\mathrm{ref}} \tag{4.113}$$

m 阶模态中，只有有限个传播模态（导波），将导波的反射系数和透射系数定义为

$$C_{0m}^{\mathrm{tra}} = \frac{u_{0m}^{\mathrm{tra}}}{u_{0m}^{\mathrm{inc}}} \tag{4.114}$$

和

$$C_{0m}^{\mathrm{ref}} = \frac{u_{0m}^{\mathrm{ref}}}{u_{0m}^{\mathrm{inc}}} \mathrm{e}^{-2\mathrm{i}k_{01}z} \tag{4.115}$$

其中，u_{0m}^{inc} 表示第 m 阶入射模态的位移。

导波的反射系数 C_{0m}^{tra} 和透射系数 C_{0m}^{ref} 与缺陷形状有着密切的联系，通过对反射系数或透射系数的深入研究可以从一定程度上推测规则缺陷的大致尺寸。

上面详细阐述了混合有限元法的推导过程，但仍然存在一个问题：散射波模态个数 M 如何取值。从理论上说，散射波场是由有限个传播模态和无数个非传播模态组成的，但是在实际计算中必须取一定数目的非传播波，这就使得 M（所有模态包括传播和非传播）取值不能随意，必须能够充分反映真实的散射波场。首先，M 最大取值是在缺陷边界与截面的距离 $|z_{S_1}-z_{\mathrm{L}}|$ 和 $|z_{S_2}-z_{\mathrm{R}}|$ 一定的情况下，由半解析法中径向划分的单元个数所决定，虽然径向离散的个数越多散射波场描述越精确，但是模态个数越多运算速度越慢。其次，缺陷边界与截面的距离 $|z_{S_1}-z_{\mathrm{L}}|$ 和 $|z_{S_2}-z_{\mathrm{R}}|$ 直接决定了 M 最小取值，因为非传播波呈指数衰减，即非传播波还未达到截面处已经完全衰减为零或对截面的波场影响极小，所以这些模态不必在计算中出现，而那些衰减缓慢的模态必须考虑，这种做法也称为模态截断。综上所述，为了准确且高效地求解散射波场，就必须先确定 M 最大取值，然后在最大值中找出最小值（模态的截断点）。

首先，通过分析半解析法中径向单元的收敛性来确定 M 最大取值。由于对两个截面 S_1 和 S_2 采用的分析方法一样，所以只详述对右截面的分析。先固定缺陷右边界 z_R 到右截面 S_2 的距离 $|z_{S_2}-z_R|$，其值分别等于 $0.19h$、$0.38h$、$0.57h$、$0.80h$（h 为管道的壁厚）。然后，在缺陷右边界处 z_R 作用一个单位幅值的环形载荷（以模仿散射源）$\bar{\boldsymbol{F}}_0^{\mathrm{T}}=[0,\cdots,1,\cdots,0;0,\cdots,1,\cdots,0;0,\cdots,1,\cdots,0]$，根据式（2.108）依照不同的径向单元离散个数，可以计算出截面 S_2 上任意点处的位移 ${}_{\mathrm{NU}}^{\gamma}\bar{U}_0$（位移方向任取），再根据应力-应变关系求出相应的节点力 ${}_{\mathrm{NU}}^{\gamma}f_0$（其中左下标“NU”表示半解析法中径向单元个数，右下标“0”表示轴对称模态，左上标“γ”表示节点）。为研究半解析法中径向单元个数对计算收敛性的影响，增加半解析法中径向单元的个数计算出相应的位移和力，并定义一种平均误差 ϑ，当横坐标等于 10 时（径向单元个数），其平均误差就等于径向单元个数为 15 的所有节点位移与径向单元个数为 10 时所有节点位移差值总和比上节点个数。位移和力的平均误差公式都具有相同的形式，可写成

$$
{}_{\mathrm{NU}}\vartheta=\frac{\sum_{\gamma=1}^{N_{S_2}}\left|{}_{\mathrm{NU}}^{\gamma}Y-{}_{(\mathrm{NU}+5)}^{\gamma}Y\right|}{N_{S_2}},\quad Y=\bar{U}_0\text{ 或 }f_0 \tag{4.116}
$$

其中，N_{S_2} 表示截面 S_2 上节点的个数；NU 取值分别为 5、10、15、20、25。

通过计算得到相关数据（图 4.35 和图 4.36），其中横坐标表示径向（壁厚）划分单元个数，纵坐标表示平均误差。图中不同线形代表不同距离得到的计算结果（图 4.35 表示节点位移误差，图 4.36 表示节点力的误差）。通过观察可以发现，当 $|z_{S_2}-z_R|\geqslant 0.38h$ 时，径向划分单元个数等于 10，误差就已经很小，因此无须进一步增加单元的划分；当 $0.19h\leqslant|z_{S_2}-z_R|<0.38h$ 时，径向划分单元个数在 15～20 也可以保证计算精度，所以距离越长，需要半解析法中径向离散的单元个数越少。

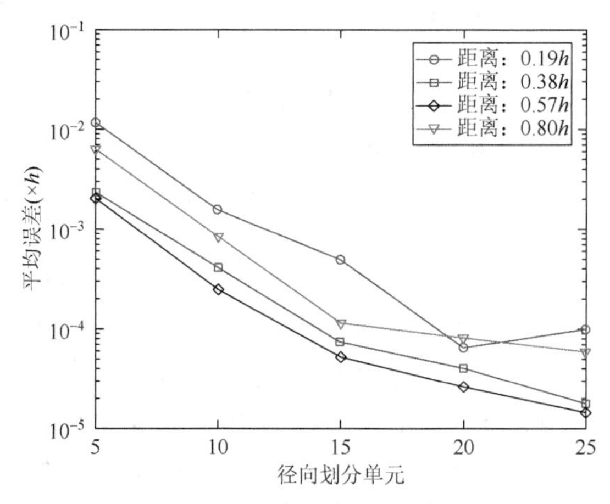

图 4.35　不同截断距离导致的节点位移误差

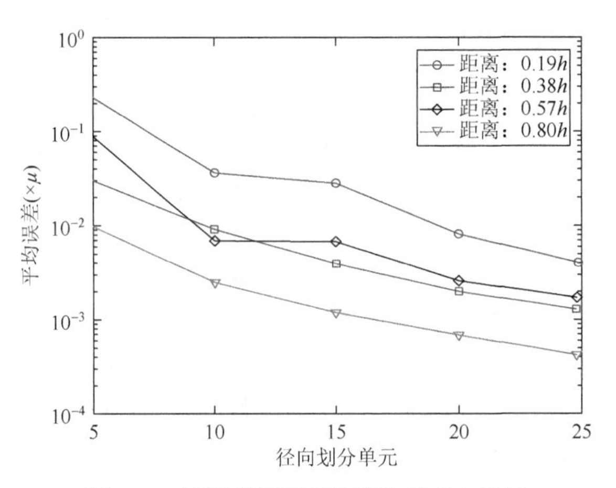

图 4.36 不同截断距离导致的节点力误差

上面介绍了如何确定 M 最大取值，这里将详述当 M 最大取值（半解析法中径向单元个数）确定时，如何再从 M 个模态中挑选可用模态（确定 M 最小取值）进行散射波场计算。参照计算 M 最大取值的算例，采用同样的环形载荷，此时缺陷右边界 z_{R} 到右截面 S_2 的距离 $|z_{S_2}-z_{\mathrm{R}}|$ 分别为 $0.19h$ 和 $0.38h$。确定 M 最小取值就是研究在截断距离一定的情况下，哪些波在到达截面处已经衰减为零，另一些波依然存在，而在弹性波分析中，影响导波衰减快慢的最主要因素就是波数的虚部大小。因此，根据不同的虚部大小，分析截面上位移和力，同样定义平均误差公式为

$$
{}_{\mathrm{IP}}\vartheta=\frac{\sum\limits_{\gamma=1}^{N_{S_2}}\left|{}_{\mathrm{IP}}^{\gamma}Y_0-{}_{(\mathrm{IP}+10)}^{\gamma}Y_0\right|}{N_{S_2}},\quad Y=\bar{U}_0\text{ 或 }f_0 \tag{4.117}
$$

其中，左下标“ IP ”表示波数的虚部绝对值 $\mathrm{Imag}(k_{0m})$，其取值为 10、20、30、40、50、60。

如图 4.37 和图 4.38 所示，横、纵坐标分别代表波数虚部的绝对值 $|\mathrm{Imag}(k_{0m})|$ 和平均误差。当 $|z_{S_2}-z_{\mathrm{R}}|=0.38h$（图 4.37）和 $|z_{S_2}-z_{\mathrm{R}}|=0.19h$（图 4.38）时，半解析法中径向划分单元个数取 10 和 15（由之前分析可知），其中圆圈线和方框线分别代表位移和力。对图 4.37 分析可知，当 $|z_{S_2}-z_{\mathrm{R}}|=0.38h$ 时波数虚部的绝对值大于 20（$|\mathrm{Imag}(k_{0m})|>20$）的模态都可以忽略，但不会影响计算结果。同时对图 4.38 分析可知，当 $|z_{S_2}-z_{\mathrm{R}}|=0.19h$ 时波数虚部的绝对值大于 40（$|\mathrm{Imag}(k_{0m})|>40$）的模态才可以忽略，也不会影响计算结果。因此，距离（$|z_{S_2}-z_{\mathrm{R}}|$）越小，径向需要划分的单元越多，且需要计算的模态数也越多，反之亦然。

总而言之，为了精确且又快速地求解散射波场，就必须验证数值计算的收敛性，即综合考虑径向划分单元个数和模态的截断。

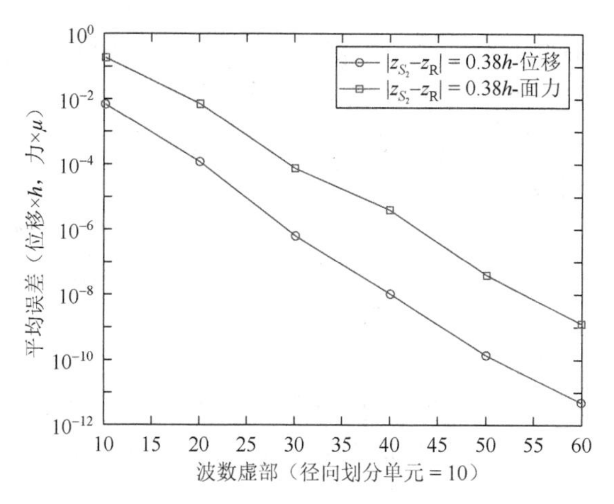

图 4.37　$|z_{S_2}-z_R|=0.38h$ 时波数虚部最大取值（截断）对截面位移和力的影响

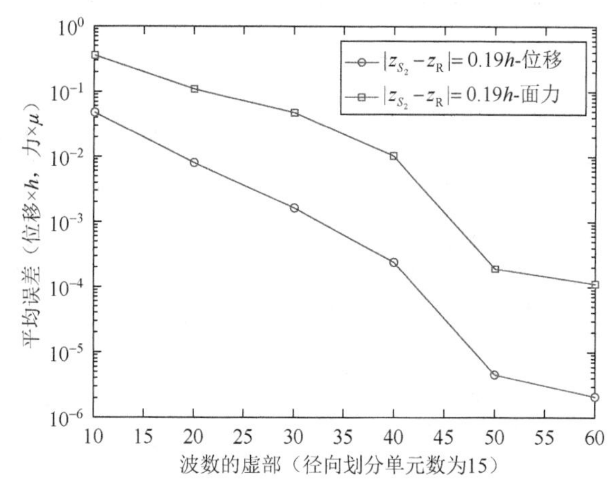

图 4.38　$|z_{S_2}-z_R|=0.19h$ 时波数虚部最大取值（截断）对截面位移和力的影响

首先，采用 HyperMesh 软件对管道进行单元划分，仍然采用 20 节点六面体单元，管道径向划分为 6 个单元，周向划分为 100 个单元，沿 z 轴方向划分为 7 个单元。为了保证计算的精确性，单元划分必须遵守两个原则：单元的长、宽、高之间的比例必须协调，应该控制在 1～2；最小导波波长上至少要采用 10 个单元。在半解析有限元中，当截面与缺陷边界距离 $0.189h \leqslant |z_{S_1}-z_L| < 0.38h$ 或 $0.189h \leqslant |z_{S_2}-z_R| < 0.38h$ 时，径向划分为 15 个单元，波数虚部的模值大于 50 的模态可以舍去；当 $0.38h \leqslant |z_{S_1}-z_L|$ 且 $0.38h \leqslant |z_{S_2}-z_R|$ 时，径向划分为 10 个单元，波数虚部的模值大于 25 的模态可以舍去。

然后，采用混合有限元法（半解析有限元法和有限元法）对不同尺寸的缺陷进行散射波场仿真。缺陷形状如图 4.34 所示，d_{ay} 为缺陷深度，l_{ay} 为缺陷长度，采用两种算例进行研究：第一种是固定缺陷长度，改变缺陷深度；第二种是固定缺陷深度，改变缺陷长度（这两种方案的缺陷尺寸如表 4.3 所示）。管道的密度为 $\rho = 7932\text{kg}/\text{m}^3$，内壁半径 $r_{\text{in}} = 0.0388\text{m}$，外壁半径 $r_{\text{out}} = 0.0444\text{m}$，壁厚为 $h = 0.0056\text{m}$，拉梅常数 $\lambda = 113.2\text{GPa}$, $\mu = 84.3\text{GPa}$，如表 4.4 所示，管道左截面 S_1 的 z 轴坐标 $z_{S_1} = -1.3253h$，右截面 S_2 的 z 轴坐标 $z_{S_2} = 0$，缺陷的左右边界坐标 z_{L} 和 z_{R} 如表 4.3 所示。入射波沿 z 轴负方向传播，当入射波为 $L(0,1)$ 或 $T(0,1)$ 模态时，分析的频率范围为 $[1.27\times10^2\text{Hz},1.6\times10^5\text{Hz}]$；当入射波为 $L(0,2)$ 模态时，分析的频率范围为 $[2.54\times10^4\text{Hz},1.6\times10^5\text{Hz}]$。分析频率范围的选取视导波模态的截止频率而定。当前结构中 $L(0,2)$ 模态的截止频率为 $2.54\times10^4\text{Hz}$，即只有当频率大于 $2.54\times10^4\text{Hz}$ 时，该尺寸的管道中才存在 $L(0,2)$ 模态的导波（图 4.39）。

表 4.3 缺陷尺寸

算例一	d_{ay}	$0.166h$	$0.333h$	$0.50h$	$0.666h$	$0.833h$
	l_{ay}	$0.568h$	$0.568h$	$0.568h$	$0.568h$	$0.568h$
	z_{L}	$-0.948h$	$-0.948h$	$-0.948h$	$-0.948h$	$-0.948h$
	z_{R}	$-0.379h$	$-0.379h$	$-0.379h$	$-0.379h$	$-0.379h$
算例二	d_{ay}	$0.50h$	$0.50h$	$0.50h$	$0.50h$	$0.50h$
	l_{ay}	$0.189h$	$0.379h$	$0.568h$	$0.757h$	$0.947h$
	z_{L}	$-0.757h$	$-0.947h$	$-0.947h$	$-0.947h$	$-1.136h$
	z_{R}	$-0.568h$	$-0.757h$	$-0.379h$	$-0.189h$	$-0.189h$

表 4.4 管道的材料参数

管道密度（ρ）	管道内壁半径（r_{in}）	管道外壁半径（r_{out}）	管道壁厚（h）	拉梅常数（λ,μ）
$7932\text{kg}/\text{m}^3$	0.0388m	0.0444m	0.0056m	113.2GPa，84.3GPa

为了检验混合有限元法是否能够精确分析散射波场，首先选取一种尺寸的缺陷：长度为 $0.568h$ 和深度为 $0.50h$，入射波模态为 $L(0,2)$ 进行计算，将其结果与文献中结果比较（图 4.40），黑圆点线是计算结果，实线和方框分别是实验结果和仿真结果，叉线是当前计算结果。通过对比，发现当前计算结果和计算结果吻合较好，因此可以证明本书提出的混合有限元法可以计算出精确的散射波场。实验结果和仿真结果之间的误差在文献[6]中已经给出解释，其主要是由结构尺寸测量误差引起的。

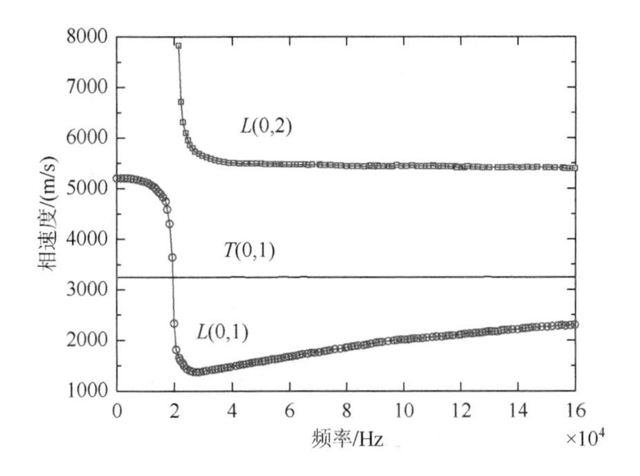

图 4.39　轴对称模态的频散曲线

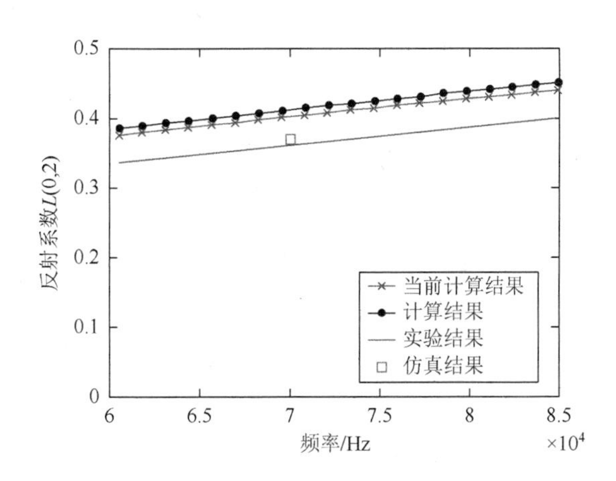

图 4.40　模态的反射系数对比图

计算算例一：固定缺陷深度（缺陷深度均是壁厚的一半），改变缺陷长度，计算出散射波场，并得到反射系数，结果如图 4.41～图 4.43 所示。图 4.41 表示由 $L(0,1)$ 模态的入射波得到 $L(0,1)$ 模态的反射系数，这时缺陷越长反射系数波动越大；图 4.42 表示由 $L(0,2)$ 模态的入射波得到 $L(0,2)$ 模态的反射系数，此时缺陷越长反射系数越大；图 4.43 表示采用 $T(0,1)$ 模态作为入射波，得到 $T(0,1)$ 模态的反射系数，此时缺陷越长反射系数随频率增大衰减越快。对比图 4.41～图 4.43 可以发现，在该频率范围内缺陷长度变化与 $L(0,2)$ 模态的反射系数（由 $L(0,2)$ 模态入射波产生）呈正比关系，而 $L(0,1)$ 和 $T(0,1)$ 模态的反射系数（由 $L(0,1)$和$T(0,1)$ 模态入射产生）随缺陷长度变化并不是那么规律，总而言之，$L(0,1)$ 模态的反射系数曲线与其他两种模态相比波动最为剧烈。

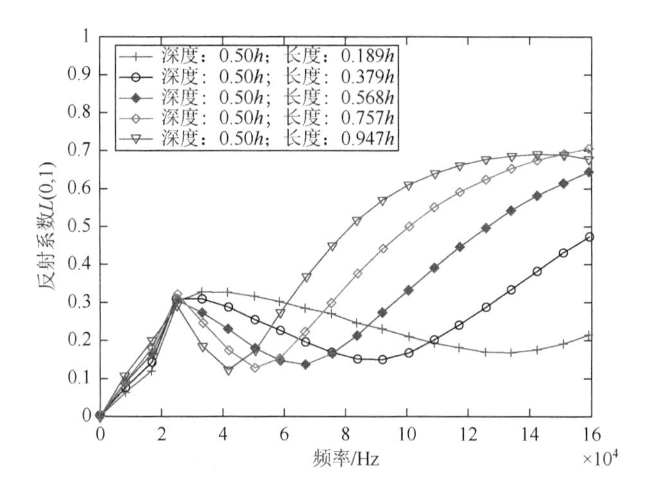

图 4.41　随轴对称缺陷长度变化的反射系数 1（模态）

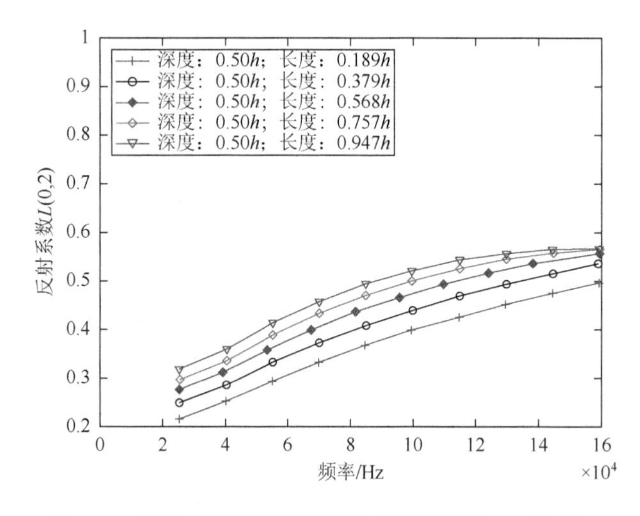

图 4.42　随轴对称缺陷长度变化的反射系数 2（模态）

计算算例二：固定缺陷长度（缺陷长度都是 $0.568h$），改变缺陷深度，计算出散射波场，并得到反射系数，结果如图 4.44～图 4.46。图 4.43 和图 4.45 与图 4.41 和图 4.42 表现出同样的性质，其中 $L(0,2)$ 模态的反射系数（由 $L(0,2)$ 模态入射波产生）随着深度的变化更有规律。而图 4.46 所示频率范围内 $T(0,1)$ 模态的反射系数并未衰减，随着缺陷越深反射系数增加越快并趋近于恒定值 1。对比图 4.41～图 4.46 可以进一步发现，在轴对称缺陷中，缺陷的长度和深度都会影响散射波场，但是缺陷的深度对散射波场影响更大。

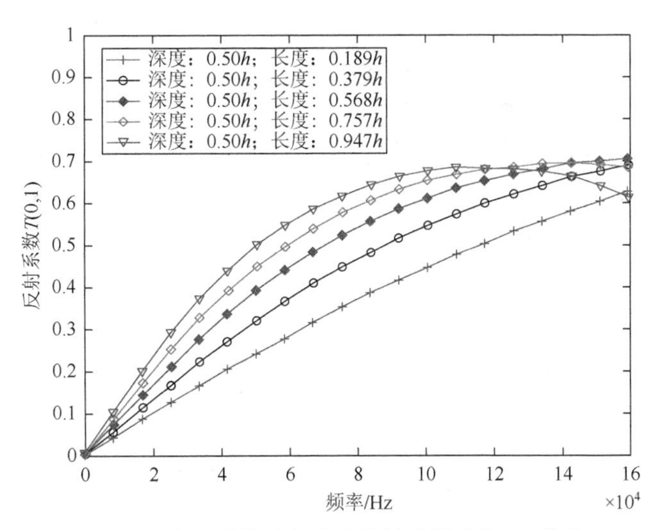

图 4.43　随轴对称缺陷长度变化的反射系数 3（模态）

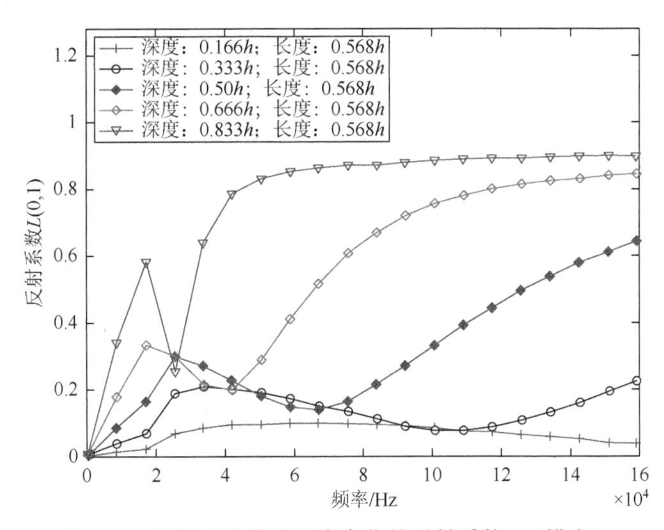

图 4.44　随轴对称缺陷深度变化的反射系数 1（模态）

通过计算发现 $L(0,m)$ 模态的入射波在遇到轴对称缺陷时，只会产生 $L(0,m)$ 模态的导波，而不会产生 $T(0,m)$ 模态的导波。同样，当入射波为 $T(0,m)$ 模态时，散射波场中只会存在 $T(0,m)$ 模态的导波，所以在轴对称结构中 $T(0,m)$ 和 $L(0,m)$ 模态的位移是解耦的。

本节将从能量守恒的角度进一步检验混合有限元法。能量守恒就是指反射能量与透射能量的和等于入射能量，由于在波场只有传播模态传输能量，所以在能量分析中只需要计算导波模态的能量即可。用 $L(0,m)$ 模态作为入射波（图 4.39），并采用式（4.112）和式（4.113），则在截面 S_1 处的入射功率可以表示为

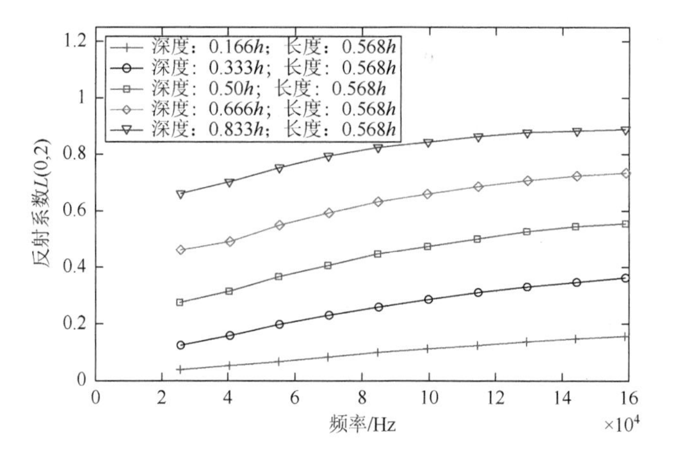

图 4.45　随轴对称缺陷深度变化的反射系数 2（模态）

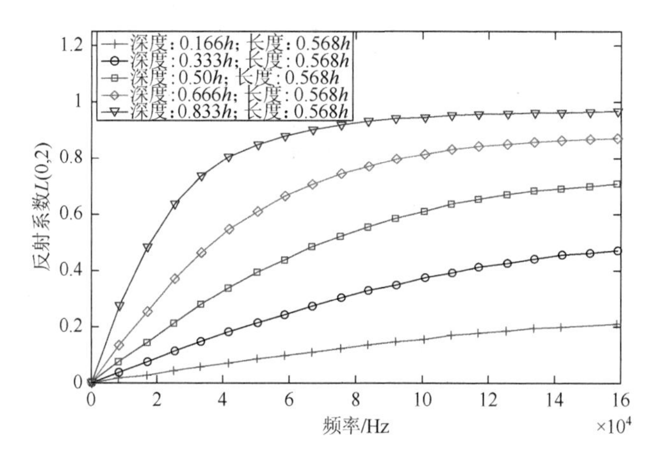

图 4.46　随轴对称缺陷深度变化的反射系数 3（模态）

$$E_{0m}^{\mathrm{inc}} = \iint_{S_1} \mathrm{conj}(f_{0m}^{\mathrm{inc}}) \dot{u}_{0m}^{\mathrm{inc}} \mathrm{d}S \tag{4.118}$$

其中，f_{0m}^{inc} 表示 $L(0,m)$ 入射模态在截面处的节点力。

同样，得到截面 S_1 和 S_2 的透射功率和反射功率分别为

$$E^{\mathrm{tra}} = \sum_{t=1}^{\mathrm{NP}} \iint_{S_1} \mathrm{conj}(f_{0t}^{\mathrm{tra}} + f_{0m}^{\mathrm{inc}} \delta_{mt})(\dot{u}_{0t}^{\mathrm{tra}} + \dot{u}_{0m}^{\mathrm{inc}} \delta_{mt}) \mathrm{d}S \tag{4.119}$$

和

$$E^{\mathrm{ref}} = \sum_{t=1}^{\mathrm{NP}} \iint_{S_2} \mathrm{conj}(f_{0t}^{\mathrm{ref}}) \dot{u}_{0t}^{\mathrm{ref}} \mathrm{d}S \tag{4.120}$$

其中，NP 为导波模态的个数，δ_{mt} 为克罗内克符号：

$$\delta_{mt}=\begin{cases}0, & m\neq t\\ 1, & m=t\end{cases}\tag{4.121}$$

如果散射波场计算正确，则入射波和散射导波必须满足

$$1=\tilde{E}^{\text{tra}}+\tilde{E}^{\text{ref}}\tag{4.122}$$

其中，$\tilde{E}^{\text{tra}}$ 和 $\tilde{E}^{\text{ref}}$ 分别为透射能量率和反射能量率，即

$$\tilde{E}^{\text{tra}}=\frac{E^{\text{tra}}}{E_{0m}^{\text{inc}}},\quad \tilde{E}^{\text{ref}}=\frac{E^{\text{ref}}}{E_{0m}^{\text{inc}}}\tag{4.123}$$

计算 $d_{ay}=0.50h$、$l_{ay}=0.568h$ 轴对称缺陷的管道能量，分别以 $L(0,1)$、$L(0,2)$ 和 $T(0,1)$ 模态的导波入射，计算出相应的反射能量率和透射能量率，如图 4.47 所示。图中虚线为透射能量率，实线是反射能量率，任意频率处反射能量率和透射能量率之和都非常接近于 1，其误差不超过 ± 0.005 。通过对能量（功率）守恒的计算进一步证明散射求解是正确的，且计算结果的精度较高，因此混合有限元法可以用来分析和研究反问题。

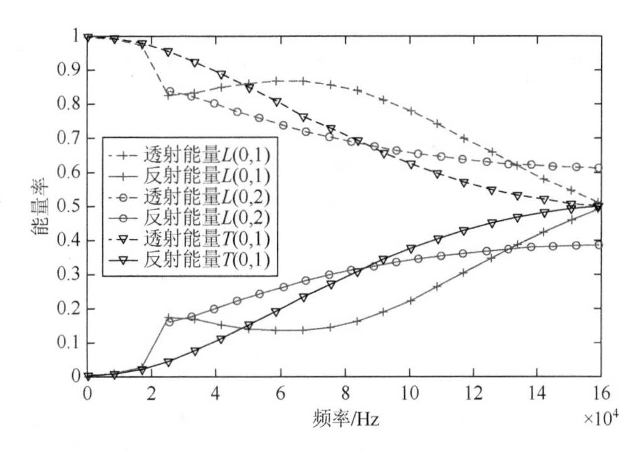

图 4.47　不同入射模态的能量守恒示意图（$d_{ay}=0.50h; l_{ay}=0.568h$）

4.5　基于模式激发法的散射波场分析

此外，本节介绍另一种计散射波场的方法，即模式激发法[7]。考虑的散射问题是一个无限二维板，有一个变薄的缺陷，如图 4.48（a）所示。

如图 4.48（a）所示，从缺陷区域的 RHS 发送单模，缺陷产生反射波和透射波。在板中传播 Lamb 波的引入符号 ${}_{i}L_{n}^{\mp}$。下标 $i=1$，2 分别表示传播方向：1 从缺陷区域的左侧和 2 从缺陷区域的右侧；n 表示模式顺序；上标 + 和–表示 S 环形波模分别向缺陷和向外传播。散射波的系数称为 ${}_{j}^{i}r_{m}^{n}$ ，其中，（i，n）表示入射波的方向和顺序，（j，m）是反射波。散射关系可表示为

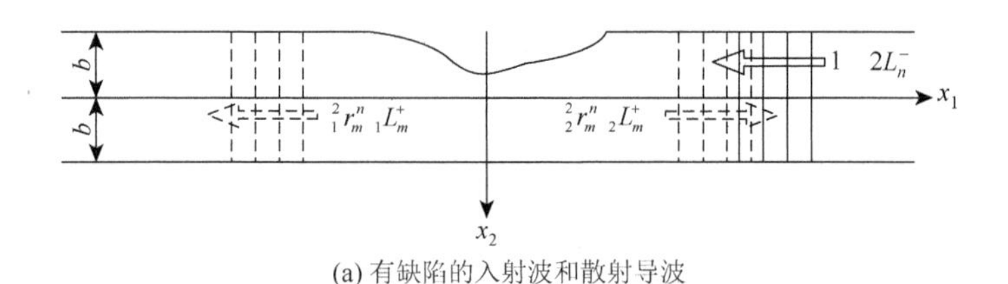

(a) 有缺陷的入射波和散射导波

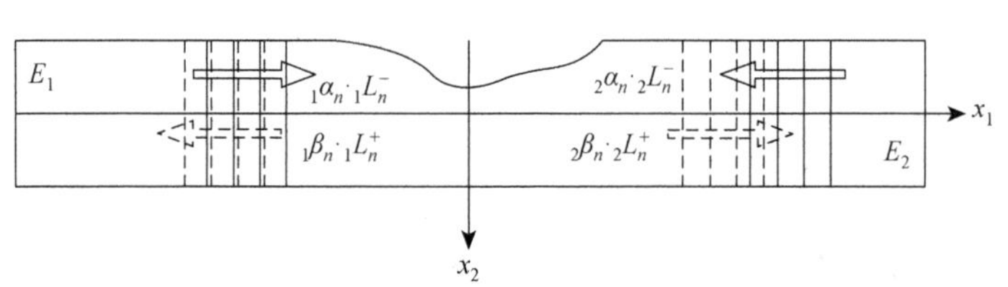

(b) 在E_1和E_2端施加位移的截断波导

图 4.48　模式激发法的数值模型

$$
{}_iL_n^- \to \sum_{j=1}^{2}\sum_{m=1}^{N_j} {}_j^i r_m^n\ {}_jL_m^+ \tag{4.124}
$$

如果观测点距离缺陷区域足够远，则仅传播模式存在于波场，因此 N_j 是传播模式的总数。

另外，假设一个无限长的波导被截断，一些振动施加在截断波导的边缘 E_1 和 E_2 上，如图 4.48（b）所示。首先，用有限元法求解截断介质中激发的波场。其次，将波场分解为一系列入射导波模式 ${}_iL_n^-$ 和振幅 ${}_i\alpha_n$，以及具有振幅 ${}_j\beta_m$ 的反射波 ${}_jL_m^+$，如

$$
\sum_{i=1}^{2}\sum_{n=1}^{N_i} {}_i\alpha_n\ {}_iL_n^- \to \sum_{j=1}^{2}\sum_{m=1}^{N_j} {}_j\beta_m\ {}_jL_m^+ \tag{4.125}
$$

注意到在式（4.125）中只考虑传播波，并且由于左右两侧具有相同的厚度，所以有 $N_1=N_2$。根据文献[8]，色散模式在一个波长远离缺陷变得不明显。因此，观测点应至少设置一个远离缺陷区域的波长，截断部分（E_1 和 E_2）至少应有两个远离缺陷的波长。

在式（4.125）的两边乘以 ${}_i\alpha_n$，并对所有板块中的模式进行求和，得到

$$
\sum_{i=1}^{2}\sum_{n=1}^{N_i} {}_i\alpha_n\ {}_iL_n^- \to \sum_{j=1}^{2}\sum_{m=1}^{N_j}\sum_{j=1}^{2}\sum_{n=1}^{N_i} {}_i\alpha_n\ {}_j^i r_m^n\ {}_jL_m^+ \tag{4.126}
$$

比较式（4.125）和式（4.126）可得出一组方程：

$$
\sum_{j=1}^{2}\sum_{n=1}^{N_i} {}_i\alpha_n\ {}_j^i r_m^n \to {}_j\beta_m,\quad m=1,2,\cdots,N_j, j=1,2 \tag{4.127}
$$

在式（4.127）中，方程的数目为 N_T，其中 $N_T=N_1+N_2$，而未知变量 ${}_j^i r_m^n$ 的数目为 N_T^2。因此，式（4.127）中方程的数目不够确定 ${}_j^i r_m^n$。然而，如果在虚拟边缘

E_1 和 E_2 上施加另一组激励，则可以得到一组新的 ${}_i\alpha_n$ 和 ${}_j\beta_m$。因此，方程的数目变成 N_T^2，从而求解散射系数 ${}_j^i r_m^n$。

4.6 本 章 小 结

本章主要介绍了三种求解散射波场的数值方法。第一种方法是基于互易定理推导的修正边界元法，采用该方法分别求解了无缺陷半平面中 Rayleigh 波的传播、Love 波的传播和层状结构中 Lamb 波的传播，这些结果和解析解几乎完全一致，从而说明了该方法可有效抑制虚假反射波带来的误差，大幅提高计算精度。另外，利用修正边界元法求解了不同形状缺陷后的散射场，并通过边界积分方程验证了散射场的正确性。因此，修正边界元法作为一种有效的数值计算方法，能够精确地求解二维半平面中弹性波的散射问题。第二种方法是混合有限元法，首先通过传统有限元建立了动力学方程，然后采用半解析有限元处理边界处的位移和力，并建立了混合有限元法，最终推导出修正的动力学方程用于求解散射波场。采用混合有限元法分析了轴对称缺陷的散射波场，其结果表明，缺陷的深度或长度的改变都会影响反射系数，但深度的变化对反射系数的影响较大。第三种方法是模式激发法，本章只简单介绍了该方法的推导。当然，还有很多其他方法求解散射波场，本章不一一列举。

参 考 文 献

[1] 姜弘道. 弹性力学问题的边界元法. 北京：中国水利水电出版社，2008.

[2] Arias I，Achenbach J D. Rayleigh wave correction for the BEM analysis of two-dimensional elastodynamic problems in a half-space. International Journal for Numerical Methods in Engineering，2004，60（13）：2131-2146.

[3] Kawase H. Time-domain response of a semi-circular canyon for incident SV，P，and Rayleigh waves calculated by the discrete wavenumber boundary element method. Bulletin of the Seismological Society of America，1988，78（4）：1415-1437.

[4] Durán M，Godoy E，Nédélec J C. Theoretical aspects and numerical computation of the time-harmonic Green's function for an isotropic elastic half-plane with an impedance boundary condition. International Journal for Numerical Methods in Engineering，2004，60（13）：2131-2146.

[5] Cook R. Concepts and Applications of Finite Element Analysis. 2nd ed. New York：John Wiley and Sons，1981.

[6] Stoyko D K，Popplewell N，Shah A H. Detecting and describing a notch in a pipe using singularities. International Journal of Solids and Structures，2014，51（15-16）：2729-2743.

[7] Gunawan A，Hirose S. Mode-exciting method for Lamb wave-scattering analysis. Journal of the Acoustical Society of America，2004，115（3）：996-1005.

[8] Cho Y，Rose J L . A boundary element solution for a mode conversion study on the edge reflection of Lamb waves. Journal of the Acoustical Society of America，1996，99（4）：2097-2109.

第 5 章　基于边界积分方程的缺陷反演

5.1　引　　言

本章提出一种基于边界积分方程的缺陷重构方法，通过该方法建立反射波位移与缺陷边界波场积分的数学关系。反射波位移可以通过波场的数值模拟方法（第 4 章）得到，而具体的缺陷边界积分式需根据具体结构中的格林函数推导。该方法可以应用于多种结构中的缺陷重构，本章主要将其应用于平板中 SH 波缺陷重构、平板中 Lamb 波缺陷重构以及管道中扭转波缺陷重构。首先，在二维平板模型的表面引入一个人工减薄缺陷，并通过预分析，计算每个 SH 波模式在不同频率下的反射系数。同时，推导 SH 波无牵引板波导中的格林函数，并在此基础上，在区域边界上以积分形式表示反射波场不均匀区域。进一步，采用 Born 近似和裂纹区域远场近似，将傅里叶逆变换转化为表达式，得到裂纹形状函数反射系数。除表面减薄外，板材结构还可能存在内部缺陷，包括不同复合层之间的分层、大型搭接处之间的脱黏、服役期间的损伤等[1, 2]。在本章中，同样作为一个初步研究，提出一种利用超声 SH 波来反演二维各向同性平板内腔位置和形状的方法。其次，利用入射 Lamb 波模态的反射系数重构二维平板模型局部减薄缺陷形状的方法，该方法与 SH 波反问题相似。在反问题公式的推导过程中，首先要得到平板波导格林函数的远场表达式，然后将其代入单一 Lamb 波模态下缺陷散射波的积分表达式。进一步，在积分公式中引入 Born 近似，可以得到用厚度作为纵坐标函数表示的减薄缺陷形状与频域反射系数之间的傅里叶变换关系。因此，通过对 Lamb 波的反射系数进行傅里叶逆变换，可以重构平板减薄缺陷的形状。最后，利用入射扭转导波的反射系数重构管道中轴对称缺陷，由于管道中的格林函数不存在解析的形式，所以采用半解析有限元法表示管道中的格林函数，并借助数据拟合推导第一阶扭转模态($T(0, 1)$)的表达式。

5.2　基于 SH 波的平板表面减薄缺陷反演

如图 5.1 所示，宽度 w 和深度 d 的减薄部分位于板的顶面。假设深度 d 远小于板厚 $2b$，即 $d \ll 2b$。最初的顶部表面和底部表面称为 S^- 和 S^+，分别将减薄部分的表面作为 S，将水平坐标 x_{1L} 和 x_{1R} 之间的原始表面作为 S'。以 S 和 S' 为界的体积为V。假设入射波是第 n 阶模式的 SH 波，从右侧向左传播，被减薄部分反射回来，在远场处可观察到与入射波具有相同模式的反射波。

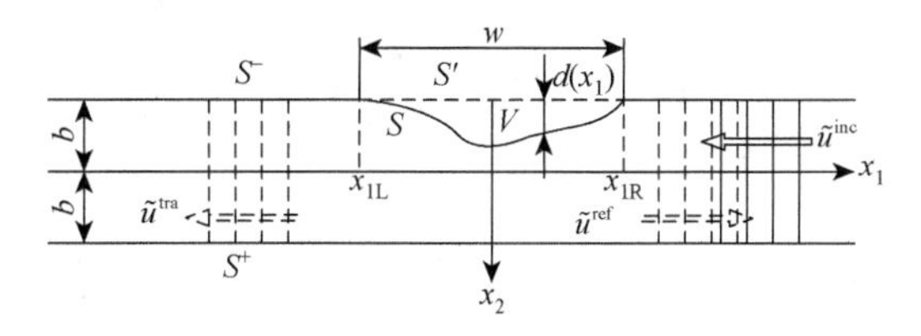

图 5.1　以减薄板引导的 SH 波散射

入射谐波波场和反射简谐波波场（u^{inc} 和 u^{ref}）可以表示为

$$u^{\text{inc}} = A_n^{\text{inc}} f_{cs}^n(\beta_n x_2)\text{e}^{+\text{i}\xi_n x_1},\quad u^{\text{ref}} = A_n^{\text{ref}} f_{cs}^n(\beta_n x_2)\text{e}^{-\text{i}\xi_n x_1} \tag{5.1}$$

其中，$f_{cs}^n(\beta_n x_2)$ 可以定义为

$$f_{cs}^n(\beta_n x_2) = \begin{cases}\cos x, & n = 0,2,4,\cdots(\text{对称模态}) \\ \sin x, & n = 1,3,5,\cdots(\text{反对称模态})\end{cases} \tag{5.2}$$

入射波场和反射波场 u 满足

$$\left(\frac{\partial^2}{\partial x_1^2} + \frac{\partial^2}{\partial x_2^2}\right)u + \frac{\omega^2}{c_T^2}\frac{\partial^2 u}{\partial t^2} = 0 \tag{5.3}$$

其中，c_T 为 SH 波速度。

正如 5.3 节所解释的，本章主要研究反问题，即以深度函数 $d(x_1)$表征减薄缺陷的几何特征。该函数由反射系数得到，其定义为$C^{\text{ref}} = A_n^{\text{ref}} / A_n^{\text{inc}}$。

5.2.1　格林函数

为了构造反射波的积分表达式，导出了格林函数$U(\boldsymbol{x}-\boldsymbol{X})$，它表示由于在源点施加的时间谐波点力$\boldsymbol{x}=(x_1,x_2)$在完整板中施加的场点$\boldsymbol{X}=(X_1,X_2)$处的反平面位移。

格林函数$U(\boldsymbol{x}-\boldsymbol{X})$满足运动方程：

$$\nabla^2 U(\boldsymbol{x}-\boldsymbol{X}) + k_T^2 U(\boldsymbol{x}-\boldsymbol{X}) = -\delta(\boldsymbol{x}-\boldsymbol{X}) / \mu \tag{5.4}$$

以及自由边界条件：

$$T(\boldsymbol{x}-\boldsymbol{X}) \equiv \mu\frac{\partial U(\boldsymbol{x}-\boldsymbol{X})}{\partial n(\boldsymbol{x})} = 0,\quad x_2 = \pm b \tag{5.5}$$

其中，$k_T = \omega / c_T$ 为剪切波数；$\partial/\partial n$ 表示正导数。

假设格林函数$U(\boldsymbol{x}-\boldsymbol{X})$包含两部分：①基本解$U^{\text{inc}}$，这是式（5.3）的一个特

殊解，表示由线载荷引起的无限域中的圆柱波；②特解 U^{ref} ，它表示当圆柱波满足无缺陷板的顶部和底部边界时的反射波。最终 $U(\boldsymbol{x}-\boldsymbol{X})$ 表示为

$$\begin{aligned}U(\boldsymbol{x}-\boldsymbol{X})&=U^{\text{inc}}(\boldsymbol{x}-\boldsymbol{X})+U^{\text{ref}}(\boldsymbol{x}-\boldsymbol{X})\\&=\frac{1}{4\pi\mu}\int_{-\infty}^{+\infty}\frac{\mathrm{e}^{-R_T|x_2-X_2|}}{R_T}\mathrm{e}^{-\mathrm{i}\xi_1(x_1-X_1)}\mathrm{d}\xi_1+\frac{1}{4\pi\mu}\int_{-\infty}^{+\infty}(A^+\mathrm{e}^{-R_Tx_2}+A^-\mathrm{e}^{+R_Tx_2})\mathrm{e}^{-\mathrm{i}\xi_1(x_1-X_1)}\mathrm{d}\xi_1\end{aligned}\tag{5.6}$$

其中， $R_T=\sqrt{\xi_1^2-k_T^2}(|\xi_1|\geqslant k_T)$ 或者 $-\mathrm{i}\sqrt{k_T^2-\xi_1^2}(|\xi_1|<k_T)$ ，而 A^+ 和 A^- 分别来自下表面和上表面的“反射波”的未定振幅。

将式（5.6）代入式（5.5）求解振幅 A^+ 和 A^- ，因此有

$$\begin{aligned}U(\boldsymbol{x}-\boldsymbol{X})=\frac{1}{4\pi\mu}\int_{-\infty}^{+\infty}\bigg[&\frac{\mathrm{e}^{-R_T|x_2-X_2|}}{R_T}+\frac{\mathrm{e}^{-2R_Tb}}{2R_T(1+\mathrm{e}^{-2R_Tb})}(\mathrm{e}^{-R_TX_2}-\mathrm{e}^{+R_TX_2})(\mathrm{e}^{-R_TX_2}-\mathrm{e}^{+R_TX_2})\\&+\frac{\mathrm{e}^{-2R_Tb}}{2R_T(1+\mathrm{e}^{-2R_Tb})}(\mathrm{e}^{-R_TX_2}+\mathrm{e}^{+R_TX_2})(\mathrm{e}^{-R_TX_2}+\mathrm{e}^{+R_TX_2})\bigg]\mathrm{e}^{-\mathrm{i}\xi_1(x_1-X_1)}\mathrm{d}\xi_1\end{aligned}\tag{5.7}$$

对于 $|x_1|\geqslant|X_1|$，入射波部分 U^{inc} 随着 $O(|x_1|^{-1/2})$ 的顺序衰减，其余的 U^{ref} 表示一系列无衰减的传播 SH 波之和，可将残差定理应用于式（5.7）中的第二次积分和第三次积分（见附录 A）。因此，格林函数的远场表达式为

$$\begin{aligned}U(\boldsymbol{x}-\boldsymbol{X})&\approx U^{\text{ref}}(\boldsymbol{x},\boldsymbol{X})\\&=-\frac{\mathrm{i}}{2b\mu\varsigma_0}\mathrm{e}^{-\mathrm{i}\varsigma_0|x_1-X_1|}-\sum_m\frac{\mathrm{i}}{2b\mu\varsigma_m}f_{cs}^m(\beta_mx_2)f_{cs}^m(\beta_mX_2)\mathrm{e}^{-\mathrm{i}\varsigma_m|x_1-X_1|}\end{aligned}\tag{5.8}$$

其中，函数 $f_{cs}^m(x)$ 是由式（5.2）定义的； $\beta_m=m\pi/(2b)$ 是 x_2 方向的波数，以及相应的 $\varsigma_m=\sqrt{k_T^2-\beta_m^2}$ 。

可以看出，式（5.8）是远场 SH 波模式与各模式波数 ς_m 的组合。

5.2.2 反问题

反问题公式是基于平板散射方程的积分表达式，散射方程推导如下。散射波场 u^{sca} 和入射波场 u^{inc} 均满足式（5.3）。格林函数 $U(\boldsymbol{x}-\boldsymbol{X})$满足式（5.4）。考虑到散射波场外缺陷区域 V，有

$$\int_V[u^{\text{sca}}(\boldsymbol{x})\nabla^2U(\boldsymbol{x}-\boldsymbol{X})-U(\boldsymbol{x}-\boldsymbol{X})\nabla^2u^{\text{sca}}(\boldsymbol{x})]\mathrm{d}s(x)=\begin{cases}-u^{\text{sca}}(x)/\mu, & x\notin V\\-u^{\text{sca}}(x)/(2\mu), & x\text{在}S\text{上}\\0, & x\in V\end{cases}\tag{5.9}$$

区域 V 内的入射波为

$$\int_V [u^{\mathrm{inc}}(\boldsymbol{x})\nabla^2 U(\boldsymbol{x}-\boldsymbol{X}) - U(\boldsymbol{x}-\boldsymbol{X})\nabla^2 u^{\mathrm{inc}}(\boldsymbol{x})]\mathrm{d}s(\boldsymbol{x}) = \begin{cases} 0, & x \notin V \\ -u^{\mathrm{inc}}(\boldsymbol{x})/(2\mu), & x\text{在}S\text{上} \\ u^{\mathrm{inc}}(\boldsymbol{x})/\mu, & x \in V \end{cases} \tag{5.10}$$

应用高斯定理，得到

$$\int_S \left[u^{\mathrm{sca}}(\boldsymbol{x}) \frac{\partial U(\boldsymbol{x}-\boldsymbol{X})}{\partial n(\boldsymbol{x})} - U(\boldsymbol{x}-\boldsymbol{X}) \frac{\partial u^{\mathrm{sca}}(\boldsymbol{x})}{\partial n(\boldsymbol{x})} \right] \mathrm{d}s(\boldsymbol{x}) = \begin{cases} u^{\mathrm{sca}}(\boldsymbol{x})/\mu, & x \notin V \\ u^{\mathrm{sca}}(\boldsymbol{x})/(2\mu), & x\text{在}S\text{上} \\ 0, & x \in V \end{cases} \tag{5.11}$$

$$\int_S \left[u^{\mathrm{inc}}(\boldsymbol{x}) \frac{\partial U(\boldsymbol{x}-\boldsymbol{X})}{\partial n(\boldsymbol{x})} - U(\boldsymbol{x}-\boldsymbol{X}) \frac{\partial u^{\mathrm{inc}}(\boldsymbol{x})}{\partial n(\boldsymbol{x})} \right] \mathrm{d}s(\boldsymbol{x}) = \begin{cases} 0, & x \notin V \\ -u^{\mathrm{sca}}(\boldsymbol{x})/(2\mu), & x\text{在}S\text{上} \\ -u^{\mathrm{sca}}(\boldsymbol{x})/\mu & x \in V \end{cases} \tag{5.12}$$

合并式（5.11）和式（5.12），得

$$\int_S \left[u^{\mathrm{tot}}(\boldsymbol{x}) \frac{\partial U(\boldsymbol{x}-\boldsymbol{X})}{\partial n(\boldsymbol{x})} - U(\boldsymbol{x}-\boldsymbol{X}) \frac{\partial u^{\mathrm{tot}}(\boldsymbol{x})}{\partial n(\boldsymbol{x})} \right] \mathrm{d}s(\boldsymbol{x}) = \begin{cases} u^{\mathrm{sca}}(\boldsymbol{x})/\mu, & x \notin V \\ (u^{\mathrm{sca}}(\boldsymbol{x}) - u^{\mathrm{inc}}(\boldsymbol{x}))/(2\mu), & x\text{在}S\text{上} \\ 0, & x \in V \end{cases} \tag{5.13}$$

其中，$u^{\mathrm{tot}}(\boldsymbol{x}) = u^{\mathrm{sca}}(\boldsymbol{x}) + u^{\mathrm{inc}}(\boldsymbol{x})$。

由于观测点 $\boldsymbol{X}$ 在远场，散射波可以写成以下形式：

$$u^{\mathrm{sca}}(\boldsymbol{X}) = \int_S \left[u^{\mathrm{tot}}(\boldsymbol{x}) T(\boldsymbol{x}-\boldsymbol{X}) - \mu \frac{\partial u^{\mathrm{tot}}(\boldsymbol{x})}{\partial n(\boldsymbol{x})} U(\boldsymbol{x}-\boldsymbol{X}) \right] \mathrm{d}s(\boldsymbol{x}) \tag{5.14}$$

考虑到边界 S 上的自由边界条件，即 $\mu \partial u^{\mathrm{tot}}(\boldsymbol{x}) / \partial n(\boldsymbol{x}) = 0$，得到

$$u^{\mathrm{sca}}(\boldsymbol{X}) = \int_S u^{\mathrm{tot}}(\boldsymbol{x}) T(\boldsymbol{x}-\boldsymbol{X}) \mathrm{d}s(\boldsymbol{x}) = \int_S u^{\mathrm{tot}}(\boldsymbol{x}) \mu \frac{\partial U(\boldsymbol{x}-\boldsymbol{X})}{\partial n(\boldsymbol{x})} \mathrm{d}s(\boldsymbol{x}) \tag{5.15}$$

由于 $d \ll b$，板变薄引起的散射属于弱散射。因此，使用 Born 近似[3, 4]，将式（5.15）中总位移 u^{tot} 与入射场 u^{inc} 近似。因此，有

$$u^{\mathrm{sca}}(\boldsymbol{X}) \approx \int_S u^{\mathrm{inc}}(\boldsymbol{x}) \mu \frac{\partial U(\boldsymbol{x}-\boldsymbol{X})}{\partial n(\boldsymbol{x})} \mathrm{d}s(\boldsymbol{x}) \tag{5.16}$$

根据高斯定理和式（5.4）、式（5.16）中的表面积分在以 S 为界的体积 V 上转换，得

$$u^{\mathrm{sca}}(\boldsymbol{X}) \approx \int_V \left[-k_T^2 u^{\mathrm{inc}}(\boldsymbol{x}) \mu U(\boldsymbol{x}-\boldsymbol{X}) + \mu \frac{\partial U(\boldsymbol{x}-\boldsymbol{X})}{\partial x_i} \frac{\partial u^{\mathrm{inc}}(\boldsymbol{x})}{\partial x_i} \right] \mathrm{d}V(\boldsymbol{x}) \tag{5.17}$$

假设在远场接收到与入射波模式相同的反射波，即在式（5.17）中 $X_1 \gg b > |x_1|$。然后由式（5.8）给出的格林函数的远场近似可替换为式（5.17）。例如，如果入射波和反射波都是第 n 对称模式（具有波数 ς_n），则在式（5.17）中引入以下表达式：

$$u^{\text{inc}}(\boldsymbol{x}) = A_n^{\text{inc}} \cos(\beta_n x_2) \mathrm{e}^{-\mathrm{i}\varsigma_n x_1} \tag{5.18}$$

$$U(\boldsymbol{x} - \boldsymbol{X}) \approx -\frac{\mathrm{i}}{2b\mu\varsigma_n} \cos(\beta_n x_2) \cos(\beta_n X_2) \mathrm{e}^{+\mathrm{i}\varsigma_n (x_1 - X_1)} \tag{5.19}$$

其中，n 为正偶数。

然后，反射波可以表示如下：

$$\begin{aligned} u^{\text{ref}}(\boldsymbol{X}) &= \lim_{X_1 \gg b} u^{\text{sca}}(\boldsymbol{X}) \\ &\cong \frac{\mathrm{i}}{2b} A_n^{\text{inc}} \int_V \frac{\varsigma_n^2 + k_T^2 \cos(2\beta_n x_2)}{\varsigma_n} \mathrm{e}^{2\mathrm{i}\varsigma_n x_1} \mathrm{d}V(\boldsymbol{x}) \times \cos(\beta_n X_2) \mathrm{e}^{-\mathrm{i}\varsigma_n X_1} \end{aligned} \tag{5.20}$$

其中，积分乘以常数对应于反射波的振幅 A_n^{ref} 。

参考图 5.1，体积积分可以看作相对于 x_1 的 x_2 坐标的二重积分。对于 x_2 的积分范围从$-b$ 到$-b + d(x_1)$，这可以被解析地表达，由于 $d(x_1) \ll b$，可以省略泰勒展开的高阶项：

$$\begin{aligned} &\int_V \frac{\varsigma_n^2 + k_T^2 \cos(2\beta_n x_2)}{\varsigma_n} \mathrm{d}V(\boldsymbol{x}) = \varsigma_n d(x_1) + \frac{k_T^2}{\varsigma_n} \frac{1}{2\beta_n} \sin(2\beta_n x_2) \Big|_{-b}^{-b+d(x_1)} \\ &\sin[2\beta_n(-b + d(x_1)] \approx \sin(-2\beta_n b) + 2\beta_n \cos(-2\beta_n b) d(x_1) \end{aligned} \tag{5.21}$$

其中，$\sin(-2\beta_n b) = 0; \cos(-2\beta_n b) = 1$ 。

另外，由于 $d(x_1)$只对 $x_{1A} < x_1 < x_{1B}$ 是非零的，所以关于 x_1 的积分可以从$-\infty$ 到$+\infty$。因此，得

$$C^{\text{ref}} = \frac{A_n^{\text{ref}}}{A_n^{\text{inc}}} = \frac{\mathrm{i}}{2b} \frac{\varsigma_n^2 + k_T^2}{\varsigma_n} \int_{x_{1A}}^{x_{1B}} d(x_1) \mathrm{e}^{2\mathrm{i}\varsigma_n x_1} \mathrm{d}x_1 = \frac{\mathrm{i}}{2b} \frac{\varsigma_n^2 + k_T^2}{\varsigma_n} \int_{-\infty}^{+\infty} d(x_1) \mathrm{e}^{2\mathrm{i}\varsigma_n x_1} \mathrm{d}x_1 \tag{5.22}$$

反射系数 C^{ref} 视作波数 ς_n 的函数，并且式（5.22）在形式上是函数 $d(x_1)$的傅里叶变换。

对式（5.22）进行傅里叶逆变换，得到减薄函数 $d(x_1)$为

$$d(x_1) = \frac{1}{2\pi} \int_{-\infty}^{+\infty} \frac{-2\mathrm{i}\varsigma_n}{\varsigma_n^2 + k_T^2} C^{\text{ref}} \mathrm{e}^{-2\mathrm{i}\varsigma_n X_1} \mathrm{d}(2\varsigma_n) \tag{5.23}$$

式（5.23）是从对称模式的反射系数重构板变薄深度的基本方程。反对称模式的公式可以类似地完成，最终表达式与式（5.23）类似。对于数值应用，傅里叶正逆变换是通过 FFT 和 IFFT 实现的。定义 $\hat{\xi} = 2\xi_n$ ，并重新组织式（5.22）如下：

$$\frac{-\mathrm{i}b\hat{\xi}}{\dfrac{\hat{\xi}^2}{4} + k_T^2} C^{\text{ref}}(\hat{\xi}) \equiv g^{\text{ref}}(\hat{\xi}) \tag{5.24}$$

离散化后，式（5.24）可采用求和形式，即

$$g_{[n]}^{\text{ref}} = \sum_{m=-N/2}^{N/2-1} \left(\frac{L}{N} d_{[m]} \right) \mathrm{e}^{+\mathrm{i}\frac{2\pi nm}{N}} \tag{5.25}$$

其中，N 为 FFT 的离散点；$g_{[n]}^{\text{ref}}$ 为 $g^{\text{ref}}(\hat{\xi})$ 在 $\hat{\xi}=2\pi n/L$ 的值（$-N/2\leqslant n<N/2-1$）；$d_{[m]}$为 $d(X_1)$在 $\hat{\xi}=m\Delta X_1$ 的值；L 为在 X_1 坐标上矩阵 $d_{[m]}$的周期；$\Delta X_1=L/N$ 是采样长度。

式（5.25）中的离散傅里叶变换可用矩阵形式写入变换矩阵 $\boldsymbol{F}$：

$$\boldsymbol{g}^{\text{ref}}=\boldsymbol{F}\boldsymbol{d} \tag{5.26}$$

由于变换是线性化的，所以可以证明矩阵 $\boldsymbol{F}$ 具有非常好的条件[5]（cond$\boldsymbol{F}=1$），这意味着一个稳定的反演过程，$\boldsymbol{g}^{\text{ref}}$ 中的中等误差不会引起 $\boldsymbol{d}$ 的严重波动。

5.2.3　数值算例

如图 5.2 所示，在板的顶面有一个正弦曲线或 V 形人工减薄缺陷，宽度为 w，最大深度为 $d_{\max}$。入射波从缺陷的右侧激发。根据式（5.23），在（$-\infty$，$+\infty$）上积分需要负波数 $-\xi_n$ 范围的反射系数。但在实际中，定义的频率上限为 Ω，在频率范围 $\omega\in(0,+\Omega)$ 内计算反射系数，该频率范围对应于 $\varsigma_n\in(0,+\Xi_n)$ 的波数，其中 $\Xi_n=\sqrt{(\Omega/c_T)^2-(n\pi/(2b))^2}$。此外，还有 $C^{\text{ref}}(\varsigma_n)=C^{\text{ref}*}(-\varsigma_n)$，其中星号表示复共轭。所以，式（5.23）中积分范围可视为$(-\Xi_n,+\Xi_n)$。

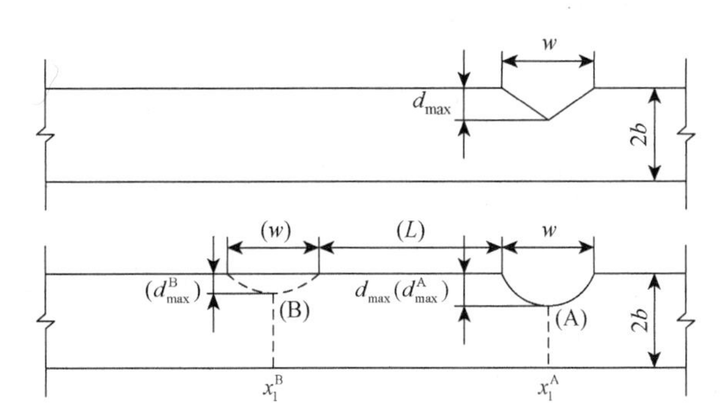

图 5.2　平板含减薄缺陷模型

注：$2b$：板深；$d_{\max}$：缺陷最大深度；w：缺陷宽度；x_1^{A} 和 x_1^{B}：两个缺口的中心坐标；$d_{\max}^{\text{A}}$ 和 $d_{\max}^{\text{B}}$：两个缺口的缺陷最大深度；L：两个缺陷之间的距离

图 5.3 给出了前五种模式的反射系数绝对值，即第 0 阶对称（$n=0$）、第 1 阶反对称（$n=1$）、第 1 阶对称（$n=2$）、第 2 阶反对称（$n=3$）和第 2 阶对称（$n=4$），当散射体是正弦曲线形状（A）或 V 形（B）变薄时，$w/b=1.0$，$d_{\max}/b=0.05$。这里，频率上限设置为 $\Omega=7.0c_T/b$。结果表明，除第 0 阶对称波外，其他各模态导波的反射系数在截止频率附近接近一个很大的值。在下面的逆分析中，这些反射系数作为输入数据。

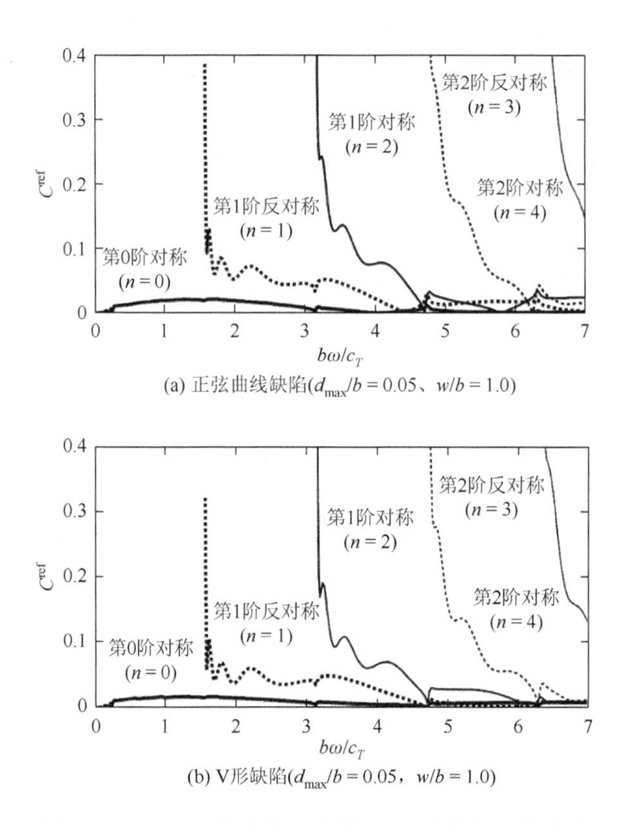

(a) 正弦曲线缺陷($d_{max}/b = 0.05$、$w/b = 1.0$)

(b) V形缺陷($d_{max}/b = 0.05$，$w/b = 1.0$)

图 5.3　对于两种缺陷前五阶模态 SH 波模的反射系数

图5.4给出了两种正弦曲线缺陷和V形缺陷的实际缺陷形状与重构结果的对比，其宽度为 $w/b = 1.0$，最大深度 d_{max}/b 分别为 0.05、0.15 和 0.25，分别用 $n = 0$、1 和 2 三个导波模式。可以看到，在所有情况下，缺陷的位置和基本特征都能被重构出来。另外，还观察到，由入射波“照亮”的是缺陷的右侧，使得右侧的重构精度比左侧高。

为了定量讨论重构结果的精度，这里使用了均方误差（MSE），定义为

$$\mathrm{MSE} = \sqrt{\frac{\sum_{i=1}^{N}(d_i - d_i^0)^2}{N}} \tag{5.27}$$

其中，N 为沿 x_1 轴在缺陷内和附近区域满足$-2 \leqslant x_1/b \leqslant 2$ 重构的点数；d_i 为在第 i 点重构的缺陷深度，而 d_i^0 为在这一点上的实际深度。

表 5.1 显示了每种情况下使用不同导波模式的重构结果 MSE 值。

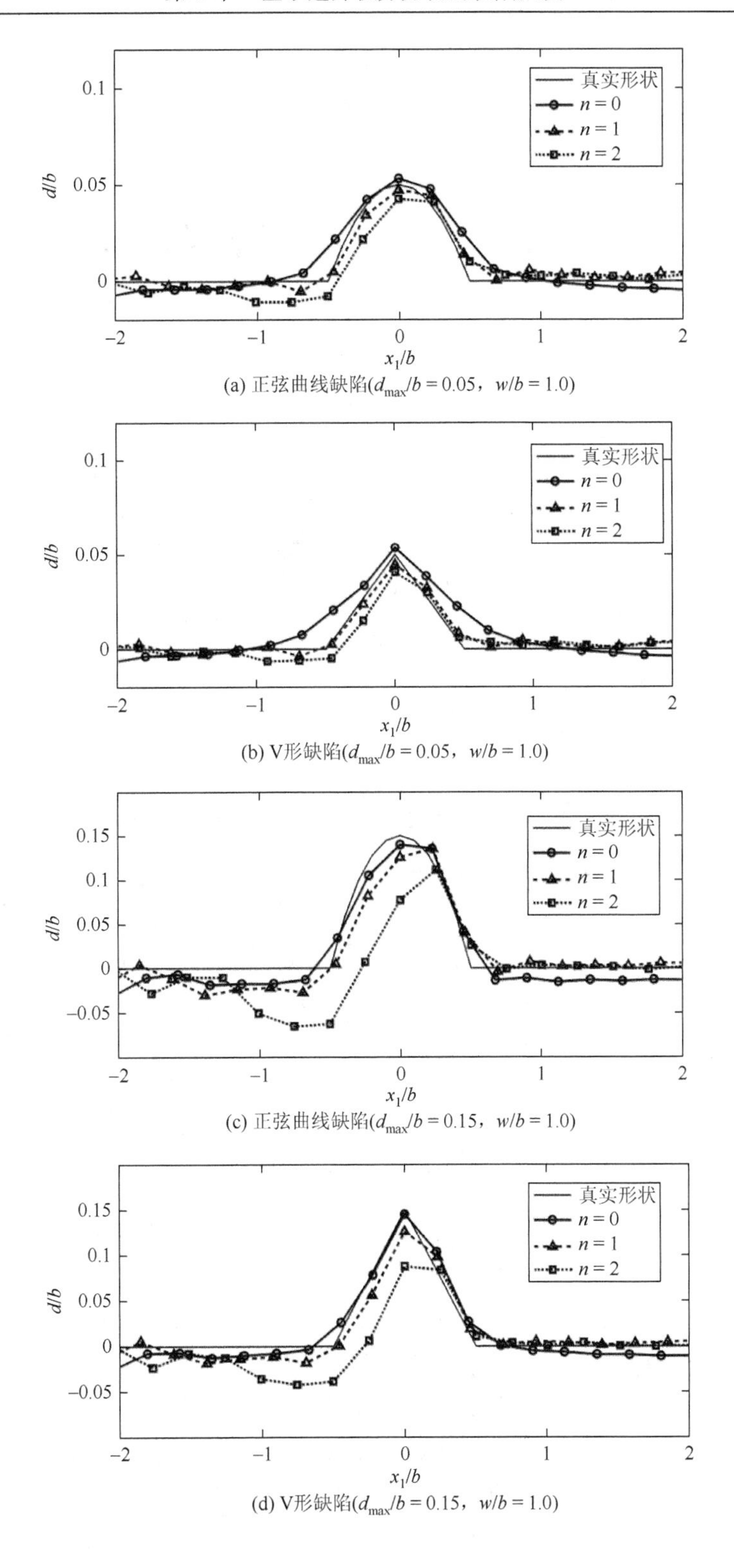

(a) 正弦曲线缺陷($d_{max}/b=0.05$，$w/b=1.0$)

(b) V形缺陷($d_{max}/b=0.05$，$w/b=1.0$)

(c) 正弦曲线缺陷($d_{max}/b=0.15$，$w/b=1.0$)

(d) V形缺陷($d_{max}/b=0.15$，$w/b=1.0$)

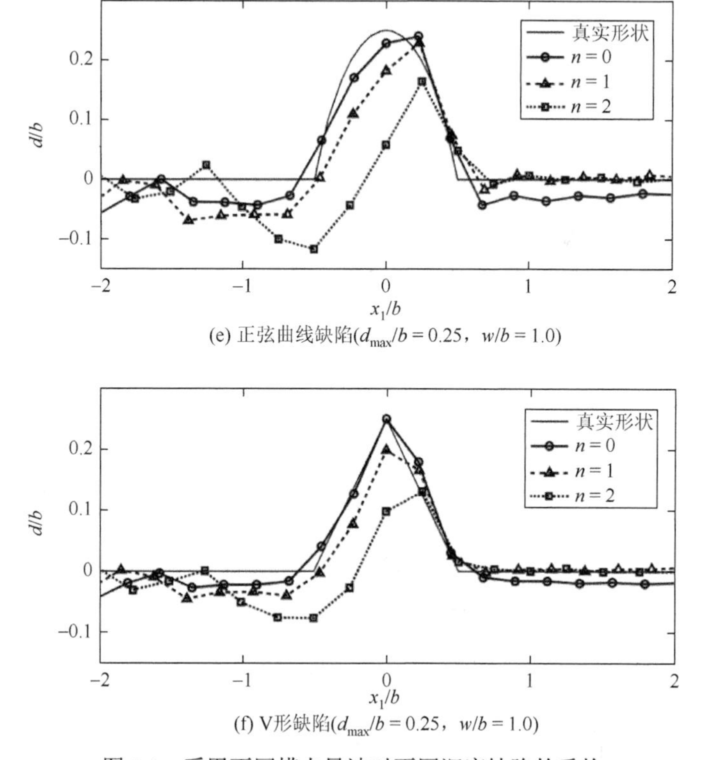

(e) 正弦曲线缺陷($d_{max}/b = 0.25$，$w/b = 1.0$)

(f) V形缺陷($d_{max}/b = 0.25$，$w/b = 1.0$)

图 5.4　采用不同模态导波对不同深度缺陷的重构

表 5.1　不同深度缺陷重构缺陷形状的 MSE 值

缺陷形状	w/b	d_{max}/b	模态 $n = 0$	模态 $n = 1$	模态 $n = 2$
正弦曲线形	1.0	0.05	0.0060	0.0037	0.0074
		0.15	0.014	0.019	0.044
		0.25	0.030	0.044	0.092
V 形	1.0	0.05	0.0074	0.0031	0.0052
		0.15	0.0095	0.013	0.031
		0.25	0.019	0.028	0.064

从表 5.1 中可以看出，对于任何缺陷形状和波模的组合，MSE 值随着缺陷深度的增加而增加，这意味着重构更加精确。研究还发现，$d_{max}/b = 0.15$ 和 0.25 对应缺陷的 MSE 值在较高模式下变得更大，而 $d_{max}/b = 0.05$ 对应缺陷的 MSE 值都很小，并且这三种模式之间没有显著性差异。表 5.1 还显示，在 $d_{max}/b < 0.25$ 和 $w/b = 1.0$ 情况下，重构误差不超过最大深度的 10%。图 5.5 显示了 $w/b = 1.0$ 和 $w/b = 2.0$ 结果之间的比较，以说明缺陷宽度如何影响重构精度，而在所有情况下，d_{max}/b 保持在 0.15。重构结果的 MSE 值如表 5.2 所示。

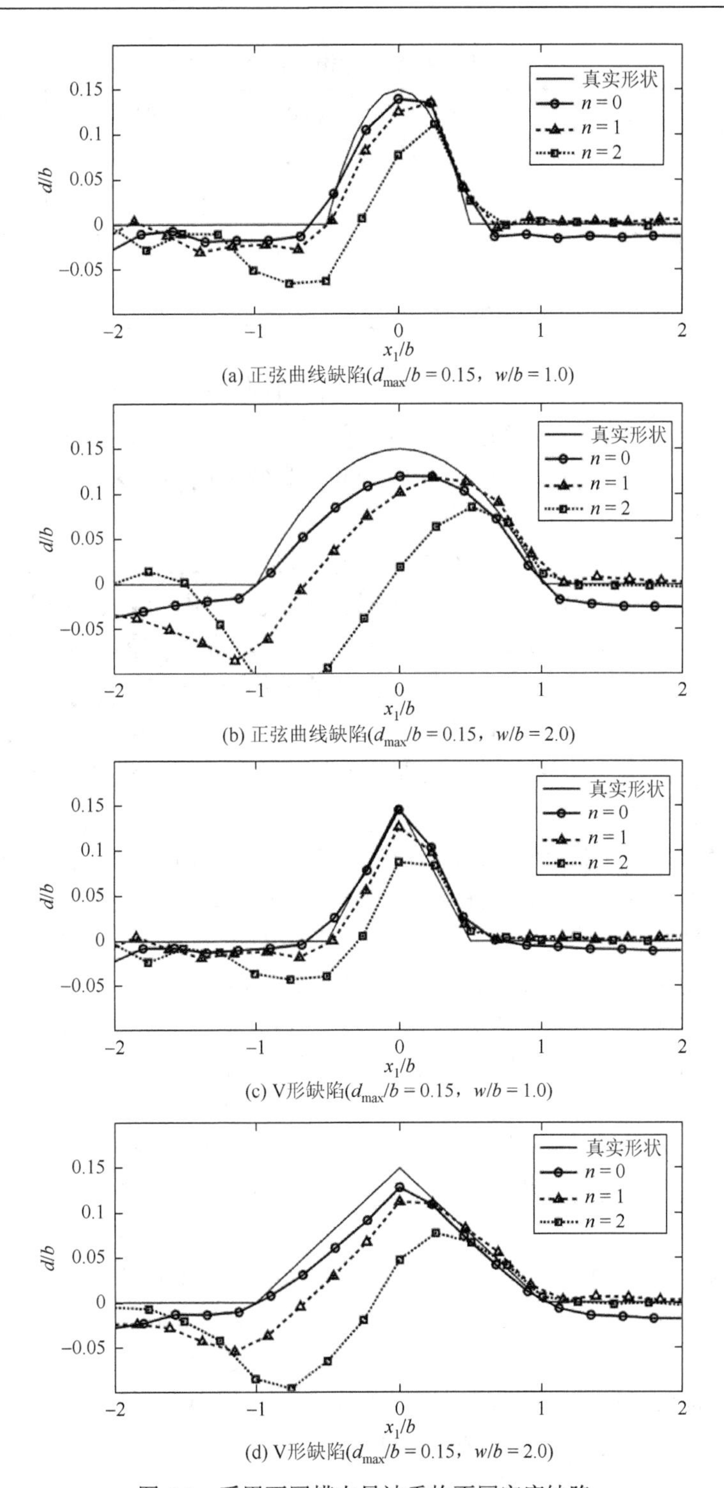

(a) 正弦曲线缺陷($d_{max}/b=0.15$，$w/b=1.0$)

(b) 正弦曲线缺陷($d_{max}/b=0.15$，$w/b=2.0$)

(c) V形缺陷($d_{max}/b=0.15$，$w/b=1.0$)

(d) V形缺陷($d_{max}/b=0.15$，$w/b=2.0$)

图 5.5　采用不同模态导波重构不同宽度缺陷

表 5.2 不同宽度 w 重构结果的 MSE 值

缺陷形状	d_{max}/b	w/b	模态 $n=0$	模态 $n=1$	模态 $n=2$
正弦曲线形	0.15	1.0	0.014	0.019	0.044
		2.0	0.024	0.051	0.099
V 形	0.15	1.0	0.0095	0.013	0.031
		2.0	0.015	0.032	0.071

如表 5.2 所示，$n=0$ 阶模态在三种波模得到的结果中显示出最佳的精度。另外，还观察到，$w/b=2.0$ 的所有 MSE 值都大于 $w/b=1.0$ 的 MSE 值。如图 5.5（b）和（d）所示，注意到，对于 $w/b=2.0$ 较长缺陷的阴影区，用较高模态的导波重构结果较差。

接下来讨论频率范围对反演结果的影响。图 5.6(a)显示了分别使用 $b\omega/c_T=0$～7.0、0～5.0 和 0～3.0 频率范围的重构结果，比较了正弦曲线缺陷的重构形状，使用 $n=0$ 阶模态。这里，$w/b=1.0$ 和 $d_{max}/b=0.15$ 是固定的。很明显，如果从分析区域移除较高的频率范围，则沿 x_1 轴的重构点被稀疏地定位。因此，形状重构的分辨率变低。如果选择频率范围为 $b\omega/c_T=0$～3.0，那么尽管检测到缺陷的位置，但从重构结果中很难识别其形状。因此，可以说高频数据控制了重构缺陷形状的精度。

再考虑低频范围对反演结果的影响。图 5.6(b)显示了从 $b\omega/c_T=0$～7.0、1.0～7.0 和 2.0～7.0 的频率范围重构的缺陷形状。由图可以观察到，如果缺少低频数据，则逆方法的精度会显著退化。特别是，如果没有频率范围 $b\omega/c_T=0$～2.0，则缺陷的峰值甚至无法与缺陷两侧的波动区分。因此，可以得出在该方法中低频范围内的反射系数对探伤具有重要意义。另外，还可以评估第一阶反对称模式（$n=1$）的频率范围的灵敏度。第一阶反对称模式的截止频率为 $b\omega/c_T=\pi/2$。然而，在实际或实验应用中，截止频率附近的反射系数通常很难得到。现在考虑的情况是，在近截止频率范围内的数据是不可用的。图 5.7（a）表示使用不同频率范围的第 1 阶反对称模式的重构结果：$b\omega/c_T=1.58$～7.0、1.68～7.0 和 1.78～7.0，其中在后两种情况下为近截止频率范围是不存在的。结果表明，近截止频率范围内的数据在缺陷重构精度方面起着重要作用，因为在 $b\omega/c_T=1.58$～1.78 范围内的数据缺失降低了重构深度多达三分之一的 d_{max}。然而，如果将 $b\omega/c_T=1.58$～1.78 范围内的缺失数据替换为已知的反射系数 $b\omega/c_T=1.78$，结果明显改善，如图 5.7（b）所示。因此，即使近截止频率范围内的反射系数不可用，但可以使用来自更高频率点的数据“外推”值，而不是省略它们。

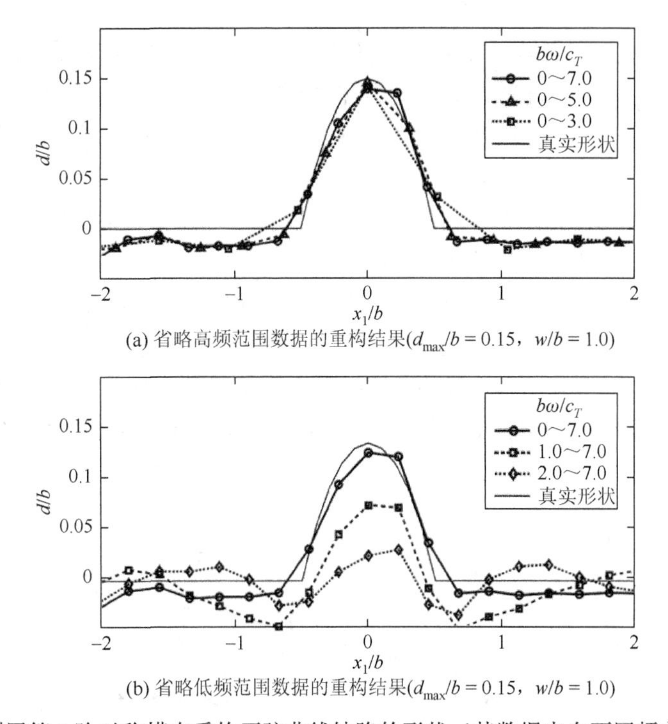

(a) 省略高频范围数据的重构结果($d_{max}/b = 0.15$，$w/b = 1.0$)

(b) 省略低频范围数据的重构结果($d_{max}/b = 0.15$，$w/b = 1.0$)

图 5.6　利用第 0 阶对称模态重构正弦曲线缺陷的形状（其数据来自不同频率的范围）

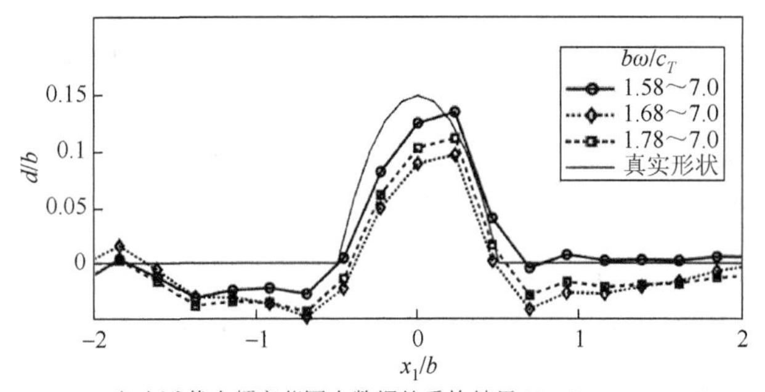

(a) 省略近截止频率范围内数据的重构结果($d_{max}/b = 0.15$，$w/b = 1.0$)

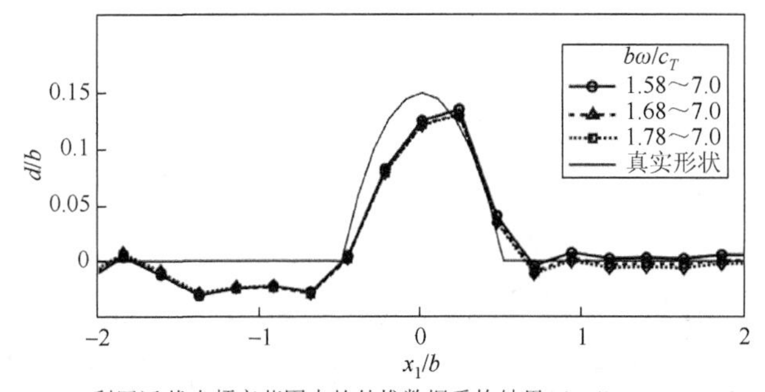

(b) 利用近截止频率范围内的外推数据重构结果($d_{max}/b = 0.15$，$w/b = 1.0$)

图 5.7　利用第 1 阶反对称模态重构正弦曲线缺陷形状（数据在不同频率范围内）

在实际情况下，我们可能会遇到多个腐蚀缺口，这里考虑了两个不同深度的椭圆缺口实例。对于较深的缺口 A，其中心位于 $x_1^{\mathrm{A}}=b$，最大深度 $d_{\max}^{\mathrm{A}}=0.2b$，而对于较浅的缺口 B，其中心位于 $x_1^{\mathrm{B}}=-b$ 与 $d_{\max}^{\mathrm{B}}=0.1b$ 外。每个缺口均具有 $w=b$ 的宽度，两个缺口边缘之间的距离 L 为 b，如图 5.2 所示。

图 5.8(a)和(b)分别显示了第 0 阶对称模态($n=0$)和第 1 阶反对称模态($n=1$)的重构结果。结果表明，这两种模式都能重构两个缺口的深度和宽度，而第 0 阶模态给出了更好的精度，特别是在频带较小的情况下。此外，被入射波照射的较深缺口（中心位于 $x_1^{\mathrm{A}}=b$）比处于阴影区的较浅缺口（$x_1^{\mathrm{B}}=-b$）重构得更好。相反，如果板被旋转，$x_1^{\mathrm{B}}=b$，$x_1^{\mathrm{A}}=-b$，那么较浅的缺口的重构结果更好，如图 5.8（c）和（d）所示。因此，在实际应用中，最好从缺陷区域的两侧发送入射波，并进行两次反演。

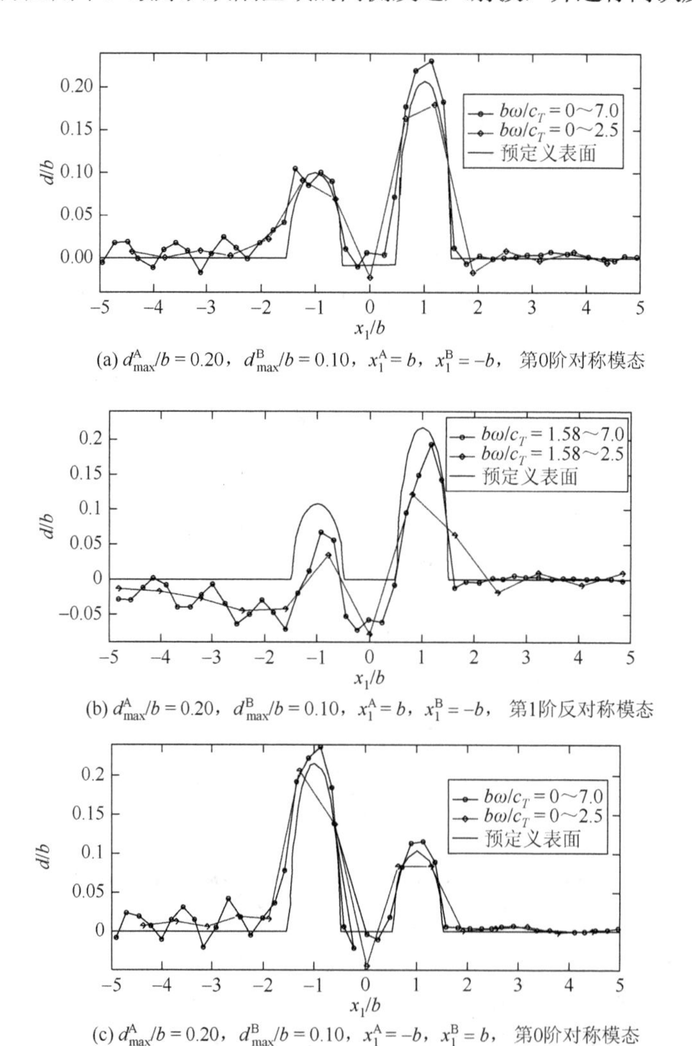

(a) $d_{\max}^{\mathrm{A}}/b=0.20$，$d_{\max}^{\mathrm{B}}/b=0.10$，$x_1^{\mathrm{A}}=b$，$x_1^{\mathrm{B}}=-b$，第0阶对称模态

(b) $d_{\max}^{\mathrm{A}}/b=0.20$，$d_{\max}^{\mathrm{B}}/b=0.10$，$x_1^{\mathrm{A}}=b$，$x_1^{\mathrm{B}}=-b$，第1阶反对称模态

(c) $d_{\max}^{\mathrm{A}}/b=0.20$，$d_{\max}^{\mathrm{B}}/b=0.10$，$x_1^{\mathrm{A}}=-b$，$x_1^{\mathrm{B}}=b$，第0阶对称模态

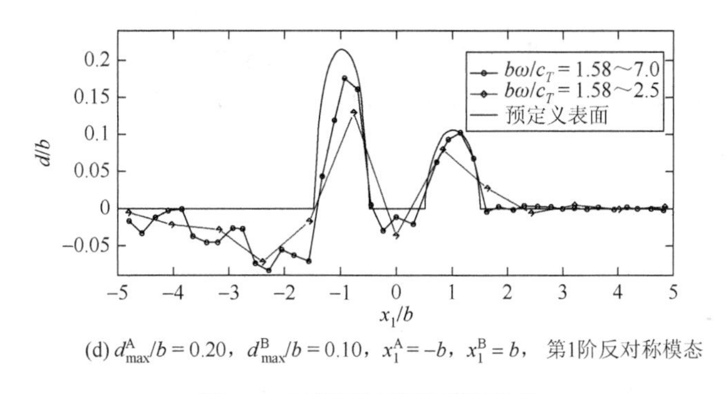

(d) $d_{\max}^{A}/b = 0.20$，$d_{\max}^{B}/b = 0.10$，$x_1^A = -b$，$x_1^B = b$， 第1阶反对称模态

图 5.8　双椭圆缺陷的重构结果

本节给出了大量的数值算例，以研究逆重构方法的有效性和准确性。反演方法适用于正弦形状、V 形形状和椭圆形状等常用形状缺陷的定位和尺寸重构。在导波模态中，低阶模态具有较好的重构精度。此外，较浅缺陷的重构结果更好。其主要原因有两个：Born 近似和浅缺陷近似。首先，Born 近似对弱散射体是精确的，但较深缺陷和高阶模态具有更大、更复杂的反射系数，这与“弱散射体”相矛盾。其次，通过推导式（5.20）代入式（5.22），当 $\beta_n x_2$ 是一个较小值时，使用了近似 $\sin(2\beta_n x_2) = 2\beta_n x_2$ 。然而，对于较高阶模态， β_n 更大，随着缺陷的加深， x_2 增加。因此，浅缺陷近似不再适合于深缺陷和高阶模态。在重构中，我们建议使用第 0 阶对称模态或第 1 阶反对称模态来反演 $d_{\max}/b \leqslant 0.25$ 的缺陷。频率范围的选择也直接影响重构精度。低频范围内的数据对定位缺陷至关重要，而高频数据可以提高缺陷形状重构的精度。对于第 1 阶反对称模式，近截止频率范围内的反射系数对获得裂纹深度具有重要意义。然而，在实际情况中难以获得，如果它们不可用，我们建议从更高频率的数据中外推，而不是忽略它们。

5.3　利用 SH 导波进行平板内腔缺陷反演

5.3.1　理论推导

如图 5.9 所示，考虑一个具有内椭圆腔的二维各向同性弹性板，平板厚度为 $2b$ 。同时定义了两个参数函数来描述内腔：从上表面到腔体的上、下边界的深度，分别称为 $h(x_1)$ 和 $h'(x_1)$ ，并定义 $t(x_1) = h'(x_1) - h(x_1)$ 。超声 SH 导波用于重构内腔的位置和形状，在 x_3 方向上具有反平面位移。如图 5.9 所示，入射的 SH 导波沿 x_1 方向从右向左传播，遇到空腔后散射，在缺陷区右侧的远端观测到反射波。入射波是单一第 n 阶模态 SH 导波，其频率为 ω ，见式（5.1）和式（5.2）。单一模态入射波的振幅系数为 A_n^{inc}，同一模态反射波的振幅系数为 A_n^{ref}。重构的目的是得到内腔的位置和形状。在数学上，表现为利用反射系数 C_m^{ref} 作为输入数据，得到函数 $t(x_1)$ 和 $h(x_1)$ 的过程。

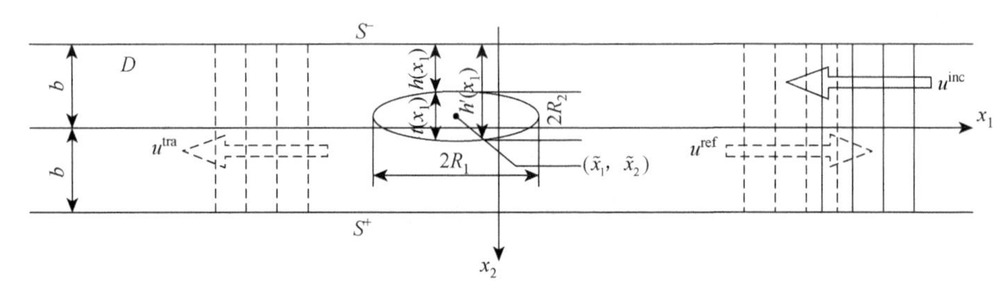

图 5.9　空腔缺陷示意图

反演方法的公式推导基于内腔散射波的积分表达式。观测点 $\boldsymbol{X}$ 处的散射波位移可以表示为空腔 S 的表面积分，即

$$u^{\text{sca}}(\boldsymbol{X})=\int_S\left[\mu\frac{\partial U(\boldsymbol{x}-\boldsymbol{X})}{\partial n(\boldsymbol{x})}u^{\text{tot}}(\boldsymbol{x})-\mu\frac{\partial u^{\text{tot}}(\boldsymbol{x})}{\partial n(\boldsymbol{x})}U(\boldsymbol{x}-\boldsymbol{X})\right]\mathrm{d}S(\boldsymbol{x}) \tag{5.28}$$

其中，$u^{\text{sca}}(\boldsymbol{X})$ 为在观测点 $\boldsymbol{X}$ 处得到的散射波位移；$u^{\text{tot}}(\boldsymbol{x})=u^{\text{sca}}(\boldsymbol{x})+u^{\text{inc}}(\boldsymbol{x})$ 为孔洞表面 S 的总位移；n_k 为指向外的单位法向量。

在式（5.28）中，$U(\boldsymbol{x}-\boldsymbol{X})$ 为在平板波导中的 SH 波的格林函数。如果观测点距离缺陷区域较远，则格林函数的远场处表达式为式（5.29），在 5.2 节中已经得到。

$$U(\boldsymbol{x}-\boldsymbol{X})\approx-\frac{\mathrm{i}}{4b\mu\zeta_0}\mathrm{e}^{-\mathrm{i}\zeta_0|x_1-X_1|}-\sum_m\frac{\mathrm{i}}{2b\mu\zeta_m}f_{cs}^m(\beta_m x_2)f_{cs}^m(\beta_m X_2)\mathrm{e}^{-\mathrm{i}\zeta_m|x_1-X_1|} \tag{5.29}$$

其中，$\beta_m=m\pi/(2b)$；$\zeta_m=\sqrt{k_T^2-\beta_m^2}$；$k_T=\omega/c_T$。

需要注意的是，对于基本模态，$\zeta_0=k_T=\omega/c_T$。因此，在接下来的公式中将使用 k_T 代替 ζ_0。

如 5.2 节所述，首先假设入射波是一个单一的基础（第 0 阶对称）SH 波模态，沿着 x_1 负方向传播，在腔体右侧的远场处观察到相同模态的反射波。然后，入射波的位移场和格林函数表示为

$$u^{\text{inc}}(\boldsymbol{X})=A_0^{\text{inc}}\mathrm{e}^{+\mathrm{i}k_T X_1} \tag{5.30}$$

$$U(\boldsymbol{x}-\boldsymbol{X})=-\frac{\mathrm{i}}{4\mu b k_T}\mathrm{e}^{+\mathrm{i}k_T(x_1-X_1)} \tag{5.31}$$

将式（5.30）和式（5.31）代入式（5.28），同时取极限 $X_1\to\infty$，第 0 阶对称模态的反射波场 u_0^{ref} 的表达式为

$$u_0^{\mathrm{ref}}(\boldsymbol{X}) = \frac{\mathrm{i}k_T A_0^{\mathrm{inc}}}{2b}\int_V \mathrm{e}^{+2\mathrm{i}k_T x_1}\mathrm{d}V(\boldsymbol{x})\cdot \mathrm{e}^{-\mathrm{i}k_T X_1} \equiv A_0^{\mathrm{ref}}\mathrm{e}^{-\mathrm{i}k_T X_1} \tag{5.32}$$

式（5.32）中的体积分变为

$$\int_V \mathrm{e}^{+2\mathrm{i}k_T x_1}\mathrm{d}V(\boldsymbol{x}) = \int_{-\infty}^{\infty}\int_{h(x_1)}^{h(x_1)+t(x_1)}\mathrm{d}x_2 \mathrm{e}^{+2\mathrm{i}k_T x_1}\mathrm{d}x_1 = \int_{-\infty}^{\infty} t(x_1)\mathrm{e}^{+2\mathrm{i}k_T x_1}\mathrm{d}x_1 \tag{5.33}$$

因此，得到傅里叶变换关系为

$$C_0^{\mathrm{ref}}(k_T) \equiv A_0^{\mathrm{ref}} / A_0^{\mathrm{inc}} = \frac{\mathrm{i}k_T}{2b}\int_{-\infty}^{\infty} t(x_1)\mathrm{e}^{+2\mathrm{i}k_T x_1}\mathrm{d}x_1 \tag{5.34}$$

$$t(x_1) = \frac{b}{\mathrm{i}\pi k_T}\int_{-\infty}^{\infty} C_0^{\mathrm{ref}}(k_T)\mathrm{e}^{-2\mathrm{i}k_T x_1}\mathrm{d}(2k_T) \tag{5.35}$$

其中，反射系数 C_0^{ref} 定义为反射波和入射波幅值系数之比，是波数 k_T 的函数。由式（5.35）可得函数 $t(x_1)$。

接下来，空腔的垂直位置 $h(x_1)$ 通过使用更高阶的 SH 波模态的反射系数确定。如果入射波和反射波是单一的第 m（$m \geqslant 1$）阶 SH 波模态（对称或反对称模态），入射波的位移和相应的格林函数方程式表达为

$$u^{\mathrm{inc}}(\boldsymbol{x}) = A_m^{\mathrm{inc}} f_{cs}^m\left(\frac{m\pi x_2}{2b}\right)\mathrm{e}^{+\mathrm{i}\zeta_m x_1} \tag{5.36}$$

$$U(\boldsymbol{x}-\boldsymbol{X}) \approx -\frac{\mathrm{i}}{2b\mu\zeta_n} f_{cs}^m(\beta_m x_2) f_{cs}^m(\beta_m X_2)\mathrm{e}^{-\mathrm{i}\zeta_m|x_1-X_1|} \tag{5.37}$$

其中，$\beta_m = m\pi/(2b)$，第 m 阶 SH 导波模态的波数表达式为 $\zeta_m = \sqrt{k_T^2 - \beta_m^2}$。

将式（5.36）和式（5.37）代入式（5.28），可得到

$$\begin{aligned} u_m^{\mathrm{ref}}(\boldsymbol{X}) &= \frac{\mathrm{i}A_m^{\mathrm{inc}}}{2b}\int_V\left[\zeta_m + (-1)^m\frac{k_T^2}{\zeta_m}\cos\left(\frac{m\pi x_2}{b}\right)\right]\mathrm{e}^{+2\mathrm{i}\zeta_m x_1}\mathrm{d}V(\boldsymbol{x})\cdot f_{cs}^m\left(\frac{m\pi X_2}{2b}\right)\mathrm{e}^{-\mathrm{i}\zeta_m X_1} \\ &\equiv A_m^{\mathrm{ref}} f_{cs}^m\left(\frac{m\pi X_2}{2b}\right)\mathrm{e}^{-\mathrm{i}\zeta_m X_1} \end{aligned} \tag{5.38}$$

其中，$f_{cs}^m(x)$ 是由式（5.2）定义的三角函数；由于接收位置位于发射侧，可将 sca 改写为 ref。

通过定义 $C_m^{\mathrm{ref}} \equiv A_m^{\mathrm{ref}} / A_m^{\mathrm{inc}}$，将体积分写成二重积分的形式，得到

$$\begin{aligned} &C_m^{\mathrm{ref}}(\zeta_m) \equiv A_m^{\mathrm{ref}} / A_m^{\mathrm{inc}} \\ &= \frac{\mathrm{i}}{2b}\int_{-\infty}^{\infty}\int_{-b+h(x_1)}^{-b+h(x_1)+t(x_1)}\left[\zeta_m + (-1)^m\frac{k_T^2}{\zeta_m}\cos\left(\frac{m\pi x_2}{b}\right)\right]\mathrm{e}^{+2\mathrm{i}\zeta_m x_1}\mathrm{d}x_2\mathrm{d}x_1 \equiv A_m^{\mathrm{ref}} f_{cs}^m\left(\frac{m\pi X_2}{2b}\right)\mathrm{e}^{-\mathrm{i}\zeta_m X_1} \\ &= \frac{\mathrm{i}}{2b}\int_{-\infty}^{\infty}\left(\zeta_m t(x_1) + (-1)^m\frac{bk_T^2}{m\pi\zeta_m}\left\{\sin\left[\frac{m\pi}{b}(h(x_1)-b+t(x_1))\right] - \sin\left[\frac{m\pi}{b}(h(x_1)-b)\right]\right\}\right)\mathrm{e}^{+2\mathrm{i}\zeta_m x_1}\mathrm{d}x_1 \end{aligned} \tag{5.39}$$

值得注意的是，方括号里第一项对 x_1 的积分，即 $(\mathrm{i}\zeta_m/(2b))\int_{-\infty}^{\infty}t(x_1)\mathrm{e}^{+2\mathrm{i}\zeta_m x_1}\mathrm{d}x_1$ 与式（5.34）中的 $C_0^{\mathrm{ref}}(\zeta_m)$ 相等，因此将式（5.39）简化为

$$(-1)^m\frac{\mathrm{i}k^2}{2m\pi\zeta_m}\int_{-\infty}^{\infty}\left\{\sin\left[\frac{m\pi}{b}(h(x_1)-b+t(x_1))\right]-\sin\left[\frac{m\pi}{b}(h(x_1)-b)\right]\right\}\mathrm{e}^{+2\mathrm{i}\zeta_m x_1}\mathrm{d}x_1$$
$$=C_m^{\mathrm{ref}}(\zeta_m)-C_0^{\mathrm{ref}}(\zeta_m) \tag{5.40}$$

其中，定义

$$F(x_1)\equiv\sin\left[\frac{m\pi}{b}(h(x_1)-b+t(x_1))\right]-\sin\left[\frac{m\pi}{b}(h(x_1)-b)\right] \tag{5.41}$$

其可以通过对系数 x_1 进行傅里叶逆变换，得到

$$F(x_1)=(-1)^{m-1}\frac{\mathrm{i}m\zeta_m}{k^2}\int_{-\infty}^{\infty}[C_m^{\mathrm{ref}}(\zeta_m)-C_0^{\mathrm{ref}}(\zeta_m)]\mathrm{e}^{-2\mathrm{i}\zeta_m x_1}\mathrm{d}(2\zeta_m) \tag{5.42}$$

将式（5.42）的结果代入式（5.41）可得 $h(x_1)$ 的解。

需要注意的是，在 $-b\leqslant h(x_1)\leqslant b$ 的定义范围内，式（5.42）有多个解。m 越大，它的根就越多。为了避免太多空腔的"虚像"，这里选择 $m=1$（第 1 阶反对称模态）。这种情况下，在 $-b$ 和 b 之间 $h(x_1)$ 有两个解，这对应空腔重构反演的"实像"和"虚像"。

5.3.2 数值算例

为了对本书提出的反演方法进行数值验证，采用模态激发法[6]计算了不同椭圆空腔缺陷情况下第 0 阶对称和第 1 阶反对称 SH 波模态的反射系数，并将其作为反演分析的输入数据。椭圆腔的几何形状是由水平长度 $2R_1$、垂直长度 $2R_2$，以及中心位置（$\tilde{x}_1$，$\tilde{x}_2$）确定的。第一个例子是一个半径为 $R_1=R_2=0.2b$，中心位置为（0，$-0.5b$）的圆形空腔，利用 SH 导波进行重构。在式（4.8）和式（4.14）中，积分范围从负无穷到正无穷。对于数值计算，有一频率上限 Ω，所以 ζ_m 数值积分的范围为 $(-\Xi_n,+\Xi_n)$，其中，$\zeta_m=\sqrt{(\omega/c_T)^2-(m\pi/(2b))^2}$，$\Xi_n=\sqrt{(\Omega/c_T)^2-(m\pi/(2b))^2}$（$m=0,1$）。在这里设置 $\Omega b/c_T=7.0$。同样存在 $C_n^{\mathrm{ref}}(\zeta_m)=C_n^{\mathrm{ref*}}(-\zeta_m)$，其中星号表示复共轭。图 5.10 给出了第 m 阶 SH 导波模态（$m=0$ 或 1）归一化频率 $\omega b/c_T$ 对应的反射系数的绝对值 $|C_m^{\mathrm{ref}}|$。作为参考，图 5.10 也给出了由式（5.39）推导的 Born 近似估算的反射系数。

如果把这些系数代入式（5.35）和式（5.41），可以得到关于缺陷位置信息的函数 $t(x_1)$ 和过渡函数 $F(x_1)$，如图 5.11 所示。在确定函数 $F(x_1)$ 和 $t(x_1)$ 后，通过求解式（5.42）可以得到位置函数 $h(x_1)$。理论上，对没有缺陷的完整板，$t(x_1)$ 为 0，求得的 $h(x_1)$ 是没有意义的。

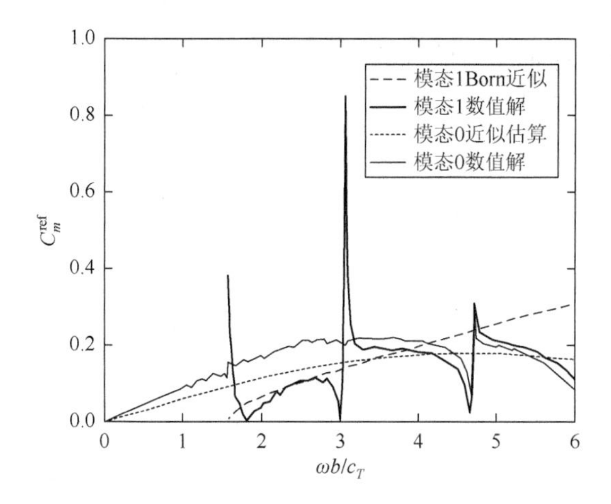

图 5.10　$R_1 = R_2 = 0.2b$ 且 $\tilde{x}_2 = 0.5b$ 情况下的反射系数

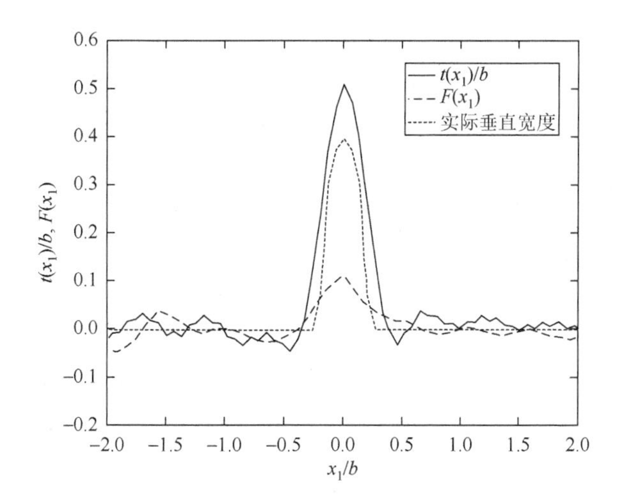

图 5.11　$R_1 = R_2 = 0.2b$ 且 $\tilde{x}_2 = 0.5b$ 情况下重构的 $t(x_1)/b$ 和 $F(x_1)$

然而，在图 5.11 中可以看到，由于反演过程中的误差，即在无缺陷区域函数 $t(x_1)$ 不严格为零。因此，算例中的缺陷区域定义为 $t(x_1)$ 的值大于 $t(x_1)$ 最大值的 25%的部分，并且只在缺陷部分计算上部边界坐标的 $h(x_1)$。通过确定函数 $t(x_1)$ 和 $h(x_1)$，可以获得空腔的上、下边界，重构空腔的形状。

在图 5.12 中，重构的上、下边界用粗线表示，原始圆形缺陷的形状用细线表示。“实际的”重构图像以实线表示，“虚像”以虚线表示，虚线出现在“实像”的镜像位置，并将反演方法应用于不同位置、不同尺寸的空腔。图 5.13 和图 5.14 分别为半径 $R_1 = R_2 = 0.2b$，中心位置为(0, −0.7b)和(0, 0)的圆形空腔重构结果。

图 5.15～图 5.19 为不同组合的椭圆形空腔半径 R_1 和 R_2 得到的结果，其中心位置（$\tilde{x}_1$，$\tilde{x}_2$）都为(0, –0.5b)。

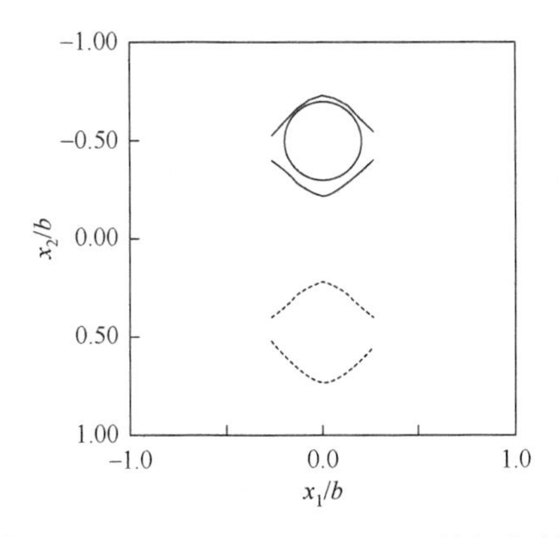

图 5.12　$R_1 = R_2 = 0.2b$ 且 $\tilde{x}_2 = -0.5b$ 的空腔重构

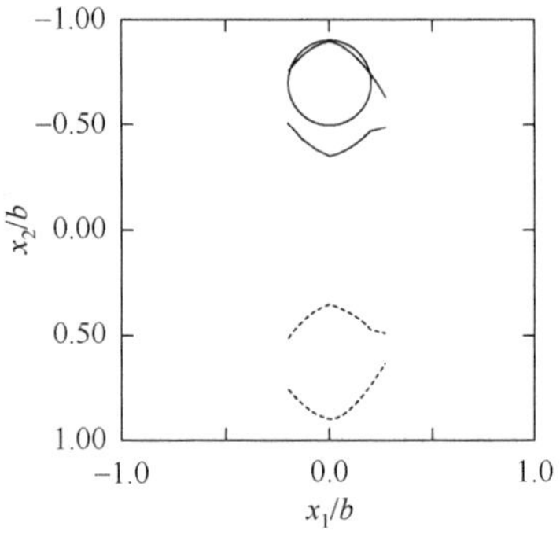

图 5.13　$R_1 = R_2 = 0.2b$ 且 $\tilde{x}_2 = -0.7b$ 的空腔重构

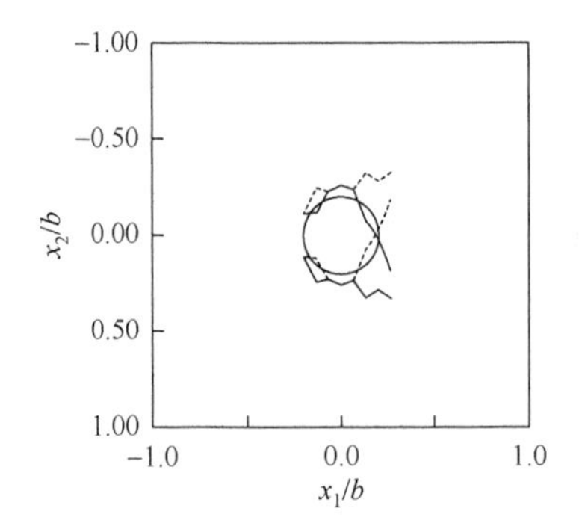

图 5.14　$R_1 = R_2 = 0.2b$ 且 $\tilde{x}_2 = 0.0$ 的空腔重构

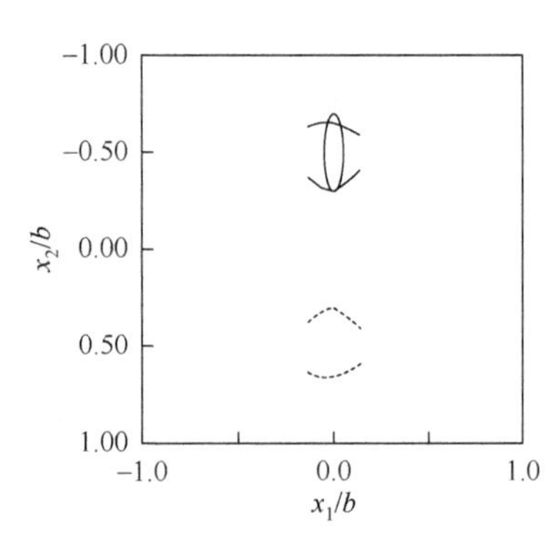

图 5.15　$R_1 = 0.05b$、$R_2 = 0.2b$、$\tilde{x}_2 = 0.5b$ 的空腔重构

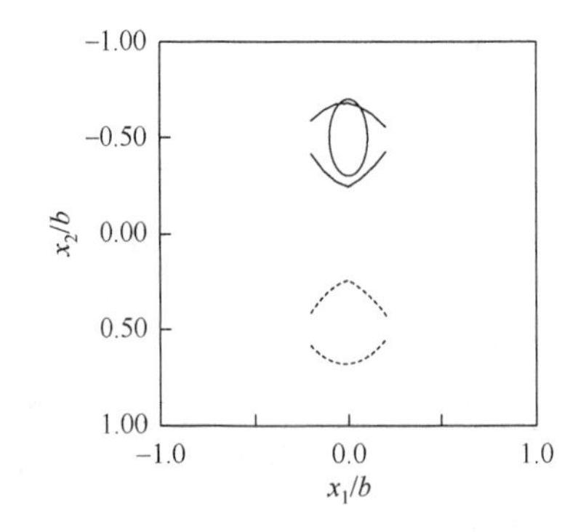

图 5.16　$R_1 = 0.1b$、$R_2 = 0.2b$、$\tilde{x}_2 = -0.5b$ 的空腔重构

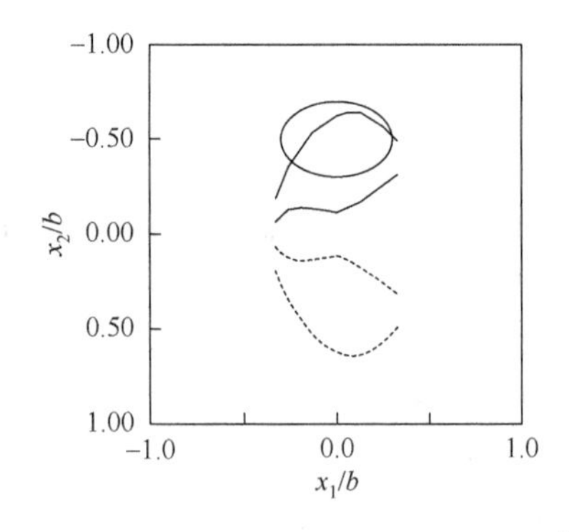

图 5.17　$R_1 = 0.3b$、$R_2 = 0.2b$、$\tilde{x}_2 = -0.5b$ 的空腔重构

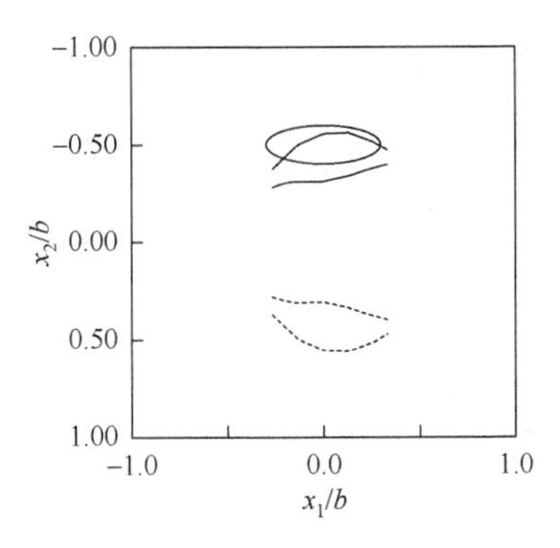

图 5.18　$R_1 = 0.3b$、$R_2 = 0.1b$、$\tilde{x}_2 = -0.5b$ 的空腔重构

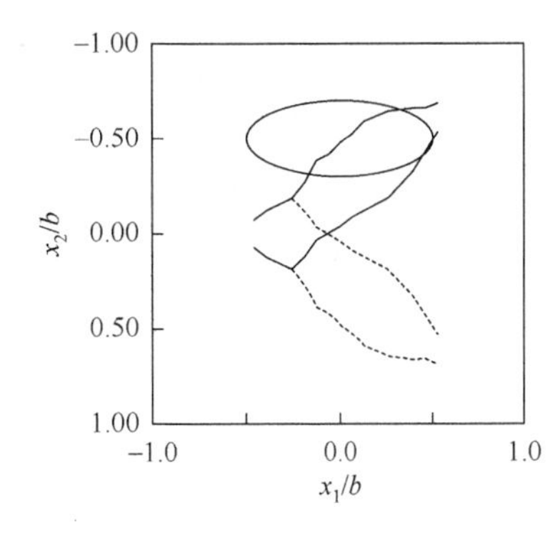

图 5.19　$R_1 = 0.5b$、$R_2 = 0.2b$、$\tilde{x}_2 = -0.5b$ 的空腔重构

从图 5.12～图 5.14 可以看出，无论缺陷的垂直位置如何，孔洞的形状都可以得到很好的重构。从图 5.14 可以看出，由于空腔的中心在 x_1 轴上，“实像”和“虚像”相互重叠。不同椭圆半径的腔体重构结果分为两种情况。如图 5.15 和图 5.16 所示，在 $R_1 = 0.05b$、$0.1b$ 和 $R_2 = 0.2b$ 的情况下，可以很好地重构上、下边界的垂向位置，但与实际情况相比，增大了 x_1 方向的缺陷范围。对于在 x_1 方向变化剧烈的缺陷类型，为了提高形状重构的精度，需要高频范围内的反射系数。然而，在本书的方法中，只有相对较低的频率部分是可用的，因为 Born 近似在低频范围较为适用。这就是不能像图 5.15 和图 5.16 那样较为精确地重构狭窄缺陷的原因。

另外，$R_1 = 0.3b$ 和 $0.5b$ 的情况分别如图 5.17～图 5.19 所示，在 x_1 方向的缺陷区域范围与实际位置吻合较好，而上、下边界的位置偏离了现实，尤其是对 $R_1 = 0.5b$ 和 $R_2 = 0.2b$ 的情况。从图 5.20 中给出的 $R_1 = 0.5b$、$R_2 = 0.2b$ 时反射系数的绝对值可以看出，对于第 0 阶 SH 波模态，用 Born 近似得到的反射系数与数值计算结果很接近；而对于第 1 阶 SH 波模态，反射系数数值解和 Born 近似值之间的差异变得非常大，特别是在某些频段，如 $bw/c_T = 1.5$～2.0 和 2.5～3.0。反射系数大是因为结构共振。当空腔在 x_1 方向较长且靠近表面时，空腔边界与平板表面之间的区域表现为弹性端部支撑的薄“板”，在其共振频率附近可发生较大振幅的振动。在这种情况下，空腔可以视为强散射体，因而 Born 近似不再有效。第 0 阶 SH 波模态的反射系数仍然与 Born 近似值一致。因此，函数 $t(x_1)$ 仍然可以较好地重构；但是，重构 $h(x_1)$ 偏离现实。作为比较，对于如图 5.10 所示的 $R_1 = R_2 = 0.2b$ 的情况，可以看出除了在一些其他波模态的截止频率附近的有限区域内，由 Born 近似给出的反射系数接近第 0 阶和第 1 阶 SH 波模态的数值解，因此这两个函数 $t(x_1)$ 和 $h(x_1)$ 可以较好地重构。

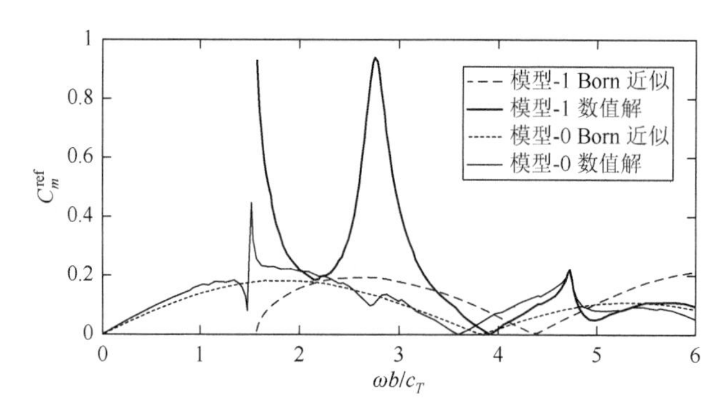

图 5.20　$R_1=0.5b$、$R_2=0.2b$、$\tilde{x}_2=0.5b$ 情况下的反射系数

综上所述，Born 近似对于低频范围和弱散射体的准确性是影响重构方法有效性的关键因素。反演方法的精度也取决于空腔的大小和位置。如果腔的尺寸在 x_1 方向的 R_1 是相对较大的，并且空腔接近板的表面，那么由于结构共振，第 1 阶 SH 波模态的反射系数不能由 Born 近似估计，这使得函数 $h(x_1)$ 失去准确性。另外，如果 R_1 相对较小，则 $t(x_1)$ 在 x_1 方向上变化剧烈，这意味着它的高频部分不能被低频 Born 近似覆盖。因此，在 x_1 方向的缺陷重构的边界趋于模糊。

5.4　用 Lamb 波重构平板减薄缺陷

本节提出了一种利用入射 Lamb 波模态的反射系数重构二维平板模型局部减薄缺陷形状的方法，该方法与之前所述的 SH 波反问题相似。在反问题公式的推导过程中，首先要得到平板波导格林函数的远场表达式，然后将其代入单一 Lamb 波模态下缺陷散射波的积分表达式。而且，在积分公式中引入 Born 近似，可以得到用厚度作为纵坐标函数表示的减薄缺陷形状与频域反射系数之间的傅里叶变换关系。因此，通过对 Lamb 波的反射系数进行对于频域的傅里叶逆变换，可以重构平板减薄缺陷的形状。

5.4.1　基本散射方程

如图 5.21 所示，有一厚度为 $2b$ 的无限扩展的均匀各向同性弹性板，在平板的上表面有一处变薄的部分，其宽度为 w，深度为 d。完整平板的上、下表面分别称为 S^- 和 S^+，而减薄部分的不规则表面为 S，其原始表面为 S'。以 S 和 S' 为界的缺陷区域的体积记为 V，完整平板的区域记为 D。假设在远场处激发一个单模态（对称或反对称）入射 Lamb 波，从右侧至左侧传播并经减薄缺陷反射回来。另外，假设在远场的右侧只检测到与入射波模态相同的反射 Lamb 波。

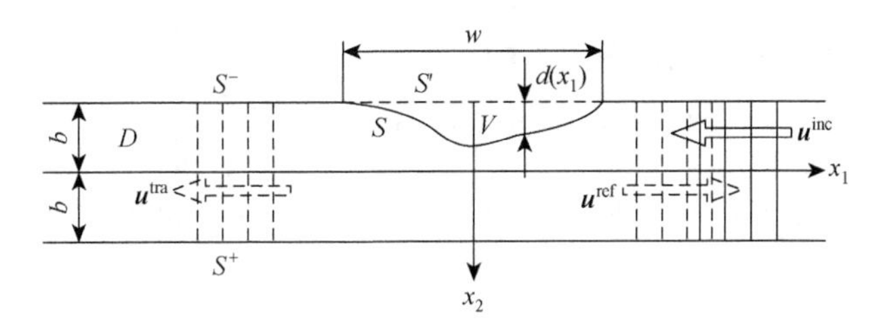

图 5.21　平板中入射 Lamb 波

对于 Lamb 波问题，x_1 和 x_2 方向上的位移分量（u_1，u_2）满足式（5.43）和式（5.44）给出的应力自由边界条件：

$$\frac{C_{ijkl}}{\rho}\frac{\partial^2 u_k(\boldsymbol{x})}{\partial x_j \partial x_l}+\omega^2 u_i(\boldsymbol{x})=0,\quad i=1,2;\boldsymbol{x}\in D/V \tag{5.43}$$

$$C_{ijkl}\frac{\partial u_k(\boldsymbol{x})}{\partial x_l}n_j(\boldsymbol{x})=0,\quad i=1,2;\boldsymbol{x}\in S^+,S^-/S',S \tag{5.44}$$

其中，C_{ijkl} 为刚度系数张量的分量；ρ 为密度；ω 为圆频率；n_j 为单位法向量。

下面将时间因子项 $\mathrm{e}^{\mathrm{i}\omega t}$ 省略。$C_{ijkl}/\rho=(c_L^2-2c_T^2)\delta_{ij}\delta_{kl}+c_T^2(\delta_{ik}\delta_{jl}+\delta_{il}\delta_{jk})$ 为各向同性材料，所以式（5.43）可化为

$$c_T^2\frac{\partial^2 u_i(\boldsymbol{x})}{\partial x_j \partial x_j}+(c_L^2-c_T^2)\frac{\partial^2 u_j(\boldsymbol{x})}{\partial x_j \partial x_i}+\omega^2 u_i(\boldsymbol{x})=0,\quad i=1,2;\boldsymbol{x}\in D/V \tag{5.45}$$

其中，c_L 和 c_T 分别是纵波和横波的速度。

同时，格林函数表示在无损板中点力作用下产生的位移场，并满足以下控制方程和边界条件：

$$\frac{C_{ijkl}}{\rho}\frac{\partial^2 U_{km}(\boldsymbol{x}-\boldsymbol{X})}{\partial x_j \partial x_l}+\omega^2 U_{im}(\boldsymbol{x}-\boldsymbol{X})+\frac{\delta_{im}\delta(\boldsymbol{x}-\boldsymbol{X})}{\rho}=0,\quad i,m=1,2;\boldsymbol{x},\boldsymbol{X}\in D \tag{5.46}$$

$$C_{ijkl}\frac{\partial U_{km}(\boldsymbol{x}-\boldsymbol{X})}{\partial x_l}n_j(\boldsymbol{x})=0,\quad i,m=1,2;\boldsymbol{x}\in S^+,S^-,\boldsymbol{X}\in D \tag{5.47}$$

其中，线性荷载作用于点 $\boldsymbol{X}$，方向沿 m 坐标。

$U_{im}(\boldsymbol{x}-\boldsymbol{X})$ 表示在场点 $\boldsymbol{x}$ 处观察到的 i 方向的响应。入射波通过由 S 和 S' 围成的体积 V 传播，所以可以写出入射波场 $u_m^{\mathrm{inc}}(\boldsymbol{x})$ 的积分表达式：

$$\int_{S+S'}\left[C_{klij}\frac{\partial U_{im}}{\partial x_j}(\boldsymbol{x}-\boldsymbol{X})n_k(\boldsymbol{x})u_l^{\mathrm{inc}}(\boldsymbol{x})-C_{klij}\frac{\partial u_i^{\mathrm{inc}}}{\partial x_j}(\boldsymbol{x})n_k(\boldsymbol{x})U_{lm}(\boldsymbol{x}-\boldsymbol{X})\right]\mathrm{d}S(\boldsymbol{x})$$
$$=\begin{cases}0, & \boldsymbol{X}\in D/V\\ -u_m^{\mathrm{inc}}(\boldsymbol{X})/2, & \boldsymbol{X}\in S',S\\ -u_m^{\mathrm{inc}}(\boldsymbol{X}), & \boldsymbol{X}\in V\end{cases} \tag{5.48}$$

其中，$n_k(\boldsymbol{x})$ 为从缺陷区域表面向外的单位法向量。

同样地，考虑 D/V 域中的反射波场，有

$$\int_{S^-/S'+S+S^+}\left[C_{klij}\frac{\partial U_{im}}{\partial x_j}(\boldsymbol{x}-\boldsymbol{X})n_k(\boldsymbol{x})u_l^{\text{sca}}(\boldsymbol{x})-C_{klij}\frac{\partial u_i^{\text{sca}}}{\partial x_j}(\boldsymbol{x})n_k(\boldsymbol{x})U_{lm}(\boldsymbol{x}-\boldsymbol{X})\right]\mathrm{d}S(\boldsymbol{x})$$

$$=\begin{cases}u_m^{\text{sca}}(\boldsymbol{X}), & \boldsymbol{X}\in D/V\\ -u_m^{\text{sca}}(\boldsymbol{X})/2, & \boldsymbol{X}\in S^-/S',S,S^+\\ 0, & \boldsymbol{X}\in V\end{cases} \tag{5.49}$$

由式（5.44）和式（5.47）可得，式（5.48）中在 S'，以及式（5.49）中 S^-/S' 和 S^+ 的积分为零，两个方程都只剩下对 S 的积分。注意到缺陷表面的应力为零，将式（5.45）与式（5.48）相加，得到 D 域中 $\boldsymbol{X}$ 点位移的基本散射方程如下：

$$\int_S C_{klij}\frac{\partial U_{im}(\boldsymbol{x}-\boldsymbol{X})}{\partial x_j}n_k(\boldsymbol{x})u_l(\boldsymbol{x})\mathrm{d}S(\boldsymbol{x})=u_m^{\text{sca}}(\boldsymbol{X}),\quad \boldsymbol{X}\in D/V \tag{5.50}$$

其中，$u_l(\boldsymbol{x})=u_l^{\text{inc}}(\boldsymbol{x})+u_l^{\text{sca}}(\boldsymbol{x})$。

空间傅里叶积分及其逆变换将在以下推导中介绍：

$$\bar{\bar{U}}_{im}(\xi_1,\xi_2,\boldsymbol{X})=\int_{-\infty}^{+\infty}\int_{-\infty}^{+\infty}U_{im}(x_1,x_2,\boldsymbol{X})\mathrm{e}^{+\mathrm{i}(\xi_2x_2+\xi_1x_1)}\mathrm{d}x_2x_1 \tag{5.51}$$

$$U_{im}(x_1,x_2,\boldsymbol{X})=\frac{1}{4\pi}\int_{-\infty}^{+\infty}\int_{-\infty}^{+\infty}\bar{\bar{U}}_{im}(\xi_1,\xi_2,\boldsymbol{X})\mathrm{e}^{-\mathrm{i}(\xi_2x_2+\xi_1x_1)}\mathrm{d}\xi_2\mathrm{d}\xi_1 \tag{5.52}$$

首先，利用傅里叶变换方法推导出无限介质中激发简谐点力而引起的奇异位移场的基本解 $U_{im}^{\text{fun}}(\boldsymbol{x},\boldsymbol{X})$[7]。在不考虑边界条件的情况下，对式（5.46）进行空间傅里叶变换，得到无限域中变换后的基本解 $\bar{\bar{U}}_{im}^{\text{fun}}$ 为

$$\bar{\bar{U}}_{im}^{\text{fun}}(\xi_1,\xi_2,\boldsymbol{X})=\frac{(\xi^2-k_L^2)k_T^2\delta_{im}-(k_T^2-k_L^2)\xi_i\xi_m}{(\xi^2-k_L^2)(\xi^2-k_T^2)}\cdot\frac{\exp(+\mathrm{i}\xi_nX_n)}{\rho\omega^2} \tag{5.53}$$

其中，$\xi^2=\xi_i\xi_i$；k_L 和 k_T 分别为纵波和横波的波数，即 $k_L=\omega/c_L$，$k_T=\omega/c_T$。

然后，应用傅里叶逆变换后，可以得到基本解的位移分量对于 ξ_1 的积分表达式：

$$U_{11}^{\text{fun}}(\boldsymbol{x}-\boldsymbol{X})=\frac{1}{4\pi\rho\omega^2}\int_{-\infty}^{\infty}\mathrm{e}^{-\mathrm{i}\xi_1(x_1-X_1)}\left(\frac{\xi_1^2}{R_L}\mathrm{e}^{-R_L|x_2-X_2|}-R_T\mathrm{e}^{-R_T|x_2-X_2|}\right)\mathrm{d}\xi_1 \tag{5.54}$$

$$U_{12}^{\text{fun}}(\boldsymbol{x}-\boldsymbol{X})=\frac{1}{4\pi\rho\omega^2}\int_{-\infty}^{\infty}\mathrm{e}^{-\mathrm{i}\xi_1(x_1-X_1)}(-\mathrm{i}\xi_1\mathrm{e}^{-R_L|x_2-X_2|}+\mathrm{i}\xi_1\mathrm{e}^{-R_T|x_2-X_2|})\cdot\operatorname{sgn}(x_2-X_2)\mathrm{d}\xi_1 \tag{5.55}$$

$$U_{22}^{\text{fun}}(\boldsymbol{x}-\boldsymbol{X})=\frac{1}{4\pi\rho\omega^2}\int_{-\infty}^{\infty}\mathrm{e}^{-\mathrm{i}\xi_1(x_1-X_1)}\left(-R_L\mathrm{e}^{-R_L|x_2-X_2|}+\frac{\xi_1^2}{R_T}\mathrm{e}^{-R_T|x_2-X_2|}\right)\mathrm{d}\xi_1 \tag{5.56}$$

其中，$R_L=\sqrt{\xi_1^2-k_L^2}(|\xi_1|>|k_L|)$ 或 $R_L=-\mathrm{i}\sqrt{k_L^2-\xi_1^2}(|k_L|>|\xi_1|)$，并且 $R_T=\sqrt{\xi_1^2-k_T^2}$ $(|\xi_1|>|k_T|)$ 或 $R_T=-\mathrm{i}\sqrt{k_T^2-\xi_1^2}(|k_T|>|\xi_1|)$。同时，注意 $U_{12}^{\mathrm{fun}}(\boldsymbol{x}-\boldsymbol{X})=U_{21}^{\mathrm{fun}}(\boldsymbol{x}-\boldsymbol{X})$。

在式（5.54）～式（5.56）中，基本解表示为不同传播方向的平面波的叠加。然后，对于目前问题，应在基本解中加入边界反射波的影响，使平板波导中的格林函数完全成立，即 $U_{im}=U_{im}^{\mathrm{fun}}+U_{im}^{\mathrm{ref}}$。其中，$U_{im}^{\mathrm{ref}}$ 表示由于基本解在板的上下表面（图 5.22）的反射而产生的“反射波”。假设反射波可以用与式（5.54）～式（5.56）所示的基本解类似的积分形式表达，这里引入以下标量和向量势：

$$\Phi_m=\frac{1}{2\pi}\int_{-\infty}^{\infty}(A_{1m}\sinh(R_Lx_2)+A_{2m}\cosh(R_Lx_2))\mathrm{e}^{-\mathrm{i}\xi_1x_1}\mathrm{d}\xi_1 \tag{5.57}$$

$$\Psi_m=\frac{1}{2\pi}\int_{-\infty}^{\infty}(B_{1m}\sinh(R_Tx_2)+B_{2m}\cosh(R_Tx_2))\mathrm{e}^{-\mathrm{i}\xi_1x_1}\mathrm{d}\xi_1 \tag{5.58}$$

位移记为

$$U_{1m}^{\mathrm{ref}}=\Phi_{m,1}+\Psi_{m,2},\quad U_{2m}^{\mathrm{ref}}=\Phi_{m,2}-\Psi_{m,1} \tag{5.59}$$

其中，下标 $m=1,2$ 对应于施加在源点上的点力的方向。

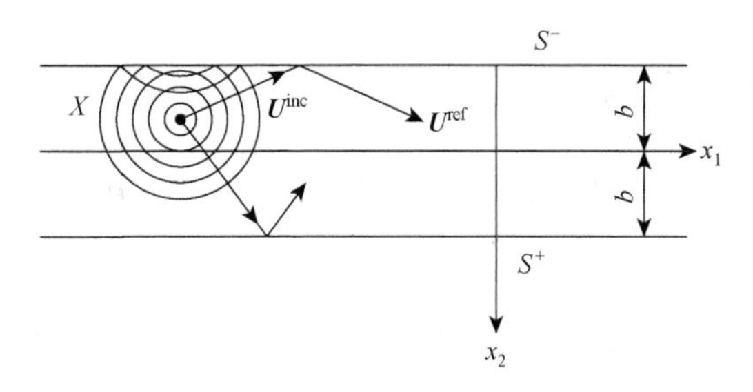

图 5.22　格林函数：入射部分和反射部分

因为总格林函数 U_{im} 在上下边界 $S^{\pm}$ 满足应力自由条件，所以式（5.57）和式（5.58）中的系数 A_{1m}、A_{2m}、B_{1m}、B_{2m} 可以通过将式（5.54）～式（5.56）代入边界条件（5.47）确定，即

$$C_{22kl}\frac{\partial U_{km}(\boldsymbol{x}-\boldsymbol{X})}{\partial x_l}n_2(\boldsymbol{x})\bigg|_{x=\pm b}=(\lambda+2\mu)U_{2m,2}\big|_{x=\pm b}+\lambda U_{1m,1}\big|_{x=\pm b}=0 \tag{5.60}$$

$$C_{12kl}\frac{\partial U_{km}(\boldsymbol{x}-\boldsymbol{X})}{\partial x_l}n_2(\boldsymbol{x})\bigg|_{x=\pm b}=\mu U_{1m,2}\big|_{x=\pm b}+\mu U_{2m,1}\big|_{x=\pm b}=0 \tag{5.61}$$

经过计算，最终得到格林函数的反射部分为

$$U_{11}^{\text{ref}}(\boldsymbol{x}-\boldsymbol{X})=\frac{-1}{4\pi\rho\omega^2}\int_{-\infty}^{\infty}\{[p_1^I(\xi_1,x_2)P_1^I(\xi_1,X_2)+q_1^I(\xi_1,x_2)Q_1^I(\xi_1,X_2)]/\det I(\xi_1)$$
$$+[p_1^{II}(\xi_1,x_2)P_1^{II}(\xi_1,X_2)+q_1^{II}(\xi_1,x_2)Q_1^{II}(\xi_1,X_2)]/\det II(\xi_1)\}\cdot \mathrm{e}^{-\mathrm{i}\xi_1(x_1-X_1)}\mathrm{d}\xi_1 \tag{5.62}$$

$$U_{21}^{\text{ref}}(\boldsymbol{x}-\boldsymbol{X})=\frac{-1}{4\pi\rho\omega^2}\int_{-\infty}^{\infty}\left\{\left[\frac{\mathrm{i}\xi_1}{R_T}p_2^I(\xi_1,x_2)P_1^I(\xi_1,X_2)+\frac{\mathrm{i}R_L}{\xi_1}q_2^I(\xi_1,x_2)Q_1^I(\xi_1,X_2)\right]\middle/\det I(\xi_1)\right.$$
$$\left.+\left[\frac{\mathrm{i}\xi_1}{R_T}p_2^{II}(\xi_1,x_2)P_1^{II}(\xi_1,X_2)+\frac{\mathrm{i}R_L}{\xi_1}q_2^{II}(\xi_1,x_2)Q_1^{II}(\xi_1,X_2)\right]\middle/\det II(\xi_1)\right\}\cdot \mathrm{e}^{-\mathrm{i}\xi_1(x_1-X_1)}\mathrm{d}\xi_1 \tag{5.63}$$

$$U_{12}^{\text{ref}}(\boldsymbol{x}-\boldsymbol{X})=\frac{-1}{4\pi\rho\omega^2}\int_{-\infty}^{\infty}\left\{\left[\frac{R_T}{\mathrm{i}\xi_1}p_1^I(\xi_1,x_2)P_2^I(\xi_1,X_2)+\frac{\xi_1}{\mathrm{i}R_L}q_1^I(\xi_1,x_2)Q_2^I(\xi_1,X_2)\right]\middle/\det I(\xi_1)\right.$$
$$\left.+\left[\frac{R_T}{\mathrm{i}\xi_1}p_1^{II}(\xi_1,x_2)P_2^{II}(\xi_1,X_2)+\frac{\xi_1}{\mathrm{i}R_L}q_1^{II}(\xi_1,x_2)Q_2^{II}(\xi_1,X_2)\right]\middle/\det II(\xi_1)\right\}\cdot \mathrm{e}^{-\mathrm{i}\xi_1(x_1-X_1)}\mathrm{d}\xi_1 \tag{5.64}$$

$$U_{22}^{\text{ref}}(\boldsymbol{x}-\boldsymbol{X})=\frac{-1}{4\pi\rho\omega^2}\int_{-\infty}^{\infty}\{[p_2^I(\xi_1,x_2)P_2^I(\xi_1,X_2)+q_2^I(\xi_1,x_2)Q_2^I(\xi_1,X_2)]/\det I(\xi_1)$$
$$+[p_2^{II}(\xi_1,x_2)P_2^{II}(\xi_1,X_2)+q_2^{II}(\xi_1,x_2)Q_2^{II}(\xi_1,X_2)]/\det II(\xi_1)\}\cdot \mathrm{e}^{-\mathrm{i}\xi_1(x_1-X_1)}\mathrm{d}\xi_1 \tag{5.65}$$

其中，函数 p_i^α 、 P_i^α 、 q_i^α 、 Q_i^α 和 $\det\alpha$ （ $i=1,2;\ \alpha=I,II$ ）列在附录 B 中。

如果点 $\boldsymbol{X}$ 距离 $\boldsymbol{x}$ 足够远，则 U_{im}^{fun} 衰减，只有 U_{im}^{ref} 仍然存在（ $i,m=1,2$ ）。利用柯西积分理论，可将格林函数的远场表达式化为式（5.62）～式（5.65）中积分的残差（详见附录 A），写成一系列对称和反对称 Lamb 波模态的形式。

$$U_{ij}(\boldsymbol{x}-\boldsymbol{X})\approx$$
$$\frac{-\mathrm{i}}{2\rho\omega^2}\left[\sum_n\frac{A_iB_jp_i^I(\xi_1,x_2)p_j^I(\xi_1,X_2)\mathrm{e}^{-\mathrm{i}\xi_1|x_1-X_1|}}{\cosh(R_Lb)\cosh(R_Tb)\dfrac{\partial\det I}{\partial\xi_1}}\right|_{\xi_1=\zeta_n}+\left.\sum_n\frac{A_iB_jp_i^{II}(\xi_1,x_2)p_j^{II}(\xi_1,X_2)\mathrm{e}^{-\mathrm{i}\xi_1|x_1-X_1|}}{\sinh(R_Lb)\sinh(R_Tb)\dfrac{\partial\det II}{\partial\xi_1}}\right|_{\xi_1=\eta_n}\Bigg] \tag{5.66}$$

其中，参数 A_i 和 B_i （ $i=1,2$ ）定义为

$$A_1=R_L^{1/2},\quad A_2=\mp\mathrm{i}\xi_1R_L^{-1/2},\quad B_1=R_T^{1/2},\quad B_1=\pm\mathrm{i}\xi_1R_T^{-1/2}$$

注意到，这里波数 ζ_n 和 η_n 分别是 $\det I(\xi_1)=0$ 和 $\det II(\xi_1)=0$ 的正根。当 $x_1 > X_1$ 时，A_2 是负的，否则为正。B_2 反之亦然。

本章所研究的反问题是根据远场观测到的散射波来确定减薄表面 S 的形状。面 S 与散射位移场 u_m^{sca} 之间的非线性关系由式（5.50）给出。为了使反问题的公式线性化，在式（5.50）中引入了一些近似。第一个采用的是 Born 近似，将式（5.50）中的未知总波场替换为已知入射波场。于是，式（5.50）化为

$$\int_S C_{klij}\frac{\partial U_{im}(\boldsymbol{x}-\boldsymbol{X})}{\partial x_j}n_k(\boldsymbol{x})u_l(\boldsymbol{x})\mathrm{d}S(\boldsymbol{x})\approx\int_S C_{klij}\frac{\partial U_{im}(\boldsymbol{x}-\boldsymbol{X})}{\partial x_j}n_k(\boldsymbol{x})u_l^{\text{inc}}(\boldsymbol{x})\mathrm{d}S(\boldsymbol{x})$$
$$=u_m^{\text{sca}}(\boldsymbol{X}),\quad \boldsymbol{X}\in D/V \tag{5.67}$$

使用高斯定理，可将式（5.67）写成体积积分的形式：

$$\int_S C_{klij}\frac{\partial U_{im}(\boldsymbol{x}-\boldsymbol{X})}{\partial x_j}n_k(\boldsymbol{x})u_l^{\text{inc}}(\boldsymbol{x})\mathrm{d}S(\boldsymbol{x})=\int_V\frac{\partial}{\partial x_k}\left\{C_{klij}\frac{\partial U_{im}(\boldsymbol{x}-\boldsymbol{X})}{\partial x_j}u_l^{\text{inc}}(\boldsymbol{x})\right\}\mathrm{d}V(\boldsymbol{x})$$
$$=\int_V\left\{-\rho\omega^2U_{lm}(\boldsymbol{x}-\boldsymbol{X})u_l^{\text{inc}}(\boldsymbol{x})+C_{klij}\frac{\partial U_{im}(\boldsymbol{x}-\boldsymbol{X})}{\partial x_j}\frac{\partial u_l^{\text{inc}}(\boldsymbol{x})}{\partial x_k}\right\}\mathrm{d}V(\boldsymbol{x})=u_m^{\text{sca}}(\boldsymbol{X}),\quad \boldsymbol{X}\in D/V \tag{5.68}$$

由于是各向均质同性材料，所以有 $C_{klij}/\rho=(c_L^2-2c_T^2)\delta_{ij}\delta_{kl}+c_T^2(\delta_{ik}\delta_{jl}+\delta_{il}\delta_{jk})$。因此，式（5.68）的显式表达式如下：

$$\begin{aligned}&\int_V[-u_1^{\text{inc}}(\boldsymbol{x})\rho\omega^2U_{1m}(\boldsymbol{x}-\boldsymbol{X})-u_2^{\text{inc}}(\boldsymbol{x})\rho\omega^2U_{2m}(\boldsymbol{x}-\boldsymbol{X})\\&+\rho c_L^2(U_{1m,1}(\boldsymbol{x}-\boldsymbol{X})u_{1,1}^{\text{inc}}(\boldsymbol{x})+U_{2m,2}(\boldsymbol{x}-\boldsymbol{X})u_{2,2}^{\text{inc}}(\boldsymbol{x}))\\&+\rho(c_L^2-2c_T^2)(U_{2m,2}(\boldsymbol{x}-\boldsymbol{X})u_{1,1}^{\text{inc}}(\boldsymbol{x})+U_{1m,1}(\boldsymbol{x}-\boldsymbol{X})u_{2,2}^{\text{inc}}(\boldsymbol{x}))\\&+\rho c_T^2(U_{1m,2}(\boldsymbol{x}-\boldsymbol{X})+U_{2m,1}(\boldsymbol{x}-\boldsymbol{X}))(u_{1,2}^{\text{inc}}(\boldsymbol{x})+u_{2,1}^{\text{inc}}(\boldsymbol{x}))]\mathrm{d}V=u_m^{\text{sca}}(\boldsymbol{X}),\quad \boldsymbol{X}\in D/V\end{aligned} \tag{5.69}$$

假设入射波为对称模态，其水平波数为 $\zeta_{\hat{n}}$，振幅为 $A_{\hat{n}}^{\text{inc}}$，从图 5.21 中的右侧激发，即

$$u_1^{\text{inc}}=A_{\hat{n}}^{\text{inc}}p_1^I(x_2)\mathrm{e}^{+\mathrm{i}\zeta_{\hat{n}}x_1},\quad u_2^{\text{inc}}=-A_{\hat{n}}^{\text{inc}}\frac{\mathrm{i}\zeta_{\hat{n}}}{R_{T\hat{n}}}p_2^I(x_2)\mathrm{e}^{+\mathrm{i}\zeta_{\hat{n}}x_1} \tag{5.70}$$

在此，定义 $R_{T\hat{n}}=R_T|_{\xi_1=\xi_{\hat{n}}}$，$R_{L\hat{n}}=R_L|_{\xi_1=\xi_{\hat{n}}}$。

第二个近似是远场近似。对于 $X_1\to\infty$ 的情况，散射波场变为反射波场，并假设只有与入射波模态相同的反射波场才能用于反演分析。因此，在式（5.66）中，只有波数为 $\zeta_{\hat{n}}$ 的特定模态的项保留在远场格林函数中。将由式（5.28）给定的入射波和远场表达式（5.66）代入式（5.67），并利用高斯定理，对于 $m=1$ 的情况，有

$$\int_{-\infty}^{\infty}\int_{-b}^{-b+d(x_1)}[F_{11}^{+}\cosh^2(R_{L\hat{n}}x_2)+F_{22}^{+}\cosh^2(R_{T\hat{n}}x_2)+F_{12}^{+}\cosh(R_{L\hat{n}}x_2)\cosh(R_{T\hat{n}}x_2)$$
$$+F_{11}^{-}\cosh^2(R_{L\hat{n}}x_2)+F_{22}^{-}\sinh^2(R_{T\hat{n}}x_2)+F_{12}^{-}\sinh(R_{L\hat{n}}x_2)\sinh(R_{T\hat{n}}x_2)]\mathrm{e}^{+2\mathrm{i}\zeta_{\hat{n}}x_1}\mathrm{d}x_2\mathrm{d}x_1$$
$$\times\frac{A_{\hat{n}}^{\mathrm{inc}}p_1^I(\zeta_{\hat{n}},X_2)\mathrm{e}^{-\mathrm{i}\zeta_{\hat{n}}X_1}}{\cosh(R_{L\hat{n}}b)\cosh(R_{T\hat{n}}b)\dfrac{\partial\det I}{\partial\zeta_1}(\zeta_{\hat{n}})}=u_1^{\mathrm{ref}}(\boldsymbol{X}),\quad X_1\to\infty \tag{5.71}$$

其中，$d(x_1)$ 作为关于 x_1 的函数，代表如图 5.21 所示的减薄部分的深度。这里，体积积分写成在 x_1 和 x_2 方向上的二重积分的形式。$F_{ij}^{\pm}$ 是关于 $\zeta_{\hat{n}}$ 的表达式，列在附录 B 中。

假设裂纹深度与板厚相比非常小，可以忽略双曲线函数的高阶项，这是公式中的第三种近似。因此，式（5.71）中关于 x_2 坐标的内部积分可以近似为 $d(x_1)$ 的线性函数：

$$\int_{-b}^{-b+d(x_1)}\cosh(R_{L\hat{n}}x_2)\cosh(R_{T\hat{n}}x_2)\mathrm{d}x_2\approx\frac{\cosh(R_{L\hat{n}}+R_{T\hat{n}})b+\cosh(R_{L\hat{n}}-R_{T\hat{n}})b}{2}d(x_1) \tag{5.72}$$

因此，式（5.71）化为

$$[F_{11}^{+}(1+\cosh(2R_{L\hat{n}}b))+F_{22}^{+}(1+\cosh(2R_{T\hat{n}}b))+F_{12}^{+}(\cosh(R_{L\hat{n}}+R_{T\hat{n}})b+\cosh(R_{L\hat{n}}-R_{T\hat{n}})b)$$
$$+F_{11}^{-}(-1+\cosh(2R_{L\hat{n}}b))+F_{22}^{-}(-1+\cosh(2R_{T\hat{n}}b))+F_{12}^{-}(\cosh(R_{L\hat{n}}+R_{T\hat{n}})b-\cosh(R_{L\hat{n}}-R_{T\hat{n}})b)]$$
$$\times\frac{A_{\hat{n}}^{\mathrm{inc}}}{\cosh(R_{L\hat{n}}b)\cosh(R_{T\hat{n}}b)\dfrac{\partial\det I}{\partial\zeta_1}(\zeta_{\hat{n}})}\int_{-\infty}^{\infty}d(x_1)\cdot\mathrm{e}^{+2\mathrm{i}\zeta_{\hat{n}}x_1}\mathrm{d}x_1\times p_1^I(\zeta_{\hat{n}},X_2)\mathrm{e}^{-\mathrm{i}\zeta_{\hat{n}}X_1}$$
$$=u_1^{\mathrm{ref}}(\boldsymbol{X}) \tag{5.73}$$

式（5.73）的右边，$p_1^I(\zeta_{\hat{n}},X_2)\mathrm{e}^{-\mathrm{i}\zeta_{\hat{n}}X_1}$ 这一项表示单位振幅和波数为 $\zeta_{\hat{n}}$ 的单一反射波模态的表达式。于是，如果积分前的其他项称为 $A_{\hat{n}}^{\mathrm{inc}}G(\zeta_{\hat{n}})$，那么 $A_{\hat{n}}^{\mathrm{inc}}G(\zeta_{\hat{n}})\int_{-\infty}^{\infty}d(x_1)\mathrm{e}^{+2\mathrm{i}\zeta_{\hat{n}}x_1}\mathrm{d}x_1$ 项对应于反射波的振幅。因此，由 $C_{\hat{n}}^{\mathrm{ref}}=A_{\hat{n}}^{\mathrm{ref}}/A_{\hat{n}}^{\mathrm{inc}}$ 定义的反射系数为

$$C_{\hat{n}}^{\mathrm{ref}}=\frac{A_{\hat{n}}^{\mathrm{ref}}}{A_{\hat{n}}^{\mathrm{inc}}}=G(\zeta_{\hat{n}})\int_{-\infty}^{\infty}d(x_1)\mathrm{e}^{+2\mathrm{i}\zeta_{\hat{n}}x_1}\mathrm{d}x_1 \tag{5.74}$$

由于积分 $\int_{-\infty}^{\infty}d(x_1)\mathrm{e}^{+2\mathrm{i}\zeta_{\hat{n}}x_1}\mathrm{d}x_1$ 是关于 $d(x_1)$ 的傅里叶积分，所以减薄部分的深度 $d(x_1)$ 可以通过如下傅里叶逆变换得到，即

$$d(x_1)=\int_{-\infty}^{\infty}G^{-1}(\zeta_{\hat{n}})C_{\hat{n}}^{\mathrm{ref}}\mathrm{e}^{-2\mathrm{i}\zeta_{\hat{n}}x_1}\mathrm{d}(2\zeta_{\hat{n}}) \tag{5.75}$$

如果已知某一波数或频率范围内其他特定波形的反射系数，则可以对该波形采用类似的公式推导方法。

5.4.2　数值算例

本节通过一些数值算例来论证前面提到的反演方法的有效性和准确性。如图 5.23 所示，数值模型为一个上表面存在人工 V 形减薄缺陷的二维平板，在其右侧激发第 1 阶对称模态 Lamb 波，并向左侧传播。采用模态激励法计算出第 1 阶对称模态在一定频率范围内的反射系数，并将其代入式（5.75），这样就可以由 Lamb 波的反射系数重构出平板减薄深度的函数 $d(x_1)$。在接下来的算例中，最大深度 $d_{\max}$、宽度 w 和频率的范围（波数 $b\omega/c_T$）作为数值计算的参数。

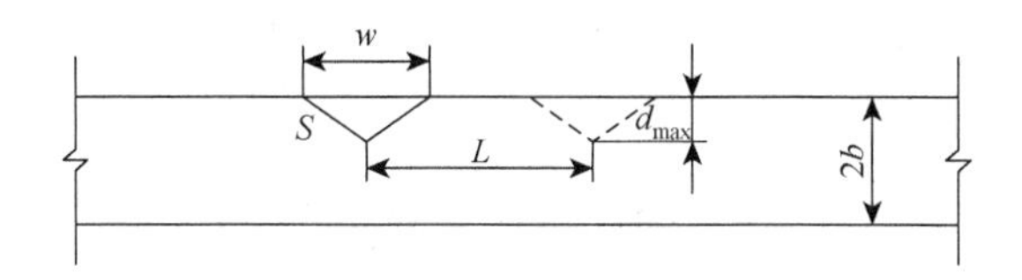

图 5.23　数值模型

首先考虑单切口缺陷模型，缺陷宽度都为 $w/b=2.0$，最大深度分别为 $d_{\max}/b=0.1$、0.2 和 0.3。对于每一种模型，式（5.75）中的积分区间考虑了三个频率范围，即 $b\omega/c_T=0\sim6.0$、$0\sim2.5$ 和 $0\sim1.5$。图 5.24 为第一阶对称模态 Lamb 波反射系数绝对值随归一化频率 $b\omega/c_T$ 的函数，由振型激励法得到并作为反演分析的输入数据。图 5.25（a）～（c）分别为由式（5.33）重构的不同缺陷模型（$d_{\max}/b=0.1$、0.2 和 0.3）的函数 $d(x_1)$。从图中可以看出，根据反射系数可以很好地重构缺陷的深度。另外，使用不同的频率范围 $b\omega/c_T=0\sim6.0$ 和 $0\sim2.5$，对重构缺陷深度几乎没有影响。通过参数研究发现，当 $d_{\max}/b<0.5$ 时，浅层缺陷的深度评估误差可控制在 10%以内。但随着缺陷的加深，如 $d_{\max}/b>0.5$，由式（5.72）引入的线性近似是无效的，无法精确评估缺陷深度。

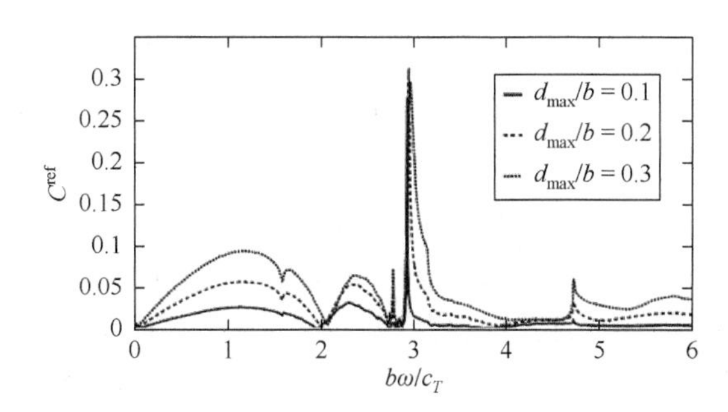

图 5.24　$w/b=2.0$、$d_{\max}/b=0.1$、0.2 和 0.3 时单切口模型的反射系数绝对值

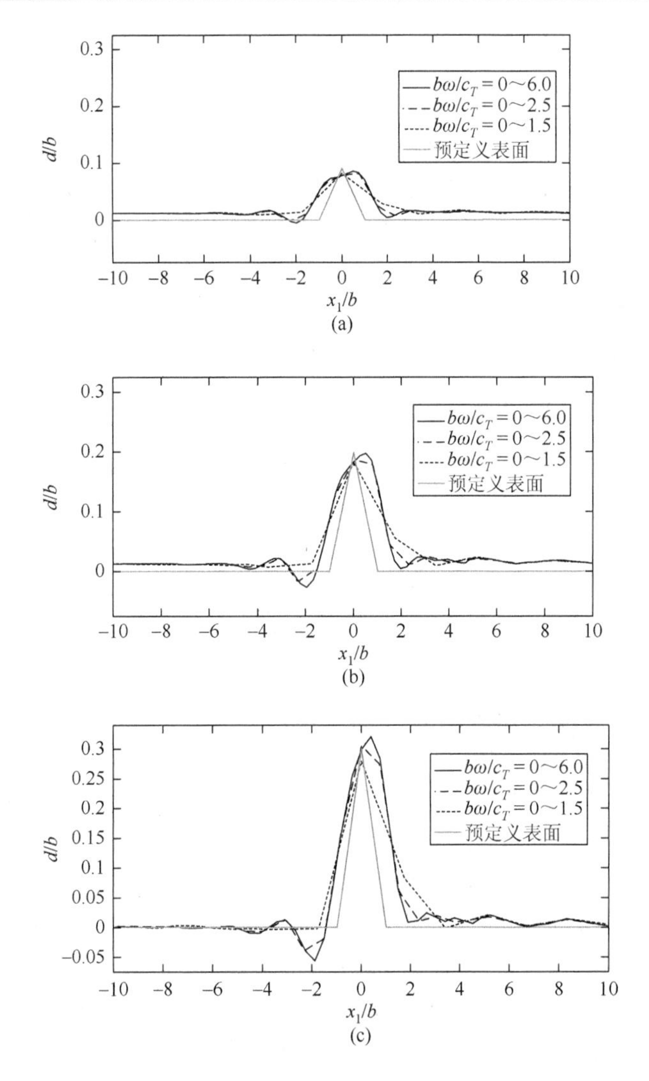

图 5.25　对不同深度的单切口模型的重构结果和原始缺陷形状

同时，也注意到频率范围的选择对宽度重构的精度有很大影响。如果将反演得到的缺陷宽度定义为“主瓣左右两侧的第一个拐点”之间的距离，则 $b\omega/c_T=0\sim1.5$ 情况下的重构宽度可达到实际值的两倍。对于频率范围 $b\omega/c_T=0\sim2.5$、$0\sim6.0$，宽度评估结果超过了实际宽度的 25%。然而，由于 $b\omega/c_T=0\sim2.5$ 和 $0\sim6.0$ 的结果没有显著差异，可以看出在 $w/b=2.0$ 的情况下，$b\omega/c_T=2.5\sim6.0$ 的高频部分对缺陷宽度的反演重构精度没有重要作用。此外，注意到重构函数 $d(x_1)$ 在没有缺陷的区域具有一个非零常数值，这可能是由正问题分析过程中在非常低的频率处的数值误差导致的。

接下来考虑单切口缺陷模型，缺陷最大深度都为 $d_{\max}/b=0.2$，宽度分别为 $w/b=1.0$、3.0 和 5.0，重构结果如图 5.26（a）～（c）所示。可以看出，深度反演精度受参数 w 的影响较大。对于图 5.26（a）所示的较窄缺陷，评估结果较实际深度大约减小 25%。随着缺陷变得更宽（图 5.26（b）和（c）），重构的深度值逐渐增大，当 $w/b=5.0$ 时，评估结果比实际深度约增加 25%，如图 5.26（c）所示。另外，在所有这些情况下，重构的宽度在精度上几乎保持相同的程度。

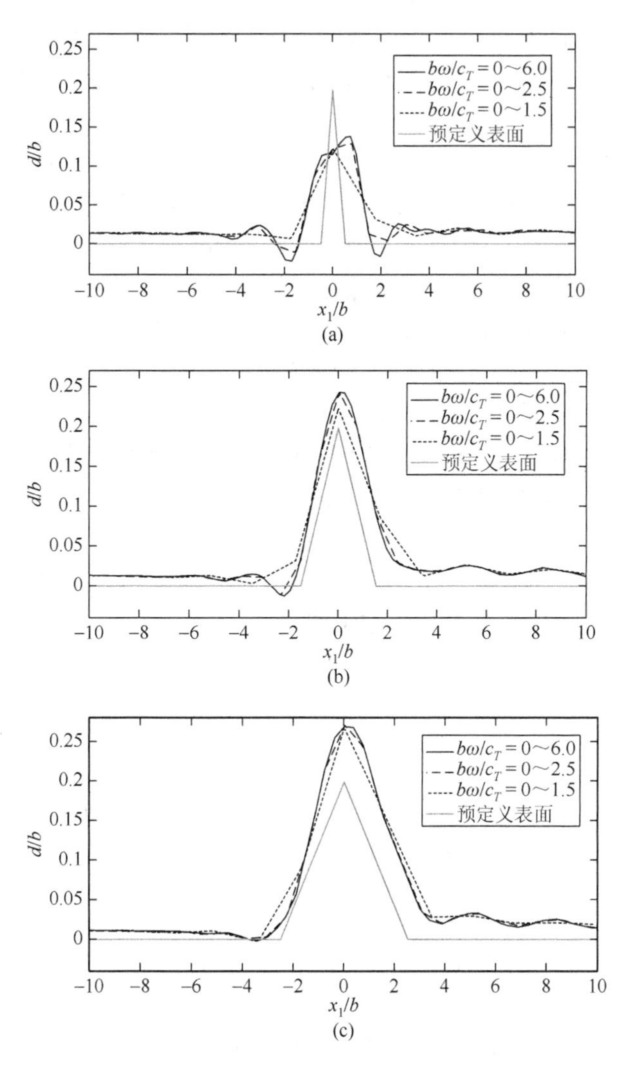

图 5.26　对不同宽度的单切口模型的重构结果和原始缺陷形状

图 5.26（a）～（c）中出现误差的原因如下：对于较窄的缺陷，为了获得较好的形状重构精度，需要较高频率部分的反射系数，而本书反演方法在高频范围精度较低。对于较大的缺陷，随着缺陷在水平方向上变得平坦且较长，Born 近似可能会再次逐渐失去准确性。当深度 d_{max} 不变时，反射系数随着缺陷宽度 w 的增大而减小。当宽度大于 $w/b=5.0$ 时，缺陷的反射系数很难检测出来，特别是在高频段。

还应注意到，在大多数情况下，重构深度的基线在一个小的偏离零的恒定值下。这种误差可能是由采用振兴激励方法求解正问题时反射系数在低频段下的不准确造成的。因此，需要研究和使用一种更精确的用于低频区域求解方法来减小这种误差。

通过以上数值算例可以得出，虽然缺陷形状的重构并不完美，但两种频率范围的重构结果都能清晰地显示出缺陷的位置。本书反演方法的适用范围为 $w/b=1.0$～5.0，$0<d_{max}/b<0.5$，在 25%的误差范围内。

最后一个算例是针对双切口缺陷的情况，如图 5.23 中的虚线所示。双 V 形减薄缺陷的几何构型为宽度 $w/b=2.0$，深度 $d_{max}/b=0.2$，间距 $L/b=5.0$。图 5.27 为归一化波数 $b\omega/c_T=0$～2.5 的反射系数绝对值，重构后的形状如图 5.28 所示。在重构过程中使用了频率范围 $b\omega/c_T=0$～2.5 或 0～1.5。从图 5.28 中可以看出，即使使用低频范围 $b\omega/c_T=0$～1.5 内的反射系数，也可以清晰地分辨出两个缺陷的位置。然而，对于缺陷深度的评估，图 5.28 中 $b\omega/c_T=0$～1.5 和 $b\omega/c_T=0$～2.5 的结果之间的差异比图 5.25 中大得多，这是因为双缺陷形状比单缺陷复杂，所以在反演分析中需要更高频率部分的反射系数。可以说，反演过程中的频率范围应该仔细选择，特别是对于复杂的缺陷形状。

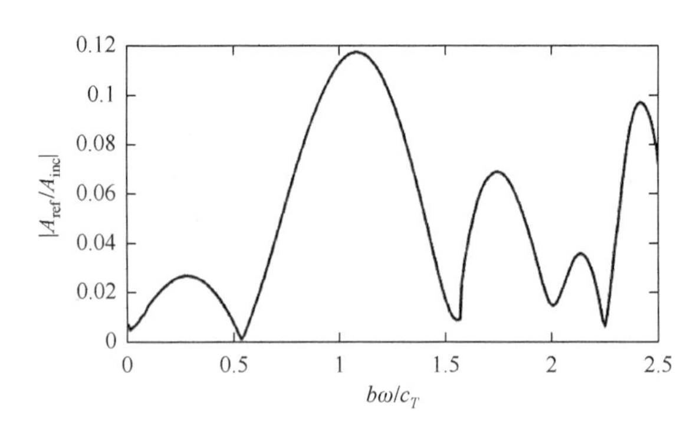

图 5.27　$w/b=2.0$、$d_{max}/b=0.2$ 和 $L/b=5.0$（双切口缺陷，第 1 阶对称模态）双切口模型反射系数绝对值

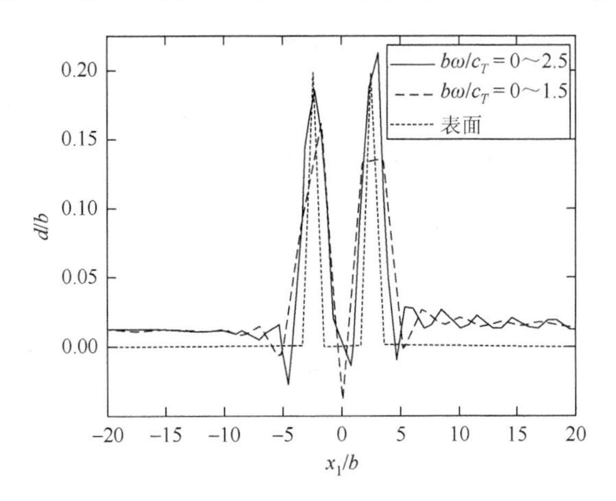

图 5.28　对双切口模型的重构结果和原始缺陷形状

5.5　基于扭转导波的管道中减薄缺陷重构

基于第 4 章对于正问题的研究，本节将采用超声导波对管道中的缺陷进行重构和分析。鉴于管道中导波模态的复杂性，无法采用所有模态进行缺陷重构，从而必须挑选合适的模态进行反演，以得到精度较高的重构结果。模态选择中应该遵守两个基本原则：①导波模态的截止频率较低；②导波模态的稳定性较好。这是因为截止频率较低的导波无论是在实验还是在仿真中都利于分析和计算，而高频导波模态耦合严重，在实验分析和数值仿真中都难以区别。另外，导波模态的稳定性好，主要是因为有些模态对网格质量要求较高，所以在计算此类模态的散射波场时，网格的疏密导致结果误差较大，从而无法达到反演要求的精度。

综上所述，这里首先进行重构理论的推导，然后采用最简单且稳定性最好的扭转模态（ $T(0,1)$ ）对轴对称缺陷进行分析和重构。

5.5.1　采用扭转模态进行缺陷重构的理论推导

缺陷的重构是基于管道中缺陷区域散射波场的积分，下面介绍其具体推导过程。根据边界积分方程，可以分别得到关于散射波场和入射波场的边界积分方程[8]：

$$\int_S [\boldsymbol{T}(\boldsymbol{x}-\boldsymbol{X})\boldsymbol{u}^{\text{sca}}(\boldsymbol{x})-\boldsymbol{U}(\boldsymbol{x}-\boldsymbol{X})\boldsymbol{t}^{\text{sca}}(\boldsymbol{x})]\mathrm{d}S(\boldsymbol{x})=\begin{cases}\boldsymbol{u}^{\text{sca}}(\boldsymbol{X}), & \boldsymbol{X}\notin V\\ \boldsymbol{u}^{\text{sca}}(\boldsymbol{X})/2, & \boldsymbol{X}\text{在}S\text{上}\\ \boldsymbol{0}, & \boldsymbol{X}\in V\end{cases}\quad(5.76)$$

和

$$\int_S [\boldsymbol{T}(\boldsymbol{x}-\boldsymbol{X})\boldsymbol{u}^{\text{inc}}(\boldsymbol{x})-\boldsymbol{U}(\boldsymbol{x}-\boldsymbol{X})\boldsymbol{t}^{\text{inc}}(\boldsymbol{x})]\mathrm{d}S(\boldsymbol{x})=\begin{cases}\boldsymbol{0}, & \boldsymbol{X}\notin V\\ -\boldsymbol{u}^{\text{inc}}(\boldsymbol{X})/2, & \boldsymbol{X}\text{在}S\text{上}\\ -\boldsymbol{u}^{\text{inc}}(\boldsymbol{X}), & \boldsymbol{X}\in V\end{cases} \quad (5.77)$$

将式（5.76）和式（5.77）相加，得到

$$\int_S [\boldsymbol{T}(\boldsymbol{x}-\boldsymbol{X})\boldsymbol{u}^{\text{tot}}(\boldsymbol{x})-\boldsymbol{U}(\boldsymbol{x}-\boldsymbol{X})\boldsymbol{t}^{\text{tot}}(\boldsymbol{x})]\mathrm{d}S(\boldsymbol{x})=\begin{cases}\boldsymbol{u}^{\text{sca}}(\boldsymbol{X}), & \boldsymbol{X}\notin V\\ (\boldsymbol{u}^{\text{sca}}(\boldsymbol{X})-\boldsymbol{u}^{\text{inc}}(\boldsymbol{X}))/2, & \boldsymbol{X}\text{在}S\text{上}\\ -\boldsymbol{u}^{\text{inc}}(\boldsymbol{X}), & \boldsymbol{X}\in V\end{cases} \quad (5.78)$$

其中，$\boldsymbol{u}^{\text{tot}}(\boldsymbol{x})=\boldsymbol{u}^{\text{inc}}(\boldsymbol{x})+\boldsymbol{u}^{\text{sca}}(\boldsymbol{x})$、$\boldsymbol{t}^{\text{tot}}(\boldsymbol{x})=\boldsymbol{t}^{\text{inc}}(\boldsymbol{x})+\boldsymbol{t}^{\text{sca}}(\boldsymbol{x})$ 分别表示总场的位移和力；V 表示管道中的缺陷区域；S 表示缺陷的表面；$\boldsymbol{x}$ 和 $\boldsymbol{X}$ 分别表示场点和源点的坐标。

这里需要强调，$\boldsymbol{U}(\boldsymbol{x}-\boldsymbol{X})$ 和 $\boldsymbol{T}(\boldsymbol{x}-\boldsymbol{X})$ 是管道中位移和力的基本解，虽然该基本解可以通过第 1 章中的半解析法求出，但 $\boldsymbol{U}(\boldsymbol{x}-\boldsymbol{X})$ 和 $\boldsymbol{T}(\boldsymbol{x}-\boldsymbol{X})$ 仍然是非解析的，无法直接用于边界积分方程，因此需要借助数值拟合法，将非解析解变换成较为精确的解析解，然后利用拟合后的解析解进行缺陷重构。

取式（5.78）中 $\boldsymbol{X}\notin V$ 的情况，即

$$\int_S [\boldsymbol{T}(\boldsymbol{x}-\boldsymbol{X})\boldsymbol{u}^{\text{tot}}(\boldsymbol{x})-\boldsymbol{U}(\boldsymbol{x}-\boldsymbol{X})\boldsymbol{t}^{\text{tot}}(\boldsymbol{x})]\mathrm{d}S(\boldsymbol{x})=\boldsymbol{u}^{\text{sca}}(\boldsymbol{X}),\quad \boldsymbol{X}\notin V \quad (5.79)$$

因为缺陷边界处面力为零，即 $t^{\text{tot}}(\boldsymbol{x})=0$，所以式（5.79）可以进一步简化为

$$\int_S \boldsymbol{T}(\boldsymbol{x}-\boldsymbol{X})\boldsymbol{u}^{\text{tot}}(\boldsymbol{x})\mathrm{d}S(\boldsymbol{x})=\boldsymbol{u}^{\text{sca}}(\boldsymbol{X}),\quad \boldsymbol{X}\notin V \quad (5.80)$$

当缺陷深度远远小于管道壁厚时，可以将缺陷看成一个弱散射源，根据 Born 近似，此时的总场位移可以近似为入射场位移，即 $\boldsymbol{u}^{\text{tot}}(\boldsymbol{x})=\boldsymbol{u}^{\text{inc}}(\boldsymbol{x})$。因此，式（5.80）可以近似表示为

$$\int_S \boldsymbol{T}(\boldsymbol{x}-\boldsymbol{X})\boldsymbol{u}^{\text{inc}}(\boldsymbol{x})\mathrm{d}S(\boldsymbol{x})\approx\boldsymbol{u}^{\text{sca}}(\boldsymbol{X}),\quad \boldsymbol{X}\notin V \quad (5.81)$$

将式（5.81）写成坐标分量的形式，由于牵引力和应力之间存在关系 $T_j^m(\boldsymbol{x}-\boldsymbol{X})=\sigma_{ij}^m(\boldsymbol{x}-\boldsymbol{X})n_j(\boldsymbol{x})$，上、下标 $m,i,j=1,2,3$，$1,2,3$ 分别指代 r,θ,z，于是有

$$\int_S u_i^{\text{inc}}(\boldsymbol{x})\sigma_{ij}^m(\boldsymbol{x}-\boldsymbol{X})n_j(\boldsymbol{x})\mathrm{d}S(\boldsymbol{x})\approx u_m^{\text{sca}}(\boldsymbol{X}),\quad \boldsymbol{X}\notin V \quad (5.82)$$

其中，上标 m 表示源点的作用方向；$n_j(\boldsymbol{x})$ 表示法向量；$\sigma_{ij}^m(\boldsymbol{x}-\boldsymbol{X})$ 表示应力基本解。式中，重复指标表示爱因斯坦求和。

对式（5.82）采用高斯定理，将面积分转化成体积分，得

$$\int_V \nabla_j [u_i^{\mathrm{inc}}(\boldsymbol{x})\sigma_{ij}^m(\boldsymbol{x}-\boldsymbol{X})]\mathrm{d}V(\boldsymbol{x}) \approx u_m^{\mathrm{sca}}(\boldsymbol{X}), \quad \boldsymbol{X} \notin V \tag{5.83}$$

其中，$\nabla_j = (\nabla_1, \nabla_2, \nabla_3) = \left(\dfrac{\partial}{\partial r} + \dfrac{1}{r}, \dfrac{1}{r}\dfrac{\partial}{\partial \theta}, \dfrac{\partial}{\partial z}\right)$，这里所有的公式都是建立在柱坐标系中。

采用 $T(0,1)$ 扭转模态作为入射模态，此模态只有 θ 方向位移，所有模态的位移和，取其中向左（负向）传播模态 $T(0,1)$，即

$$\bar{\boldsymbol{U}}_{T01} = -\mathrm{i}\frac{k_{T01}[\phi_{T01}^{\mathrm{L}}]^{\mathrm{H}}\boldsymbol{F}_0}{B_{T01}}\phi_{T01}^{\mathrm{R}}\mathrm{e}^{-\mathrm{i}k_{T01}(z-z_{\mathrm{inc}})} \tag{5.84}$$

其中，$\bar{\boldsymbol{U}}_{T01}$ 为所有截面节点位移的列向量；ϕ_{T01}^{R} 也是列向量，通过数据拟合可以将 ϕ_{T01}^{R} 写成关于半径 r 的一次函数，即 $\phi_{T01}^{\mathrm{R}}(r) = B_{T01}(k_{T01})r$，拟合系数 $B_{T01}(k_{T01})$ 与波数 k_{T01} 有关；z_{inc} 表示入射场在 z 轴上的作用位置。

于是，得到入射场的位移方程为

$$u_1^{\mathrm{inc}}(\boldsymbol{x}) = u_3^{\mathrm{inc}}(\boldsymbol{x}) = 0, \quad u_2^{\mathrm{inc}}(\boldsymbol{x}) = A_{T01}(k_{T01})r\mathrm{e}^{-\mathrm{i}k_{T01}(z-z_{\mathrm{inc}})} \tag{5.85}$$

其中，$A_{T01}(k_{T01}) = -\mathrm{i}\dfrac{k_{T01}[\phi_{T01}^{\mathrm{L}}]^{\mathrm{H}}\bar{\boldsymbol{F}}_0}{B_{T01}}B_{T01}(k_{T01})$；$\bar{\boldsymbol{F}}_0$ 表示入射场位移幅值的大小，且只作用于外壁上。

同理，将管道中的格林函数进行拟合（可通过第 2 章和第 4 章半解析有限元法求得），首先式（5.85）中 $|\boldsymbol{x}| \ll |\boldsymbol{X}|$ 表示缺陷和信号检测点距离足够大，此时基本解中只存在导波，又因为管道中各导波模态具有正交性，所以在采用边界积分方程（5.82）时，管道中应力的基本解 $\sigma_{ij}^m(\boldsymbol{x}-\boldsymbol{X})$ 只需考虑与入射位移 $u_i^{\mathrm{inc}}(\boldsymbol{x})$ 同样的模态，即 $T(0,1)$ 模态。

于是，得到管道中应力的基本解为

$$\begin{gathered}\sigma_{11}^2 = \sigma_{22}^2 = \sigma_{33}^2 = 0, \quad \sigma_{12}^2 = \sigma_{21}^2 = \sigma_{13}^2 = \sigma_{31}^2 = 0 \\ \sigma_{23}^2 = \sigma_{32}^2 = \mu(-\mathrm{i}k_{T01})A_{T01}(k_{T01})r\mathrm{e}^{-\mathrm{i}k_{T01}(z-z_0)}\end{gathered} \tag{5.86}$$

因此，有

$$\nabla_j[u_i^{\mathrm{inc}}(\boldsymbol{x})\sigma_{ij}^m(\boldsymbol{x}-\boldsymbol{X})] = \frac{\partial}{\partial z}(u_2^{\mathrm{inc}}\sigma_{23}^2) \tag{5.87}$$

散射位移（这里只取反射位移 $u_2^{\mathrm{ref}}(\boldsymbol{x})$）可以用入射位移表示，即

$$u_2^{\mathrm{sca}}(\boldsymbol{x}) = u_2^{\mathrm{ref}}(\boldsymbol{x}) = C_{T01}\mathrm{conj}(u_2^{\mathrm{inc}}(z_0)) = C_{T01}\mathrm{conj}(A_{T01}(k_{T01})r\mathrm{e}^{-\mathrm{i}k_{T01}(z_0-z_{\mathrm{inc}})}) \tag{5.88}$$

其中，z_0 为反射场检测点的 z 轴坐标；C_{T01} 为 $T(0,1)$ 模态的反射系数（通过混合有限元法可以求出）；conj( ) 表示求共轭。

将式（5.84）～式（5.87）代入式（5.82），整理可得

$$\int_{-\infty}^{+\infty}\int_{r_1}^{r_2} 2\pi(-2k_{T01}^2 A_{T01}^2 r^3)\mathrm{e}^{-2\mathrm{i}k_{T01}z}\mathrm{d}r\mathrm{d}z = C_{T01}\mathrm{conj}(A_{T01}r_{\mathrm{out}})\mathrm{e}^{-2\mathrm{i}k_{T01}z_{\mathrm{inc}}} \tag{5.89}$$

其中，r_{out} 表示外壁半径；积分上、下限 r_1 和 r_2 是关于坐标轴 z 的函数。式（5.89）的求解将在 5.5.3 节中详细阐述。

5.5.2　基于扭转模态导波 *T*(0, 1)的缺陷重构数值仿真

管道中扭转模态导波 $T(0,m)$ 和纵振模态导波 $L(0,m)$ 都属于周向对称模态，且这两种模态不耦合，即采用 $T(0,m)$ 作为激发模态时，轴对称缺陷管道中的散射波场只含有 $T(0,m)$ 模态。在本节算例中，管道的材料属性如表 4.4 所示。通过半解析法可以得到如图 5.29 所示的频散曲线，其频率范围为 $9.2817\times10^2\sim6.4972\times10^5\,\mathrm{Hz}$，其中三条曲线分别代表不同的扭转模态，也就是说，在这个频率范围内会存在三种模态的扭转波，但是这三种模态依然满足模态正交性，因此散射波场中只研究与入射波同样的模态。

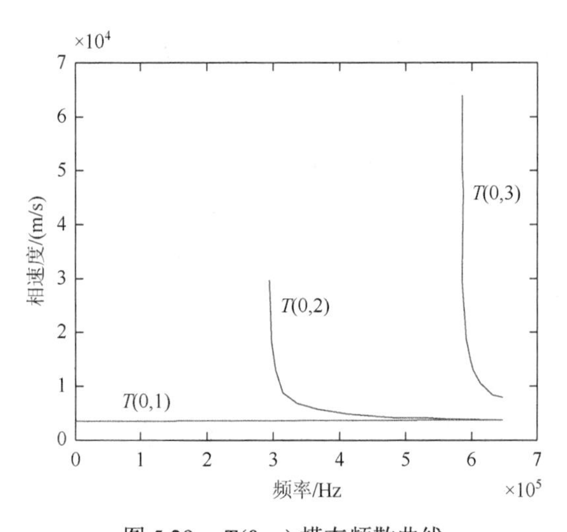

图 5.29　$T(0,m)$ 模态频散曲线

接下来，采用 $T(0,1)$ 模态导波作为入射波，并利用式（5.89）来重构缺陷的形状及位置。如图 4.34 所示的轴对称缺陷，其参数：缺陷深度 $d_{ay}=9.3185\times10^{-4}\,\mathrm{m}$；缺陷长度 $l_{ay}=4.3556\times10^{-3}\,\mathrm{m}$；缺陷左边界位置 $z_{\mathrm{L}}=-6.0978\times10^{-3}\,\mathrm{m}$，缺陷右边界位置 $z_{\mathrm{R}}=-1.7422\times10^{-3}\,\mathrm{m}$。入射波的频率范围为 $9.2817\times10^2\sim6.4972\times10^5\,\mathrm{Hz}$，以同样的频率间隔 $\Delta\omega$ 取 400 个频率点，并进行散射波场计算，得到相应的反射系数，如图 5.30 所示为 $T(0,1)$ 模态的反射系数 R_{T01} 以及相应的能量守恒图。

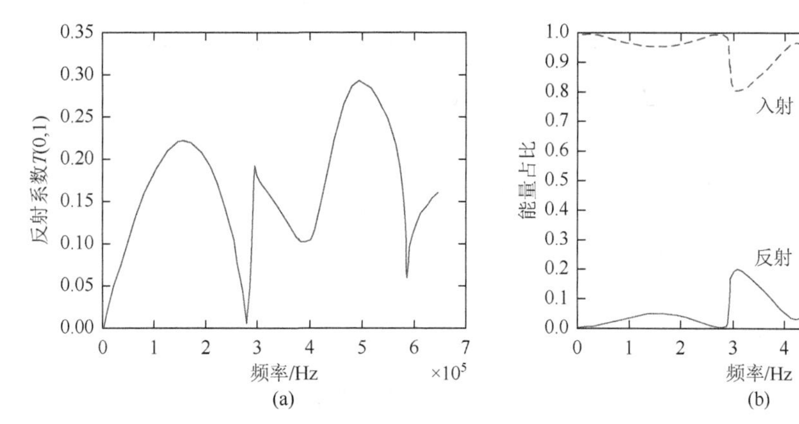

图 5.30 矩形缺陷对 $T(0,1)$ 的模态反射系数及能量守恒

进一步，推导缺陷重构方程，式（5.89）中积分上、下限 r_1 和 r_2 对应图 4.34，可以表示为 $r_1 = r_{\text{out}} - d_{ay}(z)$ 和 $r_2 = r_{\text{out}}$，将其代入式（5.90），可得

$$\int_{-\infty}^{+\infty} (r^4 |_{r_{\text{out}}-d_{ay}(z)}^{r_{\text{out}}}) \mathrm{e}^{-2\mathrm{i}k_{T01}z} \mathrm{d}z = \frac{C_{T01}\operatorname{conj}(A_{T01}r_{\text{out}})\mathrm{e}^{-2\mathrm{i}k_{T01}z_{\text{inc}}}}{(-\pi k_{T01}^2 A_{T01}^2)} \tag{5.90}$$

等式左边 $r^4 |_{r_{\text{out}}-d_{ay}(z)}^{r_{\text{out}}} = 4r_{\text{out}}^3 d_{ay}(z) - 6r_{\text{out}}^2[d_{ay}(z)]^2 + 12r_{\text{out}}[d_{ay}(z)]^3 - 12[d_{ay}(z)]^4$，当缺陷深度 $d_{ay}(z) \ll h$ 时，$r^4 |_{r_{\text{out}}-d_{ay}(z)}^{r_{\text{out}}} \approx 4r_{\text{out}}^3 d_{ay}(z)$，因此有

$$\int_{-\infty}^{+\infty} d_{ay}(z)\mathrm{e}^{-2\mathrm{i}k_{T01}z} \mathrm{d}z = \frac{C_{T01}\operatorname{conj}(A_{T01}r_{\text{out}})\mathrm{e}^{-2\mathrm{i}k_{T01}z_{\text{inc}}}}{4r_{\text{out}}^3(-\pi k_{T01}^2 A_{T01}^2)} \tag{5.91}$$

等式左边可以看作 $d_{ay}(z)$ 的傅里叶变换：$D_{ay}(2k_{T01}) = \int_{-\infty}^{+\infty} d_{ay}(z)\mathrm{e}^{-2\mathrm{i}k_{T01}z}\mathrm{d}z$，于是有

$$D_{ay}(2k_{T01}) = \frac{C_{T01}\operatorname{conj}(A_{T01}r_{\text{out}})\mathrm{e}^{-2\mathrm{i}k_{T01}z_{\text{inc}}}}{4r_{\text{out}}^3(-\pi k_{T01}^2 A_{T01}^2)} \tag{5.92}$$

为了得到 $d_{ay}(z)$，需将式（5.92）进行傅里叶逆变换：

$$d_{ay}(z) = \frac{1}{2\pi}\int_{-\infty}^{+\infty} D_{ay}(2k_{T01})\mathrm{e}^{2\mathrm{i}k_{T01}z} d(2k_{T01}) \tag{5.93}$$

于是，得到 $d_{ay}(z)$ 就是缺陷的深度，针对式（5.93）的计算可以采用快速傅里叶逆变换。

图 5.31 为由图 5.30 中反射系数重构的结果，此时波数 $k_{T01} \in [-1.2522\times10^3, 1.2522\times10^3]$ 的 800 个等分点在 z 轴的分辨率为 $1.2562\times10^{-3}\text{m}$，而缺陷长度 $l_{ay} = 4.3556\times10^{-3}\text{m}$，此时重构的分辨率约为缺陷实际长度的 $1/4$。矩形缺陷 $T(0,1)$模态反射系数及能量守恒如图 5.32 所示。由傅里叶变换的性质可知，入射频率的范围（波数范围）决定重构的分辨率，这一现象也可通过图 5.33 得到。图 5.31 和图 5.33 都是针对同一个缺陷的重构结果，图 5.33 对应的是入射波的波数范围为 $k_{T01} \in [-8.710\times10^2, 8.710\times10^2]$ 取 800 个等分点的重构结果。显然，

图 5.33 中重构分辨率低于图 5.31，导致缺陷区域的重构结果误差较大。

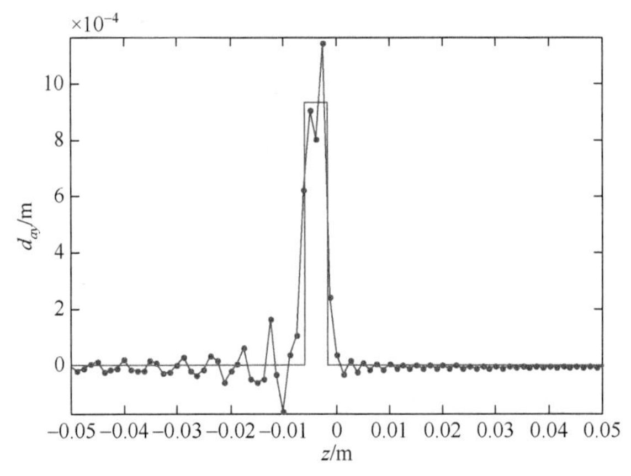

图 5.31　矩形缺陷重构结果（$k_{T01} \in [-1.2522\times10^3, 1.2522\times10^3]$ 取 800 个等分点）

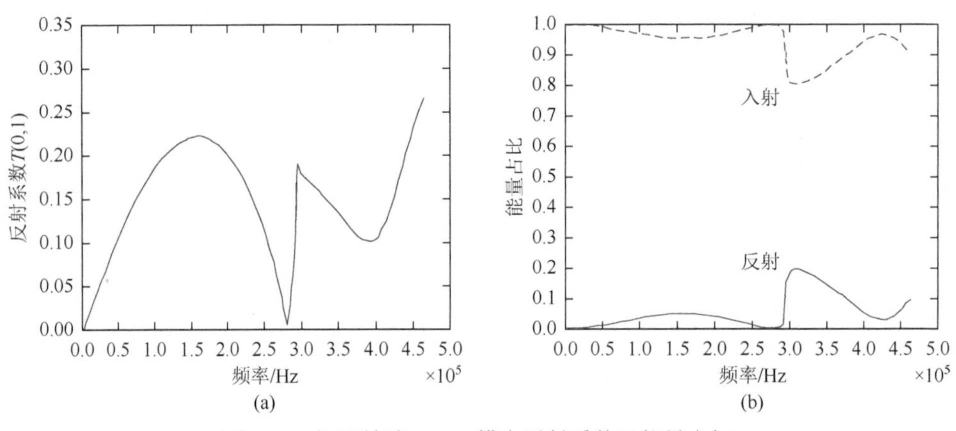

图 5.32　矩形缺陷 $T(0,1)$ 模态反射系数及能量守恒

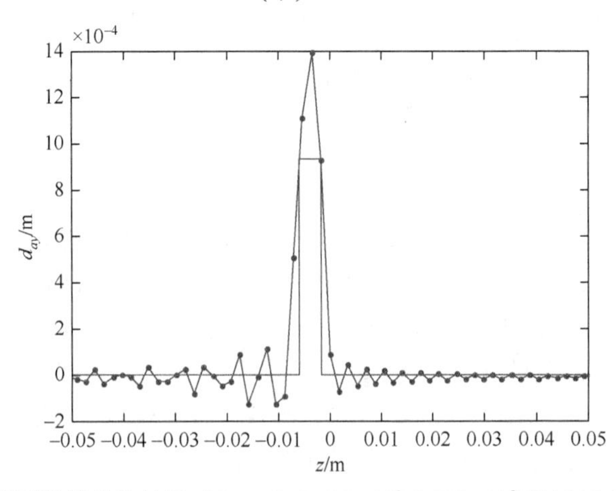

图 5.33　矩形缺陷重构结果（$k_{T01} \in [-8.710\times10^2, 8.710\times10^2]$ 取 800 个等分点）

当矩形缺陷的深度和长度分别为 $d_{ay} = 9.3185\times10^{-4}\,\text{m}$、$l_{ay} = 5.6986\times10^{-3}\,\text{m}$ 时，反射系数和能量守恒如图 5.34 所示，得到的重构结果如图 5.35 所示。此时采用的频率范围为 $9.2817\times10^{2} \sim 6.4972\times10^{5}\,\text{Hz}$，实际用于重构的波数域范围为 $k_{T01} \in [-1.2522\times10^{3}, 1.2522\times10^{3}]$，从中取 1000 个采样点。虽然图 5.31 和图 5.35 中重构的分辨率相同，但图 5.35 中缺陷长度的增加使得重构的细节更加清晰。

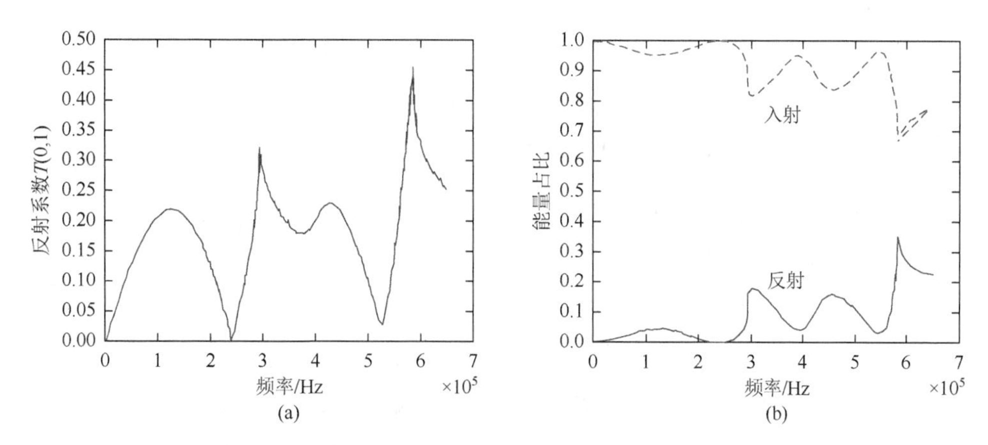

图 5.34　较宽矩形缺陷 $T(0,1)$ 的模态反射系数及能量守恒

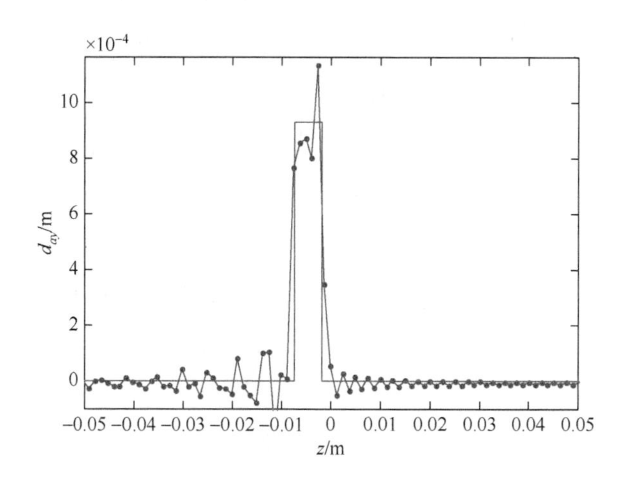

图 5.35　矩形缺陷重构结果

另外，本章研究了双矩形缺陷和阶梯形缺陷的重构问题。双矩形缺陷尺寸为：左侧缺陷深度 $(d_{ay})_1 = 9.3185\times10^{-4}\,\text{m}$，长度 $(l_{ay})_1 = 7.1894\times10^{-3}\,\text{m}$，右侧缺陷深度 $(d_{ay})_\text{r} = 9.3185\times10^{-4}\,\text{m}$，长度 $(l_{ay})_\text{r} = 4.790\times10^{-3}\,\text{m}$，两个缺陷之间的距离为 $7.1894\times10^{-3}\,\text{m}$。图 5.36 为双矩形缺陷的反射系数及能量守恒，显然，双矩形缺陷

的反射系数比单矩形缺陷更加复杂，但并不影响其重构结果（图 5.37）。阶梯形缺陷中包含两个台阶，每个台阶高度（深度）$d_{ay}=4.6572\times10^{-4}\text{m}$，第一个台阶长度$(l_{ay})_1=4.6962\times10^{-3}\text{m}$，第二个台阶长度$(l_{ay})_2=1.2524\times10^{-2}\text{m}$。其反射系数和能量如图 5.38 所示，得到重构结果如图 5.39 所示。

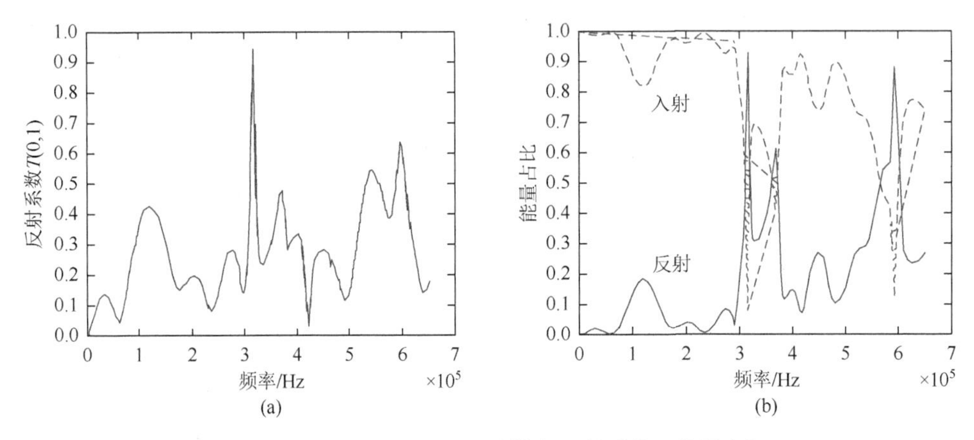

图 5.36　双矩形缺陷 $T(0,1)$ 的模态反射系数及能量守恒

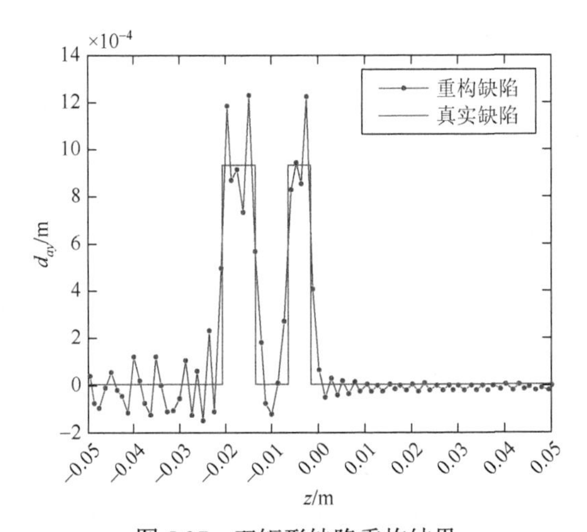

图 5.37　双矩形缺陷重构结果

通过对不同缺陷的重构和分析，可以充分说明本书提出的定量化缺陷重构方法适用于管道轴对称缺陷的检测。这里需要说明的是，所有的重构示意图都是通过单向检测（信号的发射源都在缺陷的右侧，即入射波从右往左传播）得到的，其重构结果显示：右侧无缺陷区域波动极小（迎波面），而左侧无缺陷区域存在较大的波动（背波面）。为了解决这一问题，可以采用双向导波（在管道的两端采用方向相反的入射信号）进行缺陷重构，将重构后的图像取公共部分。针对双向导

波，无论是从左往右入射，还是从右往左入射，其作用机理是一样的。因此，为了避免冗赘，本书不再阐述从左往右入射的情况，可以直接参照上述内容。

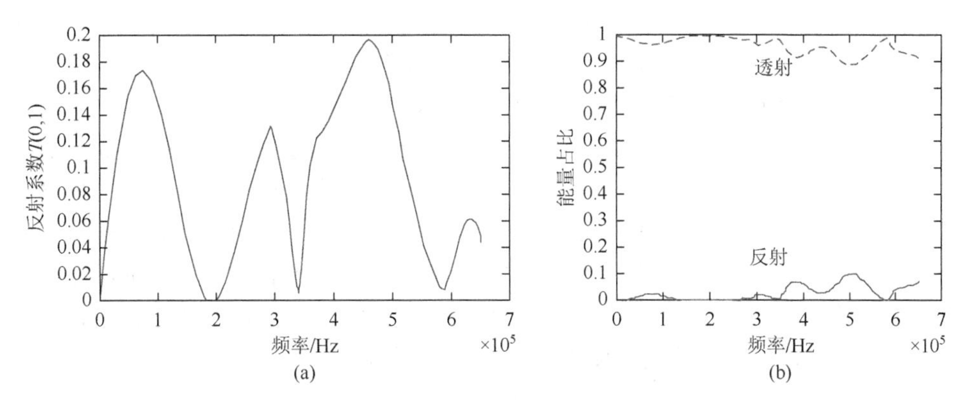

图 5.38　阶梯形缺陷 $T(0,1)$ 的模态反射系数及能量守恒

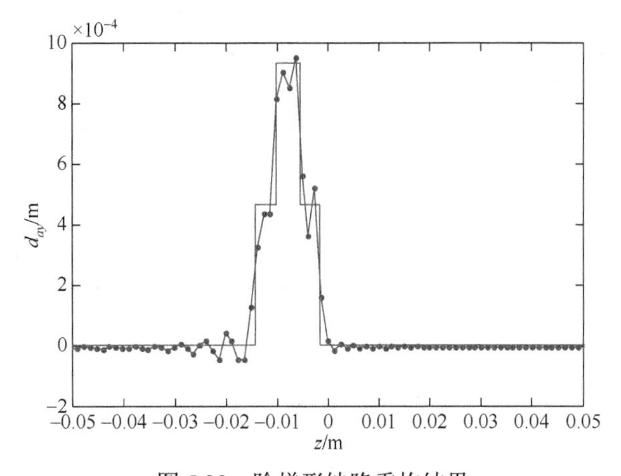

图 5.39　阶梯形缺陷重构结果

由于本章采用的缺陷重构方法涉及 Born 近似，即采用小缺陷假设。为此，有必要采用数值算例验证这种重构方法的精度，以及能够检测的缺陷尺寸。这里采用矩形缺陷进行测试，具体尺寸如表 5.3 所示，共有 16 种尺寸的矩形缺陷，此时管道壁厚仍为 $h=0.0056\text{m}$ ，其反射系数的计算仍然采用混合有限元法，根据本章的重构方法得到缺陷重构结果与真实缺陷相比较，并利用均方误差描述其重构情况：

$$\text{MSE}=\frac{1}{h}\sqrt{\frac{\sum_{i=1}^{N}(d_i-\tilde{d}_i)}{N}} \tag{5.94}$$

其中， MSE 为均方误差； N 为刻画缺陷区域总的节点数目； d_i 为当前节点处缺陷深度的重构值； $\tilde{d}_i$ 为当前节点处缺陷的真实深度。

最终，得到均方误差如表 5.3 所示，随着缺陷深度不断增加，重构误差越来越大。当误差显示为16% 左右时，实际缺陷深度约为管道壁厚的 66.67%；当实际缺陷深度为壁厚一半时，误差在10% 左右；当实际缺陷深度为壁厚的 33.33%，误差在5% 左右；当实际缺陷深度为壁厚的 16.67%，误差在1.5% 左右。这说明较浅缺陷更符合 Born 近似，但即使缺陷深度达到管道壁厚的 66.67%，其重构误差依然没有超过 20%，充分说明了该检测方法的可行性。通过表 5.3 还可以发现，当缺陷深度一定时，随着缺陷长度越大，均方误差越小。引起这一现象的主要原因是：针对所有尺寸的缺陷检测，采用入射波频率范围都一样（$9.2817\times10^{2}\sim6.4972\times10^{5}\,\text{Hz}$），也就是重构的分辨率都相同，即缺陷越宽识别度就越高。因此，如果要检测非常窄的缺陷，就需要很高的入射频率，但是频率越高对设备要求就越高，相应的成本也会越高，同时，高频导波的模态耦合非常严重，这也显著增加了模态提取的难度。

表 5.3 矩形缺陷重构的均方误差

缺陷深度/m	缺陷长度/m			
	4.3479×10^{-3}	7.8260×10^{-3}	1.1309×10^{-2}	1.4780×10^{-2}
9.3185×10^{-4}	1.5170%	1.0840%	1.1164%	1.1063%
1.8631×10^{-3}	5.2453%	4.5943%	3.7306%	3.4979%
2.80×10^{-3}	10.2669%	9.5922%	8.1217%	7.9587%
3.7269×10^{-3}	16.6218%	16.1872%	15.0872%	15.2677%

5.6 本 章 小 结

本章提出了一种新的逆问题求解方法，首先从 SH 导波的反射系数重构板变薄的位置和形状，通过纯傅里叶变换建立了减薄缺陷深度函数与反射系数之间的直接关系。数值算例表明，不同宽度、深度和形状的减薄缺陷可以很好地重构，具有足够的精度。此外，还提出了一种新的利用 SH 导波反演二维平板内腔的方法。通过对第 0 阶对称和第 1 阶反对称 SH 波模态的反射系数进行傅里叶逆变换，得到了未知空腔的位置和形状。数值算例说明了该方法的有效性。当空腔在 x_1、x_2 方向上的尺寸在一定范围内时，可以较好地重构空腔图像。由于 Born 近似具有适用性条件，重构的精度取决于空腔的水平尺寸和位置。当空腔的尺寸在 x_1 方向上比较宽且位置接近板面时，由于结构共振的影响，Born 近似不再适用于第 1 阶 SH 波模态。因此，在 x_2 方向上的重构结果失去准确性。如果 x_1 方向的空腔尺寸太窄，函数 $t(x_1)$ 的高频部分会使重构的缺陷边界在纵向方向模糊。

最后提出了一种利用 Lamb 波进行薄板减薄缺陷形状重构反演的新方法。其公式推导基于平板缺陷散射波的积分表达式，引入格林函数的远场近似和 Born 近似。最终，平板减薄深度作为位置函数，通过 Lamb 波反射系数在频域内的傅里叶逆变换的形式表达出来。

利用人工 V 形缺陷对反演方法的有效性和准确性进行了数值验证。首先采用正问题分析方法计算了几种薄板减薄缺陷模型入射第 1 阶对称模态 Lamb 波时的反射系数，并将其代入反演过程中。结果表明，由于在反演方法中引入了一些近似，重构的缺陷形状与原始缺陷并不完全匹配，但是如果在傅里叶逆变换过程中，对应于不同的缺陷构型选择合适的频率范围，还是能较好地评估缺陷的位置和深度。理论上该方法可推广应用于任意形状的表面缺陷，但应谨慎选择合适的参数。另一个需要注意的问题是，已经利用线性化获得一个显式的傅里叶变换关系。在式（5.72）中，泰勒展开式高阶项被截断，这可能导致重构形状的不准确。然而，如果在公式中保留较高阶的项，则反问题将成为非线性问题，这种情况下应进一步研究其适用性和稳定性。

该重构方法基于严格的理论推导，可以用于重构管道中任意形状的轴对称表面缺陷，虽然采用的小缺陷假设（Born 近似）一定程度上限制了检测精度，但数值计算表明，即使缺陷深度达到管道壁厚的 66.67%，此时重构的均方误差也不超过 17%，如果缺陷深度不超过管道半壁厚，其误差可以控制在 10%以内。这说明这种定量化的重构方法可以用于实际工程检测。同时，这种缺陷检测方法基于全波数域的反射系数，缺陷越窄，需要的入射波频率范围就越广，但高频入射波不仅对设备要求较高，而且加大了提取导波模态的难度，因此需要选择合适的入射频率范围用于缺陷检测。

参 考 文 献

[1] Singh D，Castaings M，Bacon C. Sizing strip-like defects in plates using guided waves. NDT and E International，2011，44（5）：394-404.

[2] Castaings M，Singh D，Viot P. Sizing of impact damages in composite materials using ultrasonic guided waves. NDT and E International，2012，46：22-31.

[3] Gubernatis J E，Domany E，Krumhansl J A. Formal aspects of the theory of the scattering of ultrasound by flaws in elastic materials. Journal of Applied Physics，1977，48（7）：2804-2811.

[4] Gubernatis J E，Domany E，Krumhansl J A，et al. The Born approximation in the theory of the scattering of elastic waves by flaws. Journal of Applied Physics，1977，48（7）：2812-2819.

[5] Soon B Y，Eloe P W，Kammler D. The fast Fourier transform method and ill-conditioned matrices. Applied Mathematics and Computation，2001，117（2）：117-129.

[6] Gunawan A，Hirose S. Mode-exciting method for Lamb wave-scattering analysis. Journal of the Acoustical Society of America，2004，115（3）：996-1005.

[7] Achenbach J D，Gautesen A K，McMaken H. Ray Methods for Waves in Elastic Solids. Boston：Pitman，1982.

[8] Schmerr L W. Fundamentals of Ultrasonic Nondestructive Evaluation. New York：Plenum Press，1998.

第 6 章　半无限大结构的缺陷重构

6.1　引　　言

与第 5 章的 SH 波和 Lamb 波不同，Rayleigh 波和 Love 波属于半无限大结构的表面波，在遇到缺陷时产生的散射波有部分会进入半无限大结构，这样就导致在远端测得能量不守恒。因此，不能通过能量守恒检验 Rayleigh 波和 Love 波散射场计算结果的正确性，而需要通过散射场的边界积分方程来检验。基于散射场的计算结果，提取反射系数完成半无限大结构表面缺陷的重构是本章的主要内容。

6.2　无覆盖层半无限大结构的缺陷重构

6.2.1　反问题

本节试着重构出缺陷的位置和具体轮廓。为此，首先定义一个目标函数 $d(x_1)$ 表示缺陷的深度，它为 x_1 的函数，如图 6.1 所示，在没有缺陷的地方 $d(x_1)=0$。由第 5 章推导的散射场公式，结合弱散射假设，即 Born 近似[1]，将入射场代替总场，即 $u_n^{\text{inc}} \approx u_n^{\text{tot}}$，于是得到积分方程：

$$u_n^{\text{sca}}(\boldsymbol{X}) \approx \int_{\Gamma_1^- \cup \Gamma_1^+} c_{ijkl} n_j(\boldsymbol{x}) \frac{\partial G_{ln}^{\text{H}}(\boldsymbol{x},\boldsymbol{X})}{\partial x_k} u_n^{\text{inc}}(\boldsymbol{x}) \mathrm{d}\Gamma(\boldsymbol{x}), \quad i,j,k,l,n=1,2 \qquad (6.1)$$

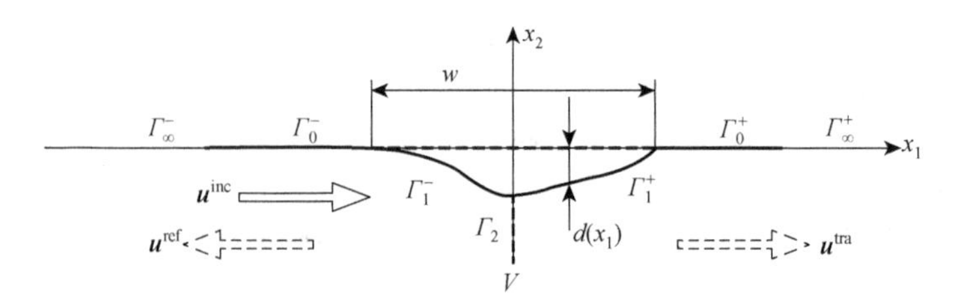

图 6.1　半无限大结构示意图

这里要注意，在半空间的原始表面 Γ_1'（图 6.1 中虚线）上，半空间的格林函数的面力自由。因此，式（6.1）中的积分区间可以拓展到 $\Gamma_1^- \cup \Gamma_1^+ \cup \Gamma_1'$。此外，用拉梅常数 λ、μ 代替 c_{ijkl}，得到

$$u_n^{\text{sca}}(\boldsymbol{X}) \approx \int_{\Gamma_1^- \cup \Gamma_1^+ \cup \Gamma_1'} \left[\left(n_1 \frac{\partial G_{1n}^{\text{H}}}{\partial x_1} u_1^{\text{inc}} + n_2 \frac{\partial G_{1n}^{\text{H}}}{\partial x_2} u_2^{\text{inc}} \right)(\lambda + 2\mu) + \left(n_2 \frac{\partial G_{1n}^{\text{H}}}{\partial x_1} u_2^{\text{inc}} + n_1 \frac{\partial G_{2n}^{\text{H}}}{\partial x_1} u_1^{\text{inc}} \right)\lambda + \left(n_2 \frac{\partial G_{2n}^{\text{H}}}{\partial x_1} u_1^{\text{inc}} + n_1 \frac{\partial G_{1n}^{\text{H}}}{\partial x_2} u_2^{\text{inc}} + n_2 \frac{\partial G_{1n}^{\text{H}}}{\partial x_2} u_1^{\text{inc}} + n_1 \frac{\partial G_{2n}^{\text{H}}}{\partial x_1} u_2^{\text{inc}} \right)\mu \right] \mathrm{d}\Gamma(x) \tag{6.2}$$

因为$\Gamma_1^- \cup \Gamma_1^+ \cup \Gamma_1'$是封闭区间，所以可以采用高斯定理，得到

$$\begin{aligned} u_n^{\text{sca}}(\boldsymbol{X}) \approx \int_V \Bigg[& \left(\frac{\partial^2 G_{1n}^{\text{H}}}{\partial x_1^2} u_1^{\text{inc}} + \frac{\partial G_{1n}^{\text{H}}}{\partial x_1} \frac{\partial u_1^{\text{inc}}}{\partial x_1} + \frac{\partial^2 G_{2n}^{\text{H}}}{\partial x_2^2} u_2^{\text{inc}} + \frac{\partial G_{2n}^{\text{H}}}{\partial x_2} \frac{\partial u_2^{\text{inc}}}{\partial x_2} \right)(\lambda + 2\mu) \\ & + \left(\frac{\partial^2 G_{1n}^{\text{H}}}{\partial x_1 \partial x_2} u_2^{\text{inc}} + \frac{\partial G_{1n}^{\text{H}}}{\partial x_1} \frac{\partial u_2^{\text{inc}}}{\partial x_2} + \frac{\partial^2 G_{2n}^{\text{H}}}{\partial x_1 \partial x_2} u_1^{\text{inc}} + \frac{\partial G_{2n}^{\text{H}}}{\partial x_2} \frac{\partial u_1^{\text{inc}}}{\partial x_1} \right)\lambda \\ & + \left(\frac{\partial^2 G_{2n}^{\text{H}}}{\partial x_1 \partial x_2} u_1^{\text{inc}} + \frac{\partial G_{2n}^{\text{H}}}{\partial x_1} \frac{\partial u_1^{\text{inc}}}{\partial x_2} + \frac{\partial^2 G_{1n}^{\text{H}}}{\partial x_1 \partial x_2} u_2^{\text{inc}} + \frac{\partial G_{1n}^{\text{H}}}{\partial x_2} \frac{\partial u_2^{\text{inc}}}{\partial x_1} \right. \\ & \left. + \frac{\partial^2 G_{1n}^{\text{H}}}{\partial x_2^2} u_1^{\text{inc}} + \frac{\partial G_{1n}^{\text{H}}}{\partial x_2} \frac{\partial u_1^{\text{inc}}}{\partial x_2} + \frac{\partial^2 G_{2n}^{\text{H}}}{\partial x_1^2} u_2^{\text{inc}} + \frac{\partial G_{2n}^{\text{H}}}{\partial x_1} \frac{\partial u_2^{\text{inc}}}{\partial x_1} \right)\mu \Bigg] \mathrm{d}\Gamma(x) \end{aligned} \tag{6.3}$$

假设入射波是从左往右传播的 Rayleigh 波，反射波在左侧远离缺陷。从而，入射波可以表示为

$$u_1^{\text{inc}}(\boldsymbol{x}, \xi_0) = A^{\text{inc}}(\xi_0) p_1(x_2) \mathrm{e}^{+\mathrm{i}\xi_0 x_1}, \quad u_2^{\text{inc}}(\boldsymbol{x}, \xi_0) = A^{\text{inc}}(\xi_0) p_2(x_2) \mathrm{e}^{+\mathrm{i}\xi_0 x_1} \tag{6.4}$$

其中，ξ_0为 Rayleigh 波波数；A^{inc}为幅值；$\mathrm{e}^{+\mathrm{i}\xi_0 x_1}$为传播项；$p_i(x_2)(i=1,2)$定义如下：

$$p_1(x_2) = \frac{R_{T_0}}{\xi_0} \mathrm{e}^{+R_{T_0} x_2} - \frac{\xi_0^2 + R_{T_0}^2}{2R_{L_0}\xi_0} \mathrm{e}^{+R_{L_0} x_2}, \quad p_2(x_2) = -\mathrm{i}\mathrm{e}^{+R_{T_0} x_2} + \mathrm{i}\frac{\xi_0^2 + R_{T_0}^2}{2\xi_0^2} \mathrm{e}^{+R_{L_0} x_2} \tag{6.5}$$

其中，$R_{T_0}^2 = \xi_0^2 - k_L^2$；$R_{L_0}^2 = \xi_0^2 - k_T^2$；$k_L = \omega / c_L; k_T = \omega / c_T$；$\omega$为圆频率；$c_L$为纵波波速；$c_T$为横波波速。

再借助远场的格林函数[2]，即

$$G_{\alpha\beta}^{\text{H}}(\boldsymbol{x}, \boldsymbol{X}) = f(\xi_0) A p_\alpha(x_2) B p_\beta(X_2) \mathrm{e}^{+\mathrm{i}\xi_0(x_1 - X_1)}, \quad \alpha, \beta = 1,2 \tag{6.6}$$

其中，

$$A = \begin{cases} -1, & i = 2, x_1 < X_1 \\ 1, & 其他 \end{cases}, \quad A = \begin{cases} -1, & j = 2, x_1 > X_1 \\ 1, & 其他 \end{cases}$$
$$f(\xi_0) = \frac{4\mathrm{i}\xi_0^4 R_{L_0}}{\mu k_T^2 F'(\xi_0)}, \quad F(\xi) = (\xi^2 + R_{T_0}^2)^2 - 4\xi^2 R_{L_0} R_{T_0} \tag{6.7}$$

将式（6.6）代入式（6.3），得

$$u_n^{\text{sca}}(\boldsymbol{X}) \approx A^{\text{inc}}(\xi_0)\int_V \left[\left(-2\xi_0^2 p_1^2(x_2) + \frac{\mathrm{d}^2 p_2(x_2)}{\mathrm{d}x_2^2} p_2(x_2) + \left(\frac{\mathrm{d}p_2(x_2)}{\mathrm{d}x_2}\right)^2\right)(\lambda+2\mu)\right.$$
$$+\left(\mathrm{i}\xi_0 \frac{\mathrm{d}p_1(x_2)}{\mathrm{d}x_2} p_2(x_2)\right)(\lambda+3\mu) + \left(\mathrm{i}\xi_0 \frac{\mathrm{d}p_2(x_2)}{\mathrm{d}x_2} p_1(x_2)\right)(3\lambda+\mu)$$
$$\left.+\left(-2\xi_0^2 p_2^2(x_2) + \frac{\mathrm{d}^2 p_1(x_2)}{\mathrm{d}x_2^2} p_1(x_2) + \left(\frac{\mathrm{d}p_1(x_2)}{\mathrm{d}x_2}\right)^2\right)\mu\right]\mathrm{e}^{+2\mathrm{i}\xi_0 x_1}\mathrm{d}V(x)$$
$$\times f(\xi_0) p_n(X_2)\mathrm{e}^{-\mathrm{i}\xi_0 X_1} \tag{6.8}$$

仔细观察可以发现 $p_n(X_2)\mathrm{e}^{-\mathrm{i}\xi_0 X_1}$ 表示单位反射 Rayleigh 波，而积分相当于单位 Rayleigh 波的复杂系数。于是，将式（6.8）简化成

$$\begin{aligned} u_n^{\text{sca}}(\boldsymbol{X}) &\approx A^{\text{inc}}(\xi_0) f(\xi_0)\int_V \mathrm{Fun}(x_2,\xi_0)\mathrm{e}^{+2\mathrm{i}\xi_0 x_1}\mathrm{d}V(x)\cdot p_n(X_2)\mathrm{e}^{-\mathrm{i}\xi_0 X_1} \\ &\equiv A^{\text{ref}}(\xi_0) p_n(X_2)\mathrm{e}^{-\mathrm{i}\xi_0 X_1} \end{aligned} \tag{6.9}$$

其中，$\mathrm{Fun}(x_2,\xi_0)$ 表示式（6.8）中括号内的项；$A^{\text{ref}}(\xi_0)$ 记作单位 Rayleigh 波的复杂系数。再令 $C^{\text{ref}}(\xi_0) = A^{\text{ref}}(\xi_0) / A^{\text{inc}}(\xi_0)$，有

$$C^{\text{ref}}(\xi_0) \approx f(\xi_0)\int_V \mathrm{Fun}(x_2,\xi_0)\mathrm{e}^{+2\mathrm{i}\xi_0 x_1}\mathrm{d}V(x) \tag{6.10}$$

同时，将体积分写成二重积分形式：

$$\int_V \mathrm{Fun}(x_2,\xi_0)\mathrm{e}^{+2\mathrm{i}\xi_0 x_1}\mathrm{d}V(x) = \int_{-\infty}^{\infty} \mathrm{e}^{+2\mathrm{i}\xi_0 x_1}\mathrm{d}x_1 \int_{-d(x_1)}^{0} \mathrm{Fun}(x_2,\xi_0)\mathrm{d}x_2 \tag{6.11}$$

其中，$d(x_1)$ 表示缺陷深度，由于我们将半空间定义在负无穷域，所以当 $d(x_1)=0$ 时表示 x_1 处没有缺陷。

将式（6.11）代入式（6.10），并结合 $\mathrm{Fun}(x_2,\xi_0)$ 具体表达式，得

$$C^{\text{ref}}(\xi_0) \approx \int_{-\infty}^{\infty} \mathrm{e}^{+2\mathrm{i}\xi_0 x_1}\mathrm{d}x_1 \int_{-d(x_1)}^{0} (c_{TT}(\xi_0)\mathrm{e}^{+2R_{T0}x_2} + c_{TL}(\xi_0)\mathrm{e}^{+2(R_{T0}+R_{L0})x_2} + c_{LL}(\xi_0)\mathrm{e}^{+2R_{L0}x_2})\mathrm{d}x_2 \tag{6.12}$$

其中，

$$c_{TT}(\xi_0) = 2\mu\frac{k_{T0}^4}{\xi_0^2}, \quad c_{LL}(\xi_0) = -(\lambda+2\mu)\frac{k_{L0}^4(\xi_0^2+R_{T0}^2)^2}{2\xi_0^4 R_{L0}^2}$$
$$\begin{aligned} c_{TL}(\xi_0) = \frac{\xi_0^2 + R_{T0}^2}{\xi_0^2 R_{L0}^2}[&\lambda k_{L0}^2(R_{T0}-R_{L0}) \\ &+ \mu(7\xi_0^2 R_{T0} - 5\xi_0^2 R_{L0} + 4R_{L0}^3 - R_{T0}^3 - R_{L0}R_{T0}^2 + 6R_{L0}^2 R_{T0})] \end{aligned} \tag{6.13}$$

首先对 x_2 方向积分，得

$$C^{\text{ref}}(\xi_0) \approx \int_{-\infty}^{\infty}\left(c_{TT}(\xi_0)\frac{1-\mathrm{e}^{-2R_{T0}d(x_1)}}{2R_{T0}} + c_{TL}(\xi_0)\frac{1-\mathrm{e}^{-(R_{T0}+R_{L0})d(x_1)}}{R_{T0}+R_{L0}} + c_{LL}(\xi_0)\frac{1-\mathrm{e}^{-2R_{L0}d(x_1)}}{2R_{L0}}\right)\mathrm{e}^{+2\mathrm{i}\xi_0 x_1}\mathrm{d}x_1 \tag{6.14}$$

由于缺陷很小，所以在 $d(x_1)=0$ 处采用泰勒级数展开，有

$$C^{\text{ref}}(\xi_0)\approx\int_{-\infty}^{\infty}(c_{TT}(\xi_0)+c_{TL}(\xi_0)+c_{LL}(\xi_0))d(x_1)\mathrm{e}^{+2\mathrm{i}\xi_0x_1}\mathrm{d}x_1 \tag{6.15}$$

可以发现，$d(x_1)$ 能够写成傅里叶逆变换的形式，即

$$d(x_1)=\frac{1}{2\pi}\int_{-\infty}^{\infty}\frac{C^{\text{ref}}(\xi_0)}{c_{TT}(\xi_0)+c_{TL}(\xi_0)+c_{LL}(\xi_0)}\mathrm{e}^{-2\mathrm{i}\xi_0x_1}\mathrm{d}(2\xi_0) \tag{6.16}$$

值得注意的是，反演公式采用了一系列线性化假设。因此，应进行参数分析，以显示该方法的有效范围。

6.2.2　重构数值算例

通过多个算例来说明参数选择对该重构方法有效性的影响。这里主要对弧形缺陷进行研究，当然对于其他类型缺陷，结论也是成立的。弧形缺陷半径为 r，最大深度为 $d_{\max}$，如图 6.2 所示。接下来讨论不同深度半径比 $D=d_{\max}/r$、入射频率 $\Omega=\omega r/c_T$，以及多个缺陷之间距离 l（图 6.2（b））对重构的影响。在计算中，都采用了无量纲化。

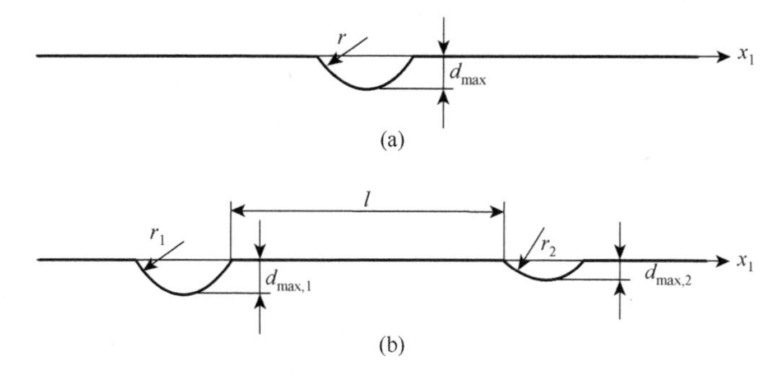

图 6.2　含不同弧形缺陷的半无限大结构示意图

首先验证深度半径比对重构的影响，设计三个弧形缺陷，其 D 分别为 0.1、0.2、0.5。无量纲入射频率为 0～5.0，频率间隔为 0.2。根据第 4 章修正边界元法可以得到反射系数，并将其代入式（6.16）。虽然式（6.16）的积分区间是从负无穷到正无穷，但是通过修正边界元法计算正频率的入射波。因为 $d(x_1)$ 是一个实数，所以定义 $C^{\text{ref}}(-\xi_0)$ 是 $C^{\text{ref}}(\xi_0)$ 的共轭值，即 $C^{\text{ref}}(-\xi_0)=[C^{\text{ref}}(-\xi_0)]^*$。函数 $c_{TT}(\xi_0)$、$c_{TL}(\xi_0)$、$c_{LL}(\xi_0)$ 也有类似的定义。在 $\xi_0=0$ 处积分等于 0。在离散后，积分式（6.16）写成

$$d(p\Delta x_1)=\sum_{t=0}^{N-1}\left(\frac{C^{\text{ref},t}(\xi_0)\mathrm{e}^{-2\mathrm{i}\pi pk/N}}{c_{TT}^t+c_{TL}^t+c_{LL}^t}+\frac{C^{\text{ref},t*}(\xi_0)\mathrm{e}^{2\mathrm{i}\pi pk/N}}{(c_{TT}^t)^*+(c_{TL}^t)^*+(c_{LL}^t)^*}\right)\cdot 2\Delta\xi_0 \tag{6.17}$$

其中，$\Delta x_1 = \pi / (N\Delta\xi_0)$；整数 p 和 k 是空间和波数序列。离散傅里叶逆变换易于用 FFT（快速傅里叶变换）实现算法。

重构结果如图 6.3 所示，观察到当 D 较小，如 $D=0.1$ 时（图 6.3（a）），缺陷的几何特性（如位置、深度和宽度）和形状的重建精度高。当 D 值增加到 0.5（图 6.3（c））时缺陷仍然可以被检测出来，其宽度和深度都比实际稍大，重建后的形状没有较浅的形状精确，低估了缺陷底部区域，似乎有两个局部最大深度点。其原因主要

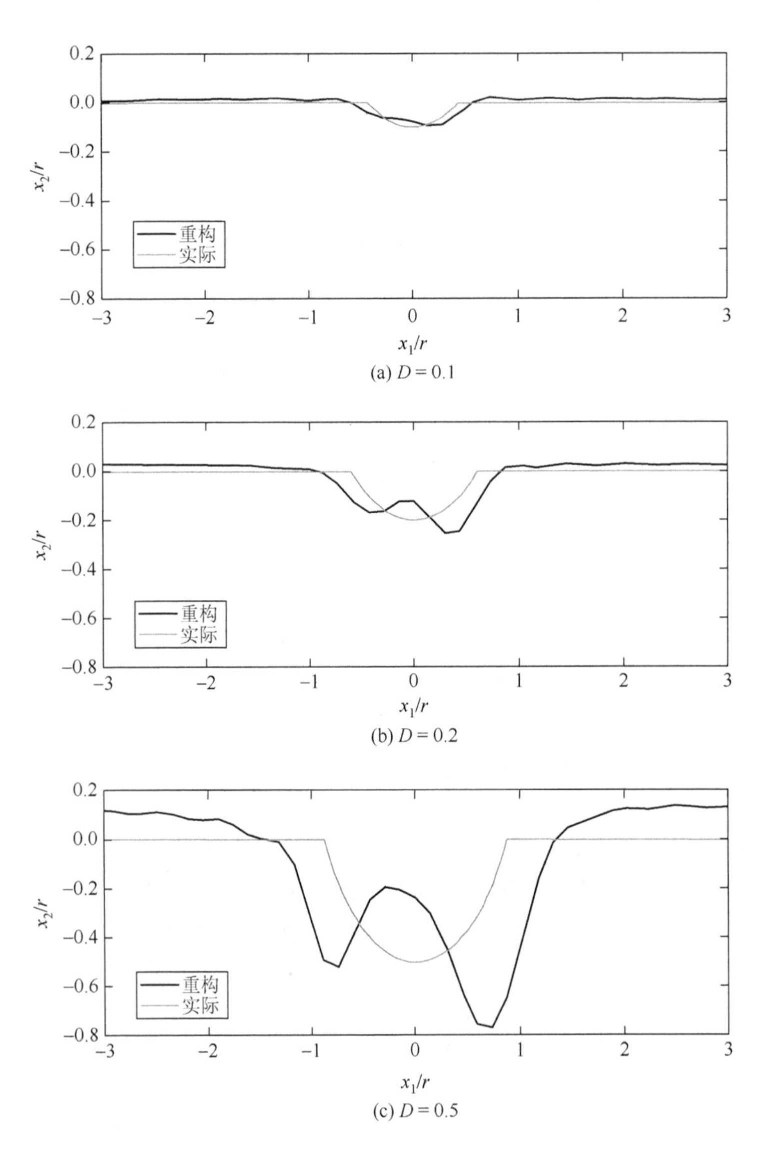

图 6.3　不同半径深度比缺陷的重构结果

是 Born 近似的应用范围，较浅和较平坦的缺陷得到了较好的重建近似，特别适用于弱散射体。即使是重建的图像不够精确，对于更深、更陡的缺陷特征（如位置、深度和宽度）的重构精度是可以接受的，因此该图像可作为后续迭代重建算法中的“初始解”。

其次讨论频率范围对反演结果的影响，这有助于我们理解实验中入射波频率的正确选择。这里采用 D 分别为 0.2 和 0.5，无量纲频率范围 Ω 分别为 0～5.0、0～2.0 和 0～1.0。重建结果如图 6.4 所示。对于 $D=0.2$ 的情况（图 6.4（a）），$\Omega=0$～1.0 的频率范围（见点划线曲线）只能给出一个模糊的图像，但它仍然可以得到缺陷的正确位置。当频率范围增加到 $\Omega=0$～2.0 时，缺陷形状与实际相符，低估了缺陷深度，高估了缺陷的深度宽度。当反演过程中采用频率为 $\Omega=0$～5.0 时，缺陷图像变得更清晰，宽度和深度更精确，尽管图像部分底部偏离了真实解。对于 $D=0.5$ 的情况（图 6.4（b）），如果仅将反射数据的低频部分（如 $\Omega=0$～1.0 和 $\Omega=0$～2.0）纳入反演过程，结果表明缺陷存在但图像很模糊。只有当频率较高的部分加入到重构数据时，缺陷图像变得清晰，宽度和深度都更准确。

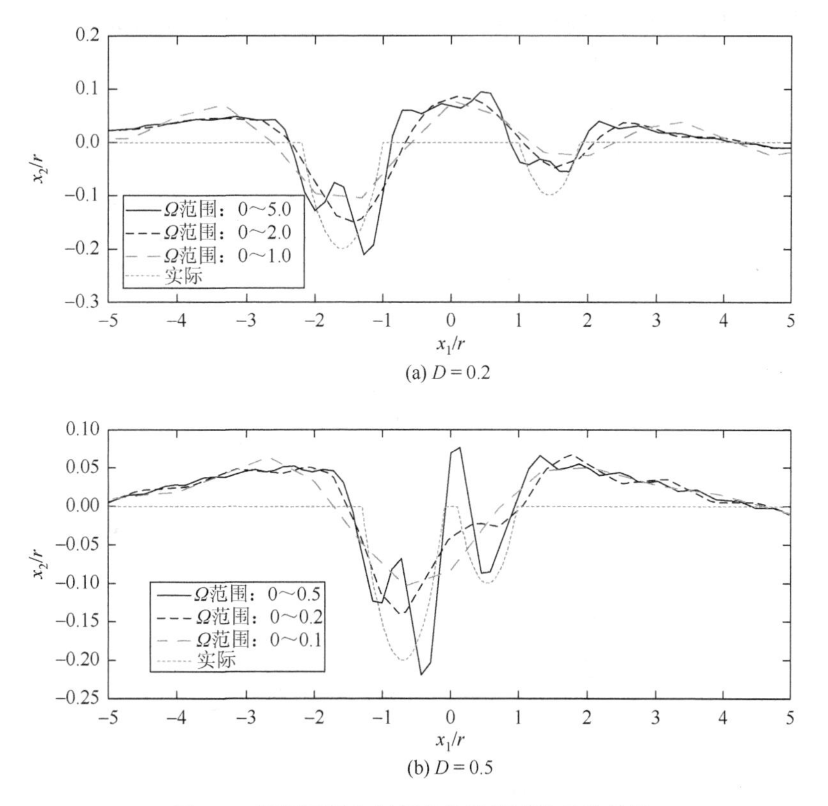

(a) $D=0.2$

(b) $D=0.5$

图 6.4　根据不同入射频率信息得到的重构结果

（点划线表示 $\Omega=0$～1.0，虚线表示 $\Omega=0$～2.0，粗实线表示 $\Omega=0$～5.0）

从这两个例子可以得出结论，低频或长波长反射信号的分量（如 $\Omega=0\sim1.0$）控制着缺陷的基本轮廓，如存在和位置；而高频部分（如 $\Omega=1.0\sim5.0$）决定图像的清晰度，并提供更详细的几何信息，如深度和宽度。需要注意的是，高频分量对提高图像分辨率的作用受到 Born 近似的限制。随着波长变短，Rayleigh 波透射到弹性半空间的深度逐渐减小，因此缺陷会成为一个巨大的散射体，这会导致 Born 近似失效。

最后检验反演方法在多个缺陷情况下的有效性，在此介绍两个缺陷模型。对于每个模型，都有两个不同几何参数的弧形缺陷，其中间距离为 l。几何参数设为：归一化半径：$R_1=R_2=1$；归一化深度：$d_{\max,1}=0.2, d_{\max,2}=0.1$；两个缺陷之间的距离：① $L=1/r=2.0$，② $L=1/r=0.2$。两个模型的反演结果如图 6.5 所示，其中输入的数据频率范围 $\Omega=0\sim1.0$、$\Omega=0\sim2.0$ 和 $\Omega=0\sim5.0$ 以不同的曲线类型显示。可以看出，当两个缺陷相距较远时（图 6.5（a）），即使是低频数据范围也可以给出两个缺陷的正确位置以及它们的深度和宽度的粗略估计。当输入频率范围增加到 $\Omega=0\sim5.0$ 时，两个缺陷的几何参数重建精度更高。另外，如果两个缺陷彼此接近（图 6.5（b）），则从低频范围数据重建的图像不能区分这两个峡谷。当频率范围增大时，分辨率提高，两个缺陷分开。由此可知，频率范围 $\Omega=0\sim5.0$ 对重建多个缺陷是必需的。

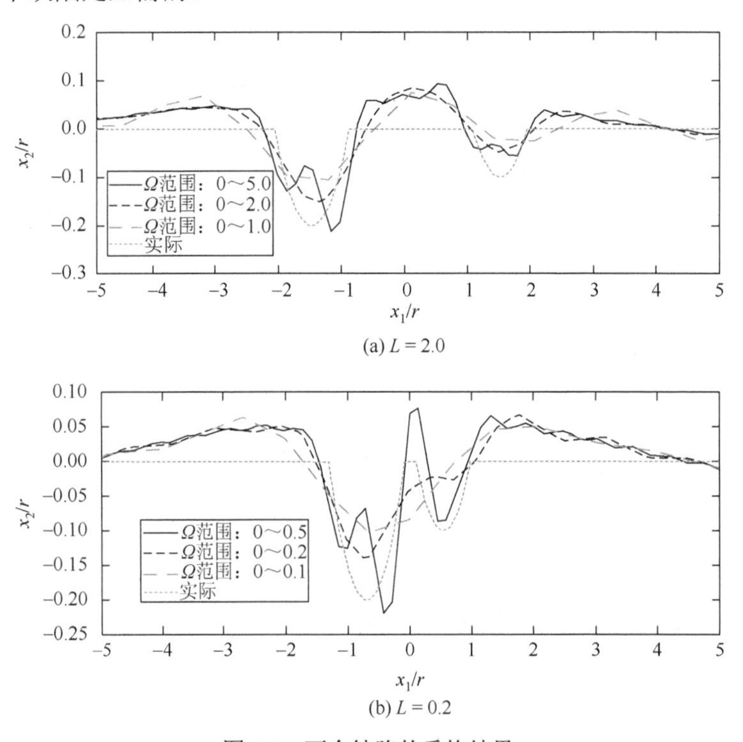

(a) $L=2.0$

(b) $L=0.2$

图 6.5　两个缺陷的重构结果

（点划线表示 $\Omega=0\sim1.0$，虚线表示 $\Omega=0\sim2.0$，粗实线表示 $\Omega=0\sim5.0$）

6.3　含覆盖层半无限大结构的缺陷重构

本节将推导出反向过程，即利用正向分析所获得的反射系数数据，重构出交界面处孔洞缺陷的位置和形状。

6.3.1　格林函数

假设单一模态的 Love 波从左向右传播，其覆盖层和半无限大结构中位移形式可以分别写成

$$u_3(x_1,x_2)=(\mathrm{e}^{+R_I H}+\mathrm{e}^{-R_I H})\mathrm{e}^{-R_{II}(x_2-H)+\mathrm{i}\xi_1 x_1},\quad x_2\geqslant H \tag{6.18a}$$

$$u_3(x_1,x_2)=(\mathrm{e}^{+R_I x_2}+\mathrm{e}^{-R_I x_2})\mathrm{e}^{+\mathrm{i}\xi_1 x_1},\quad 0<x_2<H \tag{6.18b}$$

其中，H 表示覆盖层的厚度；ξ_1 表示 x_1 方向波数；$R_I=(\xi_1^2-(\omega/c_I)^2)^{1/2}, R_{II}=(\xi_1^2-(\omega/c_{II})^2)^{1/2}$ 分别是垂直方向（x_2 方向）覆盖层和半无限大结构中的波数；ω 为圆频率；c_I 和 c_{II} 分别为覆盖层和半无限大结构中剪切波波速。

波数 ξ_1 满足 Love 波的频散关系，即

$$L(\xi_1)=\mu_I R_I(\mathrm{e}^{+R_I H}-\mathrm{e}^{-R_I H})+\mu_{II}R_{II}(\mathrm{e}^{+R_{II}H}-\mathrm{e}^{-R_{II}H})=0 \tag{6.19}$$

其中，μ_I 和 μ_{II} 分别表示覆盖层和半无限大结构中的剪切模量。

对于不同模态的 Love 波，其 ξ_1 解的个数也是不同的。当结构中存在一点源作用时，其方程形式可以写成

$$\frac{\partial^2 G_\alpha(\boldsymbol{x},\boldsymbol{X})}{\partial x_1^2}+\frac{\partial^2 G_\alpha(\boldsymbol{x},\boldsymbol{X})}{\partial x_2^2}+\frac{\omega^2}{c_\alpha^2}G_\alpha(\boldsymbol{x},\boldsymbol{X})=-\frac{\delta(\boldsymbol{x}-\boldsymbol{X})}{\mu_\alpha},\quad \alpha=I,II \tag{6.20}$$

其中，$G_\alpha(\boldsymbol{x},\boldsymbol{X})$ 表示点源作用产生的位移，$\boldsymbol{x}$、$\boldsymbol{X}$ 分别表示源点（点源作用位置）和场点（监测位置）。

式（6.20）可以简写成

$$\nabla^2 G_\alpha(\boldsymbol{x},\boldsymbol{X})+k_\alpha^2 G_\alpha(\boldsymbol{x},\boldsymbol{X})=-\frac{\delta(\boldsymbol{x}-\boldsymbol{X})}{\mu_\alpha},\quad \alpha=I,II \tag{6.21}$$

其中，$k_\alpha=\omega/c_\alpha$ 为剪切波数；∇ 为拉普拉斯算子。

对于式（6.21），其解可以表示为

$$G_\alpha(\boldsymbol{x},\boldsymbol{X})=-\frac{1}{4\mu_\alpha}\mathrm{H}_0^{(1)}(k_\alpha|\boldsymbol{x}-\boldsymbol{X}|) \tag{6.22}$$

其中，$\mathrm{H}_0^{(1)}$ 表示零阶第一类汉克尔函数；$|\boldsymbol{x}-\boldsymbol{X}|$ 表示原点和场点的距离。

6.3.2 反问题

由于上层介质的不均匀性，所以首先推导散射方程。考虑具有自由表面边界Γ_0的双层半平面，其垂直于距散射体无限远处的左边界Γ_{L0}和右边界Γ_{R0}以及半径趋近于无穷大的半圆边界Γ_∞，如图 6.6 所示。交界面记为Γ_1，其上层为非均匀的Γ_{F0}，下层为Γ_{F1}。在上层中被边界$\Gamma_0 \cup \Gamma_{L0} \cup \Gamma_{R0} \cup \Gamma_1$包围的部分空间记为$\Omega_I$，下层中被边界$\Gamma_1 \cup \Gamma_\infty$包围的空间记为$\Omega_{II}$。缺陷处的空间记为$\Omega_F$。

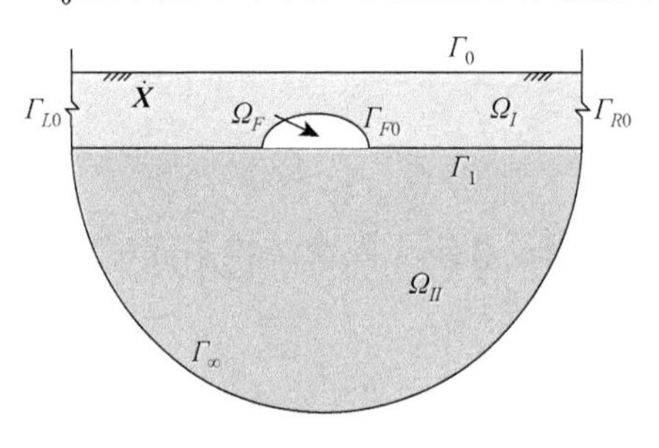

图 6.6 含覆盖层半无限大结构示意图

为了研究反问题，这里引入分层半平面空间中的格林函数G^h和T^h，它们不仅在对应的介质中满足式（6.21）所示的波动方程，也能满足表面自由应力边界条件和交界面处的位移和应力连续性条件。简单起见，在接下来的推导中不再区分不同物质中G^h和T^h的表示方式。但是读者需心里清楚它们在不同的层中具有不同的材料参数。观察点$\boldsymbol{X}$位于散射体左侧的极远处且与空间Ω_I的自由表面相接近。对于入射波场，令$\Omega_F \to 0$，使得上层空间趋于完整，可得

$$\int_{\Gamma_0\cup\Gamma_{L0}\cup\Gamma_{R0}\cup\Gamma_1} (t^{\text{inc}}(\boldsymbol{x})G^h(\boldsymbol{x},\boldsymbol{X}) - T^h(\boldsymbol{x},\boldsymbol{X})u^{\text{inc}}(\boldsymbol{x}))\mathrm{d}S(\boldsymbol{x}) = u^{\text{inc}}(\boldsymbol{X}) \tag{6.23}$$

对于下半平面空间Ω_{II}有

$$\int_{\Gamma_1\cup\Gamma_\infty} (t^{\text{inc}}(\boldsymbol{x})G^h(\boldsymbol{x},\boldsymbol{X}) - T^h(\boldsymbol{x},\boldsymbol{X})u^{\text{inc}}(\boldsymbol{x}))\mathrm{d}S(\boldsymbol{x}) = 0 \tag{6.24}$$

这里等于零，因为源点不在空间Ω_{II}中。

鉴于交界面Γ_1处位移和应力的连续性，如果将式（6.23）和式（6.24）整合在一起，可以得到入射波场的总方程：

$$\int_{\Gamma_0\cup\Gamma_{L0}\cup\Gamma_{R0}\cup\Gamma_\infty} (t^{\text{inc}}(\boldsymbol{x})G^h(\boldsymbol{x},\boldsymbol{X}) - T^h(\boldsymbol{x},\boldsymbol{X})u^{\text{inc}}(\boldsymbol{x}))\mathrm{d}S(\boldsymbol{x}) = u^{\text{inc}}(\boldsymbol{X}) \tag{6.25}$$

另外，对于总波场，考虑具有实际的缺陷区Ω_I。因为不均匀性，所以有

$$\begin{aligned}&\int_{\Gamma_0\cup\Gamma_{L0}\cup\Gamma_{R0}\cup\Gamma_1} (t^{\text{tot}}(\boldsymbol{x})G^h(\boldsymbol{x},\boldsymbol{X}) - T^h(\boldsymbol{x},\boldsymbol{X})u^{\text{tot}}(\boldsymbol{x}))\mathrm{d}S(\boldsymbol{x})\\&= \mu_I \int_{\Omega_F} (k_I^2 u^{\text{tot}}(\boldsymbol{x}) + \nabla^2 u^{\text{tot}}(\boldsymbol{x}))G^h(\boldsymbol{x},\boldsymbol{X})\mathrm{d}V(\boldsymbol{x}) + u^{\text{tot}}(\boldsymbol{X})\end{aligned} \tag{6.26}$$

因为下半平面空间区域Ω_{II}是均匀的，所以可以写出与式（6.23）具有相同形式的积分方程：

$$\int_{\Gamma_1 \cup \Gamma_\infty} (t^{\text{tot}}(\boldsymbol{x}) G^h(\boldsymbol{x}, \boldsymbol{X}) - T^h(\boldsymbol{x}, \boldsymbol{X}) u^{\text{tot}}(\boldsymbol{x})) \mathrm{d}S(\boldsymbol{x}) = 0 \tag{6.27}$$

将式（6.26）和式（6.27）合在一起，可得

$$\begin{aligned} &\int_{\Gamma_0 \cup \Gamma_{L0} \cup \Gamma_{R0} \cup \Gamma_\infty} (t^{\text{tot}}(\boldsymbol{x}) G^h(\boldsymbol{x}, \boldsymbol{X}) - T^h(\boldsymbol{x}, \boldsymbol{X}) u^{\text{tot}}(\boldsymbol{x})) \mathrm{d}S(\boldsymbol{x}) \\ &= \mu_I \int_{\Omega_F} (k_I^2 u^{\text{tot}}(\boldsymbol{x}) + \nabla^2 u^{\text{tot}}(\boldsymbol{x})) G^h(\boldsymbol{x}, \boldsymbol{X}) \mathrm{d}V(\boldsymbol{x}) + u^{\text{tot}}(\boldsymbol{X}) \end{aligned} \tag{6.28}$$

利用式（6.28）减去式（6.25），可获得点 $\boldsymbol{X}$ 处的散射场表达式，它的形式是对于曲线区以及空间 Ω_I 和 Ω_{II} 的外表面积分式：

$$\begin{aligned} &\int_{\Gamma_0 \cup \Gamma_{L0} \cup \Gamma_{R0} \cup \Gamma_\infty} (t^{\text{sca}}(\boldsymbol{x}) G^h(\boldsymbol{x}, \boldsymbol{X}) - T^h(\boldsymbol{x}, \boldsymbol{X}) u^{\text{sca}}(\boldsymbol{x})) \mathrm{d}S(\boldsymbol{x}) \\ &= \mu_I \int_{\Omega_F} (k_I^2 u^{\text{tot}}(\boldsymbol{x}) + \nabla^2 u^{\text{tot}}(\boldsymbol{x})) G^h(\boldsymbol{x}, \boldsymbol{X}) \mathrm{d}V(\boldsymbol{x}) + u^{\text{sca}}(\boldsymbol{X}) \end{aligned} \tag{6.29}$$

因为在半平面空间中的格林函数在边界 $\Gamma_{L0} \cup \Gamma_{R0} \cup \Gamma_\infty$ 上满足 Sommerfeld 辐射条件，在边界 Γ_0 上满足自由应力条件，所以式（6.29）进一步可写成

$$u^{\text{sca}}(\boldsymbol{X}) = -\mu_I \int_{\Omega_F} (k_I^2 u^{\text{tot}}(\boldsymbol{x}) + \nabla^2 u^{\text{tot}}(\boldsymbol{x})) G^h(\boldsymbol{x}, \boldsymbol{X}) \mathrm{d}V(\boldsymbol{x}) \tag{6.30}$$

把式（6.30）拆分开可以得到

$$\begin{aligned} u^{\text{sca}}(\boldsymbol{X}) = &-\int_{\Gamma_{F0} \cup \Gamma_{F1}} \mu_I n_\alpha u_{,\alpha}^{\text{tot}}(\boldsymbol{x}) G^h(\boldsymbol{x}, \boldsymbol{X}) \mathrm{d}S(\boldsymbol{x}) \\ &+ \mu_I \int_{\Omega_F} (-k_I^2 u^{\text{tot}}(\boldsymbol{x}) G^h(\boldsymbol{x}, \boldsymbol{X}) + u_{,\alpha}^{\text{tot}}(\boldsymbol{x}) G_{,\alpha}^h(\boldsymbol{x}, \boldsymbol{X})) \mathrm{d}V(\boldsymbol{x}) \end{aligned} \tag{6.31}$$

因为总波场在缺陷区需要满足零应力边界，所以式（6.31）的第一个积分项为 0：

$$u^{\text{sca}}(\boldsymbol{X}) = \mu_I \int_{\Omega_F} (-k_I^2 u^{\text{tot}}(\boldsymbol{x}) G^h(\boldsymbol{x}, \boldsymbol{X}) + u_{,\alpha}^{\text{tot}}(\boldsymbol{x}) G_{,\alpha}^h(\boldsymbol{x}, \boldsymbol{X})) \mathrm{d}V(\boldsymbol{x}) \tag{6.32}$$

式（6.32）称为散射场的体积分方程，将用于接下来的反问题推导。继续采用分部积分，式（6.32）可以得到

$$\begin{aligned} u^{\text{sca}}(\boldsymbol{X}) = &\int_{\Gamma_{F0} \cup \Gamma_{F1}} \mu_I n_\alpha u^{\text{tot}}(\boldsymbol{x}) G_{,\alpha}^h(\boldsymbol{x}, \boldsymbol{X}) \mathrm{d}S(\boldsymbol{x}) \\ &- \mu_I \int_{\Omega_F} u^{\text{tot}}(\boldsymbol{x}) (k_I^2 G^h(\boldsymbol{x}, \boldsymbol{X}) + \nabla^2 G^h(\boldsymbol{x}, \boldsymbol{X})) \mathrm{d}V(\boldsymbol{x}) \end{aligned} \tag{6.33}$$

可以看到，在式（6.33）上对于区域 Ω_F 的积分式具有亥姆霍兹方程的形式。进一步，因为 $G^h(\boldsymbol{x}, \boldsymbol{X})$ 是格林函数，所以这个积分式具有式（6.22）所示的值 $-\delta(\boldsymbol{x} - \boldsymbol{X}) / \mu_I$。现在 $\boldsymbol{X}$ 位于区域 Ω_F 外部，因此区域 Ω_F 上的积分为零，只剩下缺陷表面区域的积分项：

$$u^{\text{sca}}(\boldsymbol{X}) = \int_{\Gamma_{F0} \cup \Gamma_{F1}} \mu_I n_\alpha u^{\text{tot}}(\boldsymbol{x}) G_{,\alpha}^h(\boldsymbol{x}, \boldsymbol{X}) \mathrm{d}S(\boldsymbol{x}) \tag{6.34}$$

该式称为散射场的边界积分方程，将用于验证正向分析的有效性。

由第 4 章的数值分析例子可知，利用修正边界元法可以得到近场区域每一个元素节点上的位移和应力值，同时可以得到远场处的反射系数和透射系数。为了验证结果的正确性，把边界元法计算出的缺陷边界处位移值以及式（6.23）计算

出的层状半平面空间格林函数代入式（6.33），可以计算出左侧远场观察点处的反射波场位移值。把这个位移值与之前得到的反射系数相比较以检查结果的精度。由图 6.7 可知，利用修正边界元方程组求出的反射系数与边界积分方程法求出的结果相一致。

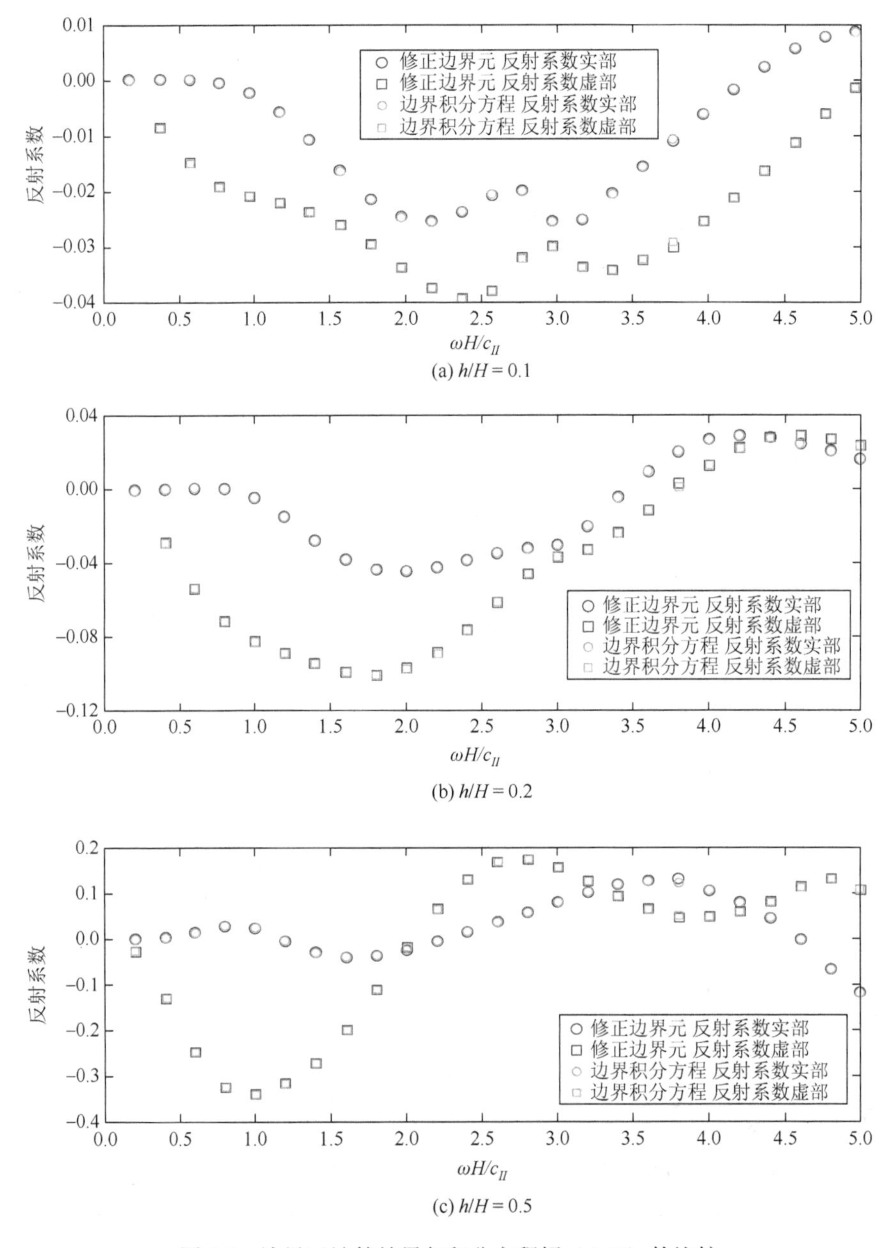

图 6.7　边界元计算结果与积分方程解（6.17）的比较

利用式（6.32）重构孔洞缺陷的位置和形状。引入 Born 近似，缺陷区域位置的总场 u^{tot} 被入射场 u^{inc} 代替。当孔洞缺陷假定为一个弱散射源时，这个假定是有效的。把格林函数式（6.22）以及入射波场式（6.18）代入式（6.32），可以得到

$$u^{\text{sca}}(\boldsymbol{X}) = -2\mathrm{i}\mu_I f(\xi_1)\int_{\Omega_F}[k_I^2(\mathrm{e}^{+2R_I x_2}+\mathrm{e}^{-2R_I x_2})+2\xi_1^2]\mathrm{e}^{+2\mathrm{i}\xi_1 x_1}\mathrm{d}V(\boldsymbol{x}) \times(\mathrm{e}^{+R_I X_2}+\mathrm{e}^{-R_I X_2})\mathrm{e}^{-\mathrm{i}\xi_1 X_1} \tag{6.35}$$

其中，$f(\xi_1)$ 定义为

$$f(\xi_1)=\frac{1}{L'(\xi_1)}\frac{\mathrm{e}^{+R_I H}}{\mathrm{e}^{+2R_I H}} \tag{6.36}$$

注意，$(\mathrm{e}^{+R_I X_2}+\mathrm{e}^{-R_I X_2})\mathrm{e}^{-\mathrm{i}\xi_1 X_1}$ 表示一个 Love 波沿 x_1 负方向传播时在点 $\boldsymbol{X}$ 处产生的位移，前面的项与 $\boldsymbol{X}$ 不相关，只与波数 ξ_1 和缺陷区的波场有关。因此，可以把反射系数 C^{ref} 定义为

$$C^{\text{ref}}(\boldsymbol{X}) = -2\mathrm{i}\mu_I f(\xi_1)\int_{\Omega_F}[k_I^2(\mathrm{e}^{+2R_I x_2}+\mathrm{e}^{-2R_I x_2})+2\xi_1^2]\mathrm{e}^{+2\mathrm{i}\xi_1 x_1}\mathrm{d}V(\boldsymbol{x}) \tag{6.37}$$

把 Ω_F 上的体积分写成对 x_1 和 x_2 的二重积分：

$$\int_{\Omega_F}\mathrm{d}V(\boldsymbol{x}) \to \int_{-\infty}^{\infty}\int_{H-d(x_1)}^{H}\mathrm{d}x_2\mathrm{d}x_1 \tag{6.38}$$

将 x_2 方向的指数函数积分式在 $x_2=H$ 处进行泰勒展开，忽略大于 1 阶的项得到式（6.39）。当缺陷深度函数 $d(x_1)$ 比较小时，这种线性化方式是有效的。这种方法可以将积分式中的缺陷信息 $d(x_1)$ 提取出来：

$$\int_{H-d(x_1)}^{H}(\mathrm{e}^{+2R_I x_2}+\mathrm{e}^{-2R_I x_2})\mathrm{d}x_2 = \frac{1}{2R_I}(\mathrm{e}^{+2R_I x_2}+\mathrm{e}^{-2R_I x_2})\big|_{H-d(x_1)}^{H} = (\mathrm{e}^{+2R_I H}+\mathrm{e}^{-2R_I H})d(x_1)+O(d) \tag{6.39}$$

把式（6.22）代入式（6.37），可得

$$C^{\text{ref}}(\xi_1) = -2\mathrm{i}\mu_I f(\xi_1)[k_I^2(\mathrm{e}^{+2R_I H}+\mathrm{e}^{-2R_I H})+2\xi_1^2]\int_{-\infty}^{\infty}d(x_1)\mathrm{e}^{+2\mathrm{i}\xi_1 x_1}\mathrm{d}x_1 \tag{6.40}$$

在这种情况下，对频率域的反射系数进行傅里叶逆变换可以得到目标函数 $C^{\text{ref}}(\xi_1)$。

$$d(x_1)=\int_{-\infty}^{\infty}\frac{C^{\text{ref}}(\xi_1)}{-2\mathrm{i}\mu_I f(\xi_1)[k_I^2(\mathrm{e}^{+2R_I H}+\mathrm{e}^{-2R_I H})+2\xi_1^2]}\mathrm{e}^{-2\mathrm{i}\xi_1 x_1}\mathrm{d}(2\xi_1) \tag{6.41}$$

通过式（6.41）可以得到分布于整个 x_1 轴的目标函数 $d(x_1)$，因此缺陷的位置和形状都被重构出来。

6.3.3　缺陷重构算例

利用第一阶模态 Love 波的反射系数分别对三种不同半圆形的缺陷（半径分别

为 $h/H=0.1、0.2、0.5$）进行重构，其中反射系数由修正边界元数值方法得到，如图 6.8 所示。注意，反射系数也能在实验中通过对接收反射波信号进行瞬时空间傅里叶变换得到。

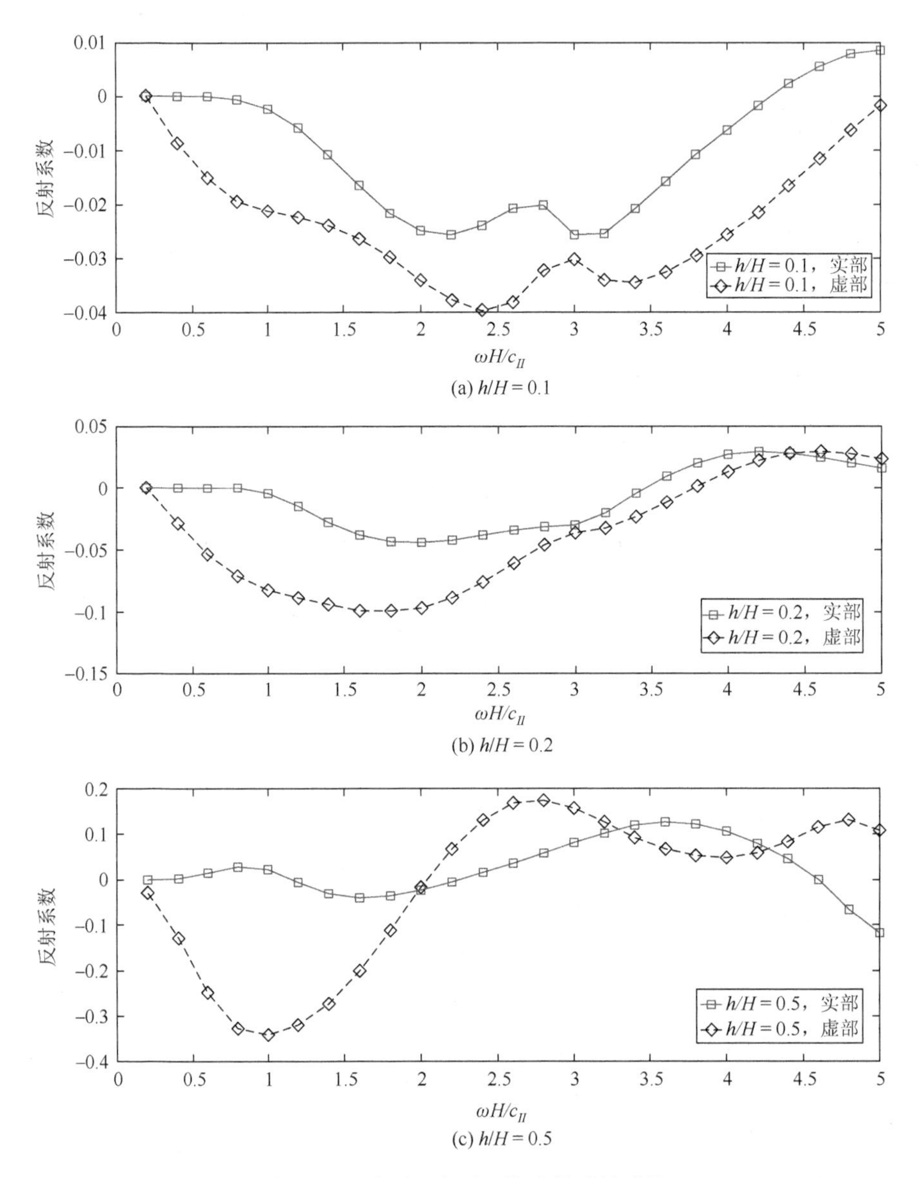

图 6.8　三种不同半圆形缺陷的反射系数

重构结果如图 6.9 所示。由图可知，当缺陷的深度相对于上半层的厚度较小时，缺陷的重构精度较高，如图 6.9（a）、（b）所示。随着缺陷变大，缺陷的重构效果变差。特别是左右边界的变强使得重构出假峰，如图 6.9（c）所示。但是，它所近似的缺陷深度和宽度也具有足够的精度。

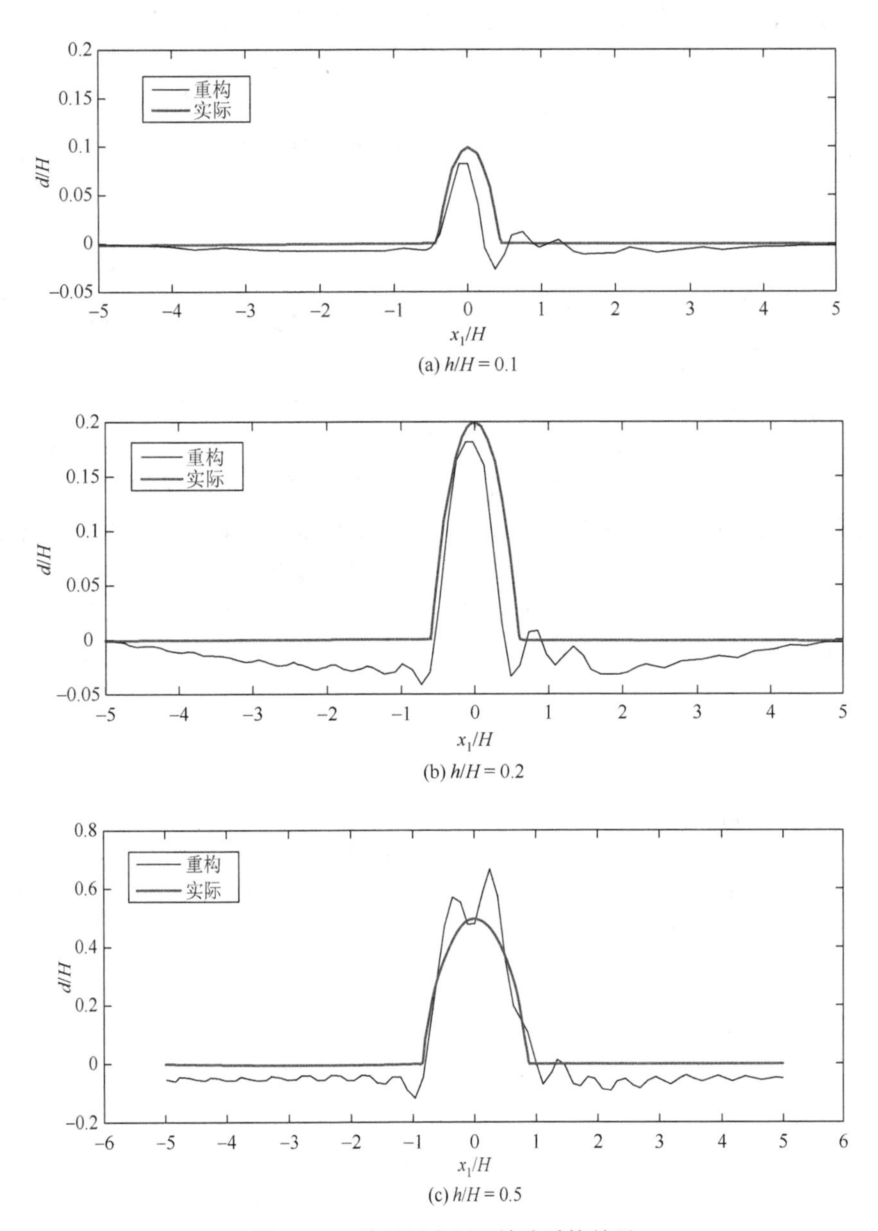

图 6.9　三种不同半圆形缺陷重构结果

重构缺陷的误差可能来自推导反问题时引入的一些近似假设。首先，为 Born 近似，当缺陷为弱散射源时，重构效果较好，而对于大的孔洞缺陷，重构精度下降。其次，通过舍弃高阶项进行线性化的过程也会对重构精度造成影响。此外，波的传播方向也会对重构精度造成影响。图 6.9 中缺陷左侧，即波入射方向的重构效果更好，而在缺陷右侧的阴影处重构的结果较差。因此，在实际中可以在两个方向入射波以提高重构精度。这种重构方法不同于传统超声 Pitch-Catch 法和 TOF 法的地方在于使用了反射信号中的多种频率成分。低频成分提供了孔洞缺陷的位置和形状信息，高频成分帮助重构出缺陷形状的具体细节。

6.4 本章小结

对于反问题，本章提出了一种重建几何性质的反演方法，利用入射波在一系列频率下的反射系数对弧形缺陷进行了研究。从弹性波散射理论出发，将散射 Rayleigh 波场表示为边界缺陷区域上的积分方程。引入半空间格林函数的远场形式，通过 Born 近似，证明了缺陷深度目标函数的重构可通过反射系数的傅里叶逆变换得到。这一方法给出了一个直接而简单的反演方法，不需要事先知道一些基本数据和迭代。对于数值验证，将正演分析得到的反射系数作为输入反演过程中的数据。结果表明，该反演方法对单次反演和单次反演多个缺陷都是有效的。该方法能准确地重建图像，尤其是对浅凹口和平面凹口的图像；对于较深的缺陷，该方法仍然可以表示其几何特性（如位置、深度和宽度），并能产生可靠的“初始图像”供进一步使用。

参考文献

[1] Snieder R. General theory of elastic wave scattering//Pike R，Sabatier P. Scattering：Scattering and Inverse Scattering in Pure and Applied Science. Cambridge：Academic Press，2002.

[2] Kobayashi S. Elastodynamics//Beskos D E. Boundary Element Methods in Mechanics，Volume 3 in Computational Methods in Mechanics. Amsterdam：North-Holland，1987.

第 7 章　基于傅里叶定量化缺陷重构

7.1　引　　言

本章所要研究的缺陷重构方法是在第 5 章缺陷重构方法的基础上提出的更为实用的检测方法。本方法同样建立在边界积分方程上，但避免使用解析形式的格林函数和浅缺陷假设。因为在对大多数结构检测时，其相应结构中的格林函数往往不存在解析表达式，这样就限制了第 5 章中重构方法的应用。而本章提出的方法通过引入参考模型解决了这一棘手问题。这里将这种方法称为傅里叶变换的定量化检测（quantitative detection of Fourier transform，QDFT）。本章通过不断迭代参考模型，实现较深缺陷（深度大于半板厚度或半壁厚度）的检测，从而克服了浅缺陷假设。在本章算例中，将傅里叶变换的定量化重构应用于圆环缺陷检测、管道非轴对称缺陷检测、单层板检测以及层合板检测，其结果都展现了该方法的有效性和精确性。

7.2　圆环结构中表面缺陷的定量化重构

本节主要解决缺陷在管道周向上的分布问题，为了简化模型，将该问题近似成二维圆环，通过重构圆环上的缺陷得到缺陷在管道周向上的分布情况。以第 5 章中的重构理论为基础，依然通过构造缺陷的边界积分方程来重构圆环中的缺陷，此时存在两个问题：①圆环中的散射波场如何求解；②圆环中格林函数的解析形式是否存在，或是否可以通过数值方法拟合成显式函数。针对第一个问题，为求解散射波场就必须知道圆环中导波的传播形式与频散关系。圆柱表面上存在 Rayleigh 波这一现象最早是由 Cook 等[1]在 1954 年发现的，Grace 等[2]、Keller[3, 4]以及 Gregory[5]在他们的工作中都提到，圆柱中的表面波不具有非频散性，这一点与平面中 Rayleigh 波完全不同。1996 年，Qu 等[6]推导了圆环中环形波的弥散方程；1998 年，Liu 等[7]求解出圆环中导波的弥散方程。

本书将继续采用半解析有限元法求解圆环中导波的弥散曲线，并将其结果与已有文献比较。在分析弥散曲线的基础上，借助混合有限元法计算出圆环中导波的散射波场。对于第二个问题，圆环中的格林函数非常复杂，很难推导出其解析解，即使由数值解拟合出的函数表达式也具有多样性，无法用来构造缺陷的边界积分方程。因此，如果采用边界积分方程定量化重构缺陷，就必须解决格林函数的问题。为此，本章提出一种新方法，该方法仍基于边界积分方程，但无须结构的格林函数，依然能够完成重构工作。这种新方法的提出可以解决绝大多数二维结构的定量化重构问题，从而为复杂结构的检测提供了可行性参考方案。

7.2.1　圆环结构中导波弥散方程

首先，介绍圆环中导波弥散方程的理论求解方法，如图 7.1 所示，在内外半径分别为 r_{in} 和 r_{out} 的圆环中存在稳态的时间简谐波沿周向传播，忽略其时间简谐项 $e^{i\omega t}$，在极坐标系下假设其平面内位移形式为

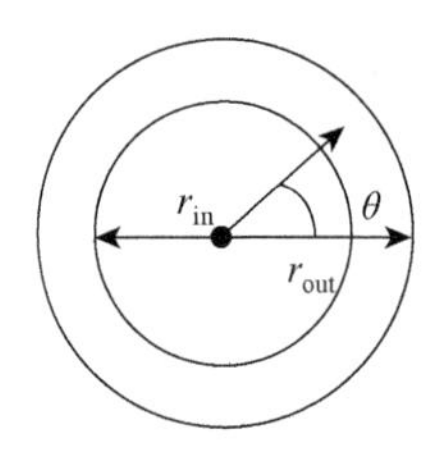

图 7.1　内外半径分别为 r_{in} 和 r_{out} 的圆环

$$u_r = u_r(r,\theta), \quad u_\theta = u_\theta(r,\theta) \tag{7.1}$$

于是，得到相应的应力表达式为

$$\begin{cases} \sigma_r = \lambda\left(\dfrac{\partial u_r}{\partial r} + \dfrac{u_r}{r} + \dfrac{1}{r}\dfrac{\partial u_\theta}{\partial \theta}\right) + 2\mu\dfrac{\partial u_r}{\partial r} \\ \sigma_\theta = \lambda\left(\dfrac{\partial u_r}{\partial r} + \dfrac{u_r}{r} + \dfrac{1}{r}\dfrac{\partial u_\theta}{\partial \theta}\right) + 2\mu\left(\dfrac{u_r}{r} + \dfrac{1}{r}\dfrac{\partial u_\theta}{\partial \theta}\right) \\ \sigma_{r\theta} = \lambda\left(\dfrac{\partial u_\theta}{\partial r} - \dfrac{u_\theta}{r} + \dfrac{1}{r}\dfrac{\partial u_r}{\partial \theta}\right) \end{cases} \tag{7.2}$$

在无体力作用下，其运动方程可写成

$$\begin{cases} \dfrac{\partial \sigma_r}{\partial r} + \dfrac{\sigma_r - \sigma_\theta}{r} + \dfrac{1}{r}\dfrac{\partial \sigma_{r\theta}}{\partial \theta} + \rho\omega^2 u_r = 0 \\ \dfrac{\partial \sigma_{r\theta}}{\partial r} + \dfrac{1}{r}\dfrac{\partial \sigma_\theta}{\partial \theta} + 2\dfrac{\sigma_{r\theta}}{r} + \rho\omega^2 u_\theta = 0 \end{cases} \tag{7.3}$$

结合圆环内外壁自由的边界条件，即

$$\begin{cases} \sigma_r(r_{\text{in}},\theta) = \sigma_{r\theta}(r_{\text{in}},\theta) = 0 \\ \sigma_r(r_{\text{out}},\theta) = \sigma_{r\theta}(r_{\text{out}},\theta) = 0 \end{cases} \tag{7.4}$$

根据 Achenbach[8]中提到的亥姆霍兹分解法，将位移写成两个势函数的分量：

$$u_r = \frac{\partial \varphi}{\partial r} + \frac{1}{r}\frac{\partial \psi}{\partial \theta}, \quad u_\theta = \frac{1}{r}\frac{\partial \varphi}{\partial \theta} - \frac{\partial \varphi}{\partial r} \tag{7.5}$$

将式（7.5）代入式（7.2），并结合式（7.3），可得到两个势函数的解耦方程：

$$\begin{cases}\left(\dfrac{\partial^2}{\partial r^2}+\dfrac{1}{r}\dfrac{\partial y}{\partial r}+\dfrac{1}{r^2}\dfrac{\partial^2}{\partial\theta^2}\right)\varphi+\dfrac{\omega^2}{c_L^2}\varphi=0\\\left(\dfrac{\partial^2}{\partial r^2}+\dfrac{1}{r}\dfrac{\partial y}{\partial r}+\dfrac{1}{r^2}\dfrac{\partial^2}{\partial\theta^2}\right)\psi+\dfrac{\omega^2}{c_T^2}\psi=0\end{cases}\tag{7.6}$$

其中，纵波波速 $c_L=\sqrt{\dfrac{\lambda+2\mu}{\rho}}$；横波波速 $c_T=\sqrt{\dfrac{\mu}{\rho}}$。

由于波沿 θ 方向传播，所以 φ 和 ψ 可以分离变量：

$$\varphi=\tilde{\varphi}(r)\mathrm{e}^{\mathrm{i}kr_{\mathrm{out}}\theta},\quad \psi=\tilde{\psi}(r)\mathrm{e}^{\mathrm{i}kr_{\mathrm{out}}\theta}\tag{7.7}$$

此时，波数 $k=\dfrac{\omega}{c(r_{\mathrm{out}})}$，注意圆环中的波速 $c(r)$ 是半径的函数，而平板中的波速沿厚度方向不变，因此 $k=\dfrac{\omega}{c(r_{\mathrm{out}})}$ 只表示外壁半径上的波数。将式（7.7）代入式（7.6）中，得到贝塞尔方程为

$$\begin{cases}\tilde{\varphi}''+\dfrac{1}{r}\tilde{\varphi}'+\left[\left(\dfrac{\omega}{c_L}\right)^2-\left(\dfrac{kb}{r}\right)^2\right]\tilde{\varphi}=0\\\tilde{\psi}''+\dfrac{1}{r}\tilde{\psi}'+\left[\left(\dfrac{\omega}{c_T}\right)^2-\left(\dfrac{kb}{r}\right)^2\right]\tilde{\psi}=0\end{cases}\tag{7.8}$$

其解的基本形式为

$$\begin{cases}\tilde{\varphi}=A_1Z_{\hat{k}}\left(\dfrac{\omega r}{c_L}\right)+A_2W_{\hat{k}}\left(\dfrac{\omega r}{c_L}\right)\\\tilde{\psi}=A_3Z_{\hat{k}}\left(\dfrac{\omega r}{c_T}\right)+A_4W_{\hat{k}}\left(\dfrac{\omega r}{c_T}\right)\end{cases}\tag{7.9}$$

其中，$Z_{\hat{k}}$ 和 $W_{\hat{k}}$ 分别为第 $\hat{k}=kb$ 阶的第一类和第二类贝塞尔函数；A_1、A_2、A_3、A_4 为待定系数，可通过边界条件确定。

将式（7.9）代入式（7.6）可得到位移的表达式，并根据式（7.4）的边界条件，可以建立系数方程组：

$$\boldsymbol{D}(k,\omega)\boldsymbol{A}=0\tag{7.10}$$

其中，$\boldsymbol{D}$ 为 4 阶方阵；$\boldsymbol{A}=[A_1,A_2,A_3,A_4]^{\mathrm{T}}$。

为了确保式（7.10）有非平凡解，其系数行列式必为 0，即

$$\mathrm{Det}[\boldsymbol{D}(k,\omega)]=0\tag{7.11}$$

从而，可以绘制出弥散曲线。这里只介绍了平面问题的求解过程，对于反平面问题也可参照类似的分析方法。

这里将借助半解析有限元法，建立适合圆环模型的运动方程，一次性计算出

平面和反平面问题中导波的弥散关系。首先在管道上建立更一般的正交曲面坐标系（如图 7.2 所示，在第 2 章中已讲述），并以管道外壁作为参考曲面，通过构建等距曲面表示管道模型。图 7.2 中的坐标系是管道外壁的主方向，a_1 和 a_2 与圆柱坐标系中 z 轴和 θ 轴的方向对应一致（即主方向），如果导波沿着螺旋方向传播，就需要定义测地坐标系（如图 7.2 中的坐标轴 b_1 和 b_2 所示），a_1 与 b_1 之间的夹角为 ϑ，导波传播方向沿测地坐标系的坐标轴方向。这样建立的坐标系对求解导波问题非常便利，以便于对质点位移的传播项和振幅项采用变量分离。由张量分析可知，圆柱表面的主曲率分别为 $\kappa_1 = \dfrac{1}{r_{\text{out}}}$ 和 $\kappa_2 = 0$，测地曲率 $\tilde{\kappa}_1$ 和 $\tilde{\kappa}_2$ 分别为

$$\begin{cases} \tilde{\kappa}_1 = \kappa_1 \cos^2 \vartheta + \kappa_2 \sin^2 \vartheta \\ \tilde{\kappa}_2 = \kappa_1 \cos^2 \left(\vartheta + \dfrac{\pi}{2} \right) + \kappa_2 \sin^2 \left(\vartheta + \dfrac{\pi}{2} \right) \end{cases} \tag{7.12}$$

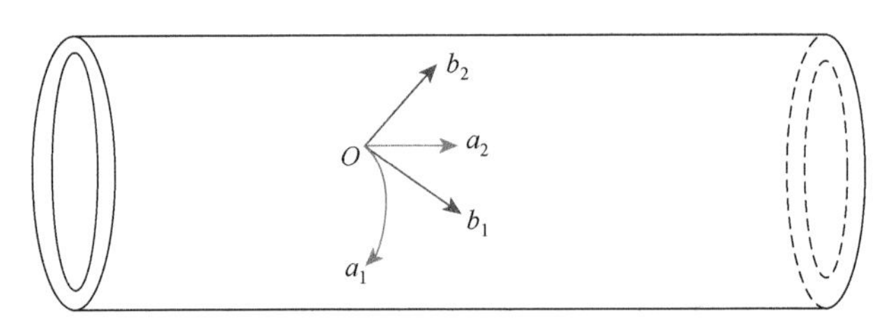

图 7.2　管道中曲面坐标系

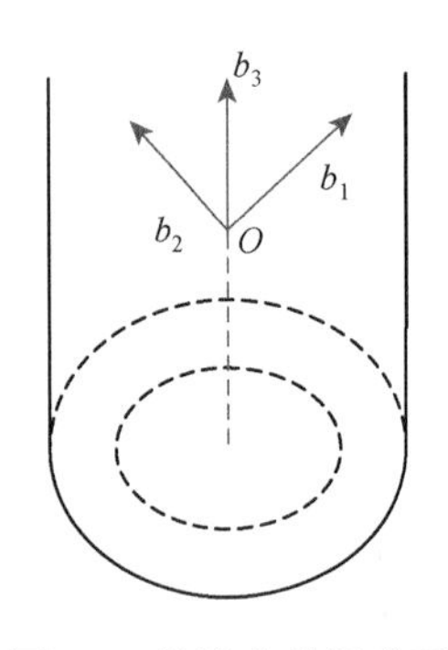

图 7.3　管道中等距曲面

以外壁为参考曲面且坐标系 b_1Ob_2 具有弧长的量纲，建立等距曲面（图 7.3），坐标轴 b_3 与柱坐标系中径向 r 一致，于是等距曲面上的拉梅常数为

$$\begin{cases} h_1 = \sqrt{g_{11}} = 1 + \kappa_1 b_3 \\ h_{12} = \sqrt{g_{12}} = 0 \\ h_2 = \sqrt{g_{22}} = 1 + \kappa_2 b_3 \\ h_3 = \sqrt{g_{33}} = 1 \end{cases} \tag{7.13}$$

因此，得到等距曲面上任意一点处的应变表达式为

$$\begin{cases} \varepsilon_{11} = \dfrac{1}{h_1}\dfrac{\partial u_1}{\partial b_1} + \dfrac{\kappa_1}{h_1} u_3, \quad \varepsilon_{22} = \dfrac{1}{h_2}\dfrac{\partial u_2}{\partial b_2} + \dfrac{\kappa_2}{h_2} u_3 \\ \varepsilon_{33} = \dfrac{\partial u_3}{\partial b_3}, \quad \varepsilon_{12} = \dfrac{1}{2}\left(\dfrac{1}{h_1}\dfrac{\partial u_2}{\partial b_1} + \dfrac{1}{h_2}\dfrac{\partial u_1}{\partial b_2} \right) \\ \varepsilon_{13} = \dfrac{1}{2}\left(\dfrac{1}{h_1}\dfrac{\partial u_3}{\partial b_1} + \dfrac{\partial u_1}{\partial b_3} - \dfrac{\kappa_1}{h_1} u_1 \right), \quad \varepsilon_{23} = \dfrac{1}{2}\left(\dfrac{1}{h_2}\dfrac{\partial u_3}{\partial b_2} + \dfrac{\partial u_2}{\partial b_3} - \dfrac{\kappa_2}{h_2} u_2 \right) \end{cases} \tag{7.14}$$

进一步，将应变分量表示为

$$\boldsymbol{\varepsilon}=\begin{bmatrix}\frac{1}{h_1}\frac{\partial}{\partial b_1} & 0 & \frac{\kappa_1}{h_1}\\ 0 & \frac{1}{h_2}\frac{\partial}{\partial b_2} & \frac{\kappa_2}{h_2}\\ 0 & 0 & \frac{\partial}{\partial b_3}\\ 0 & \frac{\partial}{\partial b_3}-\frac{1}{h_2}\frac{\partial}{\partial b_2} & \frac{1}{h_2}\frac{\partial}{\partial b_2}\\ \frac{\partial}{\partial b_3}-\frac{1}{h_1}\frac{\partial}{\partial b_1} & 0 & \frac{1}{h_1}\frac{\partial}{\partial b_1}\\ \frac{1}{h_2}\frac{\partial}{\partial b_2} & \frac{1}{h_1}\frac{\partial}{\partial b_1} & 0\end{bmatrix}\begin{bmatrix}u_1\\ u_2\\ u_3\end{bmatrix}=\boldsymbol{L}\boldsymbol{u} \tag{7.15}$$

其中，$\boldsymbol{L}=\boldsymbol{L}_1\frac{1}{h_1}\frac{\partial}{\partial b_1}+\boldsymbol{L}_2\frac{1}{h_2}\frac{\partial}{\partial b_2}+\boldsymbol{L}_3\frac{\partial}{\partial b_3}+\boldsymbol{L}_4\frac{\kappa_1}{h_1}+\boldsymbol{L}_5\frac{\kappa_2}{h_2}$；$\boldsymbol{u}=\begin{bmatrix}u_1\\ u_2\\ u_3\end{bmatrix}$，同时有

$$\boldsymbol{L}_1=\begin{bmatrix}1&0&0\\0&0&0\\0&0&0\\0&0&0\\0&0&1\\0&1&0\end{bmatrix},\quad \boldsymbol{L}_2=\begin{bmatrix}0&0&0\\0&1&0\\0&0&0\\0&0&1\\0&0&0\\1&0&0\end{bmatrix},\quad \boldsymbol{L}_3=\begin{bmatrix}0&0&0\\0&0&0\\0&0&1\\0&1&0\\1&0&0\\0&0&0\end{bmatrix}$$
$$\boldsymbol{L}_4=\begin{bmatrix}0&0&1\\0&0&0\\0&0&0\\0&0&0\\-1&0&0\\0&0&0\end{bmatrix},\quad \boldsymbol{L}_5=\begin{bmatrix}0&0&0\\0&0&1\\0&0&0\\0&-1&0\\0&0&0\\0&0&0\end{bmatrix} \tag{7.16}$$

此时，依然沿径向（b_3 方向）进行单元离散，于是位移可以用形函数 $\boldsymbol{N}$ 表示：

$$\boldsymbol{u}=\begin{bmatrix}u_1\\ u_2\\ u_3\end{bmatrix}=\boldsymbol{N}\boldsymbol{U} \tag{7.17}$$

将式（7.17）和式（7.16）代入式（7.15），得

$$\boldsymbol{\varepsilon}=\boldsymbol{L}\boldsymbol{u}=\boldsymbol{L}_1\frac{1}{h_1}\boldsymbol{N}\boldsymbol{U}_{,1}+\boldsymbol{L}_2\frac{1}{h_2}\boldsymbol{N}\boldsymbol{U}_{,2}+\boldsymbol{L}_3\boldsymbol{N}_{,3}\boldsymbol{U}+\boldsymbol{L}_4\frac{\kappa_1}{h_1}\boldsymbol{N}\boldsymbol{U}+\boldsymbol{L}_5\frac{\kappa_2}{h_2}\boldsymbol{N}\boldsymbol{U} \tag{7.18}$$

记

$$\boldsymbol{B}_1=\boldsymbol{L}_1\frac{1}{h_1}\boldsymbol{N},\quad \boldsymbol{B}_2=\boldsymbol{L}_2\frac{1}{h_2}\boldsymbol{N},\quad \boldsymbol{B}_3=\boldsymbol{L}_3\boldsymbol{N}_{,3}+\boldsymbol{L}_4\frac{\kappa_1}{h_1}\boldsymbol{N}+\boldsymbol{L}_5\frac{\kappa_2}{h_2}\boldsymbol{N} \tag{7.19}$$

不妨设图 7.3 中的 b_1 为波传播方向，将 b_2 方向进行傅里叶级数展开，即

$$\boldsymbol{U}(b_1,b_2)=\sum_{n=-\infty}^{+\infty}\mathrm{e}^{\mathrm{i}nb_2}\boldsymbol{U}_n(b_1) \tag{7.20}$$

其中，$\boldsymbol{U}_n(b_1)=\bar{\boldsymbol{U}}_n\mathrm{e}^{\mathrm{i}k_nb_1}$。

参照式（2.92）～式（2.95），得到最终矩阵方程为

$$[\boldsymbol{A}(n,\omega)-k_n\boldsymbol{B}(n,\omega)]\boldsymbol{Q}_n=\boldsymbol{P}_n$$

$$\boldsymbol{A}=\begin{bmatrix}0 & \boldsymbol{W}+\boldsymbol{M}_3\\ \boldsymbol{W}+\boldsymbol{M}_3 & \boldsymbol{M}_2\end{bmatrix},\quad \boldsymbol{B}=\begin{bmatrix}\boldsymbol{W}+\boldsymbol{M}_3 & 0\\ 0 & -\boldsymbol{M}_1\end{bmatrix} \tag{7.21}$$

式（7.21）中每一项具体形式如下：

$$\begin{gathered}\boldsymbol{M}_1=\int\boldsymbol{B}_1^{\mathrm{T}}\boldsymbol{D}\boldsymbol{B}_1h_1h_2\mathrm{d}\alpha_3\\ \boldsymbol{M}_2=\int(\mathrm{i}\boldsymbol{B}_3^{\mathrm{T}}\boldsymbol{D}\boldsymbol{B}_1-\mathrm{i}\boldsymbol{B}_1^{\mathrm{T}}\boldsymbol{D}\boldsymbol{B}_3+n\kappa_2\boldsymbol{B}_2^{\mathrm{T}}\boldsymbol{D}\boldsymbol{B}_1+n\kappa_2\boldsymbol{B}_1^{\mathrm{T}}\boldsymbol{D}\boldsymbol{B}_2)h_1h_2\mathrm{d}\alpha_3\\ \boldsymbol{M}_3=\int[\mathrm{i}n\kappa_2\boldsymbol{B}_3^{\mathrm{T}}\boldsymbol{D}\boldsymbol{B}_2-\mathrm{i}n\kappa_2\boldsymbol{B}_2^{\mathrm{T}}\boldsymbol{D}\boldsymbol{B}_3+(n\kappa_2)^2\boldsymbol{B}_2^{\mathrm{T}}\boldsymbol{D}\boldsymbol{B}_2+\boldsymbol{B}_3^{\mathrm{T}}\boldsymbol{D}\boldsymbol{B}_3]h_1h_2\mathrm{d}\alpha_3\\ \boldsymbol{W}=\int(-\omega^2\rho\boldsymbol{N}^{\mathrm{T}}\boldsymbol{N})h_1h_2\mathrm{d}\alpha_3,\quad \boldsymbol{Q}_n=\begin{bmatrix}\boldsymbol{U}_n\\ k_n\boldsymbol{U}_n\end{bmatrix},\quad \boldsymbol{P}_n=\begin{bmatrix}0\\ \boldsymbol{F}_n\end{bmatrix}\end{gathered} \tag{7.22}$$

式（7.21）表示管道中导波沿任意螺旋方向传播的波动方程，取等式左边的系数行列式为零，得到弥散方程为

$$\mathrm{Det}[\boldsymbol{A}(n,\omega)-k_n\boldsymbol{B}(n,\omega)]=0 \tag{7.23}$$

下面将采用上述方法计算圆环中波的弥散曲线。圆环中导波沿周向传播，可以看成螺距为 0 的特殊情况，即图 7.2 中 $\vartheta=0$。此时，$\kappa_1=r_{\mathrm{out}}$，$\kappa_2=0$。在均匀各向同性介质中，材料密度 $\rho=8.2324\times10^3\mathrm{kg/m^3}$，拉梅常数 $\lambda=1.0878\times10^{11}\mathrm{Pa}$，$\mu=8.4302\times10^{10}\mathrm{Pa}$。当管道内外半径比值 $r_{\mathrm{in}}/r_{\mathrm{out}}$ 分别为 0.1、0.5、0.95 时，绘制这三种不同尺寸下的弥散曲线。如图 7.4～图 7.6 所示，横坐标表示无量纲波数 $k=k_n(r_{\mathrm{out}}-r_{\mathrm{in}})$，纵坐标是外壁上相速度 $c(r_{\mathrm{out}})$ 与横波波速 c_T 的比值，黑色实心圆表示平面应变下导波的弥散关系（同样的结果可以从文献[7]中找到），随着圆环内外半径比值越来越大，即壁厚越来越薄时，零阶模态（0th）会慢慢消失，同时一阶模态（1st）的截止频率逐渐趋于零；三角图标表示反平面情况下导波的弥散关系，随着圆环内外半径比值越来越大，一阶模态（$\check{1}^{\mathrm{st}}$）越来越平缓，逐渐趋于横波波速，并展现出非频散性，且反平面情况下随着圆环内外半径比值变大，高阶导波模态也逐渐趋近平板中的反平面模态。

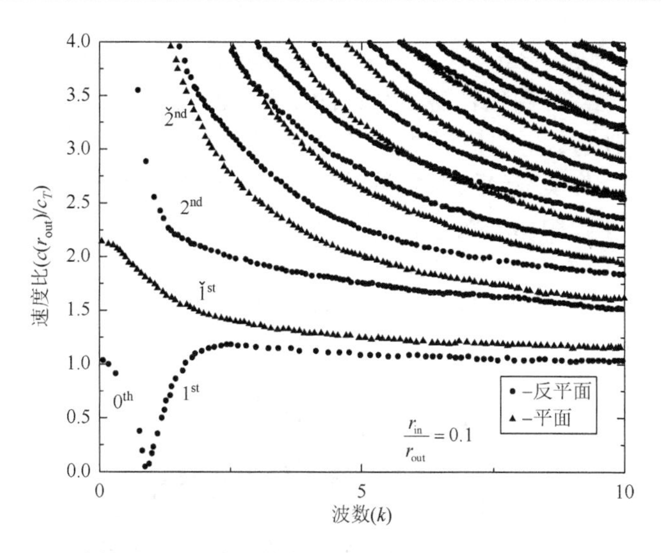

图 7.4　圆环内、外半径比值为 0.1 时的弥散曲线

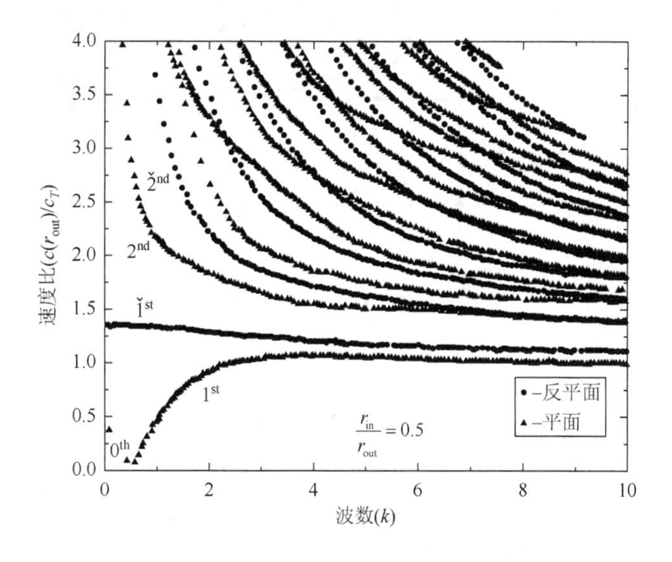

图 7.5　圆环内、外半径比值为 0.5 时的弥散曲线

上述算例研究了圆环壁厚对弥散曲线的影响，这里将其结果与二维平板的弥散曲线进行比较。二维平板中弥散曲线也可以通过上述公式求解，即主曲率半径都趋于无穷时（$r_{\text{out}} \to \infty$），式（7.12）中的两条正交测地线曲率都为零，此时圆环模型就退化为二维平板模型，采用式（7.12），可以绘制出二维平板中的弥散曲线。此时，定义材料属性：密度为 $7932\text{kg}/\text{m}^3$，拉梅常数 $\lambda = 113.2\text{GPa}$, $\mu = 84.3\text{GPa}$（与第 5 章中材料参数一致）。平板厚度和圆环厚度都为 $h = 0.0056\text{m}$，

圆环内壁半径 $r_{\text{in}}=0.0388\text{m}$，外壁半径 $r_{\text{out}}=0.0444\text{m}$。通过计算得到如图 7.7 所示的结果，其中黑色实心圆代表圆环模型的结果，三角图标代表二维平板模型的结果，1st 和 $\check{1}^{\text{st}}$ 分别表示平面情况和反平面情况。此时，圆环内外壁半径比值为 $r_{\text{in}}/r_{\text{out}}=0.874$，一阶模态（$1^{\text{st}}$）在低频时两者基本一致，圆环外壁处一阶模态（$\tilde{1}^{\text{st}}$）的相速度略高于平板中 SH 波（$\check{1}^{\text{st}}$），二阶模态（$2^{\text{st}}$）在低频时两者差异较大，高频时两者趋于一致。由弥散曲线可知，圆环壁厚越薄其弥散关系越趋近于二维平板中的情况，但是相速度是沿着壁厚方向变化的。

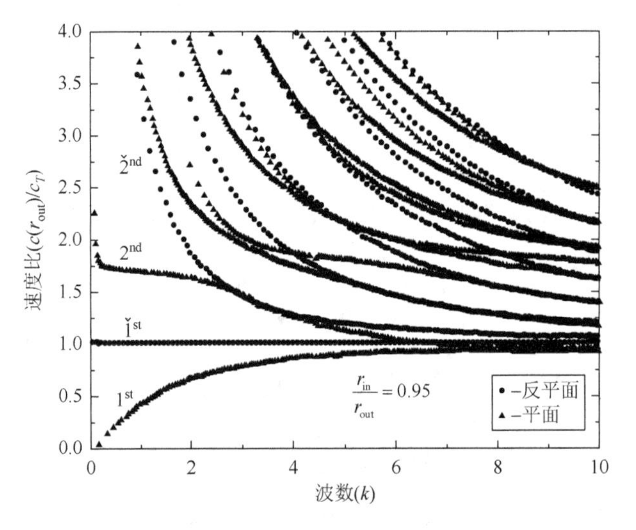

图 7.6　圆环内、外半径比值为 0.95 时的弥散曲线

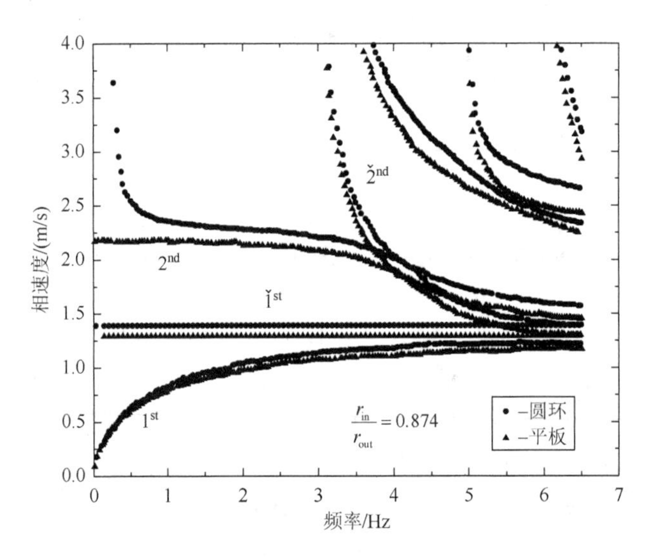

图 7.7　对比平板和圆环模型中的弥散曲线

7.2.2　圆环中散射波场计算

混合有限元法对于圆环中散射波场的计算依然有效。首先求解出圆环中波场的位移表达式，当曲率 $\kappa_2 = 0$ 时，n 无论取值如何其结果都相同，因此式（7.22）中有关 n 的指标都可以省略。参照第 2 章中位移的推导方法（式(2.97)～式(2.108)），可以得到圆环中波场位移为

$$\boldsymbol{U} = \bar{\boldsymbol{U}}^{-} + \bar{\boldsymbol{U}}^{+} \tag{7.24}$$

其中，各项表达式如下：

$$\begin{cases} \bar{\boldsymbol{U}}^{-} = -\mathrm{i}\displaystyle\sum_{m=1}^{M} \frac{k_m [\phi_{mu}^{\mathrm{L}}]^{\mathrm{H}} \bar{\boldsymbol{F}}_0}{B_m} \phi_{mu}^{R} \mathrm{e}^{-\mathrm{i}k_m (b_1 - \hat{b}_1)} \\ \bar{\boldsymbol{U}}^{+} = -\mathrm{i}\displaystyle\sum_{m=1}^{M} \frac{k_m [\phi_{mu}^{\mathrm{L}}]^{\mathrm{H}} \bar{\boldsymbol{F}}_0}{B_m} \phi_{mu}^{R} \mathrm{e}^{\mathrm{i}k_m (b_1 - \hat{b}_1)} \end{cases} \tag{7.25}$$

其中，$\hat{b}_1$ 表示激励源 $\bar{\boldsymbol{F}}_0$ 在 b_1 轴上的坐标。

取含缺陷部分（图 7.8），截断边界分别为 S_1 和 S_2，不妨设入射导波沿 b_1 轴的负方向传播（顺时针），遇到缺陷时产生散射波场：在 S_2 边界处产生反射波，在 S_1 边界处产生透射波。其截断边界处位移形式如式（7.25）所示，但其幅值未知，采用第 4 章中有限元构建方法，建立部分圆环（图 7.8）的混合有限元模型。针对二维模型，采用八节点的四边形单元进行离散。最终求解与式（4.110）一样的散射波场矩阵方程，得到相应散射波场的位移幅值，确定其反射系数和透射系数，结果的正确性依然可以通过能量守恒来验证。

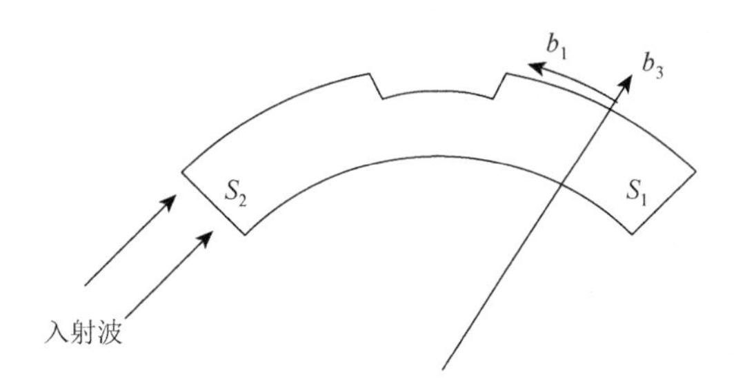

图 7.8　圆环模型（部分）的散射波场计算模型

7.2.3　傅里叶变换的定量化重构

圆环中不存在解析的基本解，直接采用缺陷边界积分方程对圆环中的缺陷进行定量化重构是无法实现的，因此必须寻找新的突破口。本节以缺陷边界积分方

程为基础，提出一种新的重构思路，该方法克服了基本解带来的困难，并可以实现大多数二维结构中的缺陷定量化重构，这里将这种方法命名为傅里叶变换的定量化检测。

从缺陷边界积分方程出发，可得

$$\int_S [u_i^{\text{total}}(\boldsymbol{x}) T_{ij}^{\alpha}(\boldsymbol{x}-\boldsymbol{X}) - U_i^{\alpha}(\boldsymbol{x}-\boldsymbol{X}) \sigma_{ij}^{\text{total}}(\boldsymbol{x})] n_j \mathrm{d}S(\boldsymbol{x}) = u_\alpha^{\text{sca}}(\boldsymbol{X})$$

$$i, j, \alpha = 1, 2, \quad \boldsymbol{X} \notin V \tag{7.26}$$

其中，$u_i^{\text{total}}(\boldsymbol{x})$ 和 $\sigma_{ij}^{\text{total}}(\boldsymbol{x})$ 分别为总场的位移和应力分量；$T_{ij}^{\alpha}(\boldsymbol{x}-\boldsymbol{X})$ 和 $U_i^{\alpha}(\boldsymbol{x}-\boldsymbol{X})$ 分别为全平面格林函数位移和应力解的分量；$\boldsymbol{x}$ 为场点坐标；$\boldsymbol{X}$ 为源点坐标；n_j 为边界法方向的分量；$u_\alpha^{\text{sca}}(\boldsymbol{X})$ 为源点处的散射波场位移。

根据自由边界条件，并结合被检测模型中格林函数的应力 $\tilde{T}_{ij}^{\alpha}(\boldsymbol{x}-\boldsymbol{X})$，将式（7.26）进一步整理为

$$\int_S [u_i^{\text{total}}(\boldsymbol{x}) \tilde{T}_{ij}^{\alpha}(\boldsymbol{x}-\boldsymbol{X})] n_j \mathrm{d}S(\boldsymbol{x}) = u_\alpha^{\text{sca}}(\boldsymbol{X}), \quad \boldsymbol{X} \notin V \tag{7.27}$$

采用高斯定理，将边界积分转化为面积分（二维问题），得到

$$\int_{-\infty}^{+\infty} \mathrm{e}^{-2\mathrm{i}\xi x_2} \mathrm{e}^{\mathrm{i}\xi X_2} \int_{h-\eta(x_2)}^{h} \{[A_i^{\text{inc}}(x_1) \tilde{P}_{ij}^{\alpha}(x_1 - X_1)]_{,j} + Q\} \mathrm{d}x_1 \mathrm{d}x_2 = u_\alpha^{\text{sca}}(\boldsymbol{X}) \tag{7.28}$$

其中，$Q = -2\mathrm{i}\xi A_i^{\text{inc}}(x_1) \tilde{P}_{ij}^{\alpha}(x_1 - X_1)$；$h$ 为模型厚度；ξ 为波数。

这里要利用变量分离法将传播项和幅值项分开写成 $u_i^{\text{total}}(\boldsymbol{x}) = A_i^{\text{total}}(x_1)\mathrm{e}^{-\mathrm{i}\xi x_2}$ 和 $\tilde{T}_{ij}^{\alpha}(\boldsymbol{x}-\boldsymbol{X}) = \tilde{P}_{ij}^{\alpha}(x_1 - X_1)\mathrm{e}^{-\mathrm{i}\xi(x_2 - X_2)}$，再根据 Born 近似（Born approximation），总场可以用入射场代替，即 $u_i^{\text{total}}(\boldsymbol{x}) \approx u_\alpha^{\text{inc}}(\boldsymbol{X}) = A_i^{\text{inc}}(x_1)\mathrm{e}^{-\mathrm{i}\xi x_2}$，此时源点处的散射波场位移等于反射场，即

$$u_\alpha^{\text{sca}}(\boldsymbol{X}) = u_\alpha^{\text{ref}}(\boldsymbol{X}) = A_\alpha^{\text{ref}}(X_1)\mathrm{e}^{\mathrm{i}\xi X_2} = C^{\text{ref}}(\xi) A_\alpha^{\text{inc}}(X_1)\mathrm{e}^{\mathrm{i}\xi X_2} \tag{7.29}$$

很显然，式（7.28）中的被积项 $[A_i^{\text{inc}}(x_1)\tilde{P}_{ij}^{\alpha}(x_1 - X_1)]_{,j}$ 在积分区域没有奇异点，因此必存在原函数，为

$$\tilde{W}(x_1, \xi)\Big|_{h-\eta(x_2)}^{h} = \int_{h-\eta(x_2)}^{h} \{[A_i^{\text{total}}(x_1) \tilde{P}_{ij}^{\alpha}(x_1 - X_1)]_{,j} + Q\} \mathrm{d}x_1 \tag{7.30}$$

将式（7.29）和式（7.30）代入式（7.28），得到

$$\begin{aligned} &\int_{-\infty}^{+\infty} \mathrm{e}^{-2\mathrm{i}\xi x_2} \mathrm{e}^{\mathrm{i}\xi X_2} \eta(x_2) \lim_{\eta(x_2)\to 0} \frac{\tilde{W}(h,\xi) - \tilde{W}(h-\eta(x_2),\xi)}{h-(h-\eta(x_2))} \mathrm{d}x_2 \\ &\approx \int_{-\infty}^{+\infty} \mathrm{e}^{-2\mathrm{i}\xi x_2} \mathrm{e}^{\mathrm{i}\xi X_2} \eta(x_2) \left. \frac{\mathrm{d}\tilde{W}(x_1,\xi)}{\mathrm{d}x_1} \right|_{x_1=h} \mathrm{d}x_2 \approx C^{\text{ref}}(\xi) A_\alpha^{\text{inc}}(X_1)\mathrm{e}^{\mathrm{i}\xi X_2} \end{aligned} \tag{7.31}$$

令 $R(k) = \left. \dfrac{\mathrm{d}\tilde{W}(x_1,\xi)}{\mathrm{d}x_1} \right|_{x_1=h}$，简化式（7.31）得

$$\int_{-\infty}^{+\infty}\eta(x_2)\mathrm{e}^{-2\mathrm{i}\xi x_2}\mathrm{d}x_2\approx\frac{C^{\mathrm{ref}}(k)A_\alpha^{\mathrm{inc}}(X_1)}{R(k)}\tag{7.32}$$

根据傅里叶逆变换，并定义 $B(\xi)=\dfrac{A_\alpha^{\mathrm{inc}}(X_1)}{R(k)}$，$k=2\xi$，整理式（7.32）得到缺陷的表达式为

$$\eta(x_2)\approx\frac{1}{2\pi}\int_{-\infty}^{+\infty}C^{\mathrm{ref}}(k)B(k)\mathrm{e}^{\mathrm{i}kx_2}\mathrm{d}k\tag{7.33}$$

此时结构的基本解被 $B(k)$ 所包含，也就是说，当未知缺陷的反射系数 $C^{\mathrm{ref}}(k)$ 通过实验测得时，如果再知道未知缺陷的 $B(k)$，就可以通过傅里叶逆变换重构出缺陷的形状。因为采用小缺陷假设时，$B(k)$ 与缺陷大小无关，只是波数 k 的函数，所以可以采用一个已知缺陷的 $B_0(k)$ 代替未知缺陷的 $B(k)$，得到一个近似的重构结果。这种近似的重构结果依然能够满足工程的检测要求。

下面重点介绍新重构方法的实施步骤。首先建立一个已知缺陷的圆环模型，通过混合有限元法计算出反射系数 $C_0^{\mathrm{ref}}(k)$，并根据已知缺陷轮廓的数值表达式 $\eta_0(x_2)$，通过傅里叶变换得到

$$H_0(k)=\int_{-\infty}^{+\infty}\eta_0(x_2)\mathrm{e}^{-\mathrm{i}kx_2}\mathrm{d}x_2=C_0^{\mathrm{ref}}(k)B_0(k)\tag{7.34}$$

根据式（7.34），得到已知缺陷 $B_0(k)$ 的表达式为

$$B_0(k)=\frac{H_0(k)}{C_0^{\mathrm{ref}}(k)}\tag{7.35}$$

同时，根据式（7.33），将任意大小的缺陷都表示成傅里叶变换的形式：

$$\eta(x_2)=\frac{1}{2\pi}\int_{-\infty}^{+\infty}C^{\mathrm{ref}}(k)\tilde{B}(k)\mathrm{e}^{\mathrm{i}kx_2}\mathrm{d}k\tag{7.36}$$

此处，$C^{\mathrm{ref}}(k)$ 是未知缺陷的反射系数。只要已知缺陷的 $B_0(k)$ 尽可能地接近 $\tilde{B}(k)$，式（7.36）必然会自动满足，即使 $B_0(k)$ 与 $\tilde{B}(k)$ 差距较大，根据式（7.33）也可知重构出的结果会趋近于真实缺陷。于是，将 $B_0(k)$ 替换式（7.36）中的 $\tilde{B}(k)$，得

$$\eta(x_2)\approx\frac{1}{2\pi}\int_{-\infty}^{+\infty}C^{\mathrm{ref}}(k)B_0(k)\mathrm{e}^{\mathrm{i}kx_2}\mathrm{d}k\tag{7.37}$$

虽然重构结果有一定误差，但是 $B_0(k)$ 越接近 $B(k)$，其重构结果越精确。这里需要注意的是，在工程中未知缺陷的反射系数 $C^{\mathrm{ref}}(k)$ 是通过超声实验测得的，但本书中利用数值仿真代替实验，也是大多数无损检测理论分析的重要手段。

7.2.4　数值仿真

本节将采用上述方法，通过已知缺陷（参考模型）探测未知缺陷，并将重构

结果以图像形式展示。其材料属性见表 4.4，以两个参考缺陷为已知缺陷重构其他类型缺陷，参考缺陷的尺寸如图 7.9 所示：第一个缺陷（Case 1）深度 $d=0.250h$，张开弧度为 $\Delta\theta=0.1554\text{rad}$，在圆环中所处位置为 $[\theta_1,\theta_2]$（图 7.9）；第二个缺陷（Case 2）深度 $d=0.1667h$，张开弧度为 $\Delta\theta=0.2503\text{rad}$，在圆环中所处位置为 $[\theta_1,\theta_2]$（图 7.10）。图中虚线框包含的区域为缺陷。

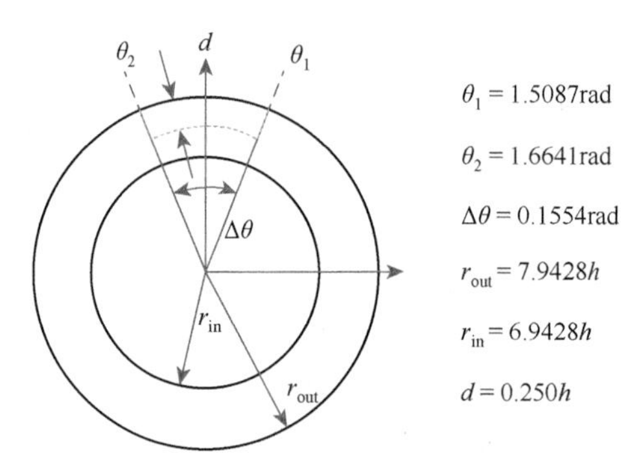

图 7.9　第一个参考模型（Case 1）示意图

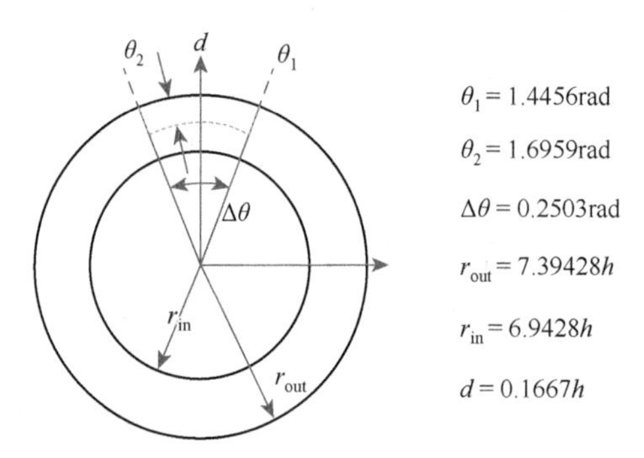

图 7.10　第二个参考模型（Case 2）示意图

仿真中采用一阶反平面（$\check{1}^{\text{st}}$）模态作为入射波，因为 $\check{1}^{\text{st}}$ 模态的导波具有非频散性（图 7.7），且位移形式简单，所以采用该模态进行缺陷重构精度较高，结果稳定性好。首先，根据已知模型 Case 1 和 Case 2 建立二维有限元模型，入射波沿顺时针方向传播（图 7.8），入射波的频率范围为 $9.2817\times10^2\sim6.4972\times10^5\text{Hz}$，得到 $\check{1}^{\text{st}}$ 模态的反射系数（$C_0^{\text{ref}}(k)$）如图 7.11（a）所示，粗线表示 Case 1 的计算结果，细线表示 Case2 的计算结果，很显然，当缺陷较窄时波动较缓，且峰值也较少。图 7.11（b）显示了 $B_0(k)$ 的计算结果（根据式（7.35）所得），这里主要关注图中出现峰尖的区域，因为这些峰尖信息会直接影响重构结果。将图 7.11（b）与

图 7.11（a）进行比较，可以发现图 7.11（b）中出现峰尖的位置都对应图 7.11（a）中纵坐标接近零的点（细线对应处），也就是说，峰尖位置处 $B_0(k)$ 出现较大的值是由 $H_0(k)/C_0^{\text{ref}}(k)$ 中分母趋于零而导致的数值误差，事实上这些峰尖处的 $B_0(k)$ 并没有对最终的重构结果做出贡献。因此，如果直接采用未处理参考模型的 $B_0(k)$ 与未知模型的反射系数 $C^{\text{ref}}(k)$ 相乘，必然会导致重构结果失真。为了验证这一现象，将 Case 1 作为参考模型重构 Case 2（视为未知模型），直接将图 7.11（b）中 Case 1 的 $B_0(k)$ 值与图 7.11（a）中 Case 2 的 $C_0^{\text{ref}}(k)$ 值相乘并进行傅里叶逆变换，得到图 7.12 所示结果，粗线代表重构结果，细线表示缺陷的真实情况，图中粗线所显示的缺陷区域明显高于非缺陷区域，且整个轮廓过于模糊，非缺陷区域也存在较大幅值的波动。为了证实非缺陷区域的波动是由上述峰尖处数据造成的，这里将重构结果中非缺陷区域的数据提取（图 7.12 虚框内的数据），并进行傅里叶变换得到波数域结果（频域）。非缺陷区域的频域结果如图 7.13 所示，很显然峰尖位于 $2\times10^5\text{Hz}$，再与图 7.11 中粗线比较，图 7.11（a）中频率为 $2\times10^5\text{Hz}$ 时，反射系数 $C_0^{\text{ref}}(k)$ 的模值接近于零，正好对应于图 7.11（b）中的峰尖位置。因此，分析结果说明图 7.12 中非缺陷区域的贡献主要来自图 7.11（b）中 $B_0(k)$ 峰尖处数据。如何抑制非缺陷区域的波动，提出两种方案：

①当非缺陷区域波动幅值大于缺陷区域幅值（重构后结果）的四分之一时，将 $B_0(k)$ 中峰尖区域模值大于四分之一峰值的数据点都置为零，即

$$B_0(\tilde{k})=0,\quad \tilde{k}\in\text{峰尖区域},\quad \text{当}\,|B_0(\tilde{k})|\geqslant\frac{|B_0(\hat{k})|}{2}\text{时},\hat{k}\text{为峰值对应的波数} \tag{7.38}$$

将 $\tilde{B}_0(k)$（处理后的 $B_0(k)$）与 $C^{\text{ref}}(k)$ 相乘，并进行傅里叶逆变换得到新的重构结果，如果结果显示在非缺陷区域仍存在较大波动，此时可以采用传统的小波变换（wavelet transform）去噪，但需注意阈值的选择，因为过分要求非缺陷区域的平滑而选择高阶小波，会导致缺陷区域大量细节的丢失，从而影响重构精度。

②当非缺陷区域波动幅值小于缺陷区域幅值（重构后结果）的四分之一时，可以直接采用小波去噪。图 7.14 所示结果是对图 7.12 采用第一种方案去噪后的重构，图像显示的非缺陷部分只存在微小的波动，且重构出的缺陷无论是所处位置，还是缺陷的尺寸都非常接近真实情况。通过以上去噪方案，有针对性地选择频率范围进行信号处理，不仅提高了滤波效率，减少了重构细节的丢失，还提高了重构精度。

针对圆环中所有缺陷重构的数值仿真，其入射波的频率范围均为 $9.2817\times10^2\sim6.4972\times10^5\text{Hz}$，采样点数为 112 个，这样确保重构结果中的弧度范围恰好为 $[-\pi,\pi]$。虽然入射波频率点数为 112，但是根据傅里叶逆变换，为了使重构结果在实数域，必须加入 112 个共轭数据，因此最终重构出的空间域中必然

包含 224 个数据点，得到相应的弧度分辨率为 0.0280rad 。如果想得到更高的分辨率，就必须增大入射波的频率范围，但是在高频时导波模态非常复杂，在工程实验中很难分离且高频导波传播距离较短，也不利于超声检测。

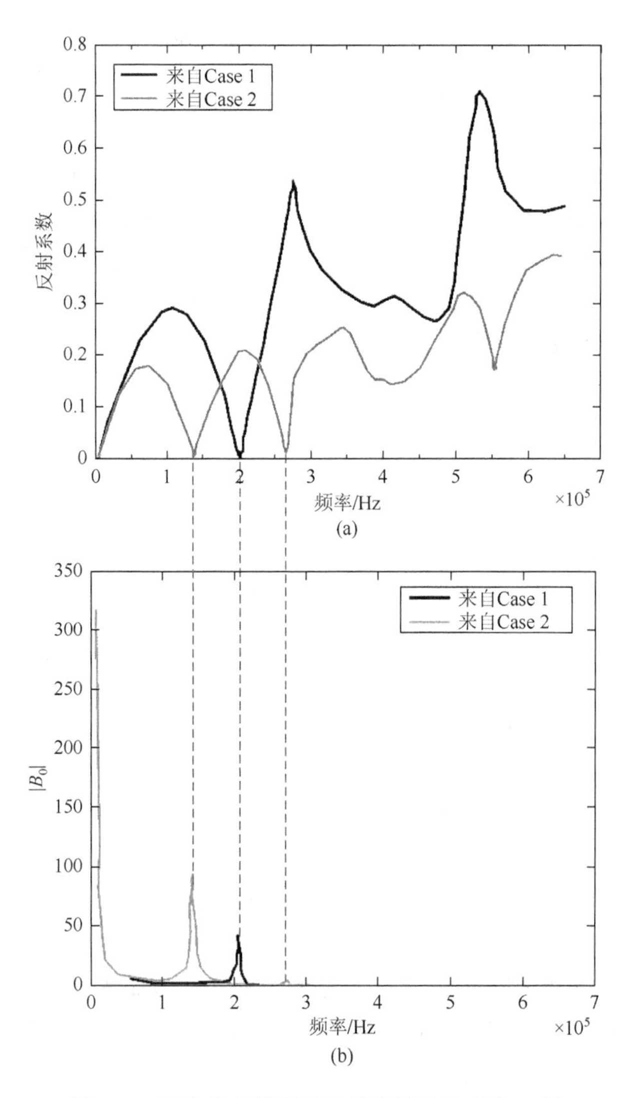

图 7.11　两个参考模型的反射系数和相应的 B_0 值

接下来，将以 Case 1 和 Case 2 为参考缺陷重构其他未知缺陷（待求缺陷），这里设计四种缺陷：第一种缺陷如图 7.15 所示，该缺陷位于第一象限（$[\theta_1,\theta_2]$），开口弧度 $\Delta\theta = 0.2510\text{rad}$ ，缺陷深度 $d = 0.3333h$ ；第二种缺陷如图 7.16 所示，一个阶梯形缺陷位于$[\theta_1,\theta_4]$，总开口弧度为$\Delta\theta = 0.4382\text{rad}$，缺陷深度$d_1 = d_3 = 0.0833h$，$d_2 = 0.250h$；第三种缺陷如图 7.17 所示，两个缺陷分别位于第一象限和第二象限（$[\theta_1,\theta_2]$和$[\theta_3,\theta_4]$），第一象限的缺陷开口弧度$\Delta\theta_1 = 0.2510\text{rad}$，深度$d_1 = 0.3333h$，而第二象限的缺陷开口弧度$\Delta\theta_2 = 0.2512\text{rad}$，深度$d_2 = 0.1667h$；第四种缺陷如图 7.18 所示，此时结构中存在三个缺陷分别处于不同位置$[\theta_1,\theta_2]$、$[\theta_3,\theta_4]$和$[\theta_5,\theta_6]$，每个缺陷的开口弧度和深度分别为$\Delta\theta_1 = 0.1571\text{rad}$、$\Delta\theta_2 = 0.1871\text{rad}$、$\Delta\theta_3 = 0.1573\text{rad}$和$d_1 = 0.1667h$、$d_2 = 0.250h$、$d_3 = 0.3333h$。

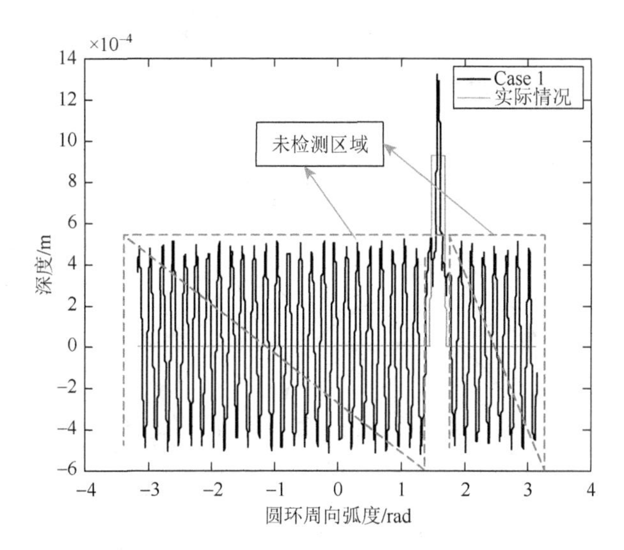

图 7.12　基于 Case 1 重构出 Case 2

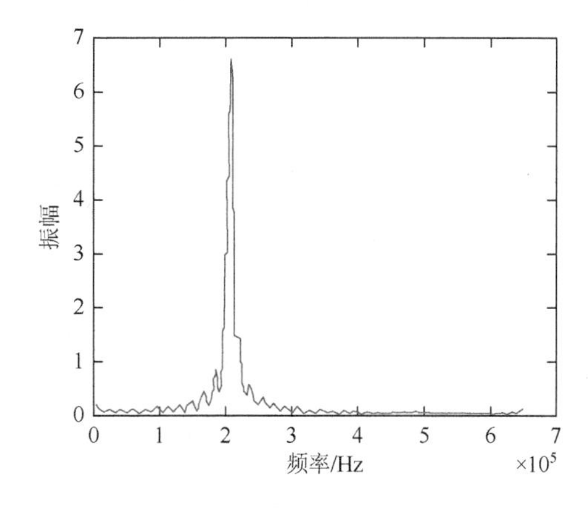

图 7.13　非缺陷区域（图 7.12）频域结果

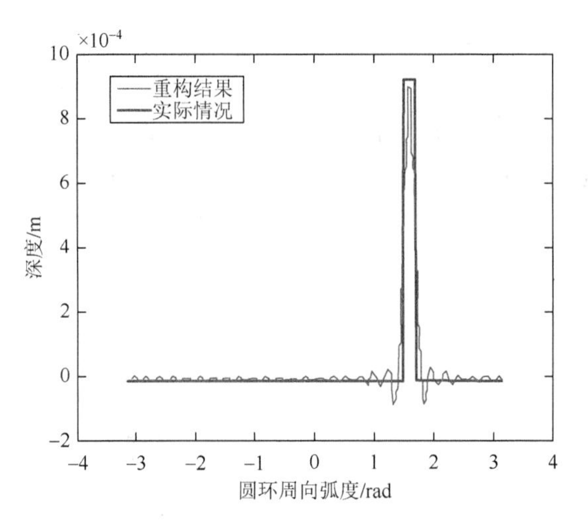

图 7.14　单缺陷重构示意图

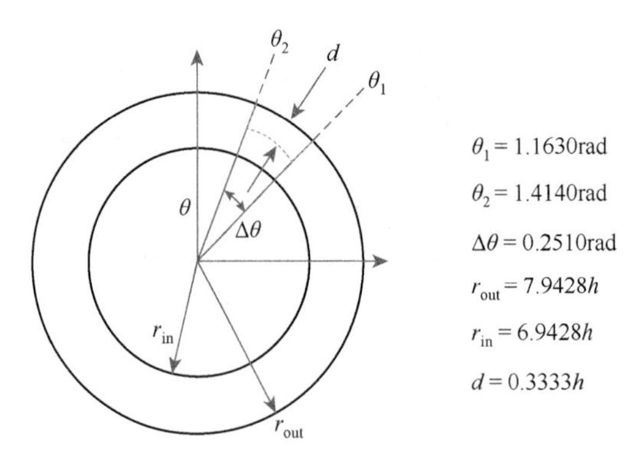

图 7.15　单缺陷示意图

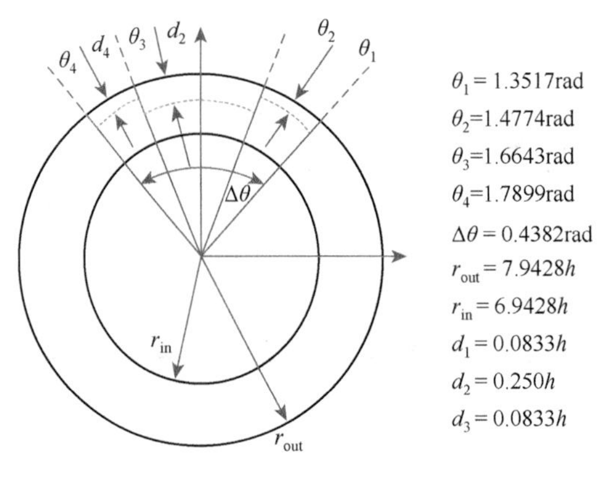

图 7.16　阶梯形缺陷示意图

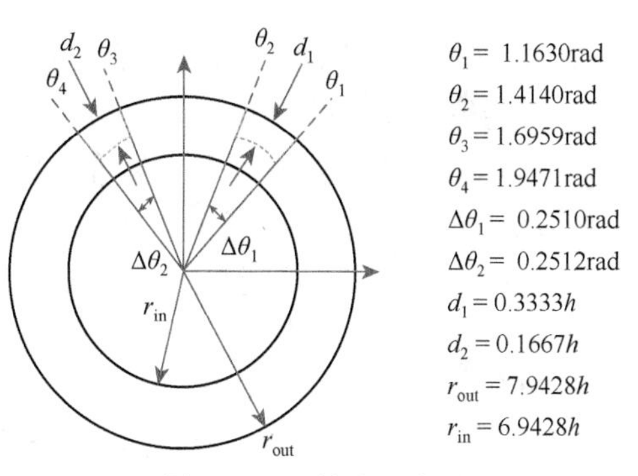

图 7.17　双缺陷示意图

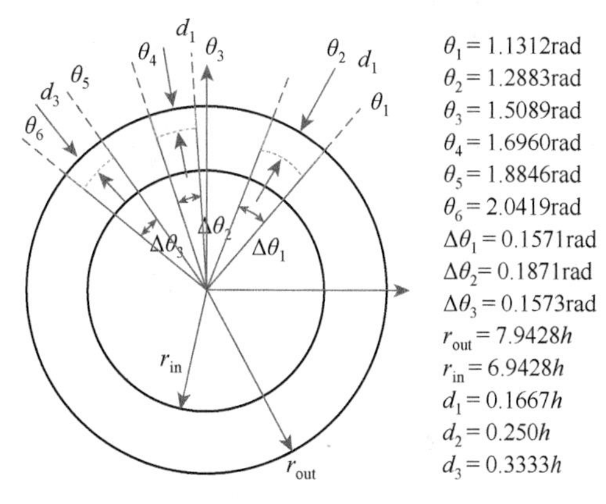

图 7.18　多缺陷示意图

采用 QDFT 进行缺陷重构，得到上述四种不同的缺陷重构结果（图 7.19～图 7.22），图中粗线为缺陷的实际位置，细线和虚线为重构结果。从图 7.19 可以

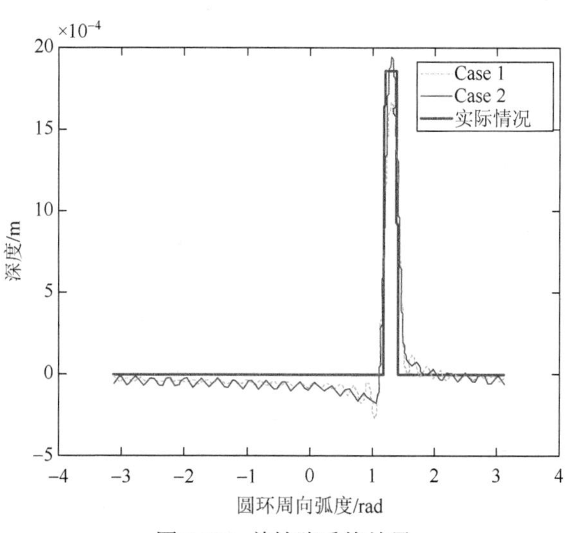

图 7.19　单缺陷重构结果

看出，即使未知缺陷和参考缺陷的位置不同，无论采用 Case 1 还是 Case 2 都能得到未知缺陷准确的位置，也能得到缺陷的尺寸。图 7.20 中的重构结果虽然没有很好地刻画阶梯处的细节，但是缺陷粗略的轮廓及位置非常清晰。最后分析双缺陷（图 7.21）和多缺陷（图 7.22）的重构结果，其中双缺陷的重构结果较为精确，无论采用 Case 1 还是 Case 2 作为参考缺陷，都能将两缺陷很好地区分开，但以 Case 2 作为参考缺陷重构多个缺陷时，缺陷与缺陷之间的轮廓不太准确。但是从整体上说，无论采用什么样的缺陷作为参考缺陷重构未知缺陷，都能得到未知缺陷的位置和基本轮廓，这种检测方法可以视为初步的缺陷定量化检测。

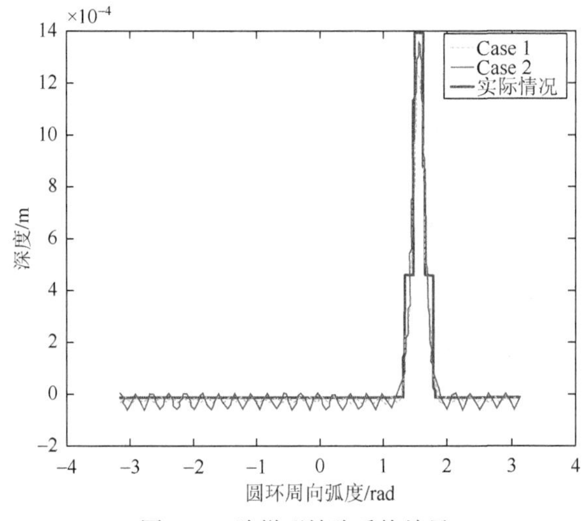

图 7.20　阶梯形缺陷重构结果

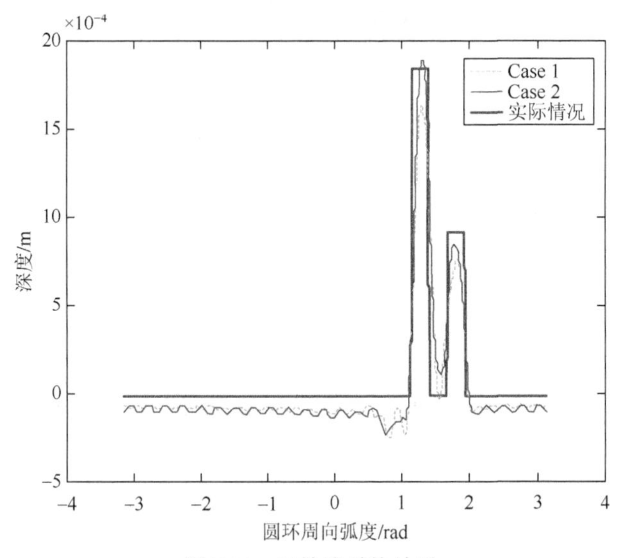

图 7.21　双缺陷重构结果

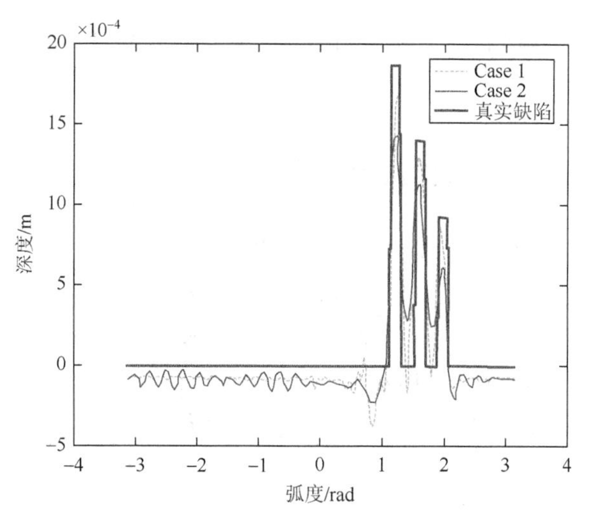

图 7.22　多缺陷重构结果

7.3　基于傅里叶变换定量化的管道非轴对称缺陷重构

管道中三维缺陷检测相比于平板中三维缺陷检测更为复杂。首先，管道中只存在半解析的数值基本解，且能够利用的导波传播方向较为单一（目前只能对沿 z 方向传播和沿 θ 方向传播的导波进行准确的理论分析，最终得到数值解）；其次，半解析的基本解无法直接用于缺陷的边界积分方程；最后，管道中的导波模态更为复杂，尤其是非轴对称缺陷时，要根据不同的频率选取足够多的弯曲模态进行计算，以保证数值结果收敛且准确。因此，为了解决这些问题，以顺利完成管道三维缺陷的分析工作，本节提出了一种全新的重构方法，即 QDFT，该方法仍然以缺陷的边界积分方程为基础，但解决了原有方法（第 4 章中轴对称缺陷的重构方法）中的两大难点：①不需要求解相应结构的基本解；②弱化了小缺陷的假设条件（Born 近似）。这两个问题的解决，使得大多数二维模型中的缺陷都可以定量化重构，包括圆环中的缺陷定量化重构。因为管道中导波方向的单一性限制了一次性三维成像的可能，所以本书借助非轴对称缺陷的散射波场性质（缺陷开口角度只与反射系数模值线性相关，并不改变其相位），将管道分解成两个二维缺陷重构问题分别进行处理。第一步是轴对称缺陷的重构（关于 z 轴对称），针对该二维问题可以采用第 4 章中的重构方法，也可以利用 QDFT，只不过此时采用导波模态的反射系数是通过非轴对称模型求得的，因此这一步的轴对称缺陷的重构只是初步定性地分析缺陷在 z 轴上的分布情况；第二步是对圆环缺陷的重构，在第一步分析的基础上，对有缺陷的区域进行详细检测，将缺陷区域进行切片建模，每一个切片模型都可以近似看成二维圆环，此时对于圆环模型的定量化分析只能采用 QDFT，最后将所有圆环的重构结果组合在一起就得到了管道三维缺陷的定量化重构结果。

7.3.1 管道中非轴对称缺陷的散射波场数值计算

非轴对称缺陷的有限元建模可以参照第 3 章中的有限元建模，但是非轴对称缺陷中位移应该采用式（4.95），此时 n 不仅仅等于 0。首先采用第 2 章中提及的管道弥散曲线分析方法，计算相应频率下的纵振模态 $L(0,m)$、扭转模态 $T(0,m)$ 和弯曲模态 $F(n,m)$，如图 7.1 所示。由于 n 的取值较多，在图中无法全部表示，图 7.23 只列举了其中个别周向模态，由正方形构成的曲线表示纵振模态和扭转模态，菱形表示 $F(\pm1,m)$ 模态，倒三角表示 $F(\pm2,m)$ 模态，正三角表示 $F(\pm3,m)$ 模态，黑点表示 $F(\pm50,1)$ 模态。观察图 7.1 可知，随着 $|n|$ 不断增大，弯曲模态的截止频率也不断增加，在 $9.2817\times10^2\sim6.4972\times10^5\,\text{Hz}$ 范围内，$|n|$ 的最大值为 50，且只存在一个模态即 $F(\pm50,1)$。因此，由弥散曲线分析，可以得到不同频率范围内 $|n|$ 的最大值，从而确定截断边界处散射波场的位移假设形式。于是，将式（4.102）～式（4.105）进行相应调整，得

$$\boldsymbol{q}_{S_1}^{\text{tra}}=\sum_{n=-N}^{N}\sum_{m=1}^{M}-\frac{\mathrm{i}A_{nm}^{\text{tra}}}{2\pi r_0}\frac{k_{nm}[\phi_{nmu}^{\text{L}}]^{\text{H}}\boldsymbol{F}_0}{B_{nm}}\phi_{nmu}^{R}\mathrm{e}^{\mathrm{i}n\theta}\mathrm{e}^{-\mathrm{i}k_{nm}z}=\sum_{n=-N}^{N}\sum_{m=1}^{M}A_{nm}^{\text{tra}}\boldsymbol{\Phi}_{nm}^{\text{tra}}\mathrm{e}^{-\mathrm{i}k_{nm}z}\tag{7.39}$$

$$\boldsymbol{P}_{S_1}^{\text{tra}}=\sum_{n=-N}^{N}\sum_{m=1}^{M}\boldsymbol{D}[A_{nm}^{\text{tra}}(\boldsymbol{B}_1+\mathrm{i}n\boldsymbol{B}_2-\mathrm{i}k_{nm}\boldsymbol{B}_3)\boldsymbol{\Phi}_{nm}^{\text{tra}}\mathrm{e}^{\mathrm{i}n\theta}\mathrm{e}^{-\mathrm{i}k_{nm}z}]=\sum_{n=-N}^{N}\sum_{m=1}^{M}A_{nm}^{\text{tra}}\boldsymbol{t}_{S_1}^{\text{tra}}\mathrm{e}^{-\mathrm{i}k_{nm}z}\tag{7.40}$$

和

$$\boldsymbol{q}_{S_2}^{\text{ref}}=\sum_{n=-N}^{N}\sum_{m=1}^{M}-\frac{\mathrm{i}A_{nm}^{\text{ref}}}{2\pi r_0}\frac{k_{nm}[\phi_{nmu}^{\text{L}}]^{\text{H}}\boldsymbol{F}_0}{B_{nm}}\phi_{nmu}^{R}\mathrm{e}^{\mathrm{i}n\theta}\mathrm{e}^{\mathrm{i}k_{nm}z}=\sum_{n=-N}^{N}\sum_{m=1}^{M}A_{nm}^{\text{ref}}\boldsymbol{\Phi}_{nm}^{\text{ref}}\mathrm{e}^{\mathrm{i}k_{nm}z}\tag{7.41}$$

$$\boldsymbol{P}_{S_2}^{\text{ref}}=\sum_{n=-N}^{N}\sum_{m=1}^{M}\boldsymbol{D}[A_{nm}^{\text{ref}}(\boldsymbol{B}_1+\mathrm{i}n\boldsymbol{B}_2+\mathrm{i}k_{nm}\boldsymbol{B}_3)\boldsymbol{\Phi}_{nm}^{\text{ref}}\mathrm{e}^{\mathrm{i}n\theta}\mathrm{e}^{\mathrm{i}k_{nm}z}]=\sum_{n=-N}^{N}\sum_{m=1}^{M}A_{nm}^{\text{ref}}\boldsymbol{t}_{S_2}^{\text{ref}}\mathrm{e}^{\mathrm{i}k_{nm}z}\tag{7.42}$$

将这些公式代入式（4.91）～式（4.94），最终得到与式（4.110）相同的表达式，但是 $\tilde{\boldsymbol{A}}$ 和 $\tilde{\boldsymbol{\Phi}}$ 的维数都会随着 n 的增加而急速增大，从而导致 $\begin{bmatrix}\boldsymbol{I} & 0\\ 0 & [\tilde{\boldsymbol{\Phi}}]^{\text{H}}\end{bmatrix}$ 矩阵中的非零项大大增加，因此非轴对称缺陷的散射求解所耗费的时间必然远远大于轴对称缺陷。

图 7.24 所示的薄壁管道的材料属性如表 4.4 所示。为了研究单个缺陷的开口角度 θ 对散射波场的影响，这里设计了四个不同开口角度的缺陷模型，θ 分别为 $\pi/6$、$\pi/2$、π、$3\pi/2$，缺陷的深度和长度始终为 $d_{ay}=0.40h$ 和 $l_{ay}=0.3772h$，其管道截断面的 z 轴坐标 $z_{S_2}=0$，$z_{S_1}=-1.1362h$，缺陷左、右边的 z 轴坐标为 $z_R=-0.3790h$，$z_L=-0.7562h$。基于混合有限元法进行三维数值仿真，依然采用六

面体20节点进行单元网格划分。入射导波的频率范围为$9.2817\times10^{2}\sim6.4972\times10^{5}$ Hz 。

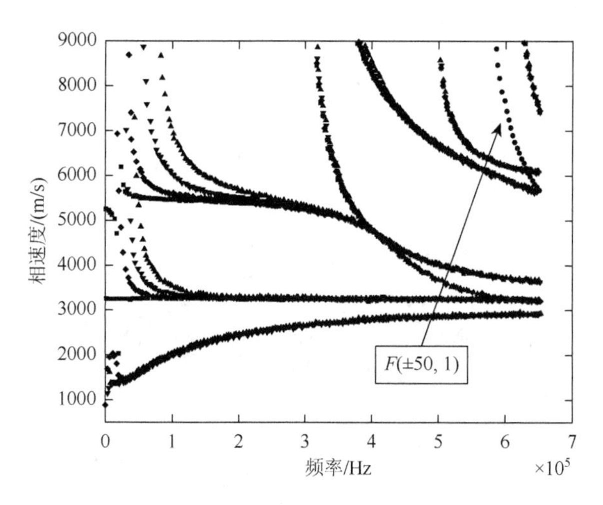

图 7.23　管道中导波的弥散曲线

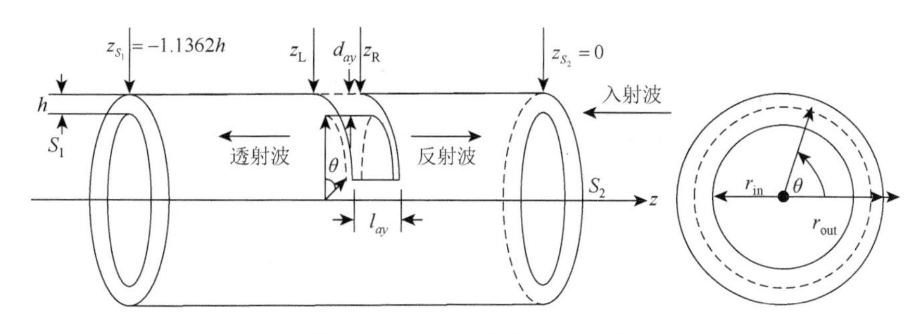

图 7.24　非轴对称缺陷示意图

首先，取图7.23中第0阶和第1阶周向模态得到图7.25，其中叉号表示$L(0,m)$或$T(0,m)$，黑点表示$F(1,m)$。$L(0,1)$和$F(1,1)$在低频时弥散曲线存在剧烈波动，因此不宜采用这两种模态进行缺陷重构，同时要保证散射波场的频率范围尽可能广泛，应采用截止频率较低的$T(0,1)$、$L(0,2)$、$F(1,2)$、$F(1,3)$。通过对图像的进一步观察，发现$T(0,1)$和$F(1,2)$、$L(0,2)$和$F(1,3)$都存在大量的重合部分，在最终的数值模拟中只采用$T(0,1)$和$F(1,3)$作为入射波模态，并分析相应模态的反射信号。

当入射波为$T(0,1)$模态时，其$T(0,1)$模态反射系数的模值如图7.26所示，很显然随着缺陷开口角度θ越来越大，反射系数的模值也越来越大。但是整个频率范围内，不同开口角度的曲线走势一致，两者之间可以近似为线性关系。再观察图7.27，采用$F(1,3)$作为入射波模态，缺陷开口角度θ对反射系数模值的影响也可以近似为线性关系。本书通过能量守恒的方法再一次验证了散射波场计算的正确性（图 7.28 和图 7.29）。

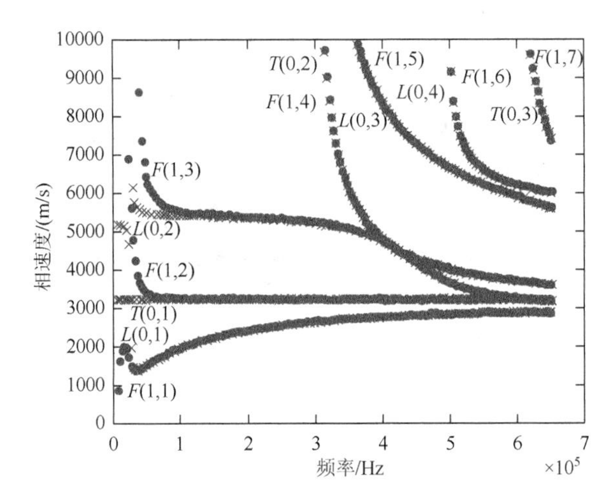

图 7.25　管道中导波的弥散曲线（第 0 阶和第 1 阶周向模态）

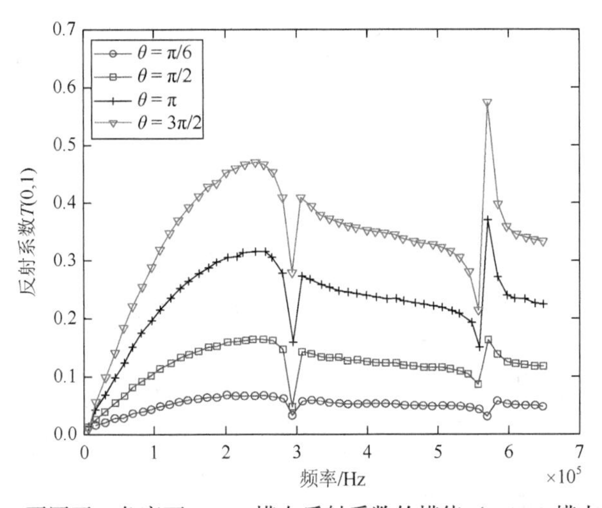

图 7.26　不同开口角度下 $T(0,1)$ 模态反射系数的模值（ $T(0,1)$ 模态入射）

下面分析缺陷开口在周向上的分布对反射系数的影响。如图 7.30 所示，在 z 轴同一位置处分布两个开口角度相等的缺陷，它们具有相同的长度和深度，即 $l_{1ay}=l_{2ay}=0.3792h$ ，$d_{1ay}=d_{2ay}=0.40h$，其开口角度为 $\pi/4$ ，周向分布分为三种情况：① $\theta_1\in[0,\pi/4]$， $\theta_2\in[\pi/2,3\pi/4]$；② $\theta_1\in[0,\pi/4]$， $\theta_2\in[\pi,5\pi/4]$；③ $\theta_1\in[0,\pi/4]$， $\theta_2\in[3\pi/2,7\pi/4]$ 。通过这样的设计，保证了两个缺陷分布在不同的周向位置，但其缺陷开口角度的总和恒定不变。通过混合有限元计算出相应的反射系数，分别从模值和相位这两方面比较其反射系数。对于三种不同分布的缺陷，以$T(0,1)$模态作为入射波，计算出其$T(0,1)$模态反射系数的模值（图 7.31）和$T(0,1)$模态反射系数的相位（图 7.32）。很显然，图 7.31 和图 7.32 所示三种模型的计算结果完全一致（图 7.32 中只有一点相位不同，这是数值误差造成的，可以忽略

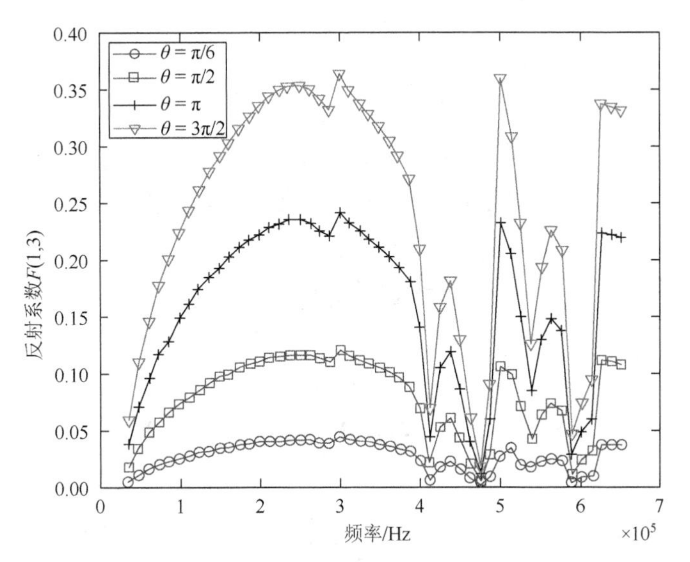

图 7.27 不同开口角度下 $F(1,3)$ 模态反射系数的模值（$F(1,3)$ 模态入射）

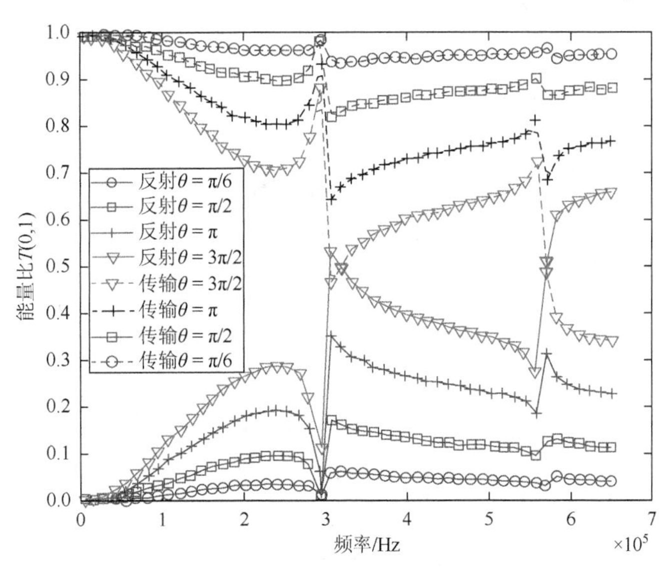

图 7.28 不同开口角度缺陷的波场能量守恒（$T(0,1)$ 模态入射）

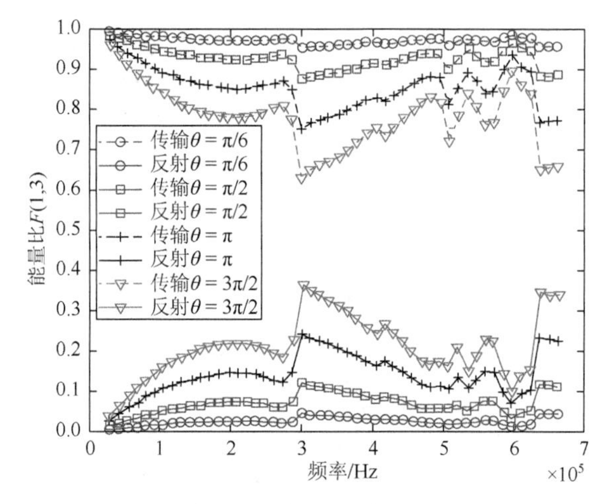

图 7.29　不同开口角度缺陷的波场能量守恒（$F(1,3)$ 模态入射）

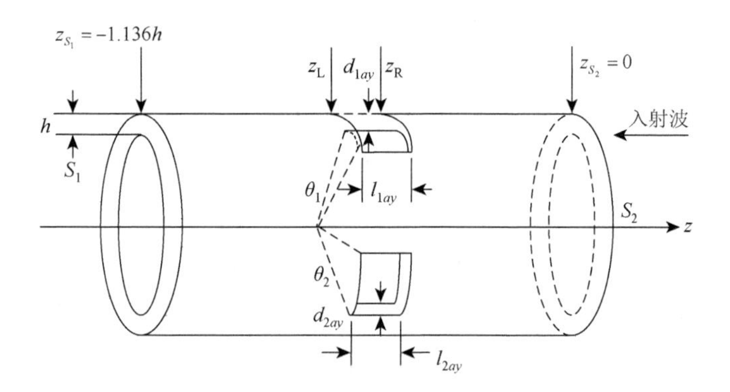

图 7.30　位于 z 轴相同位置的双开口缺陷

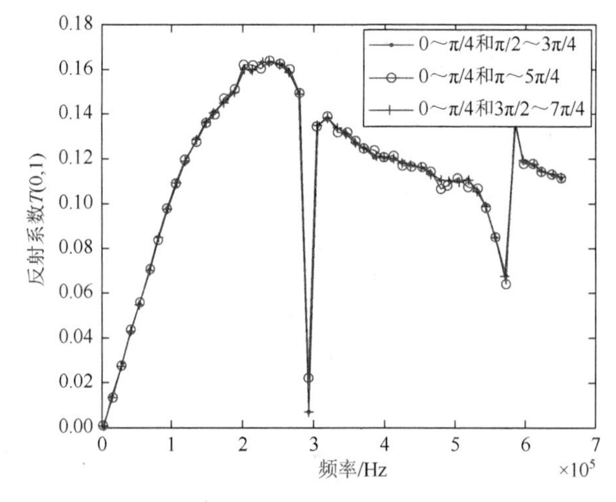

图 7.31　双开口缺陷 $T(0,1)$ 反射系数的模值

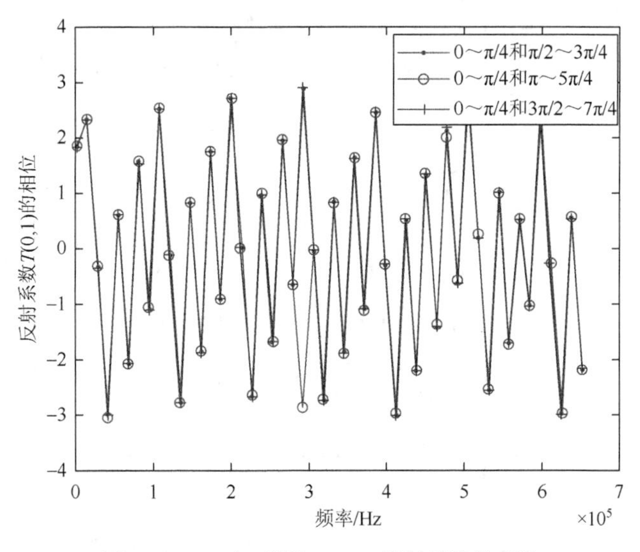

图 7.32　双开口缺陷 $T(0,1)$ 反射系数的相位

不计）。再以 $F(1,3)$ 模态为入射波，得到 $F(1,3)$ 模态的反射系数（图 7.33 和图 7.34），其结果同样说明这三种缺陷的 $F(1,3)$ 模态反射系数完全一致。针对上述三种分布不同的缺陷，分别采用 $T(0,1)$ 和 $F(1,3)$ 模态作为入射波，计算其相应的反射系数，其结果都保持一致，说明缺陷开口的周向位置不会影响反射系数的大小及相位。

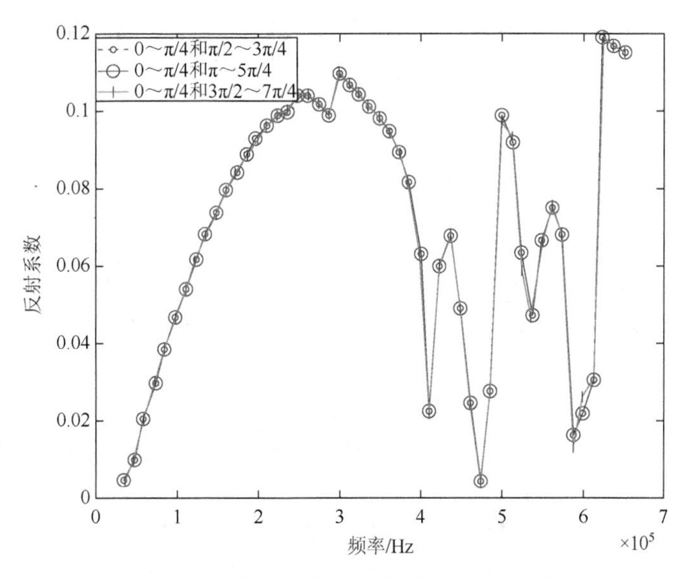

图 7.33　双开口缺陷 $F(1,3)$ 反射系数的模值

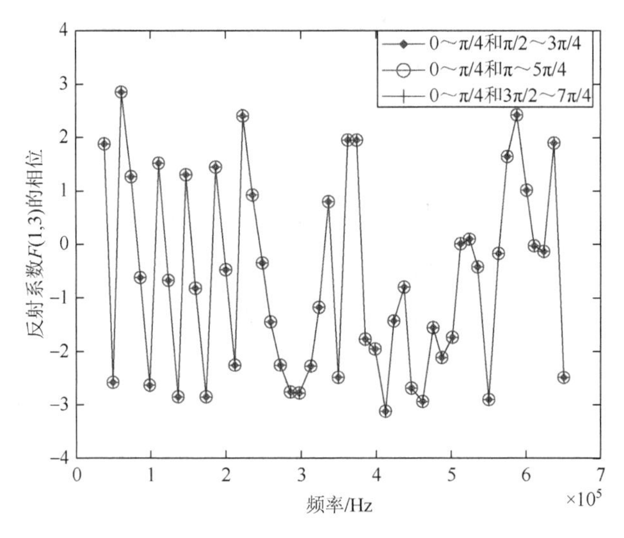

图 7.34　双开口缺陷反射系数 $F(1,3)$ 的相位

由此可知，在同一管道中，缺陷在 z 轴和 r 轴位置相同（缺陷的长度 l_{ay} 和深度 d_{ay} 以及 z 轴位置相同），且缺陷的开口角度大小不变（无论是单个开口还是多个开口，只要所有缺陷开口角度总和相同），无论缺陷在周向的任意位置，其相应反射系数的幅值和相位都相同。这个结论在管道缺陷探测中非常重要，基于该结论就可以将管道中任意缺陷的定量化检测分为两部分展开：①可以采用轴对称缺陷的定量化重构方法检测所有缺陷的轴向分布情况（ z 轴方向）；②基于 z 轴方向上重构出的缺陷位置，采用切片方法将管道离散成一个个圆环模型，对每个圆环采用二维周向缺陷检测，最后将所有圆环的检测结果综合起来，完成管道任意缺陷的三维定量化检测。

7.3.2　管道中非轴对称缺陷的重构

实现管道中非轴对称缺陷重构，主要分为两个步骤：①利用沿 z 轴方向传播的入射导波（图 7.35 中入射波 I ）快速确定缺陷在 z 轴上的分布情况；②针对第一步确定出的缺陷位置，采用周向传播的入射导波（图 7.35 中入射波 II ）逐渐地扫描整个缺陷区域。第一步的完成，其主要理论依据是第 5 章中最后的结论，缺陷的开口角度与 $T(0,1)$ 和 $F(1,3)$ 模态的反射系数模值呈线性关系，且反射系数的相位不受开口角度变化的影响。因此，在这个结论的指导下，依然可以将非轴对称缺陷的反射系数代入轴对称缺陷的重构方法中，但此时得到的重构结果不再是缺陷的具体形状，而是缺陷在 z 轴上强弱的分布图，即缺陷越深周向开口越大，其重构深度的数值越大，反之亦然。因此，采用沿母线传播的入射导波可以完成管道缺陷的预判，快速找到缺陷深度较强的区域位于 z 轴的位置，这样可以提高检测效率。第二步是针对缺陷区域的周向检测，此时需要将缺陷部分离散成 z 向厚度很薄的圆环（如图 7.36 所示，黑色切平面就等效为管道的离散示意图），分别对每个圆环进行周向检测，最终将所有圆环的检测结果整合即管道三维缺陷的重构图像。

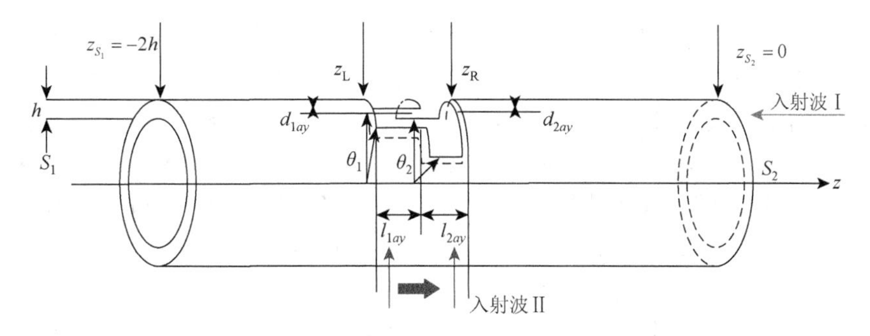

图 7.35　管道中任意缺陷示意图

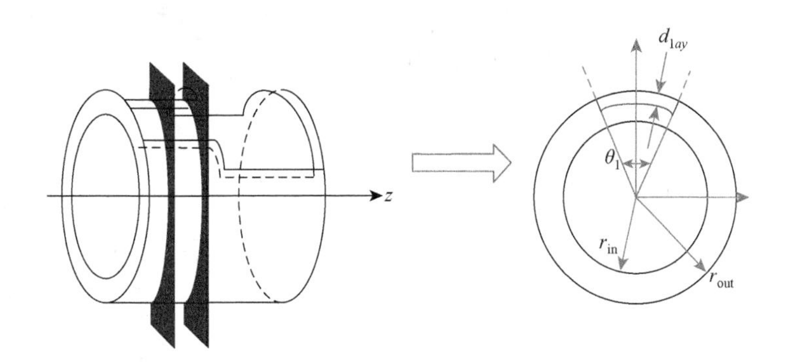

图 7.36　管道中缺陷部分的切片分析

图 7.35 所示的管道，其材料属性见表 4.4。管道中缺陷可以分为两个规则的矩形开口：左侧缺陷深度 $d_{1ay}=0.1667h$，长度 $l_{1ay}=0.7143h$，缺陷开口弧度 $\theta_1\in[0.8619\text{rad},2.3247\text{rad}]$；右侧缺陷深度 $d_{2ay}=0.3333h$，长度 $l_{2ay}=0.7143h$，缺陷开口弧度 $\theta_2\in[0\text{rad},3.1415\text{rad}]$。相应散射波场可以通过第 4 章中混合有限元法计算得到，当以 $T(0,1)$ 模态作为入射波时，得到同样模态反射系数的模值如图 7.37 所示，当频率小于 300kHz 时，反射系数的模值曲线比较光滑，而频率大于 300kHz 时，曲线上出现极小的局部振荡，其主要原因是有限元划分时周向单元个数较少，在高频时模态个数较多，导致数值收敛性较差。但曲线的整体趋势清晰，且低频部分计算结果较为精确，所以采用该反射系数不会影响缺陷重构的结果。

此前，在圆环缺陷的重构中提出了 QDFT 方法，该方法适用于绝大多数的二维缺陷重构，同时轴对称缺陷检测也属于二维问题，因此这里将采用 QDFT 方法重构轴对称缺陷。图 7.37 所示结果为待重构缺陷的反射系数 $C^{\mathrm{ref}}(k)$，取一个轴向对称缺陷模型为参考模型，通过参考模型重构出未知缺陷（待重构缺陷）。参考模型的缺陷尺寸：深度 $d_{ay}=0.1667h$，长度 $l_{ay}=1.018h$，如图 7.38 所示。采用 $T(0,1)$ 模态作为入射波，得到相同模态反射系数的模值 $|C_0^{\mathrm{ref}}(k)|$，如图 7.39 所示。此时将得到的反射系数 $C_0^{\mathrm{ref}}(k)$ 代入式（7.35）求出 $B_0(k)$，然后将 $B_0(k)$ 和待重构缺陷的反射系数 $C^{\mathrm{ref}}(k)$ 代入式（7.37）得到缺陷的重构结果，如图 7.40 所示。按照上述方法重构出的缺陷必然是一个轴对称缺陷，而实际的缺陷是非轴对称的，因此图 7.40 只能反映缺陷在 z 轴上的分布情况，而不是定量的重构结果，即纵坐标数值越大，缺陷的可能开口角度就越大或者缺陷越深。图 7.40 中右上角小图展示了整个检测范围内缺陷的分布情况，很显然只有中间区域存在缺陷，将其放大，可得到 $z\in[-0.05\mathrm{m},0.05\mathrm{m}]$ 范围内的示意图，实际缺陷在 $z\in[-0.0096\mathrm{m},-0.0016\mathrm{m}]$ 范围内（虚线框），重构出的缺陷在 $z\in[-0.0123\mathrm{m},-0.0006\mathrm{m}]$ 区域内，虽然存在稍许误差，但是重构出的缺陷区域准确地包含了实际缺陷。因此，重构出的结果能够反映实际缺陷在 z 轴上的分布情况，再对有缺陷的区域采用周向导波进行定量化的检测，最终就可以完成管道三维缺陷的定量化分析。

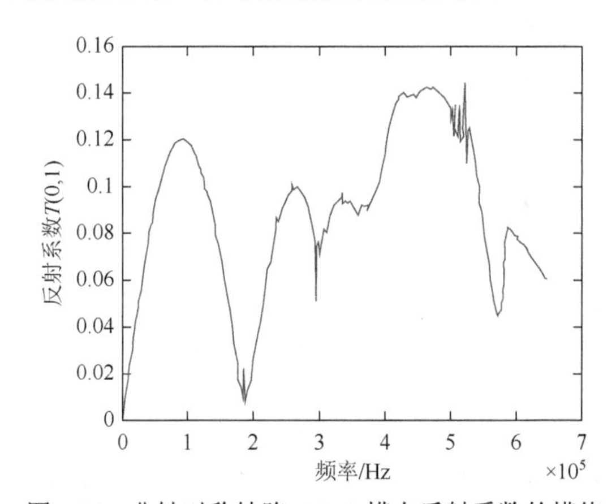

图 7.37　非轴对称缺陷 $T(0,1)$ 模态反射系数的模值

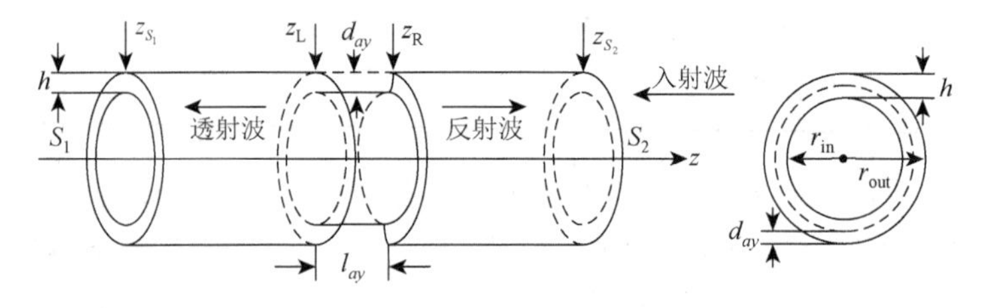

图 7.38　轴对称缺陷的管道示意图

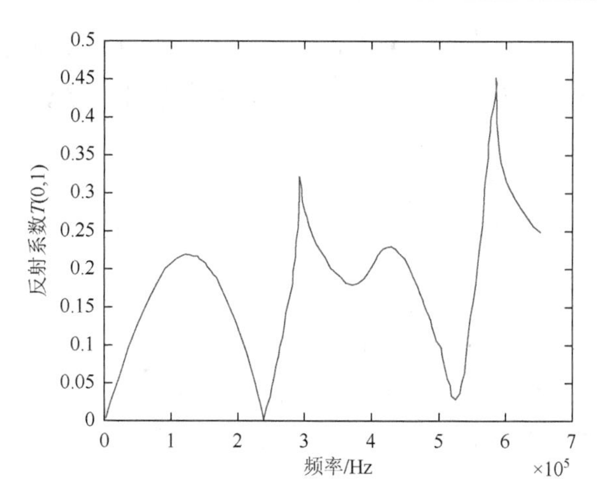

图 7.39　轴对称缺陷的反射系数

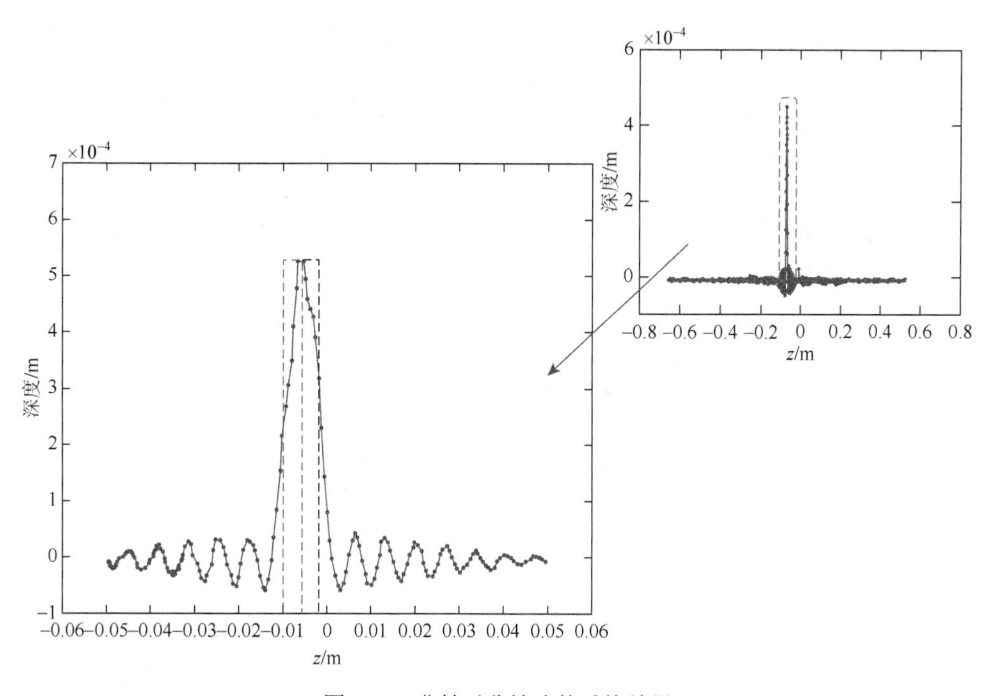

图 7.40　非轴对称缺陷的重构结果

7.4　基于迭代傅里叶变换的定量化重构

7.2 节介绍了傅里叶变换的定量化重构方法，该方法的优势在于避免求解格林函数，弱化了弱散射源假设。但此方法对参考模型的选取比较严格，当参考模型选择不同时，其重构结果差异较大，为了解决这个问题，本节提出了迭代格式的傅里叶变换的定量化重构方法。该方法通过不断地迭代参考模型提高其重构精度，因此无论初始参考模型如何选择，其最终结果都会收敛于真实解。该方法可运用于圆环和层合板的缺陷重构。

7.4.1 圆环中缺陷重构

迭代算法在光学成像[9-11]中已经很成熟，近些年也逐渐应用于超声导波检测[12-14]。但是在边界积分方程中使用该方法属于首次，以前之所以无法使用，其原因在于：①迭代模型中格林函数无法求解；②迭代模型中散射场无法有效近似。而傅里叶变换的定量化重构方法克服了这两个原因，使得迭代方法得以应用。下面就对这种迭代方法，展开详细叙述。

如 7.2 节中圆环散射波场求解和重构方法：

$$\eta_1(\alpha_1) \approx \frac{1}{2\pi}\int_{-\infty}^{+\infty} C^{\text{ref}}(k)B_0(k)\mathrm{e}^{\mathrm{i}k\alpha_1}\mathrm{d}k \tag{7.43}$$

其中，k 为周向（α_1）导波的波数；$C^{\text{ref}}(k)$ 为由混合有限元法算出的第一阶反平面波反射系数；$B_0(k)$ 为参考模型的积分系数；$\eta_1(\alpha_1)$ 为缺陷重构结构。当积分系数 $B(k)$ 与 $C^{\text{ref}}(k)$ 一一对应时，其重构结果也是唯一的。

迭代傅里叶变换的定量化重构方法主要包含两部分，如图 7.41 所示。

1）正问题——散射波场计算

首先选择一个含有简单缺陷的参考模型，这里选择一个含单一矩形缺陷的圆环参考模型 $\eta_i(\alpha_1)$。通过混合有限元法计算出参考模型的反射系数 $C_i^{\text{ref}}(k)$。然后通过快速傅里叶变换将参考模型的函数 $\eta_i(\alpha_1)$ 从空间域变换到波数域 $H_i(k)$，即 $H_i(k)=\int_{-\infty}^{+\infty}\eta_i(\alpha_1)\mathrm{e}^{\mathrm{i}k\alpha_1}\mathrm{d}\alpha_1$。最后根据 $B_i(k)=H_i(k)/C_i^{\text{ref}}(k)$，求出 $B_i(k)$。这里需要指明，此处的下表“i”表示迭代次数。

2）反问题——缺陷重构

7.2 节介绍了积分系数 $B_i(k)$ 修正问题（将峰值剔除），将修积分系数代入 $\eta_i(\alpha_1)\approx\frac{1}{2\pi}\int_{-\infty}^{+\infty}C^{\text{ref}}(k)B_i(k)\mathrm{e}^{\mathrm{i}k\alpha_1}\mathrm{d}k$。这里需要强调的是，当重构结果中非缺陷区域波动很小时，积分系数是不用修正的。因此，在处理反问题过程中提出了两种信号处理方案，即处理方案 1（the signal processing Ⅰ）和处理方案 2（the signal processing Ⅱ），分别针对强噪声和弱噪声。

在缺陷重构中，关键问题在于如何评估当前重构结果的正确性。理论上，反射系数和缺陷形状是一一映射关系，但是参考模型不可能完全等同于真实结果。

因此，重构结果和真实结果之间的误差必须得到很好的评估。这里采用均方根的评估方法，如式（7.44）所示。

$$\epsilon = \sqrt{\frac{\sum_{m=1}^{N}[(\eta_i(\alpha_1^{(m)}) - \eta_{i-1}(\alpha_1^{(m)}))^2]}{N}} \tag{7.44}$$

其中，N 为 α_1 方向的采样数目；下标 i 表示重构次数；ϵ 为均方根误差值。为了评估误差结果，这里定义阈值 ϵ_0 。$\eta_i(\alpha_1)$、$\eta_{i-1}(\alpha_1)$ 和 $\eta_0(\alpha_1)$ 表示当前结果、之前结果和初始参考模型。如果 $\epsilon < \epsilon_0$，则当前结果就认为最终结果。否则，当前结果就是下一次重构的参考模型，代入缺陷重构中。

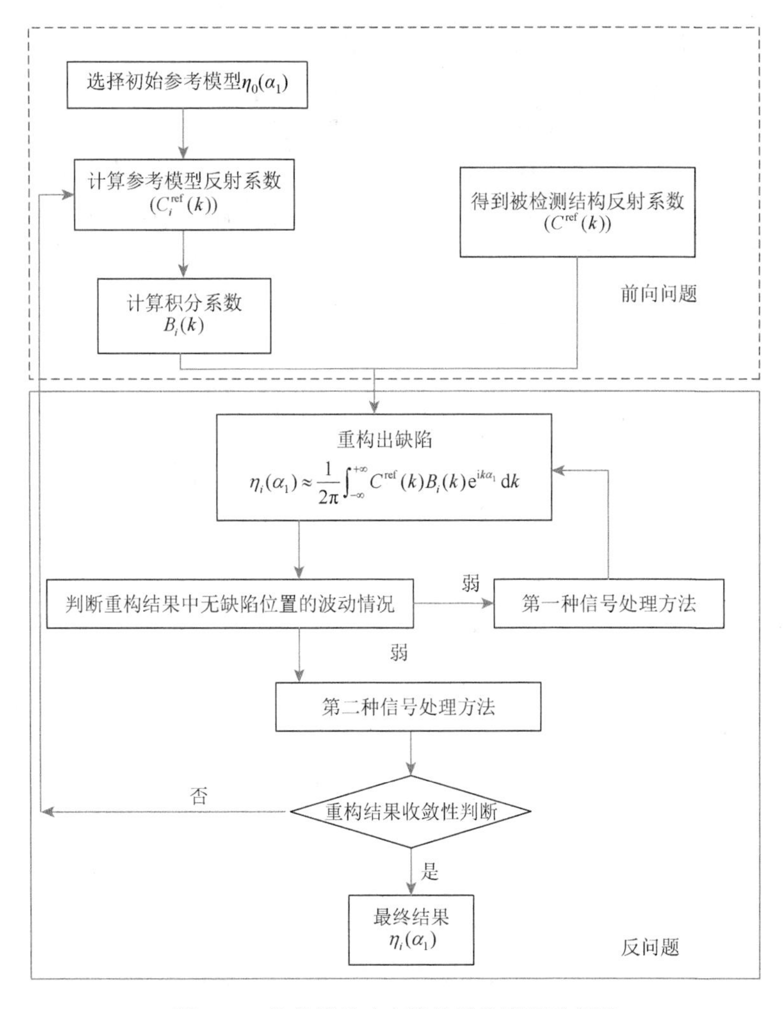

图 7.41　迭代傅里叶变换的重构流程示意图

7.4.2　数值算例

为了验证迭代方法的可行性，首先选择一个含有单一矩形缺陷的圆环模型，如图 7.42 所示。为重构该模型，将前述图 7.9 所示模型设定为初始参考模型。这两个模型均只含有单一矩形缺陷。首先通过混合有限元法计算出参考模型的反射系数，得到 $B_i(k)$ 函数；然后用同样的方法计算待重构模型（图 7.42）的反射系数，并假设其为实验数据，同时假定本模型缺陷未知，需要反射系数得以重构；最后将反射系数与之前从参考模型得到的 $B_i(k)$ 一并代入重构公式，得到初步重构的缺陷位置与形状。第一次重构结果如图 7.43（a）所示。将每一次迭代重构的结果显示在表 7.1 中，第一列表示周向，最后一列表示径向。图 7.43（a）所示的第一次重构结果作为第二次重构的参考模型。第二次重构结果如图 7.43（b）所示，具体数据也显示在表 7.1 的第 3 列中。如此不断迭代直到误差小于设定的阈值（此处设为 $\epsilon_0 = 0.03h$，其中 h 表示壁厚）。表 7.1 中第二次与第一次重构均方根误差（第一次迭代）为 $0.0802h$，大于 $0.03h$。于是进行了第三次重构，第三次与第二次重构均方根误差（第二次迭代）为 $0.0260h$，小于 $0.03h$，于是认为是最终的重构结果。

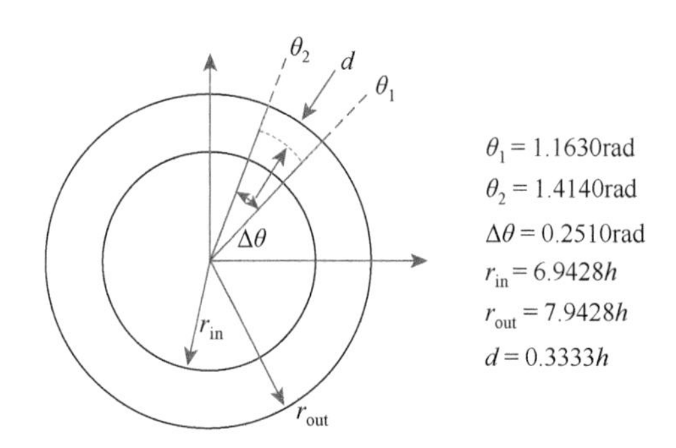

图 7.42　包含单一矩形缺陷的圆环模型示意图

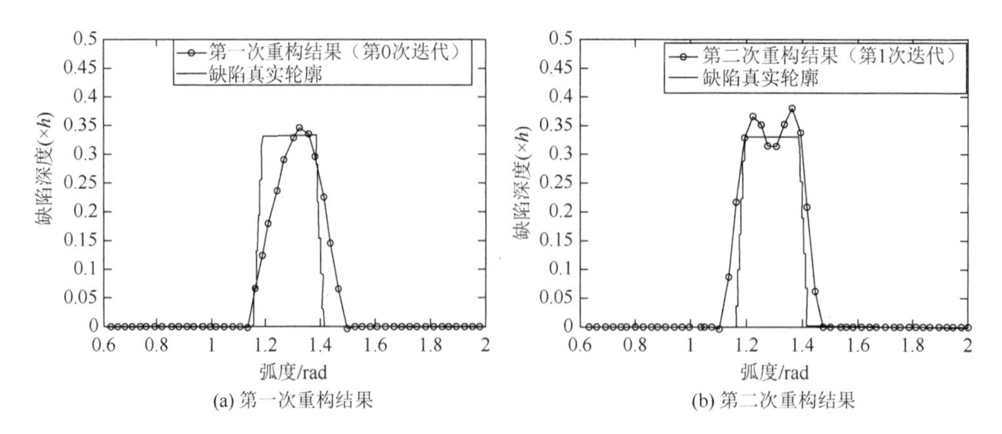

(a) 第一次重构结果　　(b) 第二次重构结果

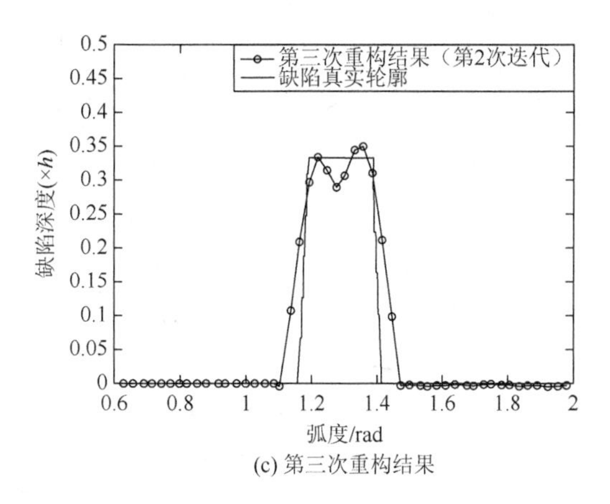

(c) 第三次重构结果

图 7.43　迭代重构结果示意图

表 7.1　迭代重构中缺陷数据记录表

环向坐标/rad	第一次重构深度（$\times h$）	第二次重构深度（$\times h$）	第三次重构深度（$\times h$）	真实缺陷深度（$\times h$）
1.1583	0.0681	0.0855	0.1083	0.3333
1.1866	0.1236	0.2184	0.2107	0.3333
1.2148	0.1814	0.3281	0.2961	0.3333
1.2431	0.2391	0.3675	0.3335	0.3333
1.2713	0.2910	0.3517	0.3153	0.3333
1.2996	0.3278	0.3155	0.2901	0.3333
1.3278	0.3434	0.3144	0.3059	0.3333
1.3561	0.3332	0.3528	0.3431	0.3333
1.3844	0.2937	0.3810	0.3499	0.3333
1.4126	0.2257	0.3390	0.3074	0.3333
1.4409	0.1443	0.2106	0.2137	0.3333
1.4691	0.0646	0.0644	0.0996	0.3333
ϵ	—	**0.0802**	**0.0260**	—

为了进一步证明迭代重构的优越性，又对三种缺陷进行了重构：①单处阶梯形缺陷；②双矩形缺陷；③三矩形缺陷，分别对应于图 7.44、图 7.17 和图 7.47。对于图 7.44 所示的阶梯形缺陷需要三次迭代重构，第一次重构结果如图 7.45（a）所示，图中横坐标表示圆环周向弧长，纵坐标表示缺陷径向深度，迭代一次后重构结果如图 7.45（b）所示，其结果优于第一次重构结果，能够刻画出阶梯的特征，第四次重构结果误差为 $\epsilon = 0.0264h$ 小于阈值，因此认为是最终的重构结果。

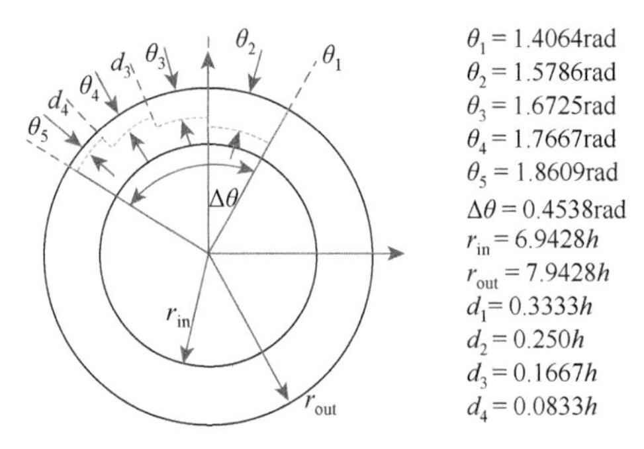

图 7.44　含阶梯形缺陷示意图

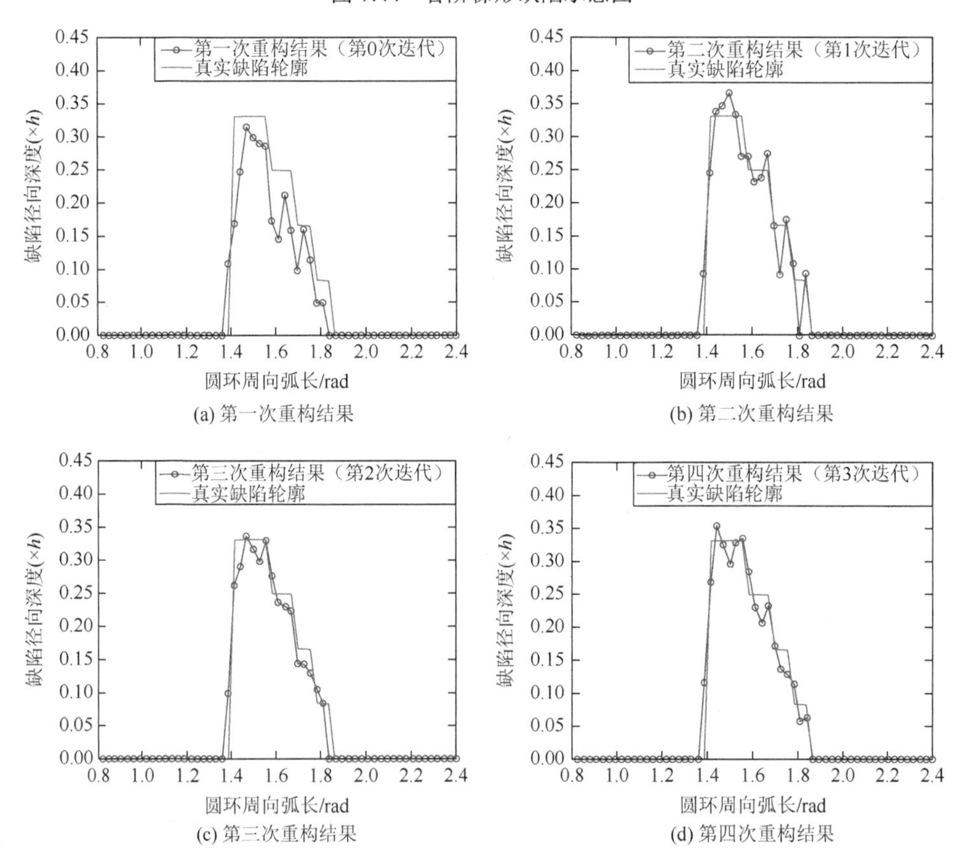

图 7.45　单处阶梯形缺陷迭代重构示意图

若要重构图 7.17 所示的双矩形缺陷，则需要两次迭代，即三次重构。第一次重构结果如图 7.46（a）所示，显示重构结果存在异常波动，主要原因在于峰值点（7.2 节中提到）处理不够完善。用第一次重构结果作为第二次重构的参考模型，得到第二次重构结果如图 7.46（b）所示。最后通过第三次重构误差为$\epsilon = 0.0291h$，满足要求，得到最终结果如图 7.46（c）所示。

若要进一步重构图 7.47 所示的三矩形缺陷，需要三次迭代。第一次重构结果如图 7.48（a）所示，虽然本次的重构结果依然很接近真实结果，但是两个缺陷之间距离检测得不够准确。同样，又进行了几次重构，最终在三次迭代后，得到的结果误差为$\epsilon = 0.0283h$，满足要求。

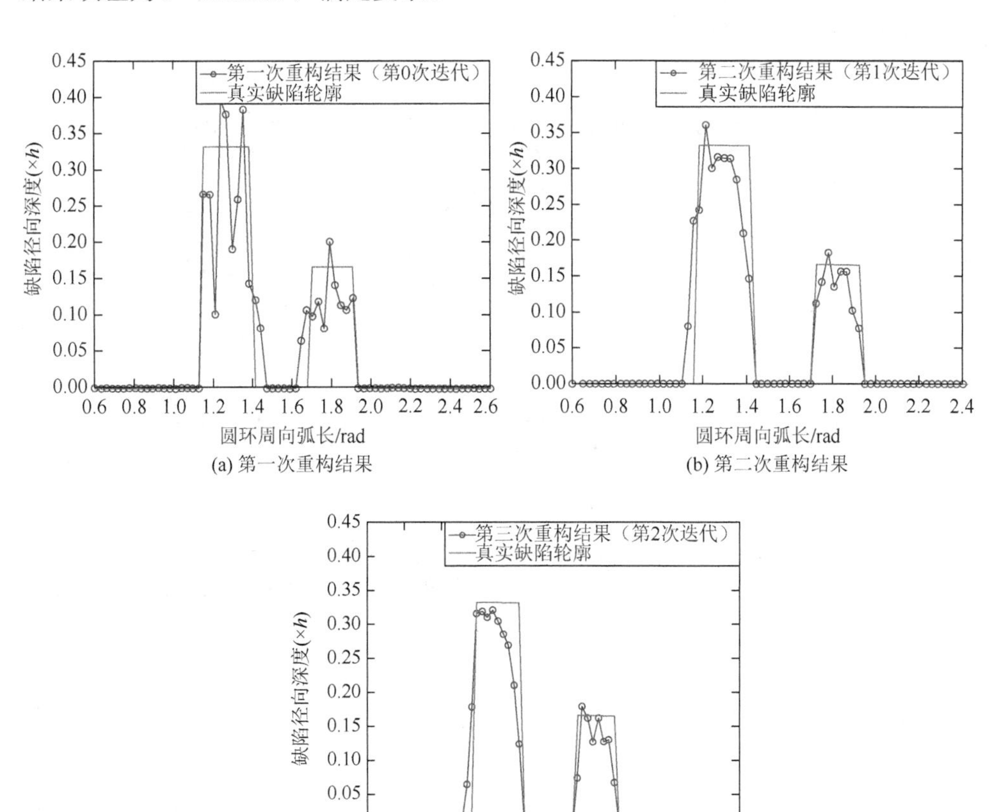

(a) 第一次重构结果　(b) 第二次重构结果

(c) 第三次重构结果

图 7.46　双矩形缺陷迭代重构示意图

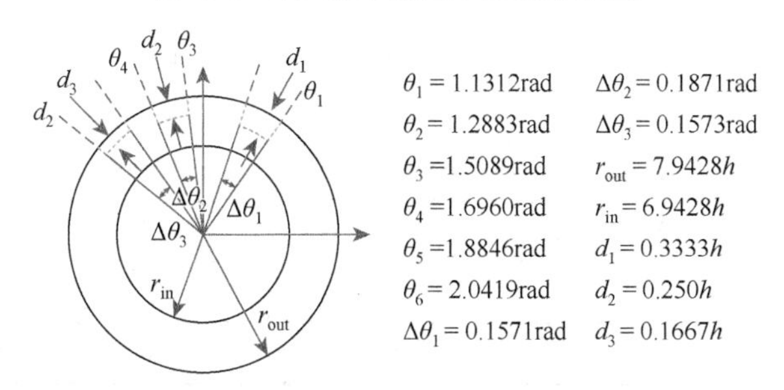

图 7.47　含三矩形缺陷的圆环模型示意图

表 7.2 给出了不同模型重构结果的平均绝对误差，最后一次重构结果都优于第一次重构结果。对于阶梯形缺陷结果的提高尤为明显，而对于三矩形缺陷重构结果的提高甚微。因此，迭代重构有助于更好地重构出缺陷的细节。当然，导致缺陷重构误差存在的原因有很多，如散射波场计算的精度、导波的分辨率、迭代重构中参考模型细节的刻画等。

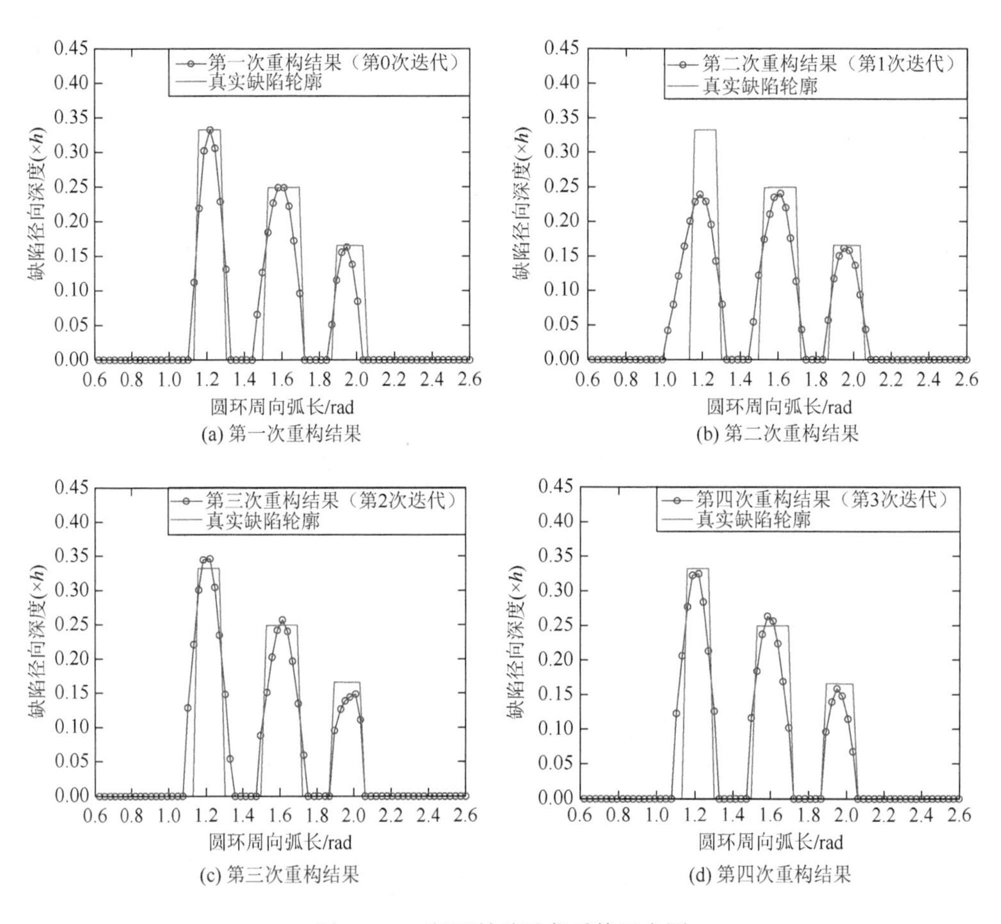

(a) 第一次重构结果　(b) 第二次重构结果

(c) 第三次重构结果　(d) 第四次重构结果

图 7.48　三矩形缺陷迭代重构示意图

表 7.2　不同模型重构结果的平均绝对误差

平均绝对误差	单一矩形缺陷	阶梯形缺陷	双矩形缺陷	三矩形缺陷
第一次重构	20.76%	30.93%	31.09%	23.77%
最后一次重构	6.69%	13.75%	21.06%	21.29%

7.5　层合板中缺陷重构

7.5.1　理论推导

基于同样的边界积分方程：

$$\int_S [u_i^{\text{total}}(\boldsymbol{x})\tilde{\sigma}_{ij}^{\alpha}(\boldsymbol{x}-\boldsymbol{X},\lambda,\mu)]n_j \mathrm{d}S(\boldsymbol{x}) = u_\alpha^{\text{ref}}(\boldsymbol{X}),\quad \boldsymbol{X}\notin V; i=\alpha=3, j=1,2 \tag{7.45}$$

与单一材料不同，这里的应力、材料参数都是随不同层而变化的。式（7.45）中积分边界 S 代表分布在不同层缺陷边界的总和，因此有

$$\begin{aligned}&\int_{S_1}[u_3^{\text{total}}(\boldsymbol{x})\tilde{\sigma}_{3j}^{3}(\boldsymbol{x}-\boldsymbol{X},\lambda_1,\mu_1)]n_j\mathrm{d}S_1(\boldsymbol{x})\\&+\int_{S_2}[u_3^{\text{total}}(\boldsymbol{x})\tilde{\sigma}_{3j}^{3}(\boldsymbol{x}-\boldsymbol{X},\lambda_2,\mu_2)]n_j\mathrm{d}S_2(\boldsymbol{x})+\cdots\\&=u_3^{\text{ref}}(\boldsymbol{X}),\quad \boldsymbol{X}\notin V; i=\alpha=3, j=1,2\end{aligned} \tag{7.46}$$

式（7.46）由高斯定理得

$$\iint_{V_1}[u_3^{\text{total}}(\boldsymbol{x})\tilde{\sigma}_{3j}^{3}(\boldsymbol{x}-\boldsymbol{X},\lambda_1,\mu_1)]_{,j}\mathrm{d}V_1+\iint_{V_2}[u_3^{\text{total}}(\boldsymbol{x})\tilde{\sigma}_{3j}^{3}(\boldsymbol{x}-\boldsymbol{X},\lambda_2,\mu_2)]_{,j}\mathrm{d}V_2+\cdots = u_3^{\text{ref}}(\boldsymbol{X}) \tag{7.47}$$

其中，$V_1,V_2,\cdots$ 表示不同缺陷体积。

对应力进行分离变量，得

$$\tilde{\sigma}_{3j}^{3}(\boldsymbol{x}-\boldsymbol{X},\lambda,\mu)=\tilde{P}_{3j}^{3}(x_1,X_1,\lambda,\mu)\mathrm{e}^{-\mathrm{i}\xi(x_2-X_2)},\quad u_3^{\text{ref}}(\boldsymbol{X})=A_3^{\text{ref}}(X_1)\mathrm{e}^{\mathrm{i}\xi X_2} \tag{7.48}$$

其中，$\tilde{P}_{3j}^{3}(x_1,X_1,\lambda,\mu)$、$A_3^{\text{ref}}(X_1)$ 分别表示基本解应力幅值和反射波幅值，都对应于第一阶反平面波（SH0）；ξ 表示波束。

对式（7.47）采用 Born 近似，即

$$u_3^{\text{total}}(\boldsymbol{x})=u_3^{\text{inc}}(\boldsymbol{x})+\varDelta\approx u_3^{\text{inc}}(\boldsymbol{x}) \tag{7.49}$$

同样 $u_3^{\text{inc}}(\boldsymbol{x})=A_3^{\text{inc}}(x_1)\mathrm{e}^{-\mathrm{i}\xi x_2}$，$A_3^{\text{inc}}(x_1)$ 为 SH0 导波的幅值，$\varDelta$ 表示散射波，当散射源很弱时 $u_3^{\text{inc}}(\boldsymbol{x})\gg\varDelta$。将式（7.48）和式（7.49）代入（7.47），得

$$\begin{aligned}&\int_{-\infty}^{+\infty}\mathrm{e}^{-2\mathrm{i}\xi x_2}\int_{h_1-\eta_1(x_2)}^{h_1}\{[A_3^{\text{inc}}(x_1)\tilde{P}_{31}^{3}(x_1,X_1,\lambda_1,\mu_1)]_{,1}+Q_1\}\mathrm{d}x_1\mathrm{d}x_2\\&+\int_{-\infty}^{+\infty}\mathrm{e}^{-2\mathrm{i}\xi x_2}\int_{h_2-\eta_2(x_2)}^{h_2}\{[A_3^{\text{inc}}(x_1)\tilde{P}_{31}^{3}(x_1,X_1,\lambda_2,\mu_2)]_{,1}+Q_2\}\mathrm{d}x_1\mathrm{d}x_2+\cdots\approx A_3^{\text{ref}}(X_1)\end{aligned} \tag{7.50}$$

同样采用分离变量$Q_1=-2\mathrm{i}\xi A_3^{\mathrm{inc}}(x_1)\tilde{P}_{32}^3(x_1,X_1,\lambda_1,\mu_1)$、$Q_2=-2\mathrm{i}\xi A_3^{\mathrm{inc}}(x_1)\tilde{P}_{32}^3(x_1,X_1,\lambda_2,\mu_2)$等。又因为SH0导波的位移和应力在$x_1$方向上是常量，所以$[A_3^{\mathrm{inc}}(x_1)\tilde{P}_{31}^3(x_1,X_1,\lambda_1,\mu_1)]_{,1}$，$[A_3^{\mathrm{inc}}(x_1)\tilde{P}_{31}^3(x_1,X_1,\lambda_2,\mu_2)]_{,1},\cdots$都等于0。同时，$Q_1=-2\mathrm{i}\xi A_3^{\mathrm{inc}}\tilde{P}_{32}^3(\lambda_1,\mu_1)$，$Q_2=-2\mathrm{i}\xi A_3^{\mathrm{inc}}\tilde{P}_{32}^3(\lambda_2,\mu_2),\cdots$，所以式（7.50）可写成

$$\int_{-\infty}^{+\infty}\mathrm{e}^{-2\mathrm{i}\xi x_2}Q_1\mathrm{d}x_2\int_{h_1-\eta_1(x_2)}^{h_1}\mathrm{d}x_1+\int_{-\infty}^{+\infty}\mathrm{e}^{-2\mathrm{i}\xi x_2}Q_2\mathrm{d}x_2\int_{h_2-\eta_2(x_2)}^{h_2}\mathrm{d}x_1+\cdots\approx A_3^{\mathrm{ref}}(X_1) \tag{7.51}$$

进一步，有

$$\int_{-\infty}^{+\infty}\mathrm{e}^{-2\mathrm{i}\xi x_2}Q_1\eta_1(x_2)\mathrm{d}x_2+\int_{-\infty}^{+\infty}\mathrm{e}^{-2\mathrm{i}\xi x_2}Q_2\eta_2(x_2)\mathrm{d}x_2+\cdots\approx A_3^{\mathrm{ref}}(X_1) \tag{7.52}$$

其中，$\eta_1(x_2),\eta_2(x_2),\cdots$如图7.49所示，表示不同缺陷的深度，都是未知量。

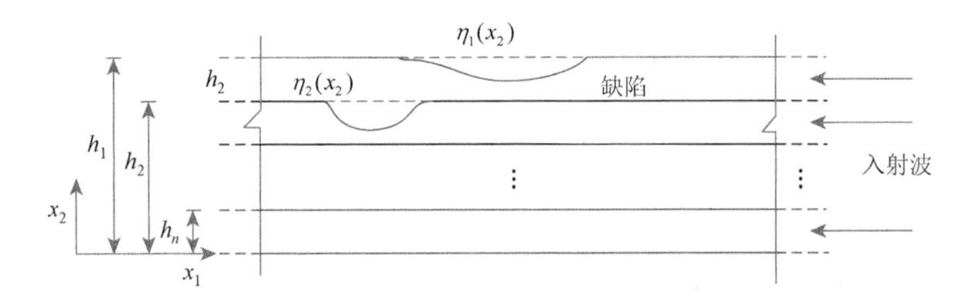

图7.49　含任意缺陷的层合板模型示意图

因此，仅凭式（7.52）无法求解（$\eta_1(x_2),\eta_2(x_2),\cdots$）。然而，由式（7.52）可知积分是不受积分上下限$h_1,h_2,\cdots$影响的，只取决于区间$\eta_1(x_2),\eta_2(x_2),\cdots$，因此即使不知道缺陷属于哪一层，仍然可以通过式（7.52）求解缺陷总的深度（或者说任意横截面处板总的损伤）。进一步简化式（7.52），将具有相同材料层的缺陷合并，得

$$\int_{-\infty}^{+\infty}\mathrm{e}^{-2\mathrm{i}\xi x_2}Q_1\tilde{\eta}_1(x_2)\mathrm{d}x_2+\int_{-\infty}^{+\infty}\mathrm{e}^{-2\mathrm{i}\xi x_2}Q_2\tilde{\eta}_2(x_2)\mathrm{d}x_2+\cdots\approx A_\alpha^{\mathrm{ref}}(X_1) \tag{7.53}$$

其中，$\tilde{\eta}_1(x_2)$表示相同材料层中总的缺陷深度。

下面主要以三层板为例，但是这里的公式推导并不受层数的影响，即适用于任意层。

图7.50展示了三层板中三种典型缺陷，方框代表缺陷，“Ⅰ”和“Ⅱ”表示不同材料层，这里第一层和第三层具有相同材料，在Case 1中，缺陷位于第一层和第三层；在Case 2中，缺陷位于第二层；在Case 3中，缺陷位于第一层和第二层。

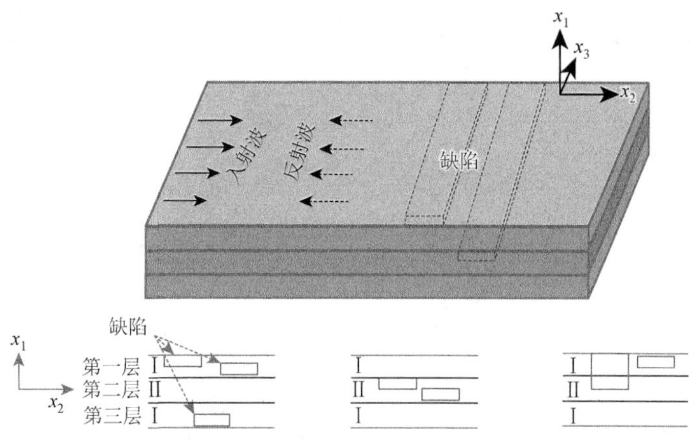

图 7.50　三层板中典型缺陷示意图

对于 Case 1，因为缺陷位于相同材料层，所以式（7.53）简化为

$$\int_{-\infty}^{+\infty} e^{-2i\xi x_2} Q_1 \tilde{\eta}_1(x_2) dx_2 \approx A_3^{ref}(X_1) \tag{7.54a}$$

对于 Case 2，因为缺陷只位于第二层，所以式（7.53）简化为

$$\int_{-\infty}^{+\infty} e^{-2i\xi x_2} Q_2 \tilde{\eta}_2(x_2) dx_2 \approx A_3^{ref}(X_1) \tag{7.54b}$$

对于 Case 3，因为缺陷位于第一层和第二层，所以式（7.53）简化为

$$\int_{-\infty}^{+\infty} e^{-2i\xi x_2} Q_1 \tilde{\eta}_1(x_2) dx_2 + \int_{-\infty}^{+\infty} e^{-2i\xi x_2} Q_2 \tilde{\eta}_2(x_2) dx_2 \approx A_\alpha^{ref}(X_1) \tag{7.54c}$$

这里需要强调的是，所有的推导中都无法确定缺陷的上下边界，因此只知道在 x_1 处板内总的损伤（缺陷总深度）。

对于 Case 1，式（7.54a）可以直接写成

$$\tilde{\eta}_1(x_2) \approx \frac{1}{2\pi} \int_{-\infty}^{+\infty} C^{ref}(k) B_1(k) e^{ikx_2} dk \tag{7.55a}$$

其中，$k = 2\xi$；$C^{ref}(k) = A_3^{ref} / A_3^{inc}$；$B_1(k) = 1/[-ik\tilde{P}_{32}^3(\lambda_1, \mu_1)]$。该公式说明缺陷深度 $\tilde{\eta}_1$ 可以由 $C^{ref}(k)B_1(k)$ 的傅里叶变换得到。

同样，对于 Case 2，也可以得到

$$\tilde{\eta}_2(x_2) \approx \frac{1}{2\pi} \int_{-\infty}^{+\infty} C^{ref}(k) B_2(k) e^{ikx_2} dk \tag{7.55b}$$

其中，$B_2(k) = 1/[-ik\tilde{P}_{32}^3(\lambda_2, \mu_2)]$。

对于 Case 3，缺陷深度 $\eta(x_2) = \tilde{\eta}_1(x_2) + \tilde{\eta}_2(x_2)$，于是有

$$\int_{-\infty}^{+\infty} \eta(x_2) \left(\frac{\tilde{\eta}_1(x_2)}{B_1(k)\eta(x_2)} + \frac{\tilde{\eta}_2(x_2)}{B_2(k)\eta(x_2)} \right) e^{-ikx_2} dx_2 \approx C^{ref}(k) \tag{7.55c}$$

式（7.55c）无法直接求出 $\tilde{\eta}_1(x_2)$ 和 $\tilde{\eta}_2(x_2)$。但是，可以做如下变形：

$$\frac{1}{B(k)}=\frac{1}{B_1(k)}v_1+\frac{1}{B_2(k)}v_2 \tag{7.56}$$

其中，$v_1(x_2)=\dfrac{\tilde{\eta}_1(x_2)}{\eta(x_2)}$；$v_2(x_2)=\dfrac{\tilde{\eta}_2(x_2)}{\eta(x_2)}$，可以视作 $\dfrac{1}{B_1(k)}$ 和 $\dfrac{1}{B_2(k)}$ 的权重，但它也是 x_2 的函数。通常为了求解 $\eta(x_2)$ 需要给一个初始的 v_1 和 v_2，但由于 v_1 和 v_2 都是 x_2 的函数，人为给定是比较困难的。因此，为解决这个问题，同样通过参考模型，直接给出初始 $B(k)=\tilde{B}(k)$，于是有

$$\tilde{B}(k)=\frac{\int_{-\infty}^{+\infty}\tilde{\eta}(x_2)\mathrm{e}^{-\mathrm{i}kx_2}\mathrm{d}x_2}{\tilde{C}^{\mathrm{ref}}(k)} \tag{7.57}$$

对于给定的参考模型，缺陷深度 $\tilde{\eta}(x_2)$ 和相应反射系数 $\tilde{C}^{\mathrm{ref}}(k)$ 都已知。于是，式（7.55c）进一步表示为

$$\eta(x_2)\approx\frac{1}{2\pi}\int_{-\infty}^{+\infty}\tilde{B}(k)C^{\mathrm{ref}}(k)\mathrm{e}^{\mathrm{i}kx_2}\mathrm{d}k \tag{7.58}$$

为了提高重构精度，依然要借助迭代算法，尽可能补偿式（7.49）中被忽略的 $\varDelta$。迭代流程简述如下（也可参见图 7.41）：

$$\begin{gathered}
\tilde{B}_0(k)=\frac{\int_{-\infty}^{+\infty}\tilde{\eta}_0(x_2)\mathrm{e}^{-\mathrm{i}kx_2}\mathrm{d}x_2}{\tilde{C}_0^{\mathrm{ref}}(k)}\\
\tilde{\eta}_1(x_2)\approx\frac{1}{2\pi}\int_{-\infty}^{+\infty}C^{\mathrm{ref}}(k)\tilde{B}_0(k)\mathrm{e}^{\mathrm{i}kx_2}\mathrm{d}k\\
\tilde{B}_1(k)=\frac{\int_{-\infty}^{+\infty}\tilde{\eta}_1(x_2)\mathrm{e}^{-\mathrm{i}kx_2}\mathrm{d}x_2}{\tilde{C}_1^{\mathrm{ref}}(k)}\\
\tilde{\eta}_2(x_2)\approx\frac{1}{2\pi}\int_{-\infty}^{+\infty}C^{\mathrm{ref}}(k)\tilde{B}_1(k)\mathrm{e}^{\mathrm{i}kx_2}\mathrm{d}k\\
\vdots\\
\tilde{B}_{m-1}(k)=\frac{\int_{-\infty}^{+\infty}\tilde{\eta}_{m-1}(x_2)\mathrm{e}^{-\mathrm{i}kx_2}\mathrm{d}x_2}{\tilde{C}_{m-1}^{\mathrm{ref}}(k)}\\
\tilde{\eta}_m(x_2)\approx\frac{1}{2\pi}\int_{-\infty}^{+\infty}C^{\mathrm{ref}}(k)\tilde{B}_{m-1}(k)\mathrm{e}^{\mathrm{i}kx_2}\mathrm{d}k,\quad m=2,3,\cdots
\end{gathered} \tag{7.59}$$

其中，$\tilde{\eta}_0(x_2)$ 为初始参考模型；$\tilde{\eta}_1(x_2)$ 为第一次重构结果；$\tilde{\eta}_m(x_2)$ 为第 m 次重构结果。通过评估第 m–1 次和第 m 次重构结果的均方根误差来判断结果收敛性，当误差小于最大缺陷深度的 10%时，视为最终结果。

7.5.2 数值算例

定义三种初始参考模型如图 7.51 所示，每种模型中只含有一个矩形缺陷。第一层和第三层材料参数为：密度 $\rho=7932\mathrm{kg/m^3}$，拉梅常数 $\lambda=1.132\times10^{11}\mathrm{Pa}$ 和 $\mu=8.430\times10^{10}\mathrm{Pa}$，板厚 $l_1=l_3=0.30\mathrm{mm}$。第二层材料参数为：$\rho=2800\mathrm{kg/m^3}$，拉梅常数 $\lambda=7.0\times10^{10}\mathrm{Pa}$ 和 $\mu=2.60\times10^{10}\mathrm{Pa}$，板厚 $l_2=0.30\mathrm{mm}$。

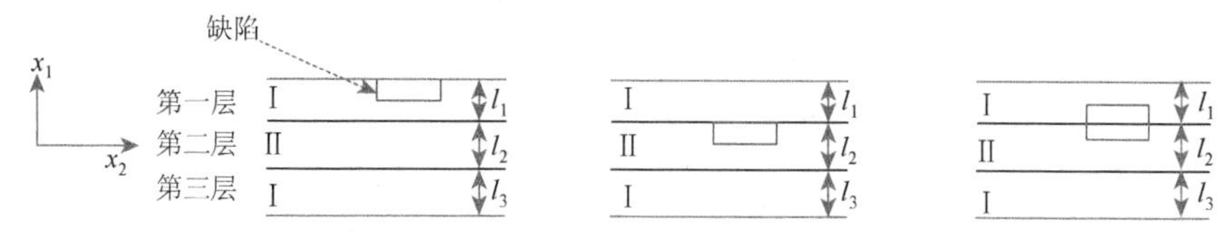

图 7.51 三种初始参考模型（分别记为 RM 1、RM 2 和 RM 3）

被检测模型如图 7.52 所示，材料参数与初始参考模型一致。被检测模型按照三种典型缺陷分类，对于 Case 1，双矩形缺陷（图 7.52（a））尺寸：宽度 $w_1=1.30h, w_2=1.90h$，深度 $d_1=0.133h, d_2=0.333h$；三矩形缺陷（图 7.52（b））尺寸：宽度 $w_1=1.30h, w_2=1.90h, w_3=1.90h$，深度 $d_1=0.167h, d_2=0.20h, d_3=0.333h$。对于 Case 2，双矩形缺陷（图 7.52（c））尺寸：宽度 $w_1=1.333h, w_2=1.667h$，深度 $d_1=0.133h, d_2=0.333h$；三矩形缺陷（图 7.52（d））尺寸：宽度 $w_1=1.333h, w_2=1.667h, w_3=1.967h$，深度 $d_1=0.133h, d_2=0.167h, d_3=0.333h$。对于 Case 3，单矩形缺陷（图 7.52（e））尺寸：宽度 $w_1=1.733h$，深度 $d_1=0.40h$；阶梯形缺陷（图 7.52（f））尺寸：宽度 $w_1=2.333h$，深度 $d_1=0.60h$，宽度 $w_1=2.333h$，深度 $d_1=0.666h$；三矩形缺陷尺寸：宽度 $w_1=1.367h, w_2=1.066h, w_3=1.0h$，深度 $d_1=0.40h, d_2=0.233h, d_3=0.50h$。这里 h 表示板总厚度，即 $h=l_1+l_2+l_3=0.9\mathrm{mm}$。

对于 E 1 和 E 2，用 RM 1 作为初始参考模型，得到重构结果如图 7.53 所示，横坐标表示 x_2，纵坐标表示缺陷总深度。很显然，第一次重构结果比第三次重构结果差，如图 7.53（a）所示。这里需要解释，对于缺陷的拐点处，重构效果不理想，其主要原因在于：本书描述真实缺陷的函数为阶跃函数，而重构缺陷的函数是连续函数。对于 E 3 和 E 4，采用 RM 2 作为初始参考模型，这里需要四次迭代重构如图 7.54 所示，本书只给出了第一次和最后一次的重构结果，其最终结果和真实结果吻合较好。对于 E5、E6、E7、E8，采用 RM 3 作为参考模型，当缺陷最大深度小于 0.50h 时，重构结果较好，如图 7.55（a）和（d）所示，但当缺陷最大深度等于 0.60h 和 0.666h 时，其重构结果不太理想，如图 7.55（b）和（c）所示。此时，最终重构缺陷深度只有 0.506h 和 0.597h。所以，当跨层缺陷最大深度大于半板厚度时，缺陷重构深度小于实际深度。

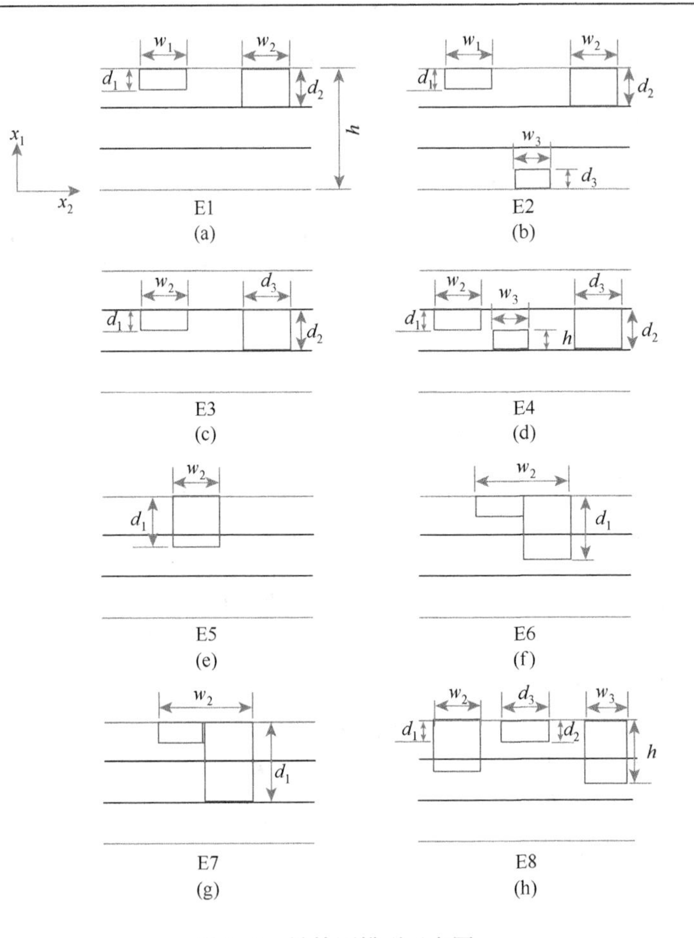

图 7.52　被检测模型示意图

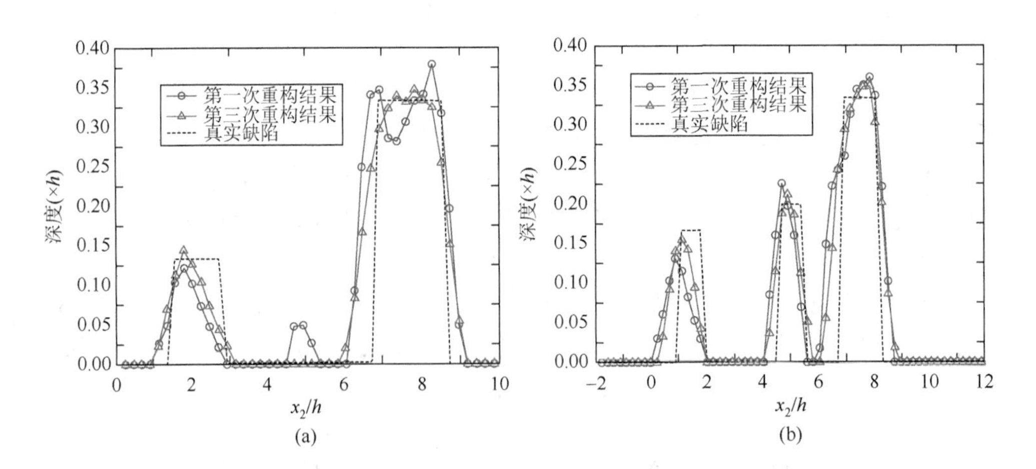

图 7.53　对应于 E 1 和 E 2 的重构结果

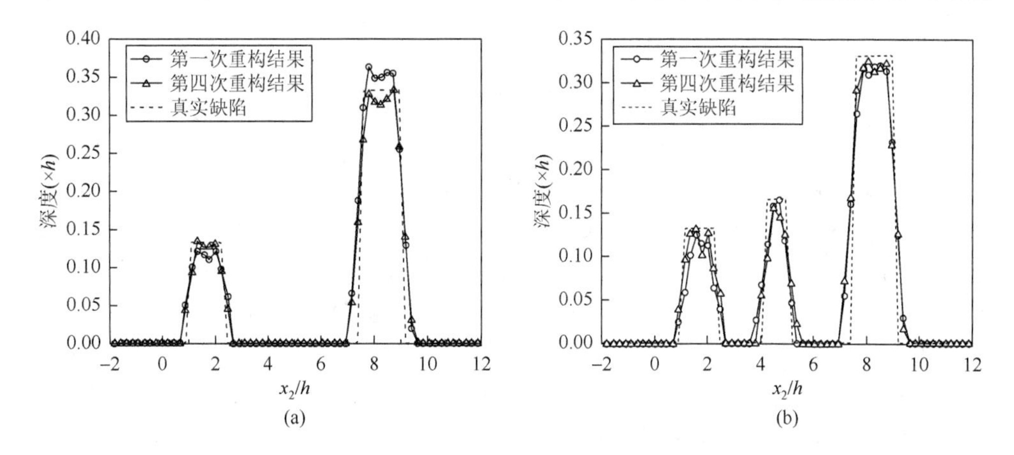

图 7.54　对应于 E3 和 E4 的重构结果

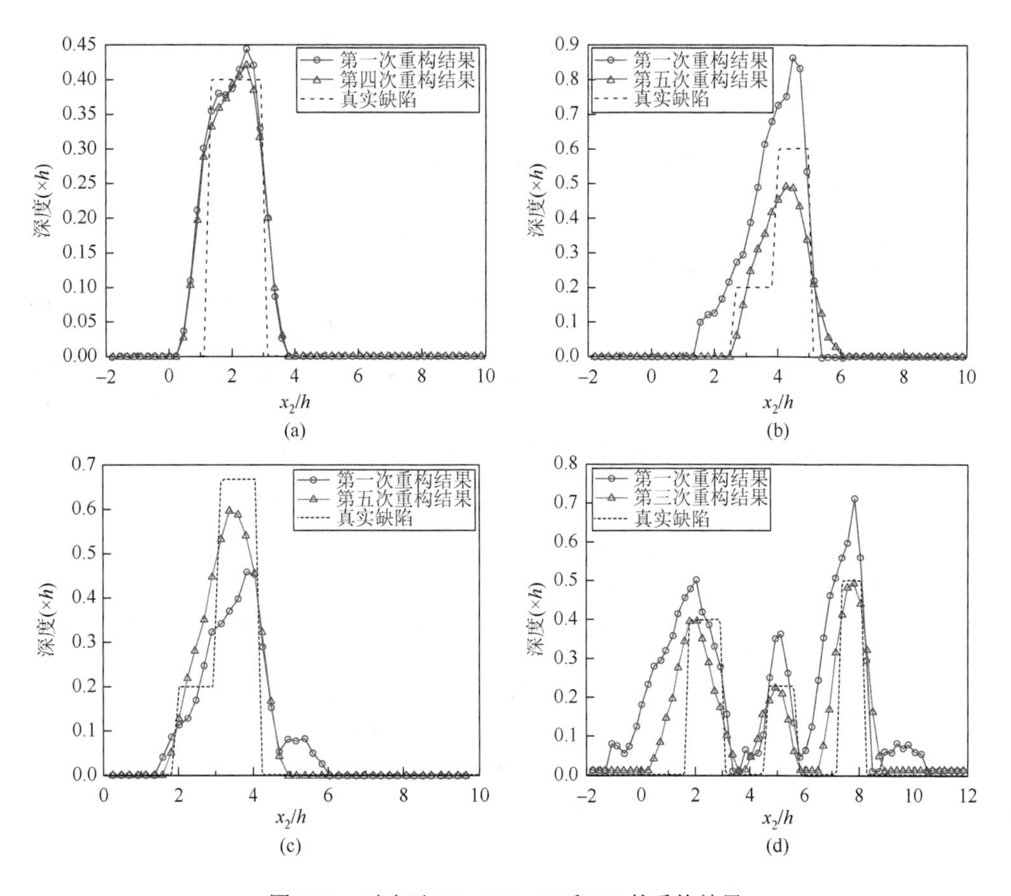

图 7.55　对应于 E5、E6、E7 和 E8 的重构结果

7.6 本章小结

本章主要讲述了傅里叶变换的定量化重构方法，并将其应用于管道结构的检测。同时，为了提高重构精度，又将迭代算法引入傅里叶变换的定量化重构方法中，成功解决了圆环模型和层合板模型的缺陷检测问题。傅里叶变换的定量化重构方法从根本上避免了复杂格林函数的求解，极大地弱化了 Born 近似的条件。由原来解析的公式推导转化为半解析半数值的求解，这一改进增加了实际工程中应用的可能性。但结果中仍存在误差，其原因有多方面，今后可以通过提高散射波场计算精度和导波分辨率来进一步优化重构结果。

参考文献

[1] Cook E G，Valkenburg H E. Surface waves at ultrasonic frequencies. ASTM，1954，3：81-84.

[2] Grace O D，Goodman R R. Circumferential waves on solid cylinders. Journal of the Acoustical Society of America，1966，39（1）：173-174.

[3] Keller J B，Karal F C. Surface wave excitation and propagation. Journal of Applied Physics，1960，31（6）：1039-1046.

[4] Keller J B，Karal F C. Geometrical theory of elastic surface-wave excitation and propagation. Journal of the Acoustical Society of America，1964，36（1）：32-40.

[5] Gregory R D. The propagation of Rayleigh waves over curved surfaces at high frequency. Mathematical Proceedings of the Cambridge Philosophical Society，1971，70（1）：103-121.

[6] Qu J M，Berthelot Y，Li Z B. Dispersion of guided circumferential waves in a circular annulus. Review of Progress in Quantitative NDE，1996，15：169-176.

[7] Liu G L，Qu J M. Guided circumferential waves in a circular annulus. Journal of Applied Mechanics，1998，65（2）：424-430.

[8] Achenbach J D. Wave Propagation in Elastic Solids. New York：North-Holland，1973.

[9] Hielscher A H，Klose A D，Hanson K M. Gradient-based iterative image reconstruction scheme for time-resolved optical tomography. IEEE Transactions on Medical Imaging，1999，18（3）：262-271.

[10] Spence J C H，Weierstall U，Howells M. Phase recovery and lensless imaging by iterative methods in optical，X-ray and electron diffraction. Philosophical Transactions of the Royal Society A：Mathematical，Physical and Engineering Sciences，2002，360（1794）：875-895.

[11] Lim J，Lee K，Jin K H，et al. Comparative study of iterative reconstruction algorithms for missing cone problems in optical diffraction tomography. Optics Express，2015，23（13）：16933-16948.

[12] Huthwaite P，Simonetti F. High-resolution guided wave tomography. Wave Motion，2013，50（5）：979-993.

[13] Rao J，Ratassepp M，Fan Z. Guided wave tomography based on full waveform inversion. IEEE Transactions on Ultrasonics，Ferroelectrics and Frequency Control，2016，63（5）：737-745.

[14] Yang D，Shang X，Malcolm A，et al. Image registration guided wave field tomography for shear-wave velocity model building. Geophysics，2015：80（3）：U35-U46.

第8章　缺陷检测中噪声信号的处理

8.1　引　　言

超声无损检测中噪声处理是极其重要的研究方向，能否从含噪声信号中提取真实散射信息是缺陷检测成败的关键。工程实验中的噪声不仅来自外界环境，而且最重要的是来自被测结构本身，结构的非均匀性，以及在制备过程中夹杂着的其他介质和微小气泡，都可以看作微小的散射源，这些散射源产生的回波以噪声（或背景噪声）的形式夹杂在原始信号中，导致检测结果不够准确，或有较大误差。现有很多数值方法可以处理噪声信号，这些方法都是针对特定问题的，例如，当缺陷产生的回波信号和背景噪声的频谱不同时，采用维纳滤波[1]进行去噪最为合适。但是在大多数情况下噪声和缺陷回波的能量谱密度是未知的，通常在实验中回波信号和噪声同时存在于整个时域，整个频域信号也都会被干扰。针对时频域同时分析的方法，最早由Gabor[2]提出，给出了短时傅里叶变换，但是短时傅里叶变换的窗口是固定的，不便于得到准确的时频分析。近些年，又出现了许多其他的数字滤波方法，其中希尔伯特-黄变换[3]既能处理非线性问题，也能处理非静态问题；稀疏表示法通过大量的数据训练也能有效地处理噪声。管道中的导波信号非常复杂，上述方法都很难有效地去除噪声。然而，小波变换作为一种有效的时频域分析方法，不仅克服了短时傅里叶变换的弱点，而且提高了去噪效果。鉴于本书提出的缺陷重构方法主要在波数-空间域，但实际工程中测得的信号通常在时间域。为了将本书的缺陷重构方法和工程测试相结合，必须在时频域和波数空间域同时分析信号，因此本章将传统的时频域的小波变换应用于波数空间域的分析，提出了两种不同的滤波方案：①小波变换-傅里叶变换（wavelet transform Fourier transform，WTFT）；②傅里叶变换-小波变换（Fourier transform wavelet transform，FTWT）。另外，通过多个算例分析去噪结果，以数据统计的形式展示去噪之后的缺陷重构结果。

8.2　基于小波变换的信号去噪

首先，采用入射波的时域表达式为

$$g(t) = \mathrm{e}^{-(\pi(t-t_0)f_c)^2} \tag{8.1}$$

其中，f_c为中心频率；t_0为时间偏移量。

为了保证所需频率范围$(0,f]$内的导波都具有一定的幅值，通常要求入射波的中心频率等于最大频率f。图 8.1 和图 8.2 分别为入射信号的时域图和频域图。

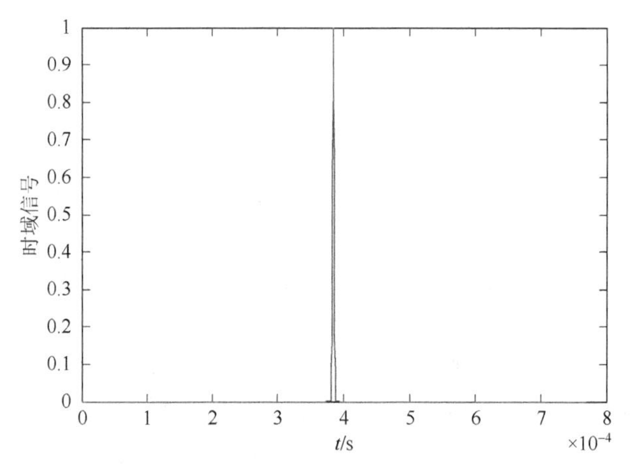

图 8.1　入射信号的时域图

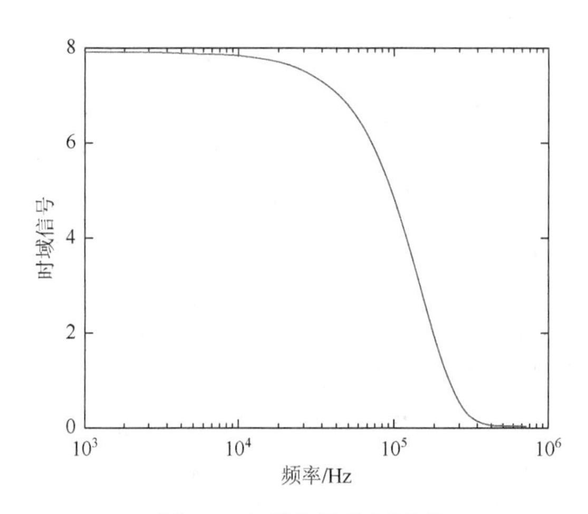

图 8.2　入射信号的频域图

待重构的轴对称缺陷的长度和深度分别为$l_{ay}=2.3333h$和$d_{ay}=0.1667h$（图 8.3），管道的材料属性与其他章节相同。首先，采用混合有限元法计算出不含噪声$T(0,1)$模态导波的频域反射系数（图 8.4），再通过傅里叶逆变换得到时域反射信号，如图 8.5 所示。最后，采用 QDFT 法，并根据参考缺陷（尺寸$l_{ay}=0.7778h$和$d_{ay}=0.3333h$）重构出缺陷的结果，如图 8.6 所示。此时，重构的误差主要是来自参考缺陷和待重构缺陷之间尺寸的差异，选择与待重构缺陷差距较大的参考缺陷，是为了展示 QDFT 的普适性。进一步研究噪声对缺陷重构的影响，在无噪声信号中加入三种高斯白噪声：①全频段高斯白噪声；②低频段高斯白噪声；③高频段高斯白噪声。

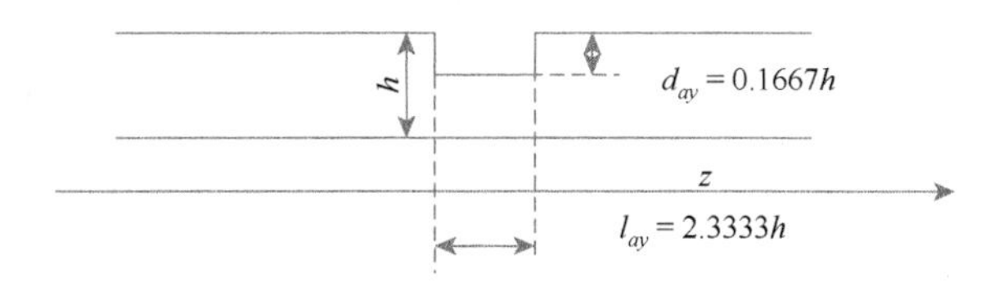

图 8.3　待重构的轴对称缺陷

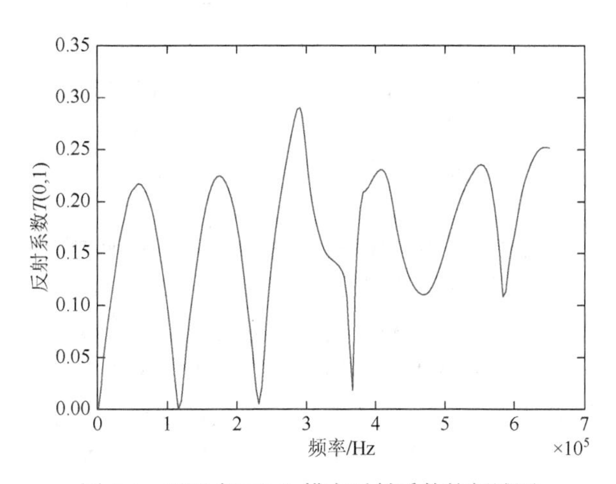

图 8.4　无噪声 $T(0,1)$ 模态反射系数的频域图

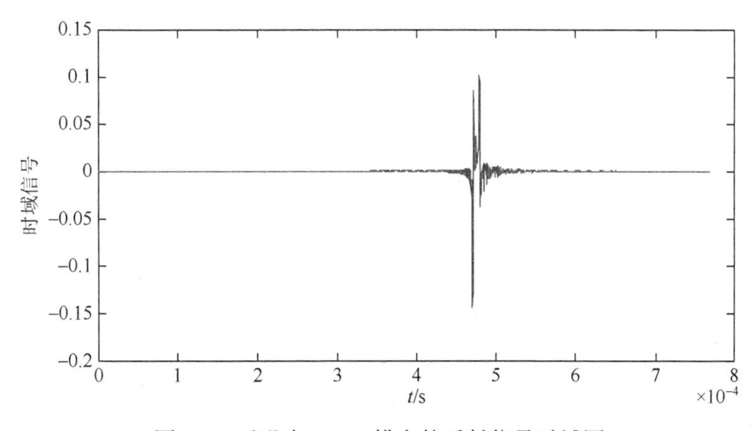

图 8.5　无噪声 $T(0,1)$ 模态的反射信号时域图

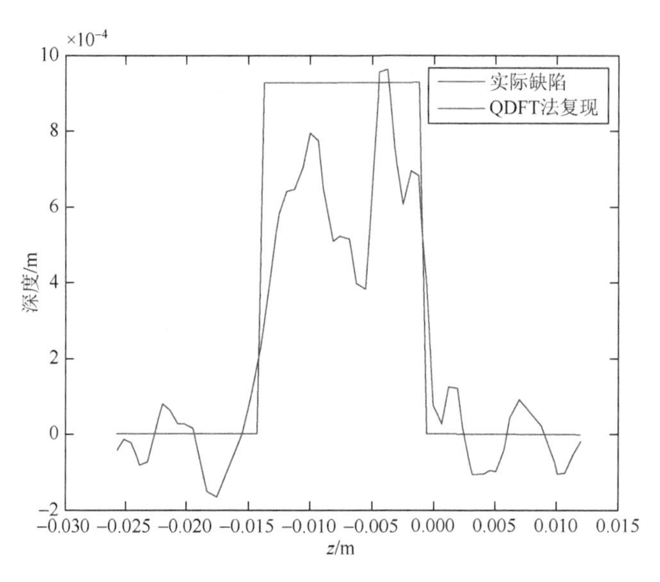

图 8.6　无噪声缺陷的重构结果

首先，在反射信号中加入信噪比为 5dB 的全频段高斯白噪声，其时域信号如图 8.7 所示，由傅里叶变换得到频域反射系数如图 8.8 所示，将含噪声的反射系数直接用于缺陷重构。因为高斯白噪声是一种随机信号，所以采用 50 次数值仿真，并借助统计学方法将重构的结果以箱图形式表示。引入 5dB 的全频段高斯白噪声后，缺陷的重构结果如图 8.9 所示，其中箱图显示了缺陷的波动范围，虽然此时重构出的缺陷波动范围很大，导致缺陷轮廓很难确定，但是整体趋势较为明显，并不会影响缺陷位置的识别。

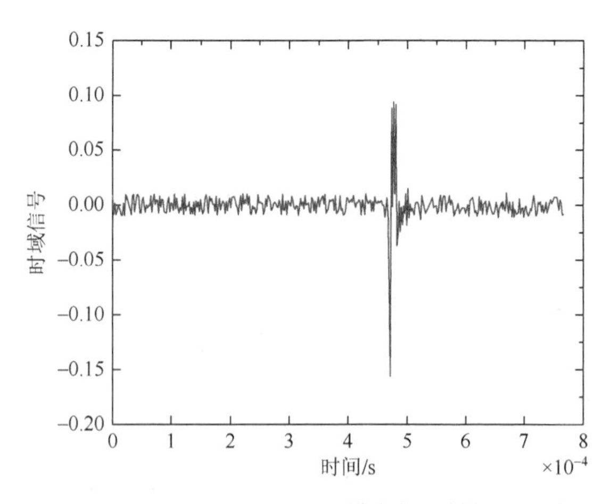

图 8.7　含噪声（5dB）$T(0,1)$ 模态的反射信号时域图

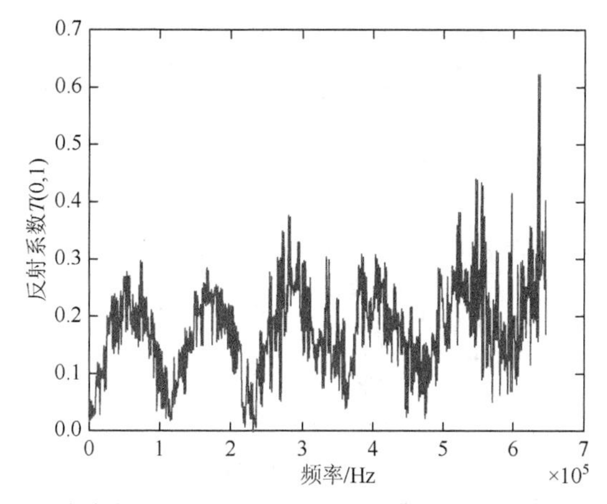

图 8.8　含全频段噪声（5dB）$T(0,1)$ 模态反射系数的频域图

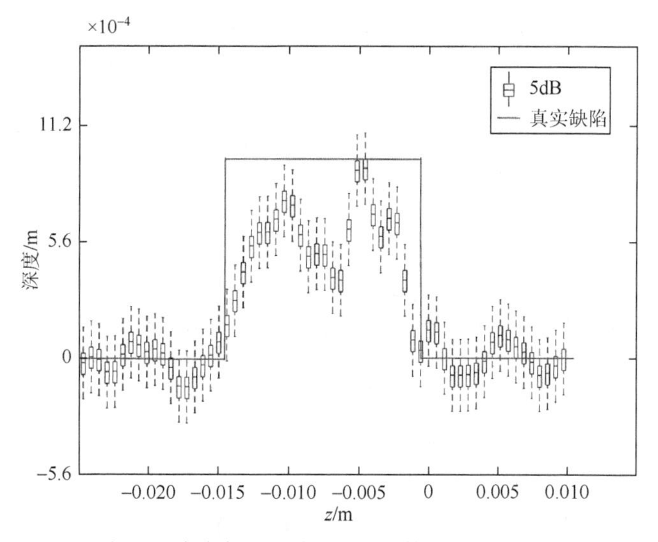

图 8.9　含全频段噪声（5dB）的缺陷重构结果

其次，加入 5dB 的低频段高斯白噪声，得到含噪声的频域反射系数如图 8.10 所示，再采用 QDFT 进行缺陷重构，得到的统计结果如图 8.11 所示。对比图 8.9 和图 8.11 可以发现，箱图中每个箱体的长度相差不大，即数据分布情况基本一致，这说明低频段噪声和全频段噪声对缺陷整体轮廓的影响基本一致，导致重构的结果波动较大。

最后，加入 5dB 的高频段高斯白噪声，同样得到含噪声的频域反射系数如图 8.12 所示，得到的重构结果如图 8.13 所示，此时每个箱体都比较小，这说明数据点较为集中。与之前含全频段噪声和低频段噪声的重构结果相比，可以很明显地发现高频段噪声对缺陷重构的影响较小。所以，低频段噪声影响缺陷重构的基本轮廓，而高频段噪声影响重构的细节，在噪声处理中应该以减少低频段噪声为主要目的，同时适当抑制高频段噪声，这样才能达到较好的重构效果。

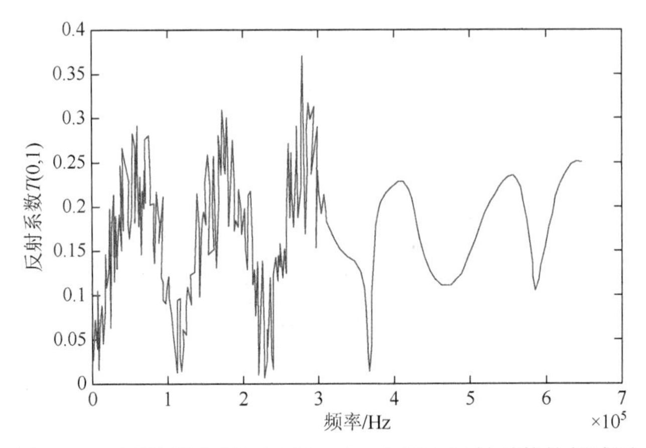

图 8.10　含低频段噪声（5dB）$T(0,1)$ 模态反射系数的频域图

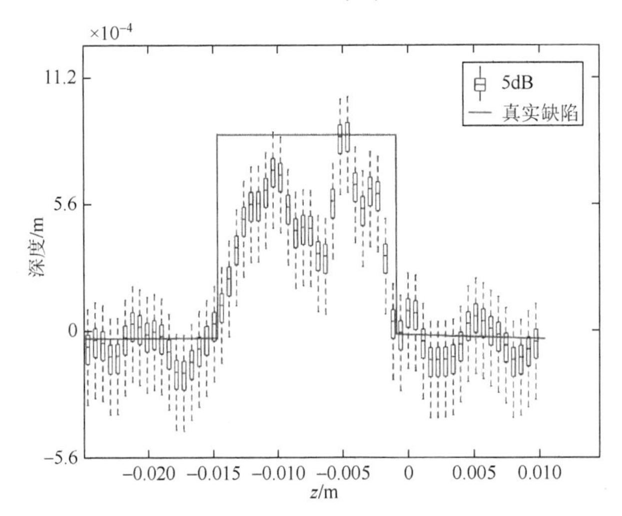

图 8.11　含低频段噪声（5dB）的缺陷重构结果

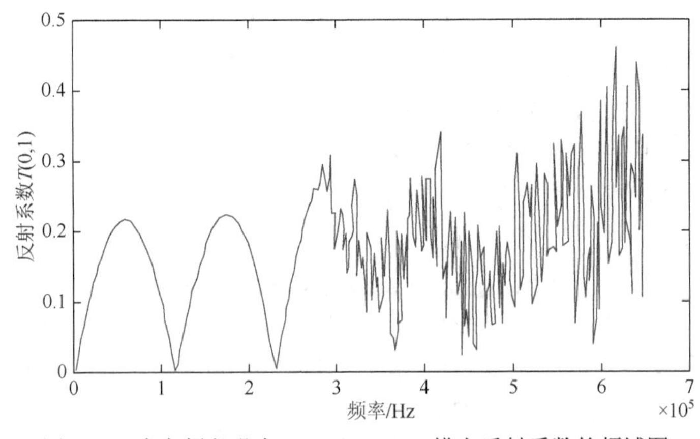

图 8.12　含高频段噪声（5dB）$T(0,1)$ 模态反射系数的频域图

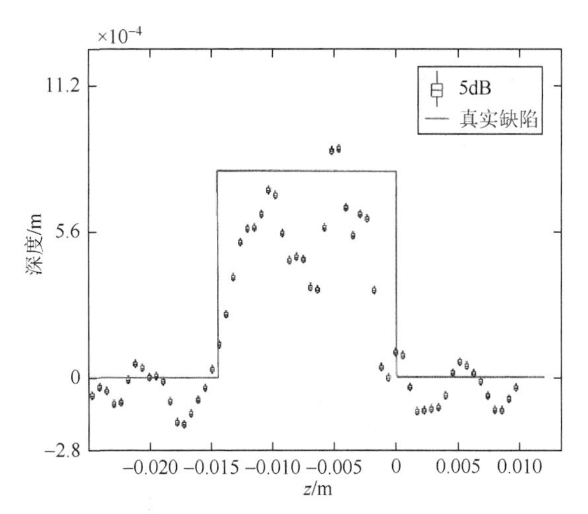

图 8.13　含高频段噪声（5dB）的缺陷重构结果

目前，小波分析广泛应用于各种信号的处理，能够将信号在时频域同时分析，而不是通过简单的带通滤波器将某一段频率信号全部滤去。早期的时频分析可以通过短时傅里叶变换得到，即

$$(\breve{g}_b f)(\omega)=\int_{-\infty}^{+\infty} f(t)\overline{W(t-b)}\mathrm{e}^{-\mathrm{i}\omega t}\mathrm{d}t \tag{8.2}$$

式（8.2）表示时间函数 $f(t)$ 的短时傅里叶变换 $(\breve{g}_b f)(\omega)$，其中，$\overline{W(t-b)}$ 表示一种时间窗口函数的共轭形式，当 b 确定时，时频域的分辨率也就固定了。

小波变换与短时傅里叶变换的不同之处在于，小波变换采用的时间窗口函数是局部的小波函数，具体公式如下：

$$W_\psi(a,b)=|a|^{-\frac{1}{2}}\int_{-\infty}^{+\infty} f(t)\psi\left(\frac{t-b}{a}\right)\mathrm{d}t \tag{8.3}$$

或者

$$W_\psi(m,n)=|a|^{-\frac{m}{2}}\int_{-\infty}^{+\infty} f(t)\psi(a_0^{-m}t-nb_0)\mathrm{d}t \tag{8.4}$$

其中，b 是一个变量，a 是一个标量，$a=a_0^m$，$b=nb_0a_0^m$，函数 ψ 为母小波，且必须满足

$$\int_{-\infty}^{+\infty}\psi(t)\mathrm{d}t=0 \tag{8.5}$$

根据母小波函数构建如下双指标的子小波函数：

$$\psi_{a,b}=|a|^{-\frac{1}{2}}\psi\left(\frac{x-b}{a}\right) \tag{8.6}$$

一个实数域上的平方可积函数 $f(x)$，相应的连续小波变换记为

$$W_{\psi}(a,b)=f(x),\quad \psi_{a,b}=|a|^{-\frac{1}{2}}\int_{-\infty}^{+\infty}f(x)\overline{\psi\left(\frac{x-b}{a}\right)}\mathrm{d}x \tag{8.7}$$

在实际工程计算中，多采用离散小波变换：

$$W[f(x)]=W_{\psi}(m,n)=\sum_{x}\psi_{m,n}(x)f(x) \tag{8.8}$$

其中，$\psi_{m,n}(x)=2^{\frac{m}{2}}\psi(2^{m}x-n)$。

进一步得到离散形式的逆小波变换公式为

$$f(x)=\sum_{-\infty}^{+\infty}\sum_{-\infty}^{+\infty}W_{\psi}(m,n)\psi^{m,n}(x) \tag{8.9}$$

当$\{\psi_{m,n}\}_{m,n\in Z}\in L^{2}(\mathcal{R})$是一组标准正交基时，$\psi_{m,n}=\psi^{m,n}$。在离散小波分析中，信号分解成近似部分和细节部分，近似部分包含高尺度和低频率成分，其中低频率往往是信号最重要的部分。而细节部分包含着低尺度和高频率成分，大多数噪声信号都集中在该部分。为了提高分析精度，研究者又提出了小波包分析，通过该方法可以将信号近似部分和细节部分在每一级上再进行近似和细节部分的分解。为了更好地保留有用信息，通常选择软阈值保留信号的细节部分。小波去噪包含三个步骤：①选择合适的小波函数和需要分解的级数，并计算出相应每一级的小波分解；②对于每一级分解，都采用软阈值筛选细节部分的系数；③修改每一级细节部分的系数，并通过小波逆变换重构出去噪后的信号。

采用本书重构方法开展的工程检测涉及多个域的变换，即时间-频率域和波数（或频率）-空间域。因此，设计了两种去噪方法：①首先将仪器测得的时域信号$f(t)$进行小波去噪，然后将去噪后的信号进行傅里叶变换得到频域$F(\omega)$（波数域$C^{\mathrm{ref}}(k)$），最后将其用于缺陷重构；②首先将时域信号$f(t)$进行傅里叶变换得到频域$F(\omega)$（波数域$C^{\mathrm{ref}}(k)$），然后将波数域信号进行小波去噪，最后进行缺陷重构。这里将第一种方法和第二种方法分别称为WTFT和FTWT，具体流程见图8.14。

时域的小波变换可以采用如下公式：

$$W_{\psi}(a_1,b_1)=|a_1|^{-\frac{1}{2}}\int_{-\infty}^{+\infty}f(x)\overline{\psi\left(\frac{t-b_1}{a_1}\right)}\mathrm{d}t \tag{8.10}$$

小波尺度a_1表示信号在频域的信息。同样，波数域的小波变换公式为

$$W_{\psi}(a_2,b_2)=|a_2|^{-\frac{1}{2}}\int_{-\infty}^{+\infty}C^{\mathrm{ref}}(k)\overline{\psi\left(\frac{k-b_2}{a_2}\right)}\mathrm{d}k \tag{8.11}$$

此时，小波尺度a_2表示信号在空间域（波长域）的信息。采用WTFT和FTWT都可以得到修正的反射系数，并将其用于缺陷重构。下面将从数值仿真的角度分析两种去噪方法对重构结果的影响。

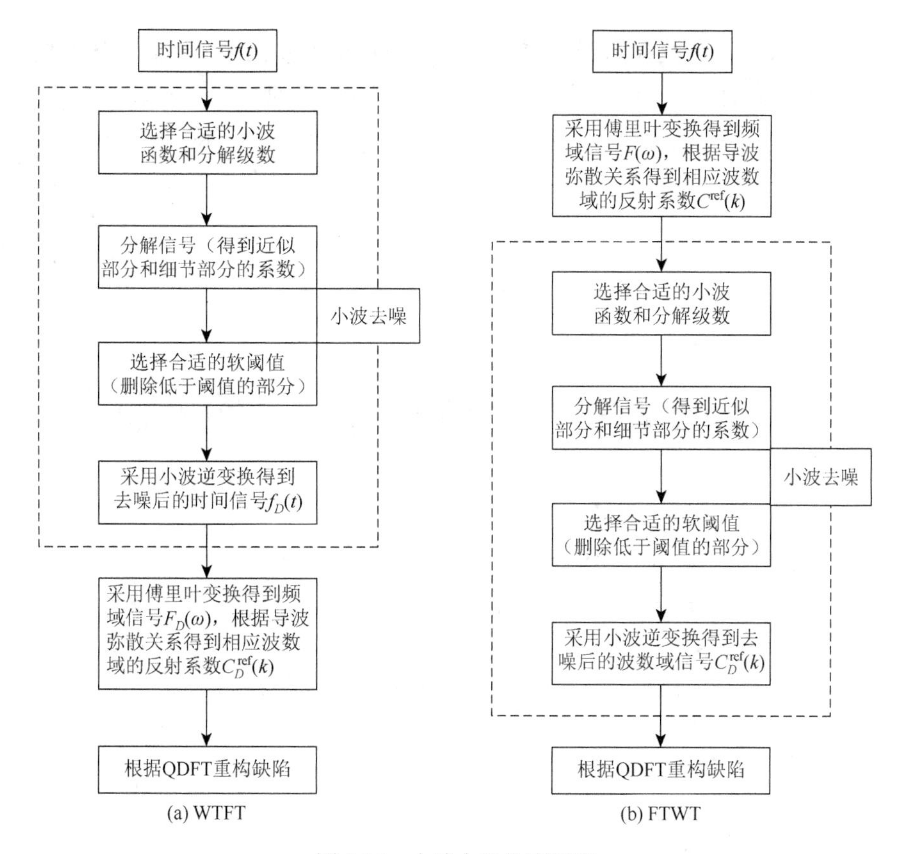

图 8.14　小波去噪的流程图

8.3　数值算例

首先分析含高斯白噪声的信号 $f(t)$，其具体表达式如下：

$$f(t)=\hat{f}(t)+n(t) \tag{8.12}$$

其中，$\hat{f}(t)$ 表示不含噪声的时间信号（$\hat{f}(t)$ 的示意图见图 8.4）；$n(t)$ 表示−5dB 高斯白噪声，得到的含噪信号 (t) 如图 8.15 所示。

通过傅里叶变换得到如图 8.16 所示的频域结果，很显然，直接采用这样的反射系数无法完成重构工作。为了进一步分析噪声的影响，利用小波分析方法，将无噪声信号和含−5dB 的高斯白噪声信号分别在时频和波数-波长域进行分析。图 8.17 说明无噪声信号只在反射信号被检测到的时间段（4.6×10^{-4}s 左右）才有对应的频域幅值，但含噪声信号（图 8.18）在任意时刻都存在频域幅值。再结合波数-波长域的小波分析得到无噪声信号和含噪声信号的示意图分别为

图 8.19 和图 8.20，结果显示无噪声信号主要分布在小波长区域，而含噪声信号在整个波长域都具有一定幅值，这说明噪声信号影响了所有的波长域。因此，当高斯白噪声信号占据整个时域、频域（波数域）以及波长域，采用简单的带通滤波效果不佳。

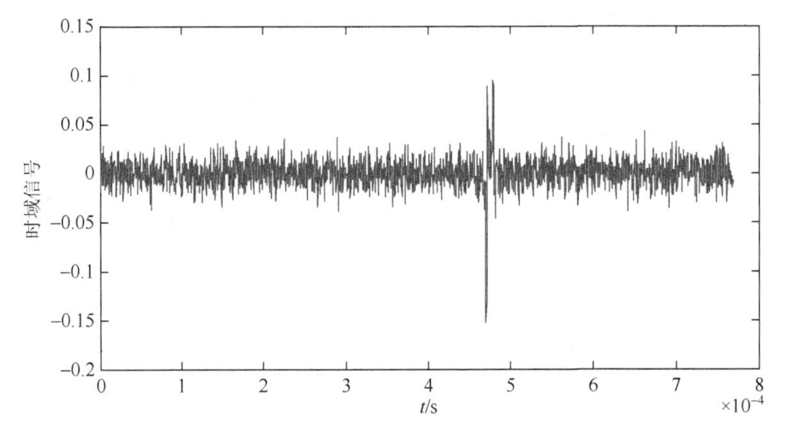

图 8.15　含−5dB 高斯白噪声的时域反射信号

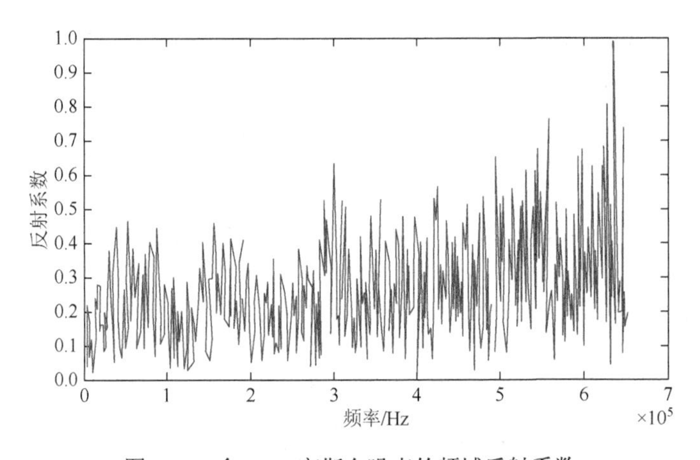

图 8.16　含−5dB 高斯白噪声的频域反射系数

这里采用近似对称小波基 Symlets 8 对噪声信号进行降噪，结合软阈值，并参照图 8.14 中两种滤波流程（WTFT 和 FTWT）。WTFT 去噪后的波数-波长域的小波分析结果如图 8.21 所示。与图 8.19 相比，发现小波长区域的幅值都有所减小，但在接近零波数范围内的所有波长上都存在幅值。同时，得到去噪后的相位情况如图 8.22 所示，为了更清晰地将去噪和无噪声信号的频域相位进行比较，图中只展示了频率范围中差别最大的部分，很显然，除了低频范围（小于2×10^4Hz）的误差较大，其他频域范围的结果与无噪声信号相位基本吻合。FTWT 去噪后的结果如图 8.23 和图 8.24 所示，这里需要强调的是，在波数域去噪时，由于反射系数的相位变化较快且不具有光滑性，所以无法采用小波对其相位进行滤波，这里的 FTWT 去噪只对反射系数的模值进行去噪，即图 8.16 所示的反射系数模值。图 8.23 显示了小波数范围内幅值只集中在小波长区域，且波峰个数与极大值都和无噪声情况更为吻合，但极小值都有所增加，观察图 8.25 中的虚线更容易得到这一结果。图 8.24 显示了一段含噪声信号的频域相位图，这说明含噪声信号和无噪声信号的相位差距较大，不适合用来重构缺陷。

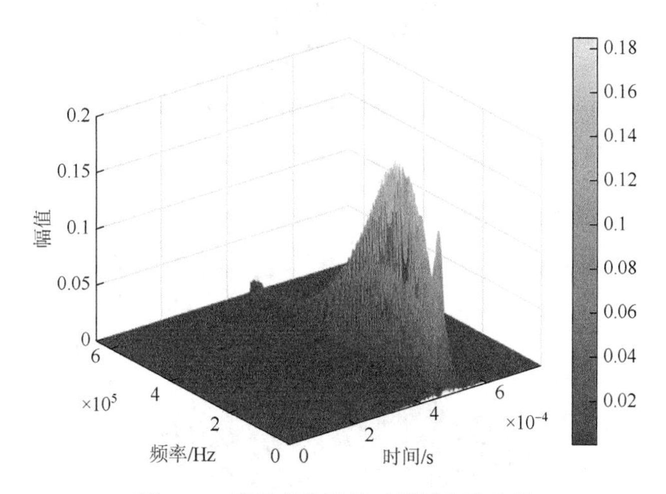

图 8.17　无噪声信号的时频域小波分析

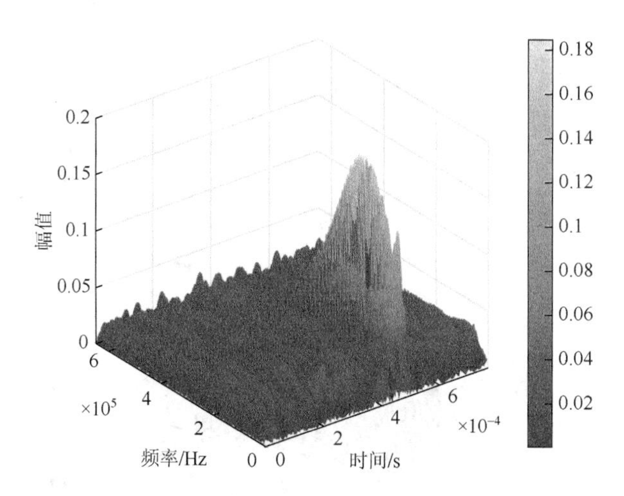

图 8.18　含−5dB 高斯白噪声信号的时频域小波分析

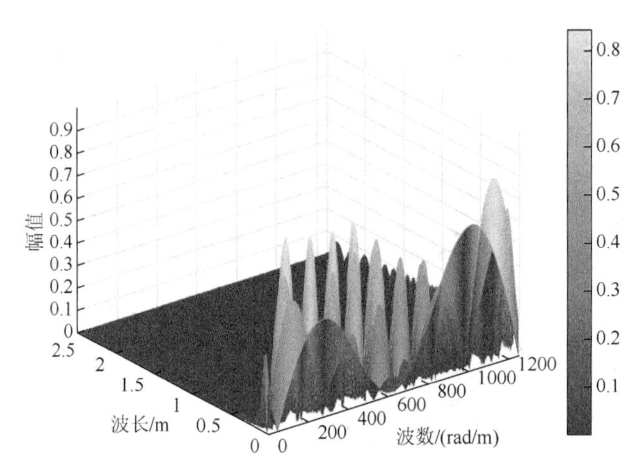

图 8.19 无噪声信号的波数-波长域小波分析

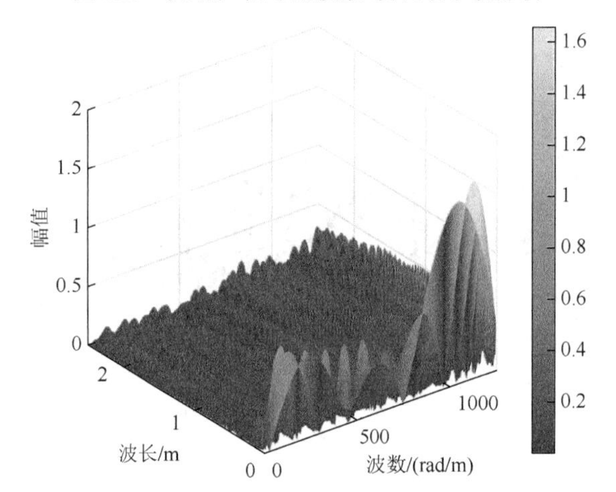

图 8.20 含–5dB 高斯白噪声信号的波数-波长域小波分析

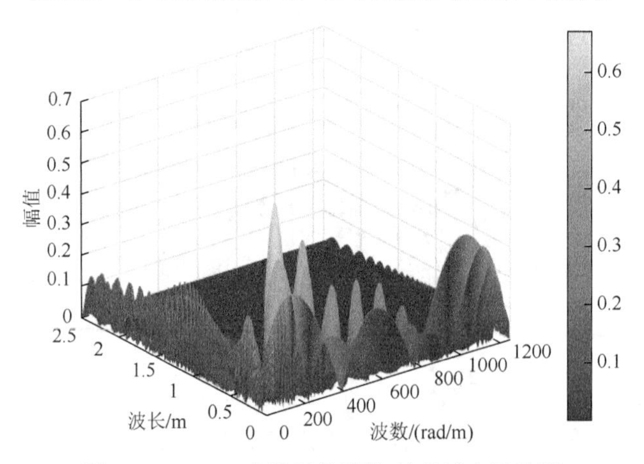

图 8.21 WTFT 去噪后的波数-波长域小波分析

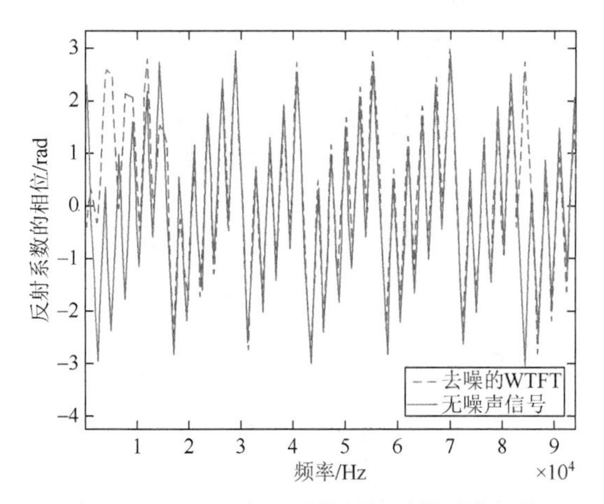

图 8.22　WTFT 去噪后的频域反射系数相位

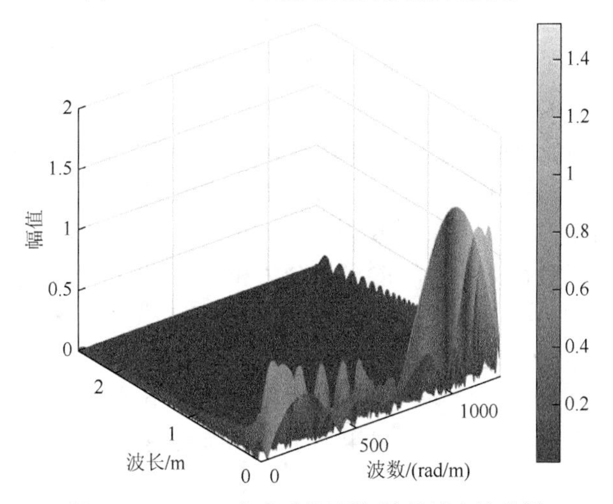

图 8.23　FTWT 去噪后的波数-波长域小波分析

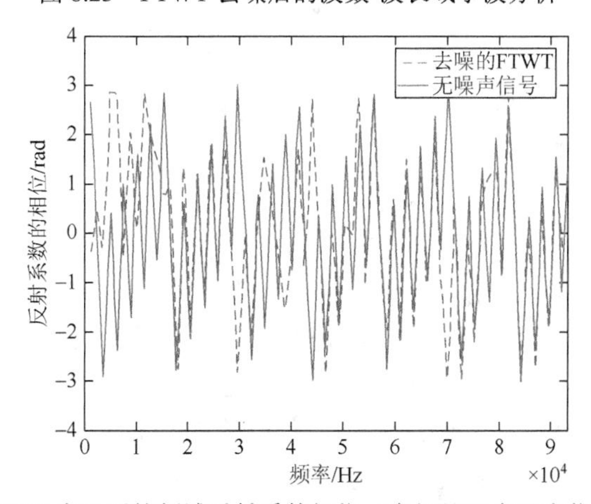

图 8.24　FTWT 去噪后的频域反射系数相位（未经处理含噪声信号的相位）

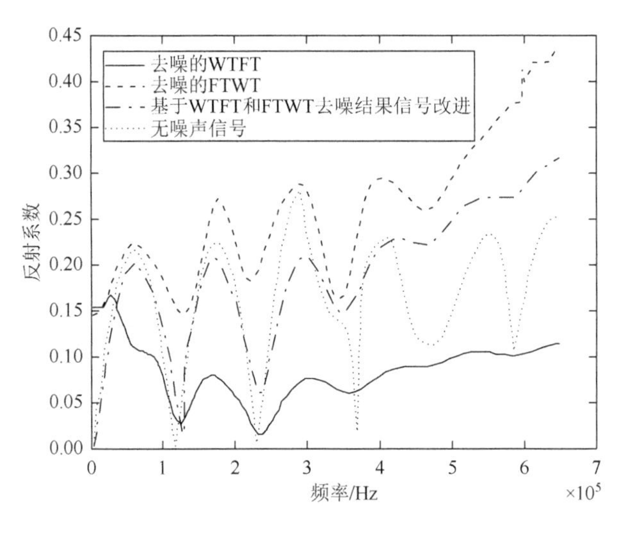

图 8.25　修正反射系数

综上分析，为使去噪后的结果最接近无噪声信号，应采用 WTFT 去噪后的频域相位作为反射系数相位，而且反射系数的模值应该综合 WTFT 和 FTWT 去噪的结果。虽然 WTFT 去噪后的反射系数模值（图 8.25 中的实线）在零波数范围内误差很大，但是在其他区域的极值个数和位置都和无噪声信号（图 8.25 中的点线）一致。FTWT 去噪后的反射系数的模值在纵坐标方向被压缩了，而且整体沿纵坐标上移了一段距离，但在小于 3.5×10^5Hz 范围内曲线的极大值，以及其位置（图 8.25 中的虚线）都与无噪声情况相近。因此，反射系数的模值修正应该基于这两种去噪结果，这里采用如下公式对去噪后的反射系数进行修正：

$$|\hat{C}^{\text{ref}}|=|C_M^{\text{ref}}|\left[1+\ln\left(n\frac{|C_{\text{FTWT}}^{\text{ref}}|}{|C_M^{\text{ref}}|}\right)\right] \tag{8.13}$$

其中，$|C_{\text{FTWT}}^{\text{ref}}|$为基于 FTWT 去噪后反射系数的模值；$|C_M^{\text{ref}}|$为基于 WTFT 去噪后反射系数的模值，且低频部分用$[|C_{\text{FTWT}}^{\text{ref}}|-\min(|C_{\text{FTWT}}^{\text{ref}}|)]$替换，$\min(|C_{\text{FTWT}}^{\text{ref}}|)$表示低频部分最小值；$n$的取值要保证重构后的信号$|\hat{C}^{\text{ref}}|$和$|C_{\text{FTWT}}^{\text{ref}}|$在第一个峰值处大小相等。修正后的信号相位$\text{Angle}(\hat{C}^{\text{ref}})$采用 WTFT 去噪后的结果。

基于上述方法将三种信号处理后的反射系数用于 QDFT 的缺陷重构，对每一种方案都采取 50 组数值仿真，分别得到如图 8.26～图 8.28 所示的结果。图 8.26 表示采用 WTFT 去噪后缺陷重构的结果，缺陷的位置仍然可以从图中辨别出来，但此时的缺陷深度已很难识别。图 8.27 为采用 FTWT 去噪后的重构结果，同样可以识别缺陷位置，但无法确认其深度。因为图 8.26 和图 8.27 中的数据都呈均匀分

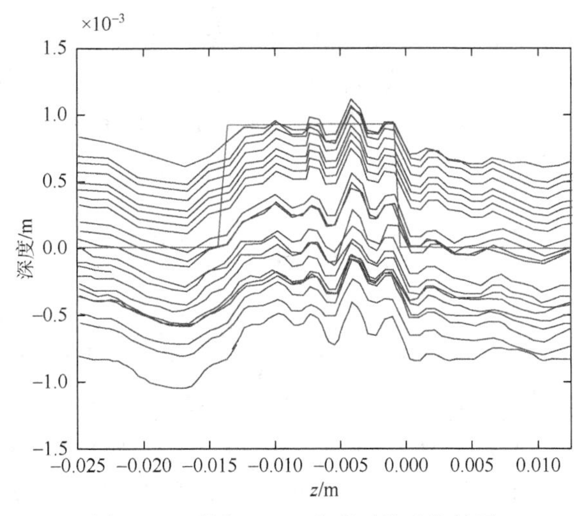

图 8.26　采用 WTFT 去噪后的重构结果

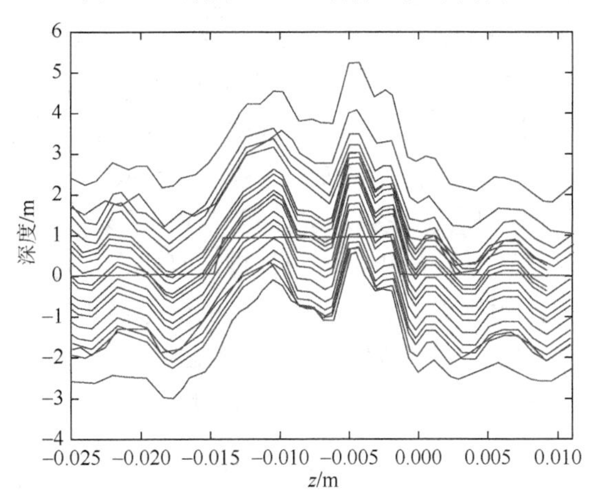

图 8.27　采用 FTWT 去噪后的重构结果

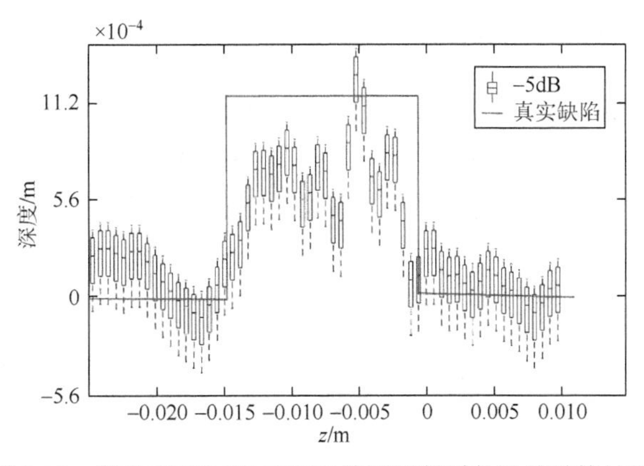

图 8.28　基于 WTFT 和 FTWT 修正反射系数后的重构结果

布，所以没有采用统计的方法（箱图）进行分析。而图 8.28 为基于式（8.13）的重构结果，由于修正后的反射系数幅值更贴近无噪声信号（频率小于 3.5×10^5Hz），因此重构结果与图 8.6 更为接近，且 50 组的数值仿真结果分布较为集中，采用箱图分析更有统计意义。

8.4 本章小结

针对管道重构方法在实际工程中遇到的噪声问题，本章提出了多种去噪方案。本书中的重构方法需要较宽频率范围内的反射系数，因此传统的滤波方法无法处理信噪比较低的全频段高斯白噪声。本章首先分析了不同频率段噪声对缺陷重构的影响，发现低频段的噪声主要影响缺陷的轮廓及具体位置，而高频段噪声主要影响缺陷的细节。为了较好地抑制低频段噪声对缺陷重构的影响，得到较好的缺陷轮廓，基于小波去噪具有较好的时频特性和多分辨率特点，提出了时频域的小波去噪（WTFT）方法和波数域-波长域的小波去噪（FTWT）方法。经过多次数值仿真和分析，得出 WTFT 和 FTWT 各自的优势：WTFT 能得到较好的频域反射系数相位，并且能够得到反射系数模值曲线的形状及谷值，但在截止频率附近的误差极大，且峰值也被大大削弱；FTWT 是基于波数域-波长域的小波去噪，通过该方法可以得到较好的低频反射系数模值，且信号的形状及峰值都很好地得到保留，但该方法无法对反射系数的相位进行处理，且整个信号幅值存在明显上移的现象。结合这两种方法的优点，本章提出了新的信号修正方法：反射系数的相位采用 WTFT 处理后的结果，而反射系数的模值是基于 WTFT 和 FTWT 修正的结果。采用这种修正方法，即使高斯白噪声为–5dB 时，依然能得到较好的重构结果。

参考文献

[1] Neal S P，Speckman P L，Enright M A. Flaw signature estimation in ultrasonic nondestructive evaluation using the Wiener filter with limited prior information. IEEE Transactions on Ultrasonics Ferroelectrics and Frequency Control，1993，40（4）：347-353.

[2] Gabor D. Theory of communication. Journal of the Institute of Electrical Engineers，1946，93：429-549.

[3] Huang N E，Wu M L，Qu W D，et al. Applications of Hilbert-Huang transform to non-stationary financial time series analysis. Applied Stochastic Models in Business and Industry，2003，19（3）：245-268.

附录 A

远场积分 I 的计算：

$$I=\int_{-\infty}^{+\infty}\left[\frac{\mathrm{e}^{-R_T|x_2-X_2|}}{R_T}+\frac{\mathrm{e}^{-2R_Tb}}{2R_T(1+\mathrm{e}^{-2R_Tb})}(\mathrm{e}^{-R_TX_2}-\mathrm{e}^{+R_TX_2})(\mathrm{e}^{-R_Tx_2}-\mathrm{e}^{+R_Tx_2})\right.$$

$$\left.+\frac{\mathrm{e}^{-2R_Tb}}{2R_T(1+\mathrm{e}^{-2R_Tb})}(\mathrm{e}^{-R_TX_2}+\mathrm{e}^{+R_TX_2})(\mathrm{e}^{-R_Tx_2}+\mathrm{e}^{+R_Tx_2})\right]\mathrm{e}^{-\mathrm{i}\xi_1(x_1-X_1)}\mathrm{d}\xi_1 \tag{A.1}$$

将积分改写为

$$I=I_0+I_1+I_2$$

$$I_0=\int_{-\infty}^{+\infty}\frac{\mathrm{e}^{-R_T|x_2-X_2|}}{R_T}\mathrm{e}^{-\mathrm{i}\xi_1|x_1-X_1|}\mathrm{d}\xi_1$$

$$I_1=\int_{-\infty}^{+\infty}\frac{\mathrm{e}^{-2R_Tb}}{2R_T(1+\mathrm{e}^{-2R_Tb})}(\mathrm{e}^{-R_TX_2}-\mathrm{e}^{+R_TX_2})(\mathrm{e}^{-R_Tx_2}-\mathrm{e}^{+R_Tx_2})]\mathrm{e}^{-\mathrm{i}\xi_1(x_1-X_1)}\mathrm{d}\xi_1 \tag{A.2}$$

$$I_2=\int_{-\infty}^{+\infty}\frac{\mathrm{e}^{-2R_Tb}}{2R_T(1+\mathrm{e}^{-2R_Tb})}(\mathrm{e}^{-R_TX_2}+\mathrm{e}^{+R_TX_2})(\mathrm{e}^{-R_Tx_2}+\mathrm{e}^{+R_Tx_2})]\mathrm{e}^{-\mathrm{i}\xi_1(x_1-X_1)}\mathrm{d}\xi_1$$

对于 I_0 的积分，积分路径变形如图 A.1 所示。其中，分支切割是两条直线，分别连接（$-k_T$, 0）与（$-k_T$, ∞），以及（k_T, 0）与（k_T, +∞）。由于封闭轮廓中没有极点，所以轮廓上的积分为 0。

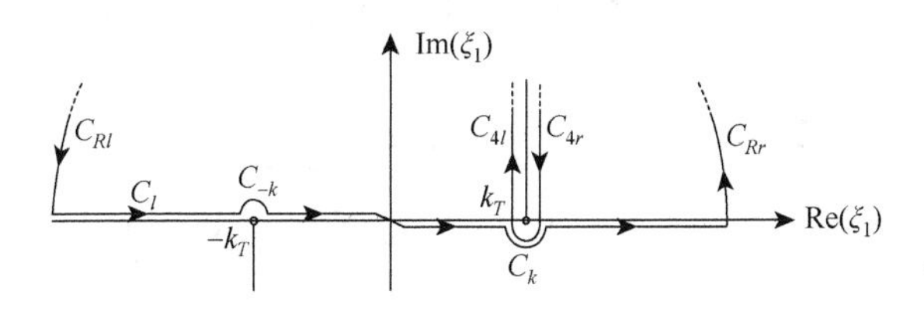

图 A.1　I_0 积分路径

$$0=I_0+\int_{C_{-k}}+\int_{C_{Rr}}+\int_{C_{Rl}}+\int_{C_{4r}}+\int_{C_{4l}} \tag{A.3}$$

当 $x_1<X_1$ 时，有以下结论。

（1）对积分 $\int_{C_{Rr}}$ 和 $\int_{C_{Rl}}$，有

$$r\to-\infty,\quad \xi_1=r\mathrm{e}^{\mathrm{i}\theta},\quad \mathrm{e}^{-\mathrm{i}\xi_1(x_1-X_1)}=\mathrm{e}^{-\mathrm{i}r(x_1-X_1)\cos\theta}\times\mathrm{e}^{+r(x_1-X_1)\sin\theta}$$

当 $\sin\theta > 0$ 时，$\int_{C_{Rr}}$ 和 $\int_{C_{Rl}}$ 减小。

（2）对积分 $\int_{C_{-k}}$，令 $\xi_1 + k_T = \epsilon\, \mathrm{e}^{\mathrm{i}\theta} (\epsilon \to 0)$, 然后 $\xi_1 - k_T \to -2k_T$，那么

$$\int_{C_k} = \frac{1}{\mathrm{i}\sqrt{2k_T}} \int_{3\pi}^{2\pi} \mathrm{i}\sqrt{\epsilon}\mathrm{e}^{\mathrm{i}\theta/2} \mathrm{d}\theta \to 0 \tag{A.4}$$

（3）对积分 $\int_{C_{4l}}$ 和 $\int_{C_{4r}}$，令 $\xi_1 = k_T + \mathrm{i}\lambda (\lambda : 0 \to +\infty), R_T = (2\mathrm{i}k_T\lambda - \lambda^2)^{1/2}$，那么

$$\int_{C_{4r}} = \int_{+\infty}^{0} \frac{\mathrm{i}\mathrm{e}^{-R_T|x_2 - X_2|}}{R_T} \mathrm{e}^{-\mathrm{i}k_T|x_1 - X_1|} \mathrm{d}\lambda \mathrm{e}^{+\lambda|x_1 - X_1|} \tag{A.5}$$

$$\int_{C_{4l}} = \int_{0}^{+\infty} \frac{\mathrm{i}\mathrm{e}^{-R_T|x_2 - X_2|}}{R_T} \mathrm{e}^{-\mathrm{i}k_T|x_1 - X_1|} \mathrm{d}\lambda \mathrm{e}^{+\lambda|x_1 - X_1|} \tag{A.6}$$

由于 $\lambda > 0$ 和（$x_1 - X_1$）< 0，所以 $\int_{C_{4l}}$ 和 $\int_{C_{4r}}$ 在远场减小。结合结论（1）～（3），可以导出 $I_0 = 0$。对于 I_2 的积分，积分路径变形如图 A.2 所示，其中分支切割是从 k_T 到无穷大和 $-k_T$ 到负无穷大的线。由于封闭轮廓中没有极点，所以轮廓上的积分为 0。

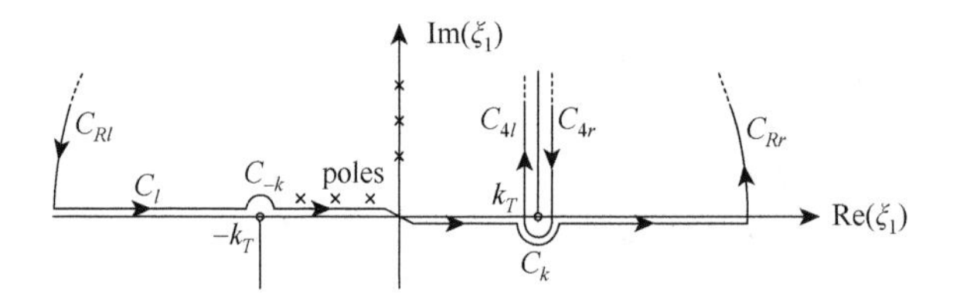

图 A.2　I_2 积分路径

$$2\pi\mathrm{i}\sum \mathrm{Re}\,s = I_2 + \int_{C_{-k}} + \int_{C_{Rr}} + \int_{C_{Rl}} + \int_{C_{4r}} + \int_{C_{4l}} \tag{A.7}$$

对于 $x_1 < X_1$，类似于结论（1），可以证明：① $\int_{C_{Rr}}$、$\int_{C_{Rl}}$、$\int_{C_{4r}}$ 和 $\int_{C_{4l}}$ 在远场减小。

②对于积分 $\int_{C_{-k}}$，令 $\xi_1 + k_T = \epsilon^2\, \mathrm{e}^{\mathrm{i}\theta} (\epsilon \to 0)$, 那么 $\lim\limits_{\epsilon \to 0} R_T = \mathrm{i}\sqrt{2k_T}\, \epsilon\, \mathrm{e}^{\mathrm{i}\theta/2} \to 0$。

$$\begin{aligned}\int_{C_k} &= \int_{3\pi}^{2\pi} \lim_{\epsilon \to 0} \frac{\epsilon^2}{R_T(\mathrm{e}^{+2R_T b} - 1)} \frac{\mathrm{i}\mathrm{e}^{\mathrm{i}\theta}}{2} (\mathrm{e}^{-R_T X_2} + \mathrm{e}^{+R_T X_2})(\mathrm{e}^{-R_T x_2} + \mathrm{e}^{+R_T x_2}) \mathrm{d}\theta \\ &= \frac{\mathrm{i}\pi}{bk_T} \mathrm{e}^{+\mathrm{i}k_T(x_1 - X_1)}\end{aligned} \tag{A.8}$$

③剩余值对应于远场导波：

$$\mathrm{Res}\,s\big|_{\xi_1=-\varsigma_n}=\lim_{\xi_1=-\varsigma_n}\frac{(\xi_1+\varsigma_n)\mathrm{e}^{-2R_Tb}}{2R_T(1-\mathrm{e}^{-2R_Tb})}(\mathrm{e}^{-R_TX_2}+\mathrm{e}^{+R_TX_2})(\mathrm{e}^{-R_Tx_2}+\mathrm{e}^{+R_Tx_2})\mathrm{e}^{-\mathrm{i}\xi_1(x_1-X_1)}$$

$$=\frac{1}{-b\varsigma_n}f_{cs}^m(\beta_m x_2)f_{cs}^m(\beta_m X_2)\mathrm{e}^{+\mathrm{i}\varsigma_m(x_1-X_1)} \tag{A.9}$$

然后，积分得

$$I_2=-\int_{C_{-k}}+\sum\mathrm{Res}\,s=\frac{-\mathrm{i}\pi}{bk_T}\mathrm{e}^{+\mathrm{i}\varsigma_0(x_1-X_1)}-\sum_{m=2N}\frac{\mathrm{i}\pi}{b\varsigma_m}f_{cs}^m(\beta_m x_2)f_{cs}^m(\beta_m X_2)\mathrm{e}^{+\mathrm{i}\varsigma_m(x_1-X_1)} \tag{A.10}$$

同样，积分 I_1，得

$$I_1=-\sum_{m=2N+1}\frac{\mathrm{i}\pi}{b\varsigma_m}f_{cs}^m(\beta_m x_2)f_{cs}^m(\beta_m X_2)\mathrm{e}^{+\mathrm{i}\varsigma_m(x_1-X_1)} \tag{A.11}$$

附录B

式（5.62）～式（5.66）中出现的函数定义如下：

$$p_1^\alpha(x_2)=-2\xi_1^2F_{cs}^\alpha(R_Tb)F_{cs}^\alpha(R_Lx_2)+(\xi_1^2+R_T^2)F_{cs}^\alpha(R_Lb)F_{cs}^\alpha(R_Tx_2)$$

$$P_1^\alpha(X_2)=2\xi_1^2R_T\mathrm{e}^{-R_Lb}F_{cs}^\alpha(R_LX_2)-R_T(\xi_1^2+R_T^2)\mathrm{e}^{-R_Tb}F_{cs}^\alpha(R_TX_2)$$

$$q_1^\alpha(x_2)=(\xi_1^2+R_T^2)F_{sc}^\alpha(R_Tb)F_{cs}^\alpha(R_Lx_2)-2R_LR_TF_{sc}^\alpha(R_Lb)F_{cs}^\alpha(R_Tx_2)$$

$$Q_1^\alpha(X_2)=-\frac{\xi_1^2}{R_L}(\xi_1^2+R_T^2)\mathrm{e}^{-R_Lb}F_{cs}^\alpha(R_LX_2)+2\xi_1^2R_T\mathrm{e}^{-R_Tb}F_{cs}^\alpha(R_TX_2)$$

$$p_2^\alpha(x_2)=-2R_LR_TF_{cs}^\alpha(R_Tb)F_{sc}^\alpha(R_Lx_2)+(\xi_1^2+R_T^2)F_{cs}^\alpha(R_Lb)F_{sc}^\alpha(R_Tx_2)$$

$$P_2^\alpha(X_2)=2\xi_1^2R_L\mathrm{e}^{-R_Lb}F_{sc}^\alpha(R_LX_2)-\frac{\xi_1^2}{R_T}(\xi_1^2+R_T^2)\mathrm{e}^{-R_Tb}F_{sc}^\alpha(R_TX_2)$$

$$q_2^\alpha(x_2)=(\xi_1^2+R_T^2)F_{sc}^\alpha(R_Tb)F_{sc}^\alpha(R_Lx_2)-2\xi_1^2F_{sc}^\alpha(R_Lb)F_{sc}^\alpha(R_Tx_2)$$

$$Q_2^\alpha(X_2)=-R_L(\xi_1^2+R_T^2)\mathrm{e}^{-R_Lb}F_{sc}^\alpha(R_LX_2)+2\xi_1^2R_L\mathrm{e}^{-R_Tb}F_{sc}^\alpha(R_TX_2)$$

$$\det\alpha=-(\xi_1^2+R_T^2)F_{sc}^\alpha(R_Tb)F_{cs}^\alpha(R_Lb)+4\xi_1^2R_LR_TF_{sc}^\alpha(R_Lb)F_{cs}^\alpha(R_Tb)$$

在以上的方程中，有

$$R_\beta=\begin{cases}\sqrt{\xi_1^2-k_\beta^2}(|\xi_1|>|k_\beta|)\\-\mathrm{i}\sqrt{k_\beta^2-\xi_1^2}(|\xi_1|<|k_\beta|)\end{cases},\quad \beta=L,T$$

$$F_{cs}^\alpha(x)=\begin{cases}\cosh(x), & \alpha=I\\ \sinh(x), & \alpha=II\end{cases},\quad F_{sc}^\alpha(x)=\begin{cases}\sinh(x), & \alpha=I\\ \cosh(x), & \alpha=II\end{cases}$$

式（5.73）中出现的符号定义如下：

$$F_{11}^+=2\mathrm{i}\mathrm{e}^{+2\mathrm{i}\zeta_{\hat n}x_1}R_{T\hat n}\zeta_{\hat n}^2\left[\zeta_{\hat n}^2\left(1+\frac{\zeta_{\hat n}^2}{k_L^2}\right)-\frac{R_{L\hat n}^4}{k_L^2}\right]\cosh^2(R_{T\hat n}b)$$

$$F_{22}^+=\frac{\mathrm{i}}{2}\mathrm{e}^{+2\mathrm{i}\zeta_{\hat n}x_1}R_{T\hat n}(\zeta_{\hat n}^2+R_{L\hat n}^2)^2\cosh^2(R_{L\hat n}b)$$

$$F_{12}^+=-4\mathrm{i}\mathrm{e}^{+2\mathrm{i}\zeta_{\hat n}x_1}R_{T\hat n}\zeta_{\hat n}^2(\zeta_{\hat n}^2+R_{T\hat n}^2)^2\cosh(R_{T\hat n}b)\cosh(R_{L\hat n}b)$$

$$F_{11}^-=2\mathrm{i}\mathrm{e}^{+2\mathrm{i}\zeta_{\hat n}x_1}R_{L\hat n}^2R_{T\hat n}\zeta_{\hat n}^2\cosh^2(R_{T\hat n}b)$$

$$F_{22}^-=\frac{\mathrm{i}}{2}\mathrm{e}^{+2\mathrm{i}\zeta_{\hat n}x_1}(\zeta_{\hat n}^2+R_{T\hat n}^2)^2\left[\frac{\zeta_{\hat n}^2}{R_{T\hat n}}\left(1+\frac{\zeta_{\hat n}^2}{k_L^2}\right)-\frac{R_{T\hat n}^3}{k_T^2}\right]\cosh^2(R_{L\hat n}b)$$

$$F_{12}^-=-4\mathrm{i}\mathrm{e}^{+2\mathrm{i}\zeta_{\hat n}x_1}R_{L\hat n}\zeta_{\hat n}^2(\zeta_{\hat n}^2+R_{T\hat n}^2)\cosh(R_{T\hat n}b)\cosh(R_{L\hat n}b)$$

在以上的方程中，$R_{T\hat{n}} = R_T\big|_{\xi_1=\xi_{\hat{n}}}$，$R_{L\hat{n}} = R_L\big|_{\xi_1=\xi_{\hat{n}}}$。

式（5.62）～式（5.65）的积分路径如图 B.1 所示。

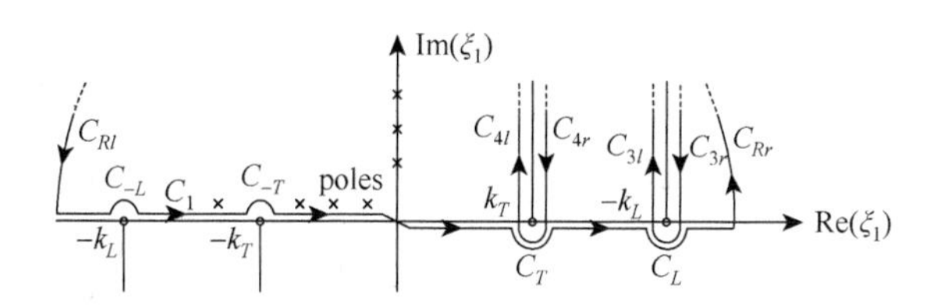

图 B.1　式（5.62）～式（5.65）中 I_U 的积分路径

$$
\begin{aligned}
2\pi\mathrm{i}\sum \mathrm{Res} = I_U &+ \int_{C_{-L}} + \int_{C_{-T}} + \int_{C_{Rr}} + \int_{C_{Rl}} \\
&+ \int_{C_{4r}} + \int_{C_{4l}} + \int_{C_{3r}} + \int_{C_{3l}}
\end{aligned}
$$

与 SH 波的情况类似，可以证明 $\int_{C_{3l}}$、$\int_{C_{3r}}$、$\int_{C_{4l}}$、$\int_{C_{4r}}$、$\int_{C_{Rr}}$、$\int_{C_{Rl}}$、$\int_{C_{-L}}$ 和 $\int_{C_{-T}}$ 在远场区域衰减。因此，$I_U = 2\pi\mathrm{i}\sum \mathrm{Res}$。

以 $U_{11}^{\mathrm{ref}}(\boldsymbol{x},\boldsymbol{X})$ 为例，对称模对应的残差值为

$$
\mathrm{Res}\big|_{\xi_1=-\zeta_n} = \lim_{\xi_1=-\zeta_n}(\xi_1+\zeta_n)[p_1^I(\xi_1,x_2)P_1^I(\xi_1,X_2)+q_1^I(\xi_1,x_2)Q_1^I(\xi_1,X_2)]/\det I(\xi_1)
$$

反对称模对应的残差值为

$$
\mathrm{Res}\big|_{\xi_1=-\zeta_m} = \lim_{\xi_1=-\zeta_m}(\xi_1+\zeta_m)[p_1^{II}(\xi_1,x_2)P_1^{II}(\xi_1,X_2)+q_1^{II}(\xi_1,x_2)Q_1^{II}(\xi_1,X_2)]/\det II(\xi_1)
$$